한눈에 알아보는 우리 생물 8

화살표 **풀꽃**
도감

한눈에 알아보는 우리 생물 8

화살표 **풀꽃 도감**

펴낸날 2019년 4월 1일 초판 1쇄
2023년 10월 23일 초판 2쇄

글·사진 이동혁

펴낸이 조영권
만든이 노인향, 김영하, 백문기
꾸민이 토가 김선태

펴낸곳 자연과생태
등록 2007년 11월 2일(제2022-000115호)
주소 경기도 파주시 광인사길 91, 2층
전화 031-955-1607 **팩스** 0503-8379-2657
이메일 econature@naver.com
블로그 blog.naver.com/econature

ISBN : 978-89-97429-30-1 96480

이동혁 ⓒ 2019

한눈에 알아보는 우리 생물 8

화살표 풀꽃 도감

글·사진 **이동혁**

자연과생태

꽃길도 고생길이었던
아름다운 세월이여

꽃과 함께한 세월이라고 하면 참 낭만적입니다. 산에서 살다시피 했다고 하면 건강 하나는 잘 다져 놓았을 법하고요. 그렇게 찍어 온 사진으로 만든 책이 스무 권을 넘겼다고 하면 빌딩 한 채 사 놓았느냐고들 묻습니다. 그러나 현실은 그렇지가 않습니다. 낭만은 멀어도 너무 멀고, 스스로 혹사한 몸은 골병에 시달리기 일쑤이며, 바닥에서 허덕이는 통장 잔고를 바라봐야 하는 괴로움을 늘 안고 살아왔습니다. 그러는 동안 젊음은 온데간데없어지고, 언젠가 쓰일 날을 기다리는 사진만이 추억처럼 외장하드에 남았습니다.

이 책의 시작점으로 거슬러 가 보면 2016년 6월 여름에 이릅니다. 컴퓨터 앞에 앉아 자판 위에 손가락만 올리면 책은 금세 만들어질 것 같았습니다. 하지만 그 후로 두 번의 여름이 더 지나고 세 번째 봄을 맞이하는 때가 됐습니다. 자그마치 33개월이 걸렸습니다. 코끼리의 임신 기간이 22개월로 동물 중에서 가장 길다고 하던데, 이 책은 그보다 11개월이나 더 길어졌으니 코끼리가 한 마리 반입니다. 제 생애 스무 번째 책이 될 거라고 말하고 다닌 지 두 해가 넘어가는 사이에 스무 번째라는 어쭙잖은 타이틀은 다른 책한테 넘겨줘야 했습니다.

본의 아니게 스물한 번째가 된 이 책은 '세상에서 가장 친절한 풀꽃도감'입니다. 풀꽃 1종당 기본적으로 사진을 6장 배치했습니다. 사진 속에 설명을 넣어 독자가 사진을 보면서 바로 정보를 이해할 수 있게 했으며, 복잡한 꽃의 구조를 화살표로 정확하게 짚었습니다. 감히 말씀 드리건대 이 책보다 더 친절한 도감은 없을 것입니다.

이 책은 저의 초보 시절을 떠올리며 썼습니다. 배경 지식이 부족한 초보자는 사진과 설명이 각각인 도감을 대하면서 어려움을 겪기 마련입니다. 저 역시 그래서 선대 학자들이 펴낸 자료가 좀 더 친절했으면 하는 바람을 갖지 않을 수 없었습니다. 그래서 내가 나중에 책을 낸다면 훨씬 더 친절한 도감을 내야겠다고 다짐하고는 했습니다. 그 시절을 시작점으로 삼는다면 이 책의 잉태 기간은 훨씬 더 길어져서 코끼리가 일곱 마리 반이 넘습니다.

그럼에도 어려운 식물 용어를 다 걷어 내지는 못했습니다. 쉽게 풀어 쓴답시고 새로운 말을 만들어 쓰면 혼란을 일으킬까 봐 그랬습니다. 솔직히 말해 이 책을 만들면서 올바른 식물 용어와 여러 부위의 정확한 명칭에 대해 제 자신부터가 다시금 고민하고 공부하는 계기가 됐습니다. 아울러 기존 자료에 대한 검증도 다시 하면서 유익한 시간을 보냈습니다.

쉬운 책은 있어도 쉽게 내는 책은 없습니다. 여러 어려움 속에서 끝끝내 이 책에게 세상의 빛을 보게 해 주신 조영권 대표님께 감사 말씀 드립니다. 그 외에 물심양면으로 도와주신 많은 분과 격려를 아끼지 않으신 국립수목원의 여러분께도 고마움을 전합니다.

이제 저는 조금 다른 길 위에 서 있습니다. 뒤늦은 결혼과 취직으로 자유롭던 삶에 종지부를 찍고 나니 지나온 길이 모두 아름답게 느껴집니다. 꽃길이었다고는 해도 그건 분명 고생길이었습니다. 다만, 꽃쟁이에게 고생과 즐거움은 경계가 불분명한 일이기에 구태여 구분 지으려 하지 않을 뿐입니다. 언젠가 그 즐거운 고생길로 다시금 몸 던질 날이 오기를 기대합니다. 이 책은 이제 여러분의 것입니다.

2019년 봄날에 혀이삼촌 **이동혁** 드림

5

일러두기

- 우리나라에서 볼 수 있는 풀꽃 95과 1,374종을 실었습니다. 벼과와 사초과는 따로 엮을 계획이어서 제외했습니다.

- 쌍떡잎식물(갈래꽃, 통꽃)과 외떡잎식물로 나눠 과별로 나열하고, 종명 앞에 일련번호를 붙였습니다.

- 차례, 찾아보기도 일련번호 기준이니 궁금한 종을 찾을 때 쪽 번호는 무시해도 됩니다.

- 종의 주요 특징을 쉽게 알아보도록 화살표로 표시하고 설명을 붙였으며, 핵심 동정 포인트는 붉은색 화살표로 표시했습니다.

- 종마다 잎, 줄기, 꽃 등 부위별 사진(기본 6장)을 싣고, 비슷한 종끼리는 함께 놓아 바로 비교할 수 있도록 했습니다.

- 각 과의 생태 및 형태 특성을 큰 틀에서 정리해 차례에 실었습니다.

- 형태 용어 일부는 우리말로, 일부는 한자말로 썼습니다. 간략히 특징을 설명하려는 이 책 특성을 고려해 풀어쓸 때 설명이 길어지는 용어는 한자말 그대로 두었습니다.

쌍떡잎식물
갈래꽃아강

뽕나무과 | 풀 또는 나무다. 식물체에 흔히 유즙이 있다. 잎은 어긋나기한다. 턱잎이 있고 떨어진다. 꽃은 암수딴포기 또는 암수한포기로 핀다. 꽃덮개는 4~6개다. 수술 수는 꽃덮개 수와 같다. 암술은 2개 심피가 합생한다. 씨방은 1실이다. 열매는 수과, 견과, 핵과이며 여러 개가 모여서 취과를 이룬다.

삼과 | 대개 풀이다. 식물체에 수즙이 있고 줄기가 섬유성이다. 잎은 홑잎 또는 손꼴겹잎이다. 꽃은 암수딴포기로 핀다. 꽃덮개는 5개다. 수술 수는 꽃덮개 수와 같다. 암술은 2개 심피가 합생한다. 씨방은 1실이다. 열매는 수과다. 뽕나무과에 포함시키기도 한다.

쐐기풀과 | 풀 또는 나무다. 식물체에 수즙이 있고 줄기가 섬유성이며 흔히 가시털이 발달한다. 잎에는 톱니나 결각이 있다. 턱잎이 있고 떨어진다. 꽃은 암수딴포기 또는 암수한포기로 핀다. 꽃덮개는 2~5개다. 수술 수는 꽃덮개 수와 같다. 심피는 1개다. 씨방은 1실이다. 열매는 수과, 다육질 핵과, 소견과다.

단향과 | 대개 반기생 식물이다. 잎은 마주나기 또는 어긋나기한다. 턱잎은 없다. 꽃은 방사상칭이다. 대개 포와 소포가 있다. 꽃덮개는 3~8갈래로 갈라진다. 수술은 꽃덮개조각에 붙어 있다. 열매는 견과 또는 핵과다.

마디풀과 | 대부분 풀이지만 드물게 작은키

나무다. 마디가 부풀어 굵다. 잎은 대개 어긋나기하나 드물게 마주나기한다. 턱잎은 원줄기를 둘러싸며 잎자루에 붙는다. 꽃은 대부분 양성화지만 드물게 단성화도 있다. 꽃덮개는 4~6갈래로 갈라지고 꽃이 핀 뒤 자라는 것도 있다. 수술은 6~9개이고 암술대는 2~3갈래로 갈라진다. 씨방은 1실이다. 열매는 수과 또는 소견과이고 능선이 2~3개 있으며 꽃덮개에 싸인다.

———

쇠비름과 | 대개 다육질 풀이다. 잎은 어긋나기 또는 마주나기한다. 턱잎은 건막질이거나 퇴화해 없다. 꽃은 양성화다. 꽃받침은 대개 2개다. 꽃잎은 4~6개다. 수술 수는 꽃잎 수와 같다. 열매는 삭과이며 뚜껑처럼 벌어지거나 2~3갈래로 갈라진다.

자리공과 | 대개 풀이고 드물게 나무다. 잎은 어긋나기하고 가장자리는 밋밋하다. 턱잎은 없다. 꽃은 대부분 총상꽃차례를 이루며 꽃덮개는 4~5개이고 떨어져 있거나 밑부분만 합쳐져 있다. 암술대는 짧거나 없다. 암술대 수와 씨방실 수가 같다. 열매는 대부분 장과이지만 삭과 또는 시과이기도 하다.

석류풀과 | 대개 풀이고 드물게 작은키나무다. 잎은 마주나기 또는 돌려나기한다. 턱잎은 있거나 없다. 꽃은 작고 방사상대칭이다. 수술은 3~5개이며 드물게 많이 달리기도 한다. 심피는 3~5개다. 열매는 삭과 또는 견과이고 심피 벽을 따라 갈라지거나 뚜껑처럼 벌어진다.

번행초과 | 풀 또는 반관목이다. 약간 다육질이다. 잎은 어긋나기하고 납작하다. 턱잎은 없다. 꽃은 잎겨드랑이에 달리고 꽃덮개는 3~5개다. 수술은 1~다수다. 암술대 수와 씨방 수가 같다. 열매는 견과이고 익어도 벌어지지 않는다.

석죽과 | 대개 풀이지만 드물게 작은키나무도 있다. 마디 부분이 흔히 두툼해진다. 잎은 마주나기하고 잎밑이 줄기를 감싸며 위로 갈수록 포로 된다. 보통 턱잎이 없으나 드물게 막질 턱잎이 있다. 꽃받침조각은 4~5개이고 밑부분이 붙거나 떨어진다. 꽃잎 수는 꽃받침조각 수와 같거나 없다. 수술은 4~10개다. 암술은 2~5개 심피로 이루어진다. 열매는 삭과이고 드물게 낭과다.

0090 가는동자꽃

0091 덩굴별꽃

0092 장구채, 털장구채

0093 갯장구채

0094 애기장구채

0095 분홍장구채

0096 가는장구채

0097 끈끈이장구채

0098 한라장구채

0099 울릉장구채

0100 가는다리장구채

0101 달맞이장구채

0102 양장구채

———

명아주과 | 풀 또는 작은키나무다. 잎은 어긋나기하고 드물게 마주나기하며 때때로 육질이거나 비늘 모양으로 퇴화한 것도 있다. 꽃은 작고 방사상칭이다. 꽃덮개조각은 2~5개다. 수술 수는 꽃덮개조각 수와 같다. 암술은 2개 심피가 합생한다. 씨방은 1실이다. 열매는 수과 또는 소견과이며 꽃덮개에 싸이는 포과다.

0103 명아주, 흰명아주

0104 좀명아주, 얇은명아주

0105 취명아주, 가는명아주

0106 냄새명아주

0107 양명아주

0108 갯댑싸리, 댑싸리

0109 창명아주

0110 가는갯는쟁이, 갯는쟁이

0111 나문재

0112 해홍나물

0113 방석나물

0114 기수초

0115 칠면초

0116 퉁퉁마디

0117 수송나물

0118 솔장다리

0119 호모초

———

비름과 | 대개 풀이지만 작은키나무도 있다. 잎은 어긋나기 또는 마주나기한다. 턱잎이 없다. 꽃은 작고 방사상칭이며 건막성 포가 많이 붙는다. 꽃덮개는 4~5개다. 수술은 1~5개다. 암술은 2~3개 심피가 합생한다. 열매는 수과 또는 삭과다.

0120 쇠무릎, 털쇠무릎

0121 개비름, 청비름

0122 털비름, 가는털비름

———

미나리아재비과 | 대개 풀이고 드물게 작은키나무도 있다. 잎은 대부분 어긋나기하지만 드물게 마주나기한다. 꽃은 방사상칭 또는 좌우대칭이다. 꽃받침조각은 대개 서로 떨어져 있다. 꽃잎은 3개 이상이거나 없기도 하다. 잘 발달하거나 퇴화한 꿀샘이 있다. 수술은 여러 개다. 씨방은 여러 개 심피로 이루어진다. 열매는 골돌과, 수과 또는 장과다.

0123 할미꽃

0124 동강할미꽃

작약과 | 여러해살이 풀 또는 작은키나무다. 잎은 어긋나기하고 깃꼴겹잎 또는 3출엽이다. 꽃받침은 3~5개이고 떨어지지 않는다. 꽃은 크고 둥글며 꽃잎은 5~20개이고 수술은 여러 개다. 암술은 5(2~8)개 심피가 이생한다. 열매는 가죽질 골돌과다. 한때 미나리아재비과에 포함시키기도 했다.

매자나무과 | 여러해살이 풀 또는 작은키나무다. 잎은 어긋나기한다. 턱잎은 없다. 꽃받침조각과 꽃잎은 기와 모양으로 2줄로 배열한다. 수술 수는 꽃잎 수와 같고 2륜으로 배열한다. 꽃밥은 끝에 달린 2개 판에 의해 열린다. 암술은 단심피처럼 보이고 2~3개 심피가 합생한다. 암술대는 짧거나 없다. 열매는 장과 또는 삭과다.

수련과 | 기는 땅속줄기가 있는 여러해살이 수생식물이다. 잎은 어긋나기하고 넓적하며 잎자루는 길다. 꽃은 대개 1개씩 달리고 꽃받침조각과 꽃잎이 3개 이상 달린다. 수술은 6개 이상으로 많이 달리며 모두 떨어져 있다. 암술머리는 쟁반 또는 고리 모양으로 붙는다. 열매는 골돌과 또는 장과다.

삼백초과 | 풀이며 줄기는 곧게 선다. 잎은 어긋나기하고 가장자리는 밋밋하며 잎자루가 있다. 꽃은 작고 꽃덮개는 없다. 수술은 6~8개이고 씨방에 붙어 있다. 암술은 3~4개다. 열매는 삭과 또는 장과이며 벌어지지 않거나 불완전하게 벌어진다.

홀아비꽃대과 | 풀 또는 작은키나무다. 잎은 마주나기하며 대개 톱니가 있다. 턱잎은 작고 선형이다. 꽃덮개는 없다. 수술은 1~3개다. 암술은 1개이며 1개 심피로 이루어진다. 열매는 핵과이며 외과피는 다육질이고 내과피는 단단하다.

쥐방울덩굴과 | 풀 또는 작은키나무다. 잎은 어긋나기한다. 턱잎은 없다. 꽃은 양성화이고 1개씩 달리거나 꽃차례를 이룬다. 꽃덮개는 통 모양이다. 수술은 5, 6, 12개이며 수술대는 짧고 암술대에 붙는다. 암술대는 4~6개이고 서로 붙는 것도 있다. 열매는 삭과 또는 장과다.

0198 각시족도리풀
0199 금오족도리풀
0200 자주족도리풀

물레나물과 | 풀 또는 나무다. 잎은 마주나기 또는 돌려나기하고 드물게 어긋나기하며 기름샘이나 기름점이 있다. 잎자루가 짧고 줄기를 감싸며 턱잎은 없다. 꽃받침조각과 꽃잎은 각각 4~5개씩 달린다. 수술은 여러 개가 모여서 붙는 단체수술이다. 암술은 3~5개 심피가 합생한다. 열매는 삭과, 핵과, 장과다.

0201 물레나물
0202 고추나물, 진주고추나물
0203 애기고추나물, 좀고추나물
0204 물고추나물

끈끈이귀개과 | 풀이다. 잎은 어긋나기하고 샘털이 빽빽하다. 턱잎은 있거나 없다. 꽃은 방사상칭이고 1개가 피거나 총상꽃차례 또는 원추꽃차례를 이룬다. 수술은 4~20개이고 밑부분이 합쳐진다. 암술은 3~5개 심피가 합생한다. 열매는 삭과다.

0205 끈끈이귀개
0206 끈끈이주걱

양귀비과 | 주로 풀이다. 흔히 분백색이 돌고 유백색 즙액이 나온다. 잎은 어긋나기하고 홑잎이거나 깃꼴겹잎이다. 턱잎이 없다. 꽃은 방사상칭 또는 좌우대칭이다. 꽃받침조각은 2~4개이고 서로 떨어져 있으며 꽃 필 때 잘 떨어진다. 꽃잎은 대개 4개다. 수술은 여러 개다. 암술은 2개 이상 심피가 합생한다. 열매는 삭과다.

0207 피나물
0208 매미꽃
0209 애기똥풀
0210 둥근빗살괴불주머니

현호색과 | 식물체에 유액은 없고 수액이 있다. 잎은 어긋나기하고 모양이 매우 다양하다. 꽃은 좌우상칭이다. 꽃받침조각은 2개이고 아주 작으며 잘 떨어진다. 꽃잎은 4개이고 바깥쪽 2개 중 위쪽 1개에 꿀주머니가 있다. 안쪽 2장은 끝이 붙는다. 수술은 6개가 3개씩 두 부분으로 나뉘어 붙거나 드물게 4개가 꽃잎에 마주난다. 암술은 2개 심피가 합생한다. 씨방은 1실이다. 열매는 삭과다. 양귀비과의 아과로 취급하기도 한다.

0211 현호색, 완도현호색
0212 섬현호색
0213 각시현호색, 난장이현호색
0214 점현호색
0215 조선현호색
0216 갈퀴현호색, 수염현호색
0217 남도현호색, 흰현호색
0218 쇠뿔현호색, 날개현호색
0219 들현호색
0220 좀현호색, 탐라현호색

십자화과 | 대개 풀이다. 잎은 홑잎이거나 깃꼴로 깊게 갈라지고 별 모양 털이 있다. 턱잎은 없다. 꽃은 방사상칭이다. 꽃받침조각과 꽃잎이 각각 4개씩 십자형으로 배열한다. 수술은 대개 6개이고 그중 4개가 길다. 암술은 2개 심피가 합생한다. 암술은 1개이며 계속 남는다. 열매는 장각과 또는 단각과이며 열매가 갈라진 후에도 격벽이 남는다. 배추과 또는 겨자과라고도 한다

돌나물과 | 풀 또는 작은키나무다. 대개 육질이다. 잎은 마주나기, 어긋나기 또는 돌려나기한다. 꽃은 방사상칭이다. 꽃받침조각과 꽃잎은 각각 3~5개다. 수술은 꽃잎 수 2배로 달리고 2륜으로 배열한다. 암술 심피는 대개 꽃잎 수만큼 달린다. 열매는 골돌과이고 드물게 삭과다. 꿩의비름과라고도 한다.

범의귀과 | 풀 또는 나무다. 잎은 어긋나기 또는 마주나기한다. 턱잎은 없다. 꽃은 방사상칭이다. 꽃받침은 통 모양이고 대개 5갈래로 갈라진다. 꽃잎은 꽃받침조각 수만큼 달린다. 수술 수는 꽃잎 수와 같거나 배수이며 1열 또는 2열로 배열한다. 암술은 2~5개 심피가 밑부분에서 합생한다. 열매는 삭과 또는 장과다. 장미과와 달리 배젖이 풍부하고 암술과 수술 수가 적다. 돌나물과와 달리 꽃부분이 규칙적이고 암술이 작은 샘으로 둘러싸인다.

장미과 | 풀 또는 나무다. 잎은 어긋나기하고 드물게 마주나기한다. 턱잎이 있다. 꽃은 방사상칭이다. 꽃받침은 통 모양이고 대개 5갈래로 갈라진다. 꽃잎은 꽃받침조각 수와 같고 드물게 없기도 하다. 수술은 많고 꽃받침이나 화탁 위에 붙는다. 암술은 1심피 이상이 이생 또는 합생한다.

콩과 | 풀 또는 나무다. 잎은 어긋나기하고 드물게 마주나기한다. 대부분 깃꼴겹잎이거나 손꼴겹잎이며 드물게 홑잎이다. 턱잎이 있다. 꽃은 좌우상칭이다. 꽃받침조각은 통 모양이고 5갈래로 갈라진다. 화관은 나비 모양이거나 방사상칭이며 꽃잎은 5개다. 수술은 보통 10개이고 그중 9개만 통합된다. 암술은 1개 심피로 구성된다. 열매는 대개 협과다.

0360 노랑토끼풀, 애기노랑토끼풀

0361 개자리, 좀개자리

0362 잔개자리

0363 자주개자리

0364 전동싸리, 흰전동싸리

0365 활나물

0366 애기자운

0371 이질풀

0372 쥐손이풀

0373 꽃쥐손이

0374 둥근이질풀, 털둥근이질풀

0375 세잎쥐손이

0376 큰세잎쥐손이, 산쥐손이

0377 섬쥐손이

0378 미국쥐손이

괭이밥과 | 풀 또는 작은키나무다. 신맛이 나는 수액이 있다. 잎은 대개 3출엽이고 드물게 깃꼴겹잎이거나 홑잎이다. 작은잎은 대개 도심장형이다. 턱잎은 잎자루 밑에서 커진다. 꽃은 방사상칭이다. 꽃받침조각과 꽃잎은 각각 5개씩 달린다. 수술은 10~15개다. 씨방은 5실이다. 열매는 삭과이며 둥글거나 원기둥 모양이고 익으면 터지면서 씨가 흩어진다.

0367 괭이밥, 선괭이밥

0368 자주괭이밥

0369 큰괭이밥

0370 애기괭이밥

쥐손이풀과 | 대개 풀이고 드물게 작은키나무다. 잎은 어긋나기 또는 마주나기한다. 턱잎이 있다. 꽃은 대개 방사상칭 또는 약간 좌우상칭이다. 꽃받침은 4~5개이고 계속 남는다. 꽃잎은 4~5개다. 수술은 꽃받침조각 2~3배수로 달리며 1~3륜으로 배열된다. 꽃밥 가운데 부근에 수술대가 붙어서 잘 흔들린다. 암술은 대개 5개 심피가 합생한다. 열매는 삭과이자 분열과이고 탄력 있게 분리된다.

남가새과 | 풀 또는 작은키나무다. 가지에 흔히 마디가 있다. 잎은 마주나기 또는 어긋나기하며 1~2회 깃꼴겹잎이다. 턱잎은 흔히 가시 모양이고 계속 남는다. 꽃은 방사상칭 또는 좌우상칭이고 꽃잎은 4~5개이거나 없다. 씨방은 대개 4~5실이다. 암술대는 1개다. 열매는 다양한 형태로 맺는다.

0379 남가새

아마과 | 풀 또는 작은키나무다. 잎은 어긋나기 또는 마주나기하며 가장자리는 밋밋하다. 턱잎은 작거나 없고 꿀샘으로 변한 것도 있다. 꽃은 방사상칭이다. 꽃받침조각은 4~5개이고 밑부분이 떨어지거나 부분적으로 붙는다. 꽃잎은 꽃받침조각 수와 같고 수술은 꽃잎과 같은 수로 달린다. 수술대는 밑부분이 넓어져서 관 모양이 된다. 암술은 3~5개 심피가 합생한다. 열매는 삭과 또는 핵과다.

0380 개아마, 노랑개아마

대극과 | 풀 또는 나무다. 흔히 유액이 나온다. 잎은 대개 어긋나기한다. 턱잎은 있으나 꿀샘, 털, 가시 등으로 변했다. 꽃은 암수한포기로 핀다. 꽃받침조각은 기와 모양으로 배열되며 없는 것도 있다. 수술은 1개 이상이다. 암술은 3개 심피가 합생한다. 열매는 삭과 또는 핵과다.

별이끼과 | 습한 곳이나 물속에서 자라는 풀로 조직이 매우 연약하다. 잎은 마주나기하고 가장자리는 밋밋하다. 턱잎은 없다. 꽃은 암수한포기로 피고 매우 작다. 꽃받침과 꽃잎은 없다. 수술은 1개이고 꽃밥은 2실이다. 열매는 삭과다.

운향과 | 대개 나무지만 풀도 있다. 흔히 방향성 식물로 특유한 향기가 있다. 잎은 어긋나기 또는 마주나기한다. 턱잎은 없다. 꽃은 양성화 또는 암수딴포기로 핀다. 꽃받침조각과 꽃잎은 각각 4~5개다. 수술 수는 꽃잎 수와 같거나 2배수이며 1~2륜으로 배열한다. 심피는 대개 합생하고 이생하기도 한다. 열매는 감과, 핵과, 장과, 시과, 분열과 등 다양하다

원지과 | 풀 또는 나무다. 잎은 어긋나기하고 가장자리는 밋밋하다. 턱잎은 없다. 꽃은 좌우상칭이고 꽃받침조각은 5개가 뚜렷하다. 꽃잎은 3~5개이고 바깥쪽 2개는 떨어지거나 아래에 있는 것과 합쳐지고 위쪽 2개는 떨어지며 발달하지 않는다. 수술은 8개이고 4개씩 2륜으로 달린다. 수술대는 밑부분이 합쳐지거나 떨어지고 꽃잎과 붙는다. 수술 안쪽으로 밀선반이 있다. 암술은 대개 2~5개 심피가 합생한다. 열매는 삭과 또는 핵과, 견과 등 다양하다.

봉선화과 | 다육성 풀이다. 잎은 어긋나기 또는 마주나기한다. 턱잎은 2개 샘점으로 변했

거나 없다. 꽃은 좌우상칭이다. 꽃받침조각은 3~5개로 크기가 다르며 맨 밑에 있는 것은 꿀주머니가 된다. 꽃잎은 5개이고 맨 위 1개는 뒤로 젖혀져 꽃받침처럼 보이고 옆 2개는 동합한다. 수술은 5개다. 암술은 4~5개 심피가 합생한다. 열매는 삭과이고 드물게 장과이며 열매껍질이 폭발하듯 열리면서 꼬인다.

0401   물봉선, 흰물봉선, 가야물봉선

0402   처진물봉선

0403   노랑물봉선

0404   봉선화

———————

포도과 | 대개 덩굴성 나무이거나 큰키나무이고 드물게 풀이다. 줄기에 덩굴손이 달린다. 잎은 어긋나기한다. 턱잎은 있거나 없다. 꽃은 방사상칭이고 양성화 또는 수꽃양성화딴포기로 핀다. 꽃잎은 흔히 끝이 합쳐졌다가 꽃눈이 열리면 함께 떨어진다. 수술은 꽃잎과 같은 수로 달린다. 암술은 2~4개 심피가 합생한다. 열매는 장과다.

0405   거지덩굴

———————

피나무과 | 큰키나무 또는 풀이다. 흔히 별 모양 털이 있다. 잎은 어긋나기하고 드물게 마주나기한다. 턱잎이 있다. 꽃은 방사상칭이고 꽃받침조각은 대개 5개이며 서로 겹치지 않고 닿아 있다. 꽃잎은 꽃받침조각과 같은 수로 달린다. 수술은 10개 이상이고 수술대는 밑부분이 붙는다. 암술은 5~10개 심피가 합생한다. 열매는 삭과, 또는 벌어지지 않는 견과 또는 핵과이며 드물게 장과나 분열과도 있다.

0406   고슴도치풀

———————

아욱과 | 풀 또는 나무다. 대개 별 모양 털이 있다. 잎은 어긋나기하고 흔히 손 모양으로 갈라진다. 턱잎이 있다. 꽃은 방사상칭이다. 꽃받침조각은 5개이고 서로 겹쳐지지 않고 맞닿는다. 꽃잎은 5개이고 밑부분이 붙는다. 수술은 5개 이상이고 합쳐져서 한 덩어리로 된다. 수술대는 수술통을 이루어 암술대를 둘러싸며 밑부분은 꽃잎 밑부분과 이합한다. 열매는 삭과이고 드물게 장과 또는 시과다.

0407   애기아욱, 당아욱

0408   난쟁이아욱

0409   국화잎아욱

0410   어저귀, 접시꽃

0411   공단풀

0412   나도공단풀

0413   수박풀

———————

벽오동과 | 큰키나무이고 드물게 풀이다. 흔히 별 모양 털이 있다. 잎은 어긋나기하고 드물게 마주나기한다. 턱잎은 대개 있다. 꽃은 방사상칭이다. 꽃받침조각은 3~5개이고 서로 겹치지 않으며 맞닿는다. 꽃잎은 5개 또는 없고 흔히 수술통에 붙는다. 수술은 5~여러 개이고 흔히 수술통에 5개씩 붙으며 바깥

쪽 것은 헛수술이다. 열매는 건과이고 드물
게 장과이며 벌어지기도 하고 벌어지지 않기
도 한다.

0414   불암초
0415   까치개
0416   수까치깨

팥꽃나무과 | 대개 나무이고 드물게 풀이다.
잎은 마주나기 또는 어긋나기한다. 턱잎은 없
다. 꽃은 보통 방사상칭이다. 꽃받침은 통 모
양이고 때로는 꽃잎 모양이기도 하며 끝이
4~5갈래로 갈라진다. 꽃잎은 없거나 비늘조
각 모양이다. 수술은 2개 이상이며 꽃받침 갈
래조각과 같은 수이거나 2배수로 달린다. 암
술머리는 두상이다. 열매는 벌어지지 않는다.

0417   아마풀
0418   피뿌리풀

제비꽃과 | 대개 풀이고 드물게 작은키나무
도 있다. 잎은 어긋나기하거나 드물게 마주
나기한다. 턱잎은 있다. 꽃은 방사상칭 또는
좌우상칭이다. 흔히 폐쇄화가 달린다. 꽃받
침조각은 5개이고 계속 남으며 흔히 밑부분
에 부속체가 있다. 꽃잎은 5개이고 맨 아래
꽃잎은 꿀주머니를 이룬다. 수술은 5개다.
열매는 삭과이고 드물게 장과도 있다. 씨는
흔히 부속체가 있다.

0419   노랑제비꽃

0420   장백제비꽃
0421   서울제비꽃
0422   호제비꽃
0423   제비꽃, 흰제비꽃
0424   흰젖제비꽃
0425   금강제비꽃, 애기금강제비꽃
0426   잔털제비꽃, 동강제비꽃
0427   태백제비꽃
0428   남산제비꽃, 단풍제비꽃
0429   선제비꽃
0430   왕제비꽃
0431   졸방제비꽃
0432   큰졸방제비꽃
0433   고깔제비꽃
0434   넓은잎제비꽃, 종지나물
0435   왜제비꽃
0436   털제비꽃, 흰털제비꽃
0437   둥근털제비꽃
0438   알록제비꽃
0439   자주잎제비꽃
0440   콩제비꽃
0441   각시제비꽃
0442   낚시제비꽃
0443   좀낚시제비꽃
0444   긴잎제비꽃
0445   사향제비꽃
0446   뫼제비꽃
0447   민둥뫼제비꽃
0448   우산제비꽃, 울릉제비꽃

박과 | 풀이다. 덩굴성이고 덩굴손이 있다. 잎
은 어긋나기하고 손 모양이며 잎자루가 길다.

턱잎은 없다. 꽃은 방사상칭이고 암수딴포기 또는 암수한포기다. 수꽃은 수술이 5개다. 암꽃도 수술이 5개이고 3개 심피가 합생한다. 씨방은 1실이다. 열매는 장과 또는 박과이고 드물게 삭과다.

부처꽃과 | 풀 또는 나무다. 잎은 마주나기 또는 돌려나기한다. 턱잎은 작거나 없다. 꽃은 방사상칭 또는 좌우상칭이다. 꽃받침조각은 4개 또는 6개이고 꽃잎도 같은 수로 달린다. 수술은 꽃잎 2배수이고 2륜으로 배열한다. 암술은 2~6개 심피가 합생한다. 열매는 삭과다.

바늘꽃과 | 대개 풀이고 드물게 나무다. 잎은 어긋나기 또는 마주나기한다. 턱잎은 없다. 꽃은 거의 방사상칭이다. 꽃받침조각은 2~5

개이고 겹치지 않는다. 꽃잎은 꽃받침조각과 같은 수로 달리며 드물게 없기도 하다. 수술은 꽃받침조각과 같은 수이거나 2배수다. 암술은 꽃잎 수와 같은 수로 심피가 합생한다. 열매는 삭과 또는 견과 또는 장과다. 마름과를 포함하기도 한다

마름과 | 풀이고 수생식물이다. 잎은 마름모 모양이고 물에 뜨며 잎자루는 해면질이고 부분적으로 부푼다. 꽃받침은 통 모양이고 계속 남아 가시 모양으로 된다. 꽃잎은 4개다. 수술도 4개다. 암술대는 남는다. 열매는 딱딱한 골질이다.

두릅나무과 | 풀 또는 나무다. 줄기는 단단하고 흔히 가시가 있다. 잎은 대개 어긋나기하고 드물게 마주나기한다. 턱잎은 없거나 밑부분에 있기도 하다. 꽃은 방사상칭이다. 꽃

받침조각은 5개다. 꽃잎은 대개 3개 또는 5개이고 겹치지 않고 맞닿게 배열된다. 수술은 꽃잎과 같은 수로 달린다. 암술대는 떨어져 있거나 붙어 있다. 열매는 장과 또는 핵과이고 드물게 분열과다.

0472　독활

───────

개미탑과 | 풀 또는 작은키나무다. 잎은 마주나기 또는 어긋나기하고 때로는 돌려나기한다. 물속 잎은 흔히 가늘게 갈라진다. 턱잎은 없다. 꽃은 매우 작다. 꽃받침통은 씨방과 붙어 있고 갈래조각은 없거나 2~4개다. 꽃잎은 없거나 2~4개다. 수술은 2~8개이며 꽃밥은 밑에서 붙고 세로로 갈라진다. 암술대는 2~4개다. 열매는 견과 또는 핵과이고 매우 작으며 익어도 갈라지지 않거나 종자 1개가 있는 소견과로 나뉜다.

0473　개미탑
0474　이삭물수세미

───────

산형과 | 대개 풀이다. 줄기는 대부분 속이 비어 있거나 단단하다. 잎은 어긋나기하고 대개 많이 갈라지거나 겹잎이며 잎자루 밑부분은 넓어져서 잎집으로 된다. 꽃은 방사상칭이고 산형꽃차례 또는 겹산형꽃차례를 이루거나 두상꽃차례로 달린다. 꽃받침은 씨방에 붙으며 대개 톱니가 5개 있다. 꽃잎은 5개이고 수술도 5개다. 암술대는 2개다. 씨방은 심피 2개로 구성되며 2실이다. 열매는 분열

과이고 2개 분과이며 흔히 유관이 있다.

0475　등대시호
0476　섬시호
0477　시호
0478　개시호
0479　참시호
0480　큰피막이, 제주피막이
0481　병풀
0482　붉은참반디
0483　참반디
0484　애기참반디
0485　전호
0486　유럽전호
0487　사상자
0488　개사상자
0489　긴사상자
0490　솔잎미나리
0491　반디미나리
0492　미나리
0493　참나물
0494　한라참나물
0495　큰참나물
0496　대마참나물
0497　독미나리
0498　갯사상자
0499　벌사상자
0500　궁궁이
0501　개회향
0502　고본
0503　왜당귀
0504　개발나물
0505　대암개발나물

쌍떡잎식물
통꽃아강

노루발과 | 대개 상록성이다. 잎은 어긋나기
하나, 돌려나기 또는 마주나기도 한다. 턱잎은
없다. 꽃은 방사상칭이다. 꽃받침조각은 5개
이고 드물게 없기도 하다. 꽃잎은 4~5개이고
수술 수는 꽃잎 수 2배다. 암술은 4~5개 심피
가 합생한다. 열매는 삭과이고 드물게 장과다.

앵초과 | 흔히 옆으로 벋는 땅속줄기가 있다.
잎은 마주나기 또는 어긋나기하며 돌려나기
도 한다. 턱잎은 없다. 꽃은 방사상칭이다. 꽃
받침은 대개 5개이고 계속 남는다. 화관은 5
개이고 드물게 없기도 하다. 수술 수는 화관
수와 같다. 암술은 5개 심피가 합생한다. 씨
방은 1실이다. 열매는 5갈래로 갈라지는 삭
과 또는 뚜껑처럼 열리는 개과다.

0540   버들까치수염
0541   까치수염
0542   큰까치수염
0543   진퍼리까치수염
0544   홍도까치수염
0545   물까치수염
0546   갯까치수염
0547   좁쌀풀
0548   참좁쌀풀
0549   좀가지풀
0550   앵초
0551   큰앵초
0552   설앵초
0553   봄맞이
0554   애기봄맞이
0555   금강봄맞이

갯질경이과 | 대개 풀이고 드물게 작은키나무다. 잎은 어긋나기한다. 턱잎은 없다. 꽃은 방사상칭이다. 포는 흔히 엽초 모양이고 건막질이다. 꽃받침은 대개 맥이 있다. 화관은 대개 5갈래로 갈라진다. 수술은 5개이고 화관통에 붙는다. 암술대는 5개다. 씨방은 1실이다. 열매는 포과이고 뚜껑처럼 열리는 개과이기도 하다.

0556   갯질경

용담과 | 잎은 마주나기하며, 어긋나기 또는 돌려나기도 한다. 턱잎은 없다. 꽃은 방사상칭이다. 꽃받침은 통 모양이거나 떨어져 달

린다. 화관은 4~12갈래로 갈라지고 피기 전에는 꼬여 있거나 드물게 겹쳐 있기도 하다. 수술은 화관 갈래조각 수와 같고 화관통에 붙는다. 암술은 2개 심피가 합생한다. 씨방은 1실이다. 열매는 삭과이고 드물게 장과다.

0557   쓴풀
0558   개쓴풀
0559   네귀쓴풀
0560   큰잎쓴풀
0561   자주쓴풀
0562   대성쓴풀
0563   덩굴용담
0564   좁은잎덩굴용담
0565   용담
0566   과남풀
0567   비로용담, 흰비로용담
0568   흰그늘용담
0569   구슬붕이
0570   큰구슬붕이
0571   꼬인용담
0572   참닻꽃

조름나물과 | 여러해살이 수생식물이다. 잎은 어긋나기 또는 마주나기하며 육질인 긴 잎자루가 있다. 턱잎은 없다. 꽃은 방사상칭이다. 화관은 대개 5갈래로 갈라진다. 수술은 화관 갈래조각과 같은 수로 달린다. 씨방 밑에 꿀샘이 5개 있다. 열매는 삭과다.

0573   조름나물
0574   어리연꽃

0575   좀어리연꽃

0576   노랑어리연꽃

———————

마전과 | 잎은 대개 마주나기하며, 드물게 어긋나기 또는 돌려나기한다. 턱잎이 있다. 꽃은 방사상칭이다. 꽃받침조각은 겹치지 않고 맞닿는다. 화관통은 4~10갈래로 갈라진다. 수술은 화관 갈래조각 수와 같거나 1개이고 화관통에 붙는다. 암술은 2개 심피가 합생한다. 열매는 삭과, 장과, 핵과다

0577   큰벼룩아재비

———————

협죽도과 | 흔히 흰색 유액이 있고 유독성이다. 잎은 대개 마주나기하며, 드물게 돌려나기한다. 턱잎은 작거나 없다. 꽃은 방사상칭이다. 꽃받침은 4~5갈래로 갈라진다. 화관은 깔때기 모양이다. 수술은 4~5개이고 화관통 위에 있으며 대개 떨어져 있다. 암술은 2개 심피가 이생하거나 합생한다. 씨방은 1실 또는 2실이다. 암술대는 1개다. 열매는 장과, 대과, 핵과다. 박주가리과와 비슷하지만 수술대가 떨어져 있고 암술대가 1개인 것이 다르다.

0578   수궁초

0579   정향풀

0580   개정향풀

———————

박주가리과 | 즙액이 많으며 흰색 유액이 있기도 하다. 잎은 마주나기 또는 돌려나기하며, 드물게 어긋나기도 한다. 턱잎은 없다. 꽃은 방사상칭이다. 화관은 5갈래로 갈라지고 부화관이 있다. 수술은 5개이고 서로 떨어져 있거나 붙어 있다. 꽃밥과 암술대는 관 모양으로 붙어서 예주를 이룬다. 암술은 2개 심피가 이생한다. 암술대는 떨어져 있다. 열매는 골돌과다.

0581   박주가리

0582   큰조롱

0583   솜아마존

0584   민백미꽃

0585   백미꽃

0586   선백미꽃

0587   덩굴민백미꽃

0588   덩굴박주가리

0589   흑박주가리

0590   산해박

0591   세포큰조롱

0592   가는털백미

0593   왜박주가리

———————

꼭두서니과 | 잎은 대개 마주나기하며, 드물게 돌려나기한다. 턱잎은 떨어져 있거나 붙어 있으며 잎 모양인 것도 있다. 꽃은 대개 방사상칭이고 드물게 좌우상칭이다. 꽃받침은 4~5개이고 작다. 화관은 대개 통 모양이고 4~10갈래로 갈라진다. 수술은 화관 갈래조각 수와 같다. 암술은 2개 심피가 합생한다. 열매는 삭과, 장과 핵과, 분리과 등이다.

0594   낚시돌풀

메꽃과 | 유액이 있기도 하다. 잎은 어긋나기하고 홑잎이다. 턱잎은 없다. 꽃은 방사상칭이다. 꽃받침조각은 5개이고 계속 남는다. 화관은 대개 깔때기 모양이다. 수술은 5개이고 화관 밑부분에 붙는다. 암술은 2개 또는 3~5개 심피가 합생한다. 열매는 삭과이고 장과나 견과도 있다.

지치과 | 풀인 경우 대개 뻣뻣한 털이 있다. 잎은 어긋나기하며, 드물게 마주나기한다. 턱잎은 없다. 꽃은 대개 방사상칭이다. 꽃받침조각은 5개이고 크기는 제각각 다르다. 화관은 종 또는 깔때기 모양이고 5갈래로 갈라진다. 수술 수는 화관 갈래조각 수와 같고 화관에 붙으며 밑부분에 부속체가 있기도 하다. 암술은 대개 2개 심피가 합생하나 깊게 갈라져서 4실처럼 보이는 것도 있다. 열매는 핵과 또는 4개 소견과다.

마편초과 | 줄기는 대개 네모진다. 잎은 마주

나기 또는 돌려나기한다. 턱잎은 없다. 꽃은 좌우상칭이다. 꽃받침은 4~5갈래로 갈라지고 계속 남는다. 화관은 4~5갈래로 갈라진다. 수술은 대개 4개이고 드물게 2개 또는 5개이며 화관에 붙는다. 암술은 2개 심피가 합생한다. 열매는 핵과, 소견과, 삭과, 장과다.

꿀풀과 | 줄기는 대개 네모진다. 전체에서 독특한 향기가 난다. 잎은 마주나기 또는 돌려나기한다. 턱잎은 없다. 꽃줄기 잎은 포로 된다. 꽃은 좌우상칭이고 때로는 방사상칭이다. 꽃받침은 합생하거나 둘로 갈라진다. 화관은 통 모양이고 끝은 4~5갈래로 갈라져 입술 모양으로 된다. 대개 윗입술꽃잎이 2갈래로 갈라지고 아랫입술꽃잎은 3갈래로 갈라진다. 입술꽃잎 안에 있다. 수술은 4개 또는 2개이며 윗입술꽃잎 안에 있다. 암술은 2개 심피가 합생하나 씨방 각 실이 갈라져 4실이 있다. 열매는 대개 4개 소견과이고 드물게 핵과다.

가지과 | 잎은 어긋나기한다. 턱잎은 없다. 꽃은 대개 방사상칭이고 드물게 좌우상칭이다. 꽃받침은 4~6갈래로 갈라지고 계속 남는다. 화관은 통 모양이고 대개 5갈래로 갈라진다. 수술은 화관통에 붙으며 대개 5개지만 4개, 2+2개, 2개인 경우도 있다. 암술은 대부분 2개 심피가 합생한다. 열매는 삭과, 장과이고 드물게 핵과이기도 하다.

현삼과 | 잎은 어긋나기 또는 마주나기하고, 돌려나기도 한다. 턱잎은 없다. 꽃은 좌우상칭이고 드물게 방사상칭이다. 꽃받침조각은 4~5개이고 맞닿아 배열한다. 화관은 4~5갈래로 갈라지고 약간 입술 모양이며 꿀주머니가 있기도 하다. 수술은 대개 4개로 2개는 길고 2개는 짧으나(이강웅예) 드물게 2개이기도 하다. 암술은 2개 심피가 합생한다. 씨방은 완전한 2실이다. 열매는 삭과, 장과, 분열과다. 꿀풀과에 비해 씨방이 갈라지지 않는 점이 다르다.

쥐꼬리망초과 | 풀 또는 관목이고 드물게 덩굴성이다. 잎은 마주나기한다. 턱잎은 없다. 꽃은 좌우상칭이다. 꽃받침은 4~5갈래로 갈라진다. 화관은 5갈래로 갈라지고 입술 모양이다. 수술은 4개(이강웅예) 또는 2개이기도 하고 화관 통부에 붙는다. 암술대는 1개다. 암술은 2개 심피가 합생한다. 열매는 삭과다.

참깨과 | 풀이다. 잎은 마주나기하고 줄기 위쪽 것은 어긋나기한다. 턱잎은 없다. 꽃은 좌우상칭이다. 꽃받침은 4~5갈래로 갈라진다.

화관은 긴 통 모양이고 끝이 5갈래로 갈라지며 약간 입술 모양이다. 수술은 대부분 4개(이강웅예)이고 드물게 2개다. 암술은 2개 심피로 구성된다. 암술머리는 2개다. 씨방은 2~4실이다. 열매는 삭과, 견과, 핵과다.

열당과 | 대개 엽록체가 없는 기생식물이다. 곧게 자라는 줄기가 1개 있고 흔히 비늘조각 모양 잎이 밑부분에 어긋나기로 달린다. 꽃은 좌우상칭이다. 꽃받침은 톱니가 4~5갈래 또는 다양하게 갈라진다. 화관은 통 모양이고 끝이 5갈래로 갈라지며 약간 입술 모양이다. 수술은 4개(이강웅예)이다(또는 6개이고 사강웅예라고도 하니 확인해야 함). 암술은 1개다. 씨방은 1실이다. 열매는 삭과이고 대개 꽃받침에 싸인다.

통발과 | 흔히 습지나 물속에서 자라는 풀로 식충식물이다. 잎은 어긋나기하거나 방석 모양으로 퍼져 자란다. 물속 잎은 흔히 비늘조각이나 부레 모양이고 샘털이나 벌레잡이주머니를 갖기도 한다. 꽃은 좌우상칭이다. 꽃받침은 2~5갈래로 갈라진다. 화관은 끝이 2~5갈래로 갈라지고 입술 모양이며 아랫입술 밑부분은 꿀주머니로 된다. 수술은 2개이

고 화관 밑부분에 붙는다. 헛수술도 2개다. 씨방은 1실이고 2개 심피로 이루어진다. 열매는 삭과이고 2~4갈래로 벌어진다

0741 땅귀개
0742 이삭귀개
0743 자주땅귀개
0744 들통발
0745 통발
0746 참통발

———

파리풀과 | 여러해살이풀이다. 잎은 마주나기하고 톱니가 있다. 턱잎은 없다. 꽃은 좌우상칭이고 작으며 매우 짧은 자루가 있다. 꽃받침은 통 모양이고 5개 톱니가 계속 남는다. 등 쪽 톱니 3개는 열매를 맺을 때쯤 가시나 갈고리 모양으로 바뀐다. 화관은 통 모양이고 끝은 입술 모양이다. 윗입술꽃잎은 2갈래로 갈라지고 아랫입술꽃잎은 3갈래로 갈라진다. 수술은 4개이며 그중 2개가 길다. 씨방은 1실이다. 열매는 소견과이고 꽃받침으로 싸인다.

0747 파리풀

———

질경이과 | 대개 풀이고 드물게 작은키나무다. 잎은 마주나기하고 평행맥이 있다. 평행맥은 잎몸이 퇴화하고 잎자루가 잎몸처럼 된 것이다. 턱잎은 없다. 꽃은 방사상칭이고 수상꽃차례를 이룬다. 꽃받침은 초질이고 4갈래로 깊게 갈라진다. 화관은 건막질이고

3~4개로 갈라진다. 수술은 대개 4개이고 암술은 2개 심피가 합생한다. 씨방은 1~4실이다. 열매는 삭과 또는 견과다.

0748 질경이
0749 개질경이
0750 창질경이

———

연복초과 | 풀 또는 나무다. 잎자루가 길고 잎은 3갈래로 갈라진다. 꽃줄기 끝에 꽃이 밀생해서 피며 양성화다. 열매는 핵과다. 종수가 적다는 이유로 인동과에 포함하기도 하지만 그럴 정도로 두 종간 유연관계가 가깝지는 않다.

0751 연복초

———

마타리과 | 풀이다. 잎은 뿌리에서 모여나기 또는 마주나기한다. 턱잎은 없다. 꽃은 좌우상칭이다. 꽃받침은 대개 5개가 축소되거나 없다. 화관은 통 또는 깔때기 모양이고 흔히 3~5갈래로 갈라진다. 대부분 밑부분이 볼록해져서 꿀주머니가 된다. 수술은 대부분 3~4개로 화관 갈래조각 수보다 적고 화관통에 붙는다. 씨방은 3실이지만 1실만 열매를 맺는다. 열매는 수과다.

0752 마타리
0753 돌마타리
0754 금마타리
0755 뚝갈, 긴뚝갈

0756   상치아재비
0757   쥐오줌풀, 넓은잎쥐오줌풀

―――――――

산토끼꽃과 | 풀이다. 잎은 마주나기 또는 돌려나기한다. 턱잎은 없다. 꽃은 좌우상칭이고 대개 두상꽃차례에 달리며 꽃받침 모양 총포에 둘러싸인다. 꽃받침은 잔 모양이다. 화관은 4~5갈래로 갈라진다. 수술은 대개 4개이며 드물게 2~3개이며 화관통 밑부분에 붙는다. 수술대는 떨어져 있다. 씨방은 1실이다. 열매는 수과다.

0758   솔체꽃, 구름체꽃
0759   산토끼꽃

―――――――

초롱꽃과 | 풀이고 드물게 작은키나무다. 대개 유액이나 즙액이 있다. 잎은 어긋나기한다. 턱잎은 없다. 꽃은 방사상칭 또는 좌우상칭이다. 꽃받침은 씨방에 붙고 5갈래로 갈라진다. 화관은 종이나 통 모양이고 끝은 5갈래로 갈라진다. 수술은 화관 갈래조각 수와 같고 화관 밑부분에 붙는다. 숫잔대처럼 꽃밥이 서로 붙는 것도 있다. 암술은 대개 5개 심피가 합생한다. 열매는 삭과 또는 장과다.

0760   잔대, 넓은잔대
0761   층층잔대, 가는층층잔대
0762   수원잔대, 당잔대
0763   긴당잔대
0764   진퍼리잔대, 섬잔대
0765   가야산잔대, 두타산잔대

0766   선모시대
0767   모시대
0768   도라지모시대
0769   초롱꽃, 섬초롱꽃
0770   자주꽃방망이
0771   금강초롱꽃
0772   홍노도라지
0773   애기도라지
0774   도라지
0775   영아자
0776   만삼
0777   더덕
0778   소경불알
0779   수염가래꽃
0780   숫잔대

―――――――

국화과 | 대개 풀이나 작은키나무이고 드물게 큰키나무다. 일부는 유액이 있기도 하다. 잎은 어긋나기 또는 마주나기하고 드물게 돌려나기한다. 턱잎은 없다. 꽃은 작은 꽃이 모여 두상꽃차례를 이뤄 커다란 꽃 1개처럼 보인다. 두상꽃차례는 총포에 둘러싸인다. 관 모양꽃은 방사상칭이고 혀모양꽃은 좌우상칭이다. 수술은 5개(드물게 4개)이고 암술은 1개다. 5개 꽃밥이 붙어서 암술대를 둘러싸고 암술대가 자라면서 생기는 압력으로 꽃가루를 밀어낸다. 씨방은 1실이다. 열매는 수과이고 갓털이 있거나 없다. 쌍떡잎식물 가운데 가장 진화한 식물군이다.

0781   떡쑥
0782   풀솜나물, 선풀솜나물

외떡잎식물

택사과 | 물속이나 습지에서 자라는 풀이고 전체에 털이 없다. 잎은 뿌리에서 나고 잎자루가 있다. 어린잎은 물속에 잠겨 있으나 성숙한 잎은 대개 물 밖으로 나온다. 꽃은 방사상칭이다. 꽃받침조각은 3개이고 계속 남는다. 꽃잎도 3개다. 수술은 6개 이상으로 많다. 암술은 3개 이상 심피가 이생한다. 열매는 수과이고 배젖이 없다. 쌍떡잎식물 미나리아재비과와 꽃 구조가 비슷하다.

자라풀과 | 수생식물이다. 꽃은 단성화(암수딴포기) 또는 양성화다. 꽃은 포 안에 싸여 있다. 꽃받침은 막질이다. 꽃덮개는 있기도 하고 없기도 하다. 수술 수는 3개 또는 그 배수다. 씨방은 1실 또는 불완전하게 여러 실로 된다. 열매는 수과다.

가래과 | 민물에 사는 풀이다. 기는 땅속줄기와 흔히 물에 잠기는 줄기가 있다. 잎은 어긋나기 또는 마주나기하고 물에 잠기거나 뜨며 실 모양이고 납작하다. 턱잎은 잎자루에 붙어 있는 것과 떨어져 있는 것이 있다. 꽃은 수상꽃차례나 총상꽃차례에 달리고 때로 막질 잎집에 싸인다. 꽃덮개는 4개이거나 없다. 수술과 암술은 각각 1~4개이고 꽃밥 가로막은 자라서 꽃덮개 모양으로 된다. 심피는 대개 4개다. 열매는 소견과 또는 수과이고 단단한 껍질에 싸인다.

0949   가래, 애기가래, 대가래
0950   말즘, 실말

지채과 | 풀이다. 잎은 선형이고 모두 뿌리에서 나며 횡단면은 반달 모양이다. 잎밑에 잎집이 있고 그 안쪽에 여러 개 비늘조각이 있다. 꽃은 총상꽃차례 또는 수상꽃차례에 양성화로 핀다. 꽃덮개는 없고 꽃덮개 사이 부속돌기가 꽃덮개조각 모양으로 발달한다. 꽃이 필 때는 심피가 떨어져 있다. 각 심피에 밑씨가 1개 있다. 열매는 삭과다.

0951   지채

백합과 | 대개 여러해살이 풀이고 드물게 작은키나무다. 보통 알줄기, 비늘줄기 또는 덩이줄기가 있다. 잎은 어긋나기하고, 드물게 마주나기 또는 돌려나기하며, 가장자리는 밋

밋하다. 꽃은 방사상칭 또는 좌우상칭이다. 꽃덮개조각은 대개 6개이고 2열(3+3)로 달린다. 수술은 보통 6개이고 드물게 3개이며 밑에는 꿀샘이 발달한다. 암술은 3개 심피가 합생한다. 씨방은 대개 상위이고 3실이다. 열매는 삭과 또는 장과다.

0952   제주실꽃풀
0953   꽃장포
0954   숙은꽃장포, 한라꽃장포
0955   칠보치마
0956   처녀치마, 숙은처녀치마
0957   뻐꾹나리
0958   여로, 흰여로
0959   박새
0960   나도여로
0961   비비추, 좀비비추
0962   주걱비비추
0963   흑산도비비추
0964   일월비비추
0965   백운산원추리, 큰원추리
0966   노랑원추리
0967   태안원추리
0968   중의무릇, 애기중의무릇
0969   달래
0970   산달래
0971   두메부추
0972   한라부추
0973   산부추, 갯부추
0974   둥근산부추, 부추
0975   산마늘, 울릉산마늘
0976   솔나리
0977   참나리

노란별수선과 | 작거나 중간 크기 풀이다. 알뿌리 또는 뿌리줄기가 있다. 잎은 벼과 잎처럼 생겼다. 꽃은 방사상칭이다. 꽃줄기 끝에 여러 개가 달린다. 꽃덮개는 3배수로 달린다. 열매는 삭과 또는 장과다. 과거에는 수선화과로 분류되었으나 형태 및 분자 형질 차이에 따라 독립된 과로 분리되었다.

수선화과 | 풀이다. 대개 비늘줄기가 있고 드물게 짧은 땅속줄기가 있기도 하다. 잎은 주로 뿌리에서 나고 선형이다. 꽃은 방사상칭이다. 꽃덮개는 6개이고 2줄로 배열되며 밑부분이 합착해서 통부로 되나 수선화처럼 부화관이 발달하는 것도 있다. 수술은 6개이고 씨방은 하위(백합과와 차이점)이며 3실이다. 드물게 씨방이 중위인 것도 있다. 열매는 삭과이고 드물게 장과다.

마과 | 덩굴성 풀이다. 잎은 어긋나기 또는 마주나기하며 그물맥이고 잎자루가 있다. 꽃은 방사상칭이고 암수딴포기 또는 암수한 포기다. 꽃덮개조각은 6개다. 수술은 6개이며 때로는 3개가 결실성이고 3개는 불염성이다. 암술은 1개다. 씨방은 하위이고 3실이다. 열매는 삭과 또는 장과다. 백합과와 유연관계이지만, 꽃이 단성이고 자방이 하위인 점이 다르다.

1021　마, 참마
1022　단풍마, 부채마

물옥잠과 | 늪이나 습지에서 자라는 풀이다. 땅속줄기는 있거나 없다. 잎은 마주나기 또는 돌려나기하며 뿌리나 줄기에서 나고 넓으며 잎자루가 길다. 꽃은 방사상칭이고 엽초에서 나온다. 꽃덮개조각은 6개이고 서로 크기가 다르며 1~2열로 배열한다. 수술은 6개(드물게 3개)이고 그중 1개가 길다. 암술은 3개 심피가 합생한다. 씨방은 1실 또는 3실이다. 열매는 삭과 또는 폐과다.

1023　물옥잠
1024　물달개비

붓꽃과 | 연못이나 습지에서 자라는 풀이다. 땅속줄기 또는 알줄기가 있다. 잎은 좁고 길다. 꽃은 방사상칭 또는 좌우상칭이다. 포가 2개 있다. 꽃덮개는 6개이고 2줄로 배열한

다. 수술은 3개이고(백합과와 다른 점) 안쪽 꽃덮개와 어긋나기로 달린다. 씨방은 하위, 대개 3실이다. 암술대는 3갈래로 갈라진다. 열매는 삭과 또는 폐과다.

1025　꽃창포, 노랑꽃창포
1026　금붓꽃, 노랑붓꽃
1027　노랑무늬붓꽃
1028　각시붓꽃, 넓은잎각시붓꽃
1029　솔붓꽃, 난장이붓꽃
1030　타래붓꽃
1031　붓꽃
1032　부채붓꽃, 제비붓꽃
1033　대청부채
1034　범부채
1035　등심붓꽃

버어먼초과 | 매우 작은 풀이다. 부생성으로 엽록소가 없거나 드물게 있기도 하다. 잎은 어긋나기하며 퇴화해 비늘 모양이다. 꽃은 방사상칭이다. 꽃덮개조각은 6개이고 통 모양이다. 수술은 3개 또는 6개이고 화관 통부에 붙는다. 수술대는 매우 짧거나 없다. 씨방은 하위이고 3실이다. 암술대는 1개이고 암술머리는 3개다. 열매는 삭과다.

1036　버어먼초, 애기버어먼초

닭의장풀과 | 풀이고 드물게 반관목이다. 줄기가 있는 것은 약간 육질이고 부푼 마디가 있다. 잎은 어긋나기하고 평행맥이 있으며

잎밑은 칼집 모양으로 마디를 둘러싼다. 꽃은 방사상칭 또는 좌우상칭이다. 꽃받침은 3개이고 꽃잎도 3개다. 수술은 6개이고 3개씩 2열로 배열하며 일부는 헛수술로 알려져 있다. 암술대는 1개다. 암술은 3개 심피가 합생한다. 열매는 삭과이고 드물게 장과다.

1037   닭의장풀
1038   덩굴닭의장풀
1039   나도생강
1040   사마귀풀

————

천남성과 | 여러해살이 풀 또는 기는 작은키나무다. 땅속에 알줄기가 있다. 잎은 어긋나기하고 잎자루가 있으며 밑부분은 칼집 모양이다. 꽃은 방사상칭이고 양성화 또는 단성화(암수딴포기 또는 암수한포기)이며 불염포로 둘러싸인 육수꽃차례에 달린다. 꽃덮개는 없거나 작은 비늘 모양이다. 수술은 6개 이하이고 헛수술이 있기도 하다. 암술은 2~3개 심피가 합생한다. 씨방은 1~3실이다. 열매는 장과다.

1041   반하
1042   대반하
1043   두루미천남성
1044   점박이천남성
1045   큰천남성
1046   둥근잎천남성, 천남성
1047   무늬천남성
1048   섬남성
1049   앉은부채

1050   애기앉은부채
1051   석창포, 창포

————

영주풀과 | 엽록소가 없어 광합성을 하지 않으며 세포 내 진균을 소화시켜 양분을 얻는 여러해살이 부생식물이다. 뿌리는 사상균 균사체를 포함한다. 줄기는 곧게 선다. 잎은 어긋나기하고 비늘 모양이다. 꽃은 단성화(암수한포기)이고 드물게 양성화로 핀다. 양성화는 수술이 2~6개(드물게 8개)이다

1052   영주풀

————

개구리밥과 | 물에 뜨거나 잠기는 수생식물이다. 매우 작고 줄기는 없다. 잎은 비늘조각 모양 또는 엽상체이고 1개 또는 소수가 몰려 붙는다. 뿌리는 1~수 개가 있거나 퇴화해 없다. 꽃은 단성화이고 매우 드물게 핀다. 꽃차례는 1개 암꽃과 2개 수꽃이 불염포에 싸인다. 수꽃은 꽃덮개가 없고 1~2개 수술만 있다. 암꽃도 꽃덮개가 없고 심피가 1개다. 대개 측생하는 묘아에서 나오는(출아법) 무성생식으로 증식한다. 열매는 낭과다. 부평초과라고도 한다. 대부분 학자들이 천남성과의 퇴화형으로 본다.

1053   개구리밥, 좀개구리밥, 물개구리밥

————

흑삼릉과 | 습지나 물속에서 자라는 여러해살이 풀이다. 곧게 서고 전체에 털이 없다.

잎은 어긋나기 또는 마주나기하며 선형이고 가장자리는 밋밋하다. 꽃은 암수한포기로 핀다. 두상꽃차례가 수상꽃차례 또는 원추꽃차례처럼 달린다. 꽃차례 아래쪽에 암꽃이 달리고 위쪽에 수꽃이 달린다. 꽃덮개는 3~6개이고 막질이다. 수술은 3개 또는 그 이상이다. 씨방은 1~2개다. 열매는 견과이고 벌어지지 않는다.

1054 흑삼릉

부들과 | 여러해살이 풀이다. 전체에 털이 없다. 잎은 마주나기하고 선형이며 속은 스펀지 같다. 꽃은 암수한포기이고 수상꽃차례이며 원기둥 모양으로 빽빽하게 달린다. 대개 위쪽에 수꽃이 달리고 아래쪽에 암꽃이 달린다. 포는 없거나 일찍 떨어진다. 꽃덮개는 없거나 비늘 모양이다. 수꽃은 수술이 2~5개다. 암꽃은 심피가 1개이고 씨방은 1실이다. 열매는 수과 또는 견과다.

1055 부들, 애기부들, 꼬마부들

생강과 | 방향성 여러해살이 풀이다. 뿌리줄기가 다육질로 두툼하고 줄기는 곧게 선다. 잎은 뿌리에서 나고 어긋나기하며 잎집과 잎혀가 있다. 꽃은 좌우상칭이다. 꽃받침은 통 모양이고 3갈래로 갈라진다. 꽃덮개는 깔때기 모양이고 대개 3갈래로 갈라진다. 수술은 6개이고 2열(3+3)로 달리며, 안쪽 1개만이 기능하고 2개는 꽃잎 모양 헛수술이다. 암술

은 3개 심피가 합생한다. 씨방은 3실이고 드물게 1실이다. 열매는 삭과 또는 장과다.

1056 양하

난초과 | 주로 균류와 공생하는 여러해살이 풀이다. 잎이 대개 어긋나기하고 비늘 모양으로 퇴화했거나 아예 없는 것도 있다. 꽃은 좌우상칭이다. 꽃받침과 꽃잎은 각각 3개씩 달린다. 아랫입술꽃잎은 주머니 모양으로 부풀거나 꿀주머니로 바뀌기도 한다. 수술은 1개 또는 2개이고 암술대에 붙으며 기둥 모양이다. 꽃밥은 1개다. 꽃가루는 1~8개가 무리지어 꽃가루덩이(화분괴)를 이룬다. 암술은 3개 심피가 합생한다. 씨방은 하위이고 대개 1실이며 3실도 있다. 열매는 삭과이고 드물게 장과다. 그 안에 가루 같은 씨가 무수히 들어있다. 외떡잎식물 중에서 가장 발달한 식물군으로 본다.

1057 큰방울새란, 방울새란
1058 으름난초
1059 무엽란
1060 제주무엽란, 노랑제주무엽란
1061 복주머니란, 털복주머니란
1062 광릉요강꽃
1063 애기천마
1064 섬사철란, 붉은사철란
1065 애기사철란
1066 로젯사철란
1067 사철란
1068 털사철란

쌍떡잎식물

갈래꽃아강

0001 뽕모시풀 *Fatoua villosa*

- 어긋나기, 홑잎, 암수한포기, 취산꽃차례
- 전국 밭, 길가 또는 숲 가장자리에서 자라며 7~10월에 꽃 피는 한해살이풀
- 꽃이 취산꽃차례에 달림. 줄기나 잎을 자르면 희멀건 액이 나옴

잎은 난형 또는 넓은 난형이며 톱니가 있고 양면이 거칠거칠함

줄기에 짧은 털이 있고 녹색 또는 갈색

높이는 20~40cm, 곧게 서며 드물게 가지가 갈라짐

수꽃은 수술이 4개이고 꽃덮개는 4갈래로 갈라짐

암꽃은 암술이 1개이고 암꽃차례에 수꽃이 함께 달리기도 함

함께 달린 수꽃

줄기나 잎을 자르면 나오는 액

열매는 수과 익으면 팽압 때문에 튕겨 나감

씨

0002 **환삼덩굴** *Humulus scandens*

- 마주나기, 홑잎, 암수딴포기, 원추꽃차례(수꽃)와 짧은 수상꽃차례(암꽃)
- 전국 길가나 숲 가장자리에서 덩굴져 자라며 7~10월에 꽃 피는 한해살이풀
- 잎이 손 모양. 줄기에 아래를 향한 가시가 달려 사람 피부에 잘 긁힘

길이는 2~4m
다른 물체를 휘감고 자람

줄기는 네모지고
아래를 향한
거친 가시가 있음

수꽃은 원추꽃차례에 달리고
꽃받침조각과 수술이
각각 5개

암꽃은 짧은 수상꽃차례에 달리고
꽃이 진 후 포엽이 자라
열매를 감쌈

잎은 손 모양으로 5~7갈래로 갈라짐
양면에 거친 털이 있으며
뒷면에 샘점이 있음

열매는 수과이고
난상 원형이며 포엽에 싸임

0003 큰쐐기풀 *Laportea cuspidata*

- 어긋나기, 홑잎, 암수한포기, 수상꽃차례
- 제주도 제외 지역 산기슭이나 숲 가장자리에서 자라며 8~9월에 꽃 피는 여러해살이풀
- 잎이 어긋나고 잎과 줄기에 쐐기처럼 쏘는 큰 가시털이 있음

  ＊ 쐐기풀은 큰쐐기풀과 비슷하면서 잎이 마주나게 달리는 것이라고 하나 보기 어려움

줄기에
큰 가시털이
많음

잎이
어긋나게
달림

높이는 50~170cm, 곧게 서고
가지가 갈라지기도 함

수꽃차례는 대개 아래쪽에
달리며 수꽃은 꽃덮개가 4개

암꽃차례는 대개 위쪽에 달리며
암꽃은 꽃덮개가 발달

수꽃차례는 연한 황록색
잎겨드랑이에 2개씩 또는 암꽃차례와 달림

잎은 난형 또는 난상 원형이고
큰 결각 모양 톱니가 있음

열매는 납작한 난형 수과
암꽃 안쪽에 꽃덮개조각 2개가
열매를 감쌈
표면에 가시털이 있음

0004 애기쐐기풀 *Urtica laetevirens*

- 마주나기, 홑잎, 암수한포기, 수상꽃차례
- 충남 제외 지역 산기슭이나 숲 가장자리에서 자라며 7~10월에 꽃 피는 여러해살이풀
- 큰쐐기풀보다 대체로 작고, 턱잎이 서로 떨어져 달림

＊ 흔히 쐐기풀로 오인하는 종이지만 턱잎 4개가 서로 떨어져 달리는 점이 다름

높이는 50~100cm, 여러 대가 모여 남

수꽃차례

줄기는 네모지고
잔털과 가시털이 있음

암꽃차례도
수꽃차례처럼
잎겨드랑이에
달림

잎은 난형 또는 넓은 난형이며
톱니가 있고 끝이 뾰족함
양면에 털과 샘점이 있음

턱잎은 4개이고 선형
서로 떨어져 달림

열매는
난상 원형 수과

0005 가는잎쐐기풀 *Urtica angustifolia*

- 마주나기, 홑잎, 암수한포기, 수상꽃차례
- 제주도 제외 지역 숲 가장자리에서 자라며 7~8월에 꽃 피는 여러해살이풀
- 잎이 가느다란 피침형. 줄기에 쐐기처럼 쏘는 가시털이 있음

높이는 80~150cm
곧게 서거나 비스듬히 자람

암꽃차례

수꽃차례

줄기에
가시털이 있음

수꽃은 꽃덮개가 4개이고
수술도 4개

잎은 긴 타원형 또는 피침형
톱니가 있고 끝은 뾰족함(매우 가는 잎)

밑부분이 약간 넓은 잎

열매는 넓은 타원형 수과

0006 혹쐐기풀 *Laportea bulbifera*

- 어긋나기, 홑잎, 암수한포기, 수상꽃차례(수꽃)와 총상꽃차례(암꽃)
- 경남 제외 지역 숲 속이나 산기슭에서 자라며 8~9월에 꽃 피는 여러해살이풀
- 줄기에 혹처럼 생긴 살눈이 달림. 잎과 줄기에 쐐기처럼 쏘는 가시털이 있음

암꽃차례

높이는 30~80cm
곧게 섬

줄기에 능선이 있으며
잔털과 가시털이
있음

수꽃차례

혹처럼 생긴
살눈이 달림

암꽃차례는 줄기 끝에 달림
암술대는 선형

수꽃은 수술이 4~5개이고
꽃덮개조각은 4~5개

잎은 난상 타원형이고
규칙적인 톱니가 있으며
끝은 뾰족함
양면에 산털과 가시털이 있음

열매는 찌그러진 원반형 수과

0007 물통이 *Pilea peploides*

- 마주나기, 홑잎, 암수한포기, 암꽃과 수꽃이 한데 섞여 달림
- 전국 산지 습기 있는 그늘에서 자라며 5~8월에 꽃 피는 한해살이풀
- 잎이 매우 작고 잎맥이 3개뿐이며 가장자리에 톱니가 거의 없음

높이는 5~10cm
물기가 많음

줄기는 연한 녹색
또는 갈색이며
연약함

수꽃은 꽃덮개와 수술이
각각 4개

암꽃은 꽃덮개가 3개이고
그중 1개가 큼

잎은 원형 또는 넓은 난형
양 끝이 둔하며 3맥이 뚜렷하고
뒷면에 샘점이 있음

열매는 납작한 난형 수과

흔히 무리 지어 자람

0008 산물통이 *Pilea japonica*

- 마주나기, 홑잎, 암수한포기, 암꽃과 수꽃이 한데 뭉쳐 달림
- 제주도 제외 지역 산지 습기 있는 그늘에서 자라며 8~10월에 꽃 피는 한해살이풀
- 암꽃 꽃덮개조각이 5개로 크기가 서로 비슷하며, 꽃대 길이가 1~3cm로 긺

높이는 10~25cm
곧게 서며 가지가 갈라짐

줄기는
연한 갈색이고
가는 편

암꽃과 수꽃이
한데 뭉쳐 달림

꽃대가 1~3cm로
긴 편

수꽃은 꽃덮개조각과 수술이
각각 4~5개

잎은 난형 또는 넓은 난형
굵은 톱니가 2~6쌍 있음

씨

열매는 난형 수과

0009 모시물통이 *Pilea mongolica*

- 마주나기, 홑잎, 암수한포기, 암꽃과 수꽃이 한데 뭉쳐 달림
- 전국 습기 있는 그늘에서 자라며 9~10월에 꽃 피는 한해살이풀
- 식물체가 크며 잎 측맥이 뚜렷하고 톱니가 잎 하반부까지 있음

높이는 30~50cm
곧게 서며 물기가 많음

수꽃차례

암꽃차례

털이 없고 연약함

암꽃은 헛수술이 3개
꽃덮개조각이 3개 있음

수꽃은 수술이 2개
꽃덮개조각이 2개 있음

잎은 난형, 3맥 외 측맥이
있으며 뚜렷한 톱니가 있음

열매는 납작한 난형 수과
암꽃 긴 꽃덮개조각이 자라
열매를 감쌈

0010 **나도물통이** *Nanocnide japonica*

- 어긋나기, 홑잎, 암수한포기, 취산꽃차례
- 전라도와 제주도 산기슭에서 자라며 4~5월에 꽃 피는 여러해살이풀
- 봄에 꽃이 피고, 수꽃차례가 긴 꽃대 끝에 달림

높이는 10~20cm
약간 비스듬히 자람

수꽃차례는
긴 꽃대 끝에 달림

줄기에 짧은 털이 있고
능선이 약간 있음

수꽃은 꽃덮개조각과 수술이
각각 4개. 수술이 바깥쪽으로 튕겨지면서
꽃가루가 산포됨

암꽃은 짧은 꽃대에 달림
꽃덮개조각은 4개

잎은 넓은 난형이며 둔한 톱니가 있음
양면에 털이 듬성듬성 있음
봄에는 뒷면이 흔히 자줏빛을 띰

열매는
타원형 수과

51

0011 모시풀 *Boehmeria nivea*

- 어긋나기, 홑잎, 암수한포기, 수상꽃차례
- 밭에 심어 기르거나 야생으로 퍼져 나가 자라며 7~9월에 꽃 피는 여러해살이풀
- 잎이 어긋나고 뒷면이 흰빛을 띰

높이는 100~200cm
곧게 서며 가지가 갈라지기도 함

줄기에
회백색
거친 털이
밀생

수꽃차례는 대개
아래쪽에 달림

암꽃차례는 대개 위쪽에 달림
암꽃은 암술 1개가 있음

수꽃은 꽃덮개와 수술이 4개씩 있음

잎은 난상 원형이고
치아 모양 톱니가 있으며
끝이 꼬리처럼 긺

뒷면은
솜 같은 털이
밀생해 흰빛을 띰

열매는 타원형 수과

0012 **왕모시풀** *Boehmeria holosericea*

- 마주나기, 홑잎, 암수한포기, 수상꽃차례
- 전남, 경남, 제주 바닷가에서 자라며 7~10월에 꽃 피는 여러해살이풀
- 잎이 마주나고 두꺼우며 뒷면은 흰빛이 아님

높이는 80~120cm
곧게 서고 모여 남

줄기는 굵직하고
짧은 털이 많음
밑부분은 목질화함

수꽃은 꽃덮개조각과
수술이 각각 4개

암꽃차례는 위쪽에 달림
암꽃은 통 모양 꽃덮개에 싸여
둥글게 모여 핌

잎은 난상 원형이고 두꺼우며
가장자리 톱니는 규칙적임
뒷면에 부드러운 털이 많음

열매는 도란형 수과

0013 거북꼬리 *Boehmeria silvestrii*

- 마주나기, 홑잎, 암수한포기, 수상꽃차례
- 전국 산지 계곡에서 자라며 7~9월에 꽃 피는 여러해살이풀
- 잎끝이 3갈래로 깊게 갈라지고 가운데 갈래조각이 깊

높이는 50~100cm
곧게 서며 여러 대가 나옴

줄기는
약간 네모지고
긴 털이 밀생

암꽃은 여러 개가
모여 달리며
통 모양 꽃덮개에 싸임

잎은 난형, 큰 톱니가 있으며
끝이 3갈래로 깊게 갈라지고
가운데 갈래조각이 가장 깊

뒷면 맥 위에
짧은 털이 있음

잎자루 털은
줄기 털처럼
약간 긴 편

열매는 수과

0014 풀거북꼬리 *Boehmeria paraspicata*

- 마주나기, 홑잎, 암수한포기, 수상꽃차례
- 길가나 산자락에서 자라며 7~8월에 꽃 피는 여러해살이풀
- 잎끝이 꼬리 모양으로 길고 가장자리 톱니가 10쌍 이상인 경우가 많음

* 좀깨잎나무는 잎 톱니가 3~9쌍으로 적고 줄기에서 가지가 많이 갈라짐

높이는 30~100cm
비스듬히 서며
가지를 치기도 함

줄기와 잎자루는
대개 자줏빛을 띰
그늘에서 자라는 것은
연한 갈색
위를 향한 짧은 털이 산생

암꽃차례는
위쪽에 달림

수꽃차례는 없거나
아래쪽에 달림

잎은 난형이고 끝이 꼬리처럼 길며
톱니가 10쌍 이상인 경우가 많음

열매는 수과

0015 **왜모시풀** *Boehmeria japonica*

- 마주나기, 홑잎, 암수한포기, 수상꽃차례
- 길가나 산자락에서 자라며 7~10월에 꽃 피는 여러해살이풀
- 꽃차례가 가지를 거의 치지 않고, 줄기에 긴 퍼진 털이 있으며 잎 크기가 균일한 편

＊ 수꽃 없이 암꽃만으로 무배생식을 하는 경우가 많음

높이는 80~120cm
곧게 섬

줄기 위쪽과
잎자루에
긴 털이 밀생

암꽃차례는
가지가 거의
갈라지지 않음

잎은 난형이고
크기가 균일한 편
끝이 약간 길고
조금 두꺼움

잎자루와 잎 뒷면 맥 위에도
퍼진 털이 있음

열매는 수과

0016 개모시풀 *Boehmeria platanifolia*

- 마주나기(드물게 어긋나기), 홑잎, 암수한포기, 수상꽃차례
- 길가나 산자락에서 자라며 7~10월에 꽃 피는 여러해살이풀
- 꽃차례가 가지를 치고, 줄기에 짧은 털이 밀생하며 상부와 하부 잎 크기에 편차가 있음
- * 수꽃 없이 암꽃만으로 무배생식을 하는 경우가 많음

높이는 100~150cm
곧게 섬

줄기 위쪽 잎은
끝이 약간
꼬리 모양

줄기 아래쪽 잎은
끝이 대개 3갈래로
짧게 갈라짐

줄기에
둔한 능선이 있고
짧은 털이 밀생

암꽃차례는
가지가 갈라짐

잎은 대부분 난상 원형
변이가 심해
거북꼬리 모양에
가까운 것도 있음

잎자루와
잎 뒷면 맥에도
짧은 털이 있음

열매는 타원형 수과

0017 제비꿀 *Thesium chinense*

- 어긋나기, 홑잎, 양성화, 잎겨드랑이에 1개씩 달림
- 산기슭이나 양지바른 풀밭에서 자라며 4~6월에 꽃 피는 여러해살이풀. 반기생식물
- 열매자루가 0.4cm로 짧고 열매 표면에 그물무늬가 있음

높이는 10~20cm
아래쪽에서 가지가 갈라져
대개 옆으로 퍼져 자람

줄기에는 능선이 있고 전체에 털은 없음

꽃덮개는 대개 5개

수술은 대개 5개

암술은 1개이고 끝이 뭉툭함

잎은 선형이고 길이는 2~4cm

포엽은 선형이고 잎보다 작음

열매는 타원형 수과

갈색으로 완전히 익은 열매는 그물무늬가 나타남

덜 익은 열매

0018 소리쟁이 *Rumex crispus* / 참소리쟁이 *R. japonicus*

- 어긋나기, 홑잎, 양성화, 원추꽃차례로 층층이 돌려 핌
- 들이나 길가 습기 있는 곳에서 자라며 6~7월에 꽃 피는 여러해살이풀
- 열매(또는 안쪽 꽃덮개조각)에 톱니가 없음

* 참소리쟁이는 열매(또는 안쪽 꽃덮개조각)에 톱니가 있으나 소리쟁이와 구별이 어려움

높이는 30~80cm
곧게 서서 자람

줄기는
녹색 바탕에
자줏빛이 돌고
능선이 있음

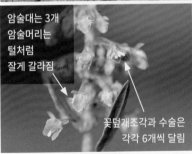

암술대는 3개
암술머리는
털처럼
잘게 갈라짐

꽃덮개조각과 수술은
각각 6개씩 달림

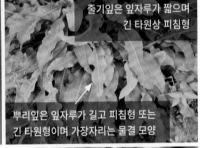

줄기잎은 잎자루가 짧으며
긴 타원상 피침형

뿌리잎은 잎자루가 길고 피침형 또는
긴 타원형이며 가장자리는 물결 모양

열매는 삼각상 넓은 난형 수과
꽃덮개조각 3개가 둘러쌈
안쪽 꽃덮개조각 가장자리에 톱니가 없음

참소리쟁이

열매(또는 안쪽 꽃덮개조각)
가장자리에 톱니가 있으나
소리쟁이와 구별이 어려움

0019 돌소리쟁이 *Rumex obtusifolius*

- 어긋나기, 홑잎, 양성화, 원추꽃차례로 층층이 돌려 핌
- 습기 있는 들에서 자라며 6~8월에 꽃 피는 여러해살이풀. 유라시아 원산 외래식물
- 잎 뒷면 주맥에 돌기 모양 털이 있고, 열매(또는 안쪽 꽃덮개조각)에는 톱니가 있음

높이는 60~120cm
곧게 서고 가지가 갈라짐

줄기는 녹색 바탕에
자줏빛이 돌기도 하며
능선이 있음

꽃덮개조각과 수술은
각각 6개씩 달림

암술대는 3개이며
암술머리가
털처럼 잘게 갈라짐

줄기잎은 잎자루가 짧고 피침형

뿌리잎은 잎자루가 길고
피침형 또는 긴 타원형

잎 뒷면 주맥에
돌기 모양 털이 있음

열매(또는 안쪽 꽃덮개조각)에
가시 모양 톱니가 있음

열매는 삼각상 넓은 난형 수과
안쪽 꽃덮개조각 3개가 둘러쌈

0020 **좀소리쟁이** *Rumex dentatus*

- 어긋나기, 홑잎, 양성화, 원추꽃차례로 층층이 돌려 핌
- 길가나 빈터에서 자라며 5~6월에 꽃 피는 여러해살이풀
- 줄기 끝부분 꽃차례까지 잎자루가 있으며 열매(또는 안쪽 꽃덮개조각)에 바늘 모양 톱니가 있음

높이는 30~50cm
곧게 서고 가지가 많이 갈라짐

줄기는 자줏빛이 돌고
미약한 능선이 있음

꽃덮개조각과 수술은
각각 6개씩 달림

바깥 꽃덮개
조각은 3개

안쪽 꽃덮개
조각은 3개

암술머리는
털처럼 잘게 갈라짐

줄기 위쪽 잎일수록 잎자루가 짧음

뿌리잎은 긴 타원상 피침형
밑부분은 둥글고 끝은 뭉툭

열매는 삼각상 난형 수과
안쪽 꽃덮개조각 3개가 둘러싸고
바늘 모양 톱니가 있음

0021 수영 *Rumex acetosa*

- 어긋나기, 홑잎, 암수딴포기, 원추꽃차례
- 산과 들 풀밭에서 자라며 5~6월에 꽃 피는 여러해살이풀
- 애기수영보다 대체로 크고 잎이 피침형이며 열매가 세모진 타원형

높이는 30~80cm
곧게 서고 신맛이 남

줄기에 세로줄이 있고
털은 거의 없음

수꽃 꽃덮개조각과
수술은 각각 6개

암꽃은 꽃덮개조각이 6개
암술대가 3개 있고 암술머리는 잘게 갈라짐

바깥 꽃덮개조각

안쪽 꽃덮개조각 3개가
자라 열매를 둘러쌈

잎은 넓은 피침형
위로 갈수록 잎자루는 짧아짐

열매는 세모진 타원형 수과
그물맥이 있음

0022 애기수영 *Rumex acetosella*

- 어긋나기, 홑잎, 암수딴포기, 원추꽃차례
- 중부 이남 길가나 풀밭에서 자라며 4~6월에 꽃 피는 여러해살이풀. 유럽 원산 외래식물
- 수영보다 대체로 작고 잎이 창검 모양이며, 열매는 타원형으로 능선이 3개 있음

높이는 15~50cm
곧게 섬

줄기에 능선 같은
세로줄이 있으며
털은 거의 없음

수꽃 꽃덮개조각은
각각 6개

암꽃 암술대는 3개
암술머리는 잘게 갈라짐

잎은 피침형 또는
긴 타원형이고 아래쪽이
창검 모양

열매는 수과
타원형으로
능선이 3개 있음

0023 마디풀 *Polygonum aviculare* / 애기마디풀 *P. plebeium*

- 어긋나기, 홑잎, 양성화, 잎겨드랑이에 1~5개씩 모여 핌
- 길가나 빈터에서 자라며 5~10월에 꽃 피는 한해살이풀
- 애기마디풀보다 크며, 씨에 광택이 없고 작은 반점이나 알갱이로 된 줄무늬가 빽빽함

* *애기마디풀은 매우 작고 바닥에 퍼져 자라며, 씨가 매끄럽고 광택이 있음*

높이는 10~40cm
곧게 서거나 비스듬히 자람
가지가 많이 갈라짐

줄기는
털이 없고
세로줄이 많음

엽초는 막질이고 2갈래
갈라진 다음 다시 잘게
갈라지며 가는 맥이 있음

수술은 6~8개

암술대는 3개

꽃덮개조각은 5개

잎은 긴 타원형 또는 선상 타원형
양 끝이 둔하고 가장자리는 밋밋함

열매는
삼각상
난형 수과

씨에 줄무늬가
빽빽하고 광택이 없음

대체로 매우 작고
방석처럼 퍼져 자라며 씨에 광택이 있음

애기마디풀

0024 메밀 *Fagopyrum esculentum*

- 어긋나기, 홑잎, 양성화, 총상꽃차례
- 재배하거나 길가나 빈터에서 저절로 자라며 7~10월에 꽃 피는 한해살이풀
- 잎은 심장상 삼각형이며 꽃덮개조각이 끝까지 떨어지지 않음

* 전분을 얻고자 또는 밀원식물로 심으며 봄부터 가을까지 파종하면 싹이 바로 남

높이는 30~90cm
곧게 서고 가지가 갈라짐

줄기는 속이 비어 있고
연약하며 털은 거의 없음

수술은 8개

꽃덮개조각은 5개
열매가 익을 때까지
떨어지지 않음

암술대는 3개

잎은 심장상 삼각형
가장자리는 밋밋함

열매는 삼각상 난형 수과,
검은색으로 익고 광택이 있음

꽃덮개조각은 끝까지
떨어지지 않음

군락으로 심은 풍경

0025 싱아 *Aconogonon alpinum*

- 어긋나기, 홑잎, 양성화, 수상꽃차례가 모여 원추꽃차례를 이룸
- 산기슭이나 들에서 자라며 6~8월에 꽃 피는 여러해살이풀
- 잎밑이 예리하게 좁아짐. 줄기를 먹으면 시큼한 맛이 남

높이는 70~200cm
곧게 서고 가지가 많이 갈라짐

줄기 전체에
털이 없음

수술은 8개

꽃덮개조각은 5개

암술대는 3개

잎은 줄기 위로 갈수록
피침형으로 좁아지며
잎자루가 짧아짐

잎은 피침형
물결 모양 톱니가 있고
끝은 뾰족함

잎밑은 예리하게 좁아짐

열매는 세모진 난형 수과
꽃덮개보다 약 2배 길고
광택이 있음

0026 **왜개싱아** *Aconogonon divaricatum*

- 어긋나기, 홑잎, 양성화, 수상꽃차례가 모여 원추꽃차례를 이룸
- 중부 이북 볕이 잘 드는 산지에서 자라며 6~8월에 꽃 피는 여러해살이풀
- 잎이 피침형 또는 난상 긴 타원형이며, 싱아와 달리 잎밑이 원형에 가까움

높이는 70~100cm
곧게 서고 가지가 사방으로 갈라짐

엽초는 잎집
모양이고 막질이며
털과 맥이 있음

줄기 전체에 털이
거의 없음

수술은 8개

꽃덮개조각은 5개   암술대는 3개

잎은 피침형 또는 난상 긴 타원형
줄기 윗부분 잎일수록
잎자루가 짧아짐

잎밑이 대개
원형에 가까움

약간 좁은 형태 잎

열매는 세모진 난형 수과
갈색이며 광택이 있음

0027 참개싱아 *Aconogonon microcarpum*

- 어긋나기, 홑잎, 양성화, 총상꽃차례처럼 피어 원추꽃차례를 이룸
- 중부 이북 산지에서 자라며 7~8월에 꽃 피는 여러해살이풀
- 잎 양면에 털이 있고 꽃이 엉성하게 달림

높이는 40~100cm
곧게 서거나 비스듬히 서며
가지가 많이 갈라짐

엽초는
잎집 모양이고
막질이며
털이 있음

줄기에 털은 거의
없고 능선이
발달하기도 함

수술은 5~8개

암술대는 3개

꽃덮개조각은 5개

잎은 난상 타원형 또는
난상 피침형, 끝은 뾰족함

잎 양면과 가장자리에 털이 있음

열매는 세모진 난형 수과, 광택이 있음

0028 **닭의덩굴** *Fallopia dumetorum* / **큰닭의덩굴** *F. dentatoalata*

- 어긋나기, 홑잎, 양성화, 짧은 총상꽃차례
- 산과 들에서 자라며 6~9월에 꽃 피는 한해살이풀. 유럽 원산 외래식물
- 나도닭의덩굴과 달리 열매에 날개가 발달함

* 큰닭의덩굴은 열매가 도란형에 가깝고 열매자루는 서서히 좁아짐

길이는 150~200cm
덩굴져 자라고 가지가 많이 갈라짐

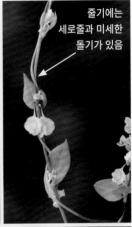

줄기에는
세로줄과 미세한
돌기가 있음

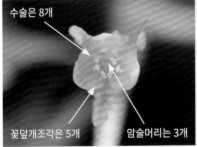

수술은 8개

꽃덮개조각은 5개

암술머리는 3개

잎은 화살 모양 난형
끝이 뾰족하고 가장자리에
미세한 돌기가 있음

꽃덮개조각 5개
가운데 3개가 발달해
날개처럼 됨

열매는 난상 원형

큰닭의덩굴

열매자루는
서서히 좁아짐

열매는 도란형

0029 나도닭의덩굴 *Fallopia convolvulus*

- 어긋나기, 홑잎, 양성화, 수상꽃차례
- 산기슭이나 빈터에서 자라며 5~10월에 꽃 피는 한해살이풀. 유라시아 원산 외래식물
- 열매를 둘러싼 꽃덮개에 날개가 없고 매끈함

길이는 40~120cm
덩굴져 자라며 바닥을
기듯이 자라기도 함

줄기에 가늘고 희미한
능선이 있음

수술은 8개

암술은 1개

꽃덮개조각은 5개

잎은 화살 모양 난형
끝은 뾰족하고 가장자리는 밋밋함

열매는 삼각상 난형 수과

날개는 없으며
짧은 돌기물로 덮임

덩굴져 자라는 모습

0030 **왕호장근** *Reynoutria sachalinensis*

- 어긋나기, 홑잎, 양성화, 총상꽃차례
- 울릉도와 북부지방 산지에서 자라며 8~9월에 꽃 피는 여러해살이풀
- 식물체가 크고 잎이 길쭉하며 뒷면이 분백색을 띰

높이는 150~300cm 곧게 서고 가지가 갈라짐

줄기에 짧은 털이 밀생 속은 비어 있음

양성화

암술대는 3개

꽃덮개조각은 5개

수술은 8개

잎은 난형 끝은 뾰족하고 밑은 심장 모양

잎 뒷면은 분백색을 띰

열매는 삼각상 수과 바깥 꽃덮개조각 3개가 자라 날개처럼 됨

0031 호장근 *Reynoutria japonica*

- 어긋나기, 홑잎, 암수딴포기 또는 양성화, 총상꽃차례
- 제주도 한라산에서 자라며 6~9월에 꽃 피는 여러해살이풀
- 감절대와 달리 잎밑이 끊어진 듯한 모양이고, 키는 150cm 이하. 분포가 제한됨

높이는 50~150cm 가지가 갈라지고 밑부분은 목질화함

줄기에 자주색 점무늬가 있고 속은 비어 있음

양성화
수술은 8개
암술대는 3개
꽃덮개조각은 5개

잎은 넓은 난형 끝은 뾰족함

잎밑은 끊어진 듯한 모양

열매는 삼각상 난형 수과 바깥 꽃덮개조각 3개가 자라 날개처럼 됨

꽃과 열매가 붉은색인 것도 있음

0032 **감절대** *Reynoutria forbesii*

- 어긋나기, 홑잎, 암수딴포기 또는 양성화, 총상꽃차례
- 산과 들 습기 있는 곳에서 자라며 7~9월에 꽃 피는 여러해살이풀
- 호장근과 달리 잎밑이 둥근 모양이고, 크게 자람. 주위에 흔한 편
- ＊ 대개 감절대를 호장근으로 잘못 동정하곤 함

높이는 100~250cm
곧게 서고 가지가 갈라지며
밑부분이 목질화함

줄기 속은 비어
있고 표면에 자주색
점무늬가 있음

암꽃
꽃덮개조각은 5개
암술대는 3개
헛수술은 8개

수꽃
꽃덮개는 5개
수술은 8개

잎은 넓은 난형
끝은 뾰족함
잎밑은 둥근 모양

열매는 삼각상 난형 수과
바깥 꽃덮개조각
3개가 자라 날개처럼 됨

0033 나도하수오 _Reynoutria ciliinervis_

- 어긋나기, 홑잎, 양성화, 원추꽃차례
- 강원, 전남, 경상 풀밭 또는 양지바른 곳에서 자라며 7~9월에 꽃 피는 여러해살이풀
- 꽃이 원추꽃차례에 달리고 잎이 길쭉한 편이며 열매 날개가 뒤틀리지 않음

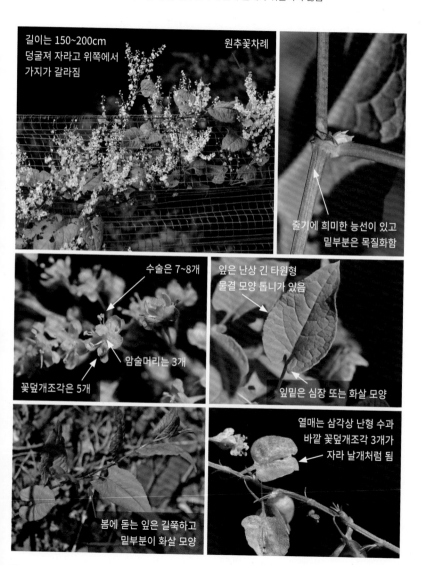

길이는 150~200cm 덩굴져 자라고 위쪽에서 가지가 갈라짐

원추꽃차례

줄기에 희미한 능선이 있고 밑부분은 목질화함

수술은 7~8개

암술머리는 3개

꽃덮개조각은 5개

잎은 난상 긴 타원형 물결 모양 톱니가 있음

잎밑은 심장 또는 화살 모양

봄에 돋는 잎은 길쭉하고 밑부분이 화살 모양

열매는 삼각상 난형 수과 바깥 꽃덮개조각 3개가 자라 날개처럼 됨

0034 **삼도하수오** *Fallopia koreana*

- 어긋나기, 홑잎, 암꽃 또는 양성화, 수상꽃차례
- 전라와 경상 산지에서 자라며 6~9월에 꽃 피는 여러해살이풀
- 꽃이 수상꽃차례에 달리고 잎이 둥글며 열매 날개가 뒤틀림

길이는 150~200cm
덩굴져 자라고 가지가 갈라지며
왼쪽으로 감아 올라감

양성화 수상꽃차례

암꽃
꽃덮개조각은 4~6개
헛수술이 있음
암술머리는 3갈래로
갈라지고 다시
자잘하게 갈라짐

양성화
꽃덮개조각은 4~6개
수술은 8개
암술머리는
3갈래로 갈라짐

잎은 심장형, 끝은 뾰족하고
가장자리는 밋밋함

열매는 삼각상
넓은 도란형 수과

0035 **참범꼬리** *Bistorta pacifica* / **범꼬리** *B. officinalis* subsp. *japonica*

- 어긋나기, 홑잎, 양성화, 수상꽃차례
- 높은 산 양지바른 곳에서 자라며 6~8월에 꽃 피는 여러해살이풀
- 높은 산에서 무리 지어 자라고 줄기잎에 잎자루가 없음

* 범꼬리는 대개 낮은 지대에서 자라고 줄기잎에 잎자루가 있으며 흰색 계열 꽃이 핌

높이는 30~100cm
곧게 서고 대개 무리 지어 자람

줄기에 희미한
세로줄이 있고
마디가 5~6개 있음

꽃덮개조각은 5개

수술은 8개
암술은 3개

줄기잎은 피침형이고 밑부분이
심장 모양으로 줄기를 감쌈

열매는 삼각상 수과

대개 낮은 지대에서 자라고
줄기잎에 잎자루가 있는 점이
참범꼬리와 다름

범꼬리

0036 가는범꼬리 *Bistorta alopecuroides*

- 어긋나기, 홑잎, 양성화(또는 장주화와 단주화), 수상꽃차례
- 한라산 고지대 풀밭에서 자라며 6~8월에 꽃 피는 여러해살이풀
- 식물체가 작고 잎이 선상 피침형으로 좁고 긺
- ＊ 양성화가 피는 것으로 알려졌으나 장주화와 단주화일 수도 있어 보임

높이는 15~30cm
곧게 서는 편

줄기에 희미한 능선이 있음

엽초는 잎집 모양이고 갈색이며 막질

장주화로 보이는 꽃

꽃덮개조각은 5개 암술대는 3개

단주화로 보이는 꽃

꽃덮개조각은 5개 수술은 8개

뿌리잎은 좁음 피침형이고 잎자루가 있음

줄기잎은 피침형이고 잎자루가 없음

열매는 능선 3개가 있는 수과

씨는 흑갈색이고 광택이 있음

0037 눈범꼬리 *Bistorta suffulta*

- 어긋나기, 홑잎, 양성화, 수상꽃차례
- 한라산 중턱 이상 그늘진 곳에서 자라며 5~7월에 꽃 피는 여러해살이풀
- 매우 작고 줄기잎이 난상 심장형

※ 꽃이 줄기 끝에만 달린 이른범꼬리도 눈범꼬리와 같은 것으로 봄

높이는 15~40cm
곧게 서거나 비스듬히 섬

줄기에 능각이 있고
털이 약간 있음

암술대는 3개

수술은 8개

꽃덮개조각은 5개

줄기잎은 난상 심장형

3~5개가 달리며 줄기를
감싸고 잎자루는 없음

뿌리잎은 넓은 난형
밑부분은 심장형, 잎자루가 김

열매는 삼각상 타원형 수과
갈색이고 광택이 있음

0038 덩굴모밀 *Persicaria chinensis*

- 어긋나기, 홑잎, 양성화, 산형꽃차례처럼 핌
- 제주도 서귀포 바닷가에서 자라며 9~10월에 꽃 피는 여러해살이풀
- 이름과 달리 덩굴성이 미약하지만 옆으로 벋으면서 자람
- ＊ 열매를 감싸는 반투명한 꽃받침에서 단맛이 남

높이는 60~110cm
옆으로 벋으며 가지를 치고
끝에서 비스듬히 섬
덩굴성은 미약한 편

엽초는 통 모양
막질이며
털이 있음

줄기 횡단면은
둥근 편

꽃받침은 5개
수술은 8개
암술대는 3개
암술대가 4개인 것

꽃밥이 흑자색인 것

잎은 난형
끝이 뾰족함
잎밑은 심장 모양
또는 약간 화살 모양

나중에 자라는 반투명한
꽃받침은 단맛이 남

열매는 구형 수과
검은색

79

0039 가시여뀌 *Persicaria dissitiflora*

- 어긋나기, 홑잎, 양성화, 원추꽃차례에 듬성듬성 핌
- 제주도 제외 지역 산지 숲에서 자라며 7~9월에 꽃 피는 한해살이풀
- 붉은색 샘털이 발달하면서 줄기가 녹색에서 점차 적자색으로 변함

높이는 50~100cm
비스듬히 서고 가지가 많이 갈라짐

줄기는 꽃이 피면서
적자색으로 변하고
붉은색 샘털이 발달

수술은 8개

암술대는 3개

꽃덮개조각은 5개
흰색 또는 분홍색

턱잎은 잎집 모양
막질이며
가시털이 있음

가시 같은 털이 있고
점차 붉은색
샘털이 발달

잎은 삼각상 타원형 또는 창 모양
끝은 뾰족하고 밑부분은 화살 모양

열매는 난형 수과

끈적거리는 붉은색
샘털이 점점 발달함

0040 **이삭여뀌** *Persicaria filiformis*

- 어긋나기, 홑잎, 양성화, 긴 수상꽃차례에 듬성듬성 핌
- 산지 그늘에서 자라며 7~9월에 꽃 피는 여러해살이풀
- 꽃이 긴 수상꽃차례에 듬성듬성 달리고, 암술머리가 길게 휘어짐
- * 잎에 흔히 반점이 나타나기도 함

높이는 50~80cm
곧게 서는 편

턱잎은 원통형
가장자리에 수염
같은 털이 있음

전체에 거친
털이 있고
마디가 굵음

꽃덮개조각은 4개

암술대는 2개
끝이 갈고리
모양으로 휨

수술은 5개

무늬가 나타나지 않은 잎

잎은 넓은 타원형
양 끝이 좁고 가장자리는 밋밋함

어린잎은 앞면에
반점이 곧잘 나타남

갈고리 모양
암술대가 남음

열매는 난형 수과

0041 기생여뀌 *Persicaria viscosa*

- 어긋나기, 홑잎, 양성화, 수상꽃차례
- 습지 주변에서 자라며 6~9월에 꽃 피는 한해살이풀
- 털여뀌보다 샘털이 많아 꽃자루가 끈적거리고 진한 향기가 남

* 털이 많아 흔히 털여뀌로 잘못 동정하는 편

높이는 40~120cm
곧게 서거나 비스듬히 섬
가지가 많이 갈라짐

턱잎은 잎집 모양
긴 털이 있음

줄기에 흰색 긴 털과
샘털이 밀생

암술대는 3개

수술은 8개

꽃덮개조각은 5개

샘털이 많아 끈적거리고 향기가 남

꽃자루에도 긴 털과
샘털이 밀생

잎은 난상 피침형
양 끝이 좁고
가장자리는 밋밋함

열매는 난상 원형 수과

0042 **털여뀌** *Persicaria orientalis*

- 어긋나기, 홑잎, 양성화(또는 장주화와 단주화), 수상꽃차례
- 길가 빈터에서 자라며 6~9월에 꽃 피는 한해살이풀. 아시아 원산 외래식물
- 기생여뀌보다 꽃자루가 끈적거리지 않고 향기가 없으며 장대하게 자람

높이는 100~200cm
곧게 서고 가지가 갈라짐

줄기에
거친 털이
밀생

턱잎은 칼집 모양
길이는 1~2cm
위쪽이 넓고
가장자리에 털이 있음

장주화로 보이는 꽃

꽃덮개조각은
5개

암술대는 2개   수술은 8개

양면에 거친 털이 많음

잎은 난형 또는 넓은 난형
잎밑은 둥글거나 심장 모양

열매는 난상 수과

꽃이 붉은색인 것도 있음

0043 **개여뀌** *Persicaria longiseta*

- 어긋나기, 홑잎, 양성화, 수상꽃차례
- 밭이나 길가 빈터에서 자라며 6~10월에 꽃 피는 한해살이풀
- 턱잎 끝에 긴 털이 있고, 장대여뀌보다 꽃이 빽빽하게 달림

높이는 20~50cm
비스듬히 서고
가지가 많이 갈라짐

턱잎은
잎집 모양
표면에 털이
약간 있음

줄기는 대개
붉은빛을 띰

꽃덮개조각은 5개

암술대는 3개

수술은 8개

턱잎 끝에
턱잎 길이만큼
긴 털이 있음

표면에 반점이
나타남

잎은 넓은 피침형
양 끝이 뾰족, 가장자리는 밋밋함

열매는 삼각상
난형 수과

0044 장대여뀌 *Persicaria posumbu*

- 어긋나기, 홑잎, 양성화, 수상꽃차례에 듬성듬성 달림
- 산지 숲 가장자리에서 자라며 6~9월에 꽃 피는 한해살이풀
- 개여뀌보다 꽃이 듬성듬성 달리고 잎 표면에 거친 털이 있음

높이는 20~60cm 비스듬히 서고 가지가 많이 갈라짐

꽃차례가 가늘고 꽃이 엉성하게 달림

턱잎 끝에 턱잎 길이만큼 긴 털이 있음

턱잎은 잎집 모양 표면에 털이 있음

꽃덮개조각은 5개

수술은 8개

암술대는 3개

표면에 거친 털이 있음

잎은 난형 또는 난상 피침형

표면에 반점이 있기도 함

열매는 삼각상 난형 수과

0045 **흰여뀌** *Persicaria lapathifolia*

- 어긋나기, 홑잎, 양성화, 수상꽃차례
- 길가 빈터에서 자라며 6~9월에 꽃 피는 한해살이풀
- 명아자여뀌보다 키가 작고 마디가 굵지 않으며 꽃차례가 짧음
- * 명아자여뀌와 명확히 구별하기 어려운 경우도 있음

높이는 30~60cm
곧게 서고 가지가 갈라짐

꽃차례가 대개
처지지 않고
꽃차례 길이가
짧은 편

줄기는 털이 없음
마디가 굵지 않음

꽃덮개조각은 4~5개
흰색 또는 연한 분홍색

암술대는 2개

수술은 5~6개

턱잎 끝에
대개 털이 없음

턱잎은 잎집 모양
표면에 털이 없거나
연한 털이 있음

잎은 난상 피침형
양 끝이 좁고 가장자리와
양면 주맥에 털이 있음

열매는 납작한
삼각상 원형 수과

0046 명아자여뀌 *Persicaria nodosa*

- 어긋나기, 홑잎, 양성화, 수상꽃차례
- 밭에서 자라며 6~9월에 꽃 피는 한해살이풀
- 흰여뀌보다 키가 크고 마디가 굵으며 줄기에 흑자색 점이 있고 꽃차례가 긺

* 흰여뀌와 명확히 구별하기 어려운 경우도 있음

높이는 60~100cm
곧게 서고 굵으며 가지가 갈라짐

줄기에 흑자색
점이 있음

턱잎은 잎집
모양이고 털이 없음

줄기에 털이 없음

꽃덮개조각은 4~5개
흰색 또는 연한 분홍색

수술은 6개

암술대는 2개

꽃차례는 길고
대개 아래로
처지는 편

표면에 반점이 나타나기도 함

잎은 타원상 피침형
끝이 길게 뾰족함
잎맥과 가장자리에 털이 있음

열매는 납작한
삼각상 원형 수과

0047 꽃여뀌 *Persicaria conspicua*

- 어긋나기, 홑잎, 장주화와 단주화, 수상꽃차례
- 강원도 제외 지역 물가 근처에서 무리 지어 자라며 9~10월에 꽃 피는 여러해살이풀
- 흰꽃여뀌보다 꽃이 듬성듬성 달리고 씨에 광택이 없음

높이는 50~70cm
비스듬히 눕다가 곧게 섬
뿌리줄기가 길게 벋으며 자람

꽃이 듬성듬성 달림

턱잎 끝에 약간
긴 털이 있음

턱잎은 잎집 모양
표면에 털이 있음

장주화

암술대는 3개
수술보다 길게 나옴

수술은 8개
암술보다 짧음

꽃덮개조각은 5개

단주화

암술대는 3개
수술보다 짧음

수술은 8개
암술보다 길게 나옴

꽃덮개조각은 5개

잎은 피침형
가장자리와 뒷면
맥 위에 굳은 털이 있음

씨는 광택이 없음

열매는 삼각상
난형 수과

0048 **흰꽃여뀌** *Persicaria japonica*

- 어긋나기, 홑잎, 장주화와 단주화, 수상꽃차례
- 습한 곳에서 자라며 7~10월에 꽃 피는 여러해살이풀
- 꽃여뀌보다 꽃이 빽빽하게 달리고 씨에 광택이 있음

높이는 60~100cm
곧게 서고 가지가 갈라짐
옆으로 벋는 뿌리줄기가 있음

턱잎 위쪽에
털이 있음

턱잎은
잎집 모양

암술대는 2~3개
수술보다 길게 나옴

수술은 8개
암술보다 짧음

수술은 8개
암술보다
길게 나옴

단주화

암술대는 2~3개
수술보다 짧음

꽃덮개조각은 5개

장주화

잎은 피침형
양 끝이 좁고
가장자리와
뒷면 맥에
거센 털이 있음

표면에 반점이
나타나기도 함

씨는 광택이 있음

열매는 타원상 난형 수과

0049 물여뀌 *Persicaria amphibia*

- 어긋나기, 홑잎, 장주화와 단주화, 수상꽃차례
- 경상도와 경기도 이북 물가에서 자라며 8~10월에 꽃 피는 여러해살이풀
- 전체에 털이 없고 생육 환경에 따라 잎이 여러 형태를 보임

높이는 5~40cm
가지가 갈라지고 물에 뜸
뿌리줄기가 옆으로 길게 벋으며
마디에서 뿌리를 내림

땅에서 자라 꽃 핀 모습

암술대는 2개

꽃덮개조각은 5개

잎은 긴 타원형, 물속에서
자라는 것은 잎이 넓고 잎자루가
길어 물에 잘 뜸

땅에서 자라는 것은 잎이
가느다랗고 잎자루가 짧음
표면에 반점이 나타나기도 함

열매는 난형 수과

0050 큰끈끈이여뀌 *Persicaria viscofera* var. *robusta*

- 어긋나기, 홑잎, 양성화, 수상꽃차례
- 산과 들에서 자라며 7~8월에 꽃 피는 한해살이풀
- 줄기 마디 밑이나 꽃줄기에 끈끈한 점액이 분비됨

* 끈끈이여뀌는 키가 조금 작고 전체에 거친 털이 많아 다름

높이는 60~100cm
곧게 서고 가지가 많이 갈라짐

턱잎 끝에
긴 털이 있음

턱잎은
잎집 모양

꽃이 잘 벌어지지 않는 편
꽃덮개조각은 5개, 수술은 8개
암술대는 3개

줄기 마디 밑이나
꽃자루에 끈끈한
점액이 분비됨

잎은 피침형, 끝은 뾰족하고
밑부분은 쐐기 모양

가장자리에
누운 짧은 털이 있음

열매는 삼각상 도란형 수과

0051 여뀌 *Persicaria hydropiper* / 가는여뀌 *P. hydropiper* f. *angustissima*

| 마디풀과 |

- 어긋나기, 홑잎, 양성화, 수상꽃차례
- 습지나 물가에서 자라며 7~8월에 꽃 피는 한해살이풀
- 잎이 피침형이고 반점이 없으며 씹으면 매운맛이 남

* 가는여뀌 잎은 여뀌보다 좀 더 가늘고 좁음

줄기에 털이 거의 없음

턱잎 끝에 긴 털이 있음

턱잎은 잎집 모양

높이는 40~100cm
곧게 서거나 약간 비스듬히 섬

꽃덮개조각은 4~5개

수술은 6개

암술대는 2~3개

씹으면 매운맛이 남
표면에 반점이 없음

잎은 피침형
양면에 샘점이 있음

열매는 납작한 난형 수과

가는여뀌

잎이 좀 더 좁고
가느다람

0052 **바보여뀌** *Persicaria pubescens*

- 어긋나기, 홑잎, 양성화, 수상꽃차례
- 습지나 물가에서 자라며 7~8월에 꽃 피는 한해살이풀
- 여뀌 잎과 달리 타원상 피침형이고 반점무늬가 있으며 씹어도 매운맛이 나지 않음

높이는 40~80cm
곧게 서고 가지가 갈라짐

줄기는 털이 있음

꽃덮개조각은 5개

암술대는 3개

수술은 7~8개

턱잎 끝에 약간 긴 털이 있음

턱잎은 잎집 모양
표면에 털이 있음

표면에 반점이 있고 씹으면
매운맛이 나지 않음

잎은 긴 타원상 피침형
가장자리는 밋밋하고 뒷면에 샘점이 있음

열매는 삼각상 난형 수과

0053 세뿔여뀌 *Persicaria debilis*

- 어긋나기, 홑잎, 양성화, 두상꽃차례처럼 달림
- 한라산과 지리산 그늘진 곳에서 자라며 8~9월에 꽃 피는 한해살이풀
- 줄기가 짧고 잎이 삼각형이며 꽃줄기에 샘털 같은 돌기물이 달림

높이는 10~40cm
밑부분이 옆으로 벋으며
마디에서 뿌리를 내림
가지가 갈라짐

줄기에
샘털 같은
돌기물이 있음

털은 없음

꽃덮개조각은 5개
수술은 5~8개
암술대는 3개

샘털 같은 돌기물

턱잎은 잎집
모양이고
턱잎 끝이 원반
모양으로 됨

표면, 가장자리
뒷면 맥에
잔털이 있음

잎은 삼각형

반점이 나타나기도 함

열매는 삼각상
난형 수과

0054 **산여뀌** *Persicaria nepalensis*

- 어긋나기, 홑잎, 양성화, 두상꽃차례처럼 달림
- 산지 습기 있는 곳에서 자라며 7~8월에 꽃 피는 한해살이풀
- 꽃이 두상꽃차례처럼 달리며 잎 양면에 샘점이 있고 잎자루에 날개가 있음

높이는 20~30cm
아래쪽이 옆으로 기다가
곧게 서거나 비스듬히 섬

마디 근처에
샘털 같은 것이
있음

줄기에는 붉은 자줏빛이
돌고 미약한 능선이 있으며
가지가 갈라짐

꽃덮개조각은 4개

수술은 6~7개

암술대는 2개

턱잎은 잎집 모양
막질

마디에 아래를
향한 털이 있음

잎은 삼각상 난형
양면에 샘점이 있음

잎밑이 갑자기
좁아지면서 날개처럼 됨

열매는 난형 수과

0055 미꾸리낚시 *Persicaria sagittata*

- 어긋나기, 홑잎, 양성화, 두상꽃차례처럼 달림
- 도랑이나 냇가 습한 곳에서 자라며 6~10월에 꽃 피는 한해살이풀
- 넓은잎미꾸리낚시와 달리 잎이 피침형이고 턱잎에 털이 없음

높이는 20~100cm
아래쪽이 옆으로 누우며
가지가 갈라짐

줄기는 네모지고
능선에 아래를 향한
가시털이 많음

암술대는 3개

꽃덮개조각은 5개

수술은 8개

잎은 피침형
끝은 뾰족하고
가장자리는 밋밋함

잎자루에도
가시털이 많음

잎밑이 심장형이고
귓불처럼 줄기를 감쌈

열매는 삼각상 난형 수과

0056 넓은잎미꾸리낚시 *Persicaria muricata*

- 어긋나기, 홑잎, 양성화, 두상꽃차례처럼 달림
- 도랑이나 냇가 습한 곳에서 자라며 9~10월에 꽃 피는 한해살이풀
- 미꾸리낚시와 달리 잎이 얕은 심장형이고 턱잎에 털이 있음

줄기는 횡단면이
둥글고 능선이 있음

턱잎 밑에
털이 있음

턱잎 아래로
짧은 털이
약간 있음

높이는 20~50cm
줄기가 옆으로 기고 가지가 갈라짐

꽃덮개조각은 5개

수술은 8개

암술대는 3개

턱잎 위쪽에
짧은 털이 있음

턱잎은 잎집 모양
막질

잎은 긴 타원형
또는 긴 난형

끝은 뾰족하고
밑부분은 얕은 심장형

열매는 삼각상 난형 수과

포엽

꽃자루에 붉은
샘털이 있음

0057 나도미꾸리낚시 *Persicaria maackiana*

- 어긋나기, 홑잎, 양성화, 두상꽃차례처럼 달림
- 저지대 물가에서 자라며 7~9월에 꽃 피는 한해살이풀
- 미꾸리낚시와 달리 턱잎이 수평으로 퍼지고 톱니와 털이 있음

높이는 40~100cm
밑부분이 옆으로 김

줄기는 모가 지고
아래를 향한 갈고리 같은
가시가 있음

꽃덮개조각은 5개
흰색 또는 분홍색

암술대는 3개

수술은 8개

톱니가 있고 끝에
긴 털이 달림

턱잎은
수평으로 퍼짐

반점이
나타나기도 함

잎은 피침형
밑부분 양쪽이
화살 모양

열매는 삼각상
난형 수과

꽃자루에
샘털이 밀생

0058 긴화살여뀌 *Persicaria breviochreata*

- 어긋나기, 홑잎, 양성화, 두상꽃차례처럼 엉성하게 달림
- 산지 숲 속에서 자라며 8~10월에 꽃 피는 한해살이풀
- 미꾸리낚시와 달리 턱잎에 털이 있고 잎밑이 얕은 심장형

높이는 30~50cm
아래쪽이 옆으로 눕고
끝에서 비스듬히 섬

줄기는 횡단면이
약간 둥글지만
미약한 능선이
나타나기도 함

가느다란
털이 달리기도 함

꽃덮개조각은 5개

암술대는 3개

수술은 6개

턱잎 끝에
긴 털이 있음

턱잎은 잎집 모양
털이 있음

잎은 긴 타원형 또는 피침형, 끝이 뾰족함
가장자리에 짧고 딱딱한 털이 있음

잎밑은 얕은 심장형

열매는 삼각상
난형 수과

꽃자루에
샘털이 밀생

0059 **며느리밑씻개** *Persicaria senticosa*

- 어긋나기, 홑잎, 양성화, 두상꽃차례처럼 달림
- 들이나 습지 주변에서 자라며 5~9월에 꽃 피는 한해살이풀
- 며느리배꼽과 달리 잎자루가 잎 밑면에 붙으며 열매가 삼각상

길이는 100~200cm
다른 물체를 기어오르며
가지가 많이 갈라짐

턱잎은 둥근 잎
모양이고
가장자리는
밋밋함

줄기는 네모지고 아래를 향한
갈고리 같은 가시가 많음

꽃덮개조각은 5개

암술대는 3개

수술은 8개

잎자루에도 갈고리
같은 가시가 있음

잎자루는
잎 밑면에 바로 붙음

잎은 삼각형
밑부분은 심장형
양면에 털이 있음

열매는 삼각상 난형 수과

0060 며느리배꼽 *Persicaria perfoliata*

- 어긋나기, 홑잎, 양성화, 수상꽃차례
- 산과 들에서 자라며 7~9월에 꽃 피는 한해살이풀
- 며느리밑씻개와 달리 잎자루가 잎 뒷면 아래쪽에 방패처럼 붙으며 열매가 구형

줄기에 아래를 향한 거친 가시가 있음

턱잎은 원반형이고 줄기를 감쌈

길이는 100~200cm
덩굴처럼 자라고 가지가 갈라짐

꽃덮개조각은 5개
잘 벌어지지 않음

암술대는 3개

수술은 8개

잎은 삼각형
밑부분이 약간 심장형

잎자루는 잎 뒷면
중앙에서 약간 아래쪽에 붙어
연잎이나 방패 같음

잎자루에도 아래를
향한 거친 가시가 있음

열매는 구형 수과
짙은 벽자색으로
익음

0061 고마리 *Persicaria thunbergii*

- 어긋나기, 홑잎, 양성화, 두상꽃차례처럼 달림
- 물가나 도랑처럼 습기 있는 곳에서 무리 지어 자라며 8~10월에 꽃 피는 한해살이풀
- 나도미꾸리낚시와 달리 턱잎 털과 톱니가 미약하게 있음

높이는 50~80cm
아래쪽은 누워 자라고 위쪽은 곧게 섬

턱잎은 잎집 모양, 날개가 있고 가장자리에 털과 톱니가 미약하게 있음

줄기에 아래를 향한 갈고리 같은 가시가 있음

암술대는 3개

수술은 8개

꽃덮개조각은 5~6개

꽃자루에 붉은 샘털이 있음

표면에 반점이 나타나기도 함

잎은 삼각상 창 또는 화살촉 모양 잎밑은 심장형

열매는 삼각상 수과

0062 쪽 *Persicaria tinctoria*

- 어긋나기, 홑잎, 양성화, 수상꽃차례
- 마을에 심거나 길가에서 저절로 자라며 8~9월에 꽃 피는 한해살이풀
- 곧게 서서 자라고 잎이 둥근 편
- * 남색 염료 식물로 중국에서 들여왔으나 화학 염료에 밀려 더 이상 심지 않음

높이는 50~70cm
곧게 섬

턱잎 끝에
긴 털이 있음

턱잎은
잎집 모양
털이 있음

줄기는
털이 없음

꽃덮개조각은 5개

암술대는 2~3개

수술은 6~8개

꽃차례 모습

잎은 난형 또는 넓은 타원형
끝이 둥글고 가장자리는 밋밋함

열매는 삼각상 난형 수과

0063 **시베리아여뀌** *Knorringia sibirica*

- 어긋나기, 홑잎, 양성화, 총상꽃차례가 모여 원추꽃차례를 이룸
- 인천 백령도 바닷가에서 자라며 5~9월에 꽃 피는 여러해살이풀
- 모래땅에서 자라고 꽃이 원추꽃차례를 이룸

* 중국과 몽골 및 러시아에 분포함, 마른 개펄에서 자라는 것은 곧게 섬

총상꽃차례로 피어
원추꽃차례를 이룸

높이는 5~25cm, 곧게 서거나
비스듬히 서고 아래쪽에서 가지가 갈라짐

줄기는
털이 없고
세로줄이
있음

턱잎은
잎집 모양
막질

꽃덮개조각은 5개   암술대는 3개

수술은 7~8개

잎밑은 약간
화살촉 모양

잎은 긴 타원상 피침형
끝이 뾰족하거나 둔함
가장자리는 밋밋한 편

열매는 난형 또는
삼각형 수과

씨방이 붉은색인 것

0064 쇠비름 *Portulaca oleracea*

- 마주나기 또는 어긋나기 또는 돌려나기, 홑잎, 양성화, 가지 끝 잎겨드랑이에 1개씩 핌
- 길가나 빈터에서 자라며 6~8월에 꽃 피는 한해살이풀
- 잎이 주걱형 또는 도란형이고 전체가 다육질

* 건조에 강하고 제초제에도 잘 견딤

높이는 3~5cm
바닥을 기듯이 자라고
가지가 많이 갈라짐

줄기는 털이
없고 다육질
흔히 붉은
자줏빛을 띰

암술대는 5개

꽃잎은 5개

수술은 7~12개

잎은 주걱형
또는 도란형

앞면에 광택이 있고
가장자리는 밋밋함

잎 뒷면은 자잘한 무늬로 가득함

씨는 검은색
자잘한 무늬가 있음

열매는 타원형
익으면 횡단면으로 갈라짐

0065 **자리공** *Phytolacca acinosa* / **섬자리공** *P. insularis*

- 어긋나기, 홑잎, 양성화, 총상꽃차례
- 울릉도와 각처에서 드물게 자라며 6~8월에 꽃 피는 여러해살이풀
- 미국자리공보다 심피가 대개 8개로 적고 서로 떨어져 달림

* 울릉도의 섬자리공은 자리공보다 꽃차례 길이가 긴 점 정도만 다름

높이는 80~150cm
곧게 서고 가지가 갈라짐

줄기 전체에
털이
거의 없음

꽃차례의 길이가
섬자리공보다 짧은 편

수술은 8개

꽃받침조각은 5개
꽃잎은 없음

심피는 7~8개
서로 떨어져 있음

잎은 타원형
끝이 뾰족하고
가장자리는 밋밋함

깃꼴 잎맥이 있음

열매는 검은색 장과

열매조각이 서로 떨어짐

섬자리공

0066 미국자리공 *Phytolacca americana*

- 어긋나기, 홑잎, 양성화, 총상꽃차례
- 길가나 빈터에서 자라며 6~9월에 꽃 피는 여러해살이풀. 북미 원산 외래식물
- 자리공보다 심피가 대개 10개로 많고 서로 붙어 달림

높이는 100~300cm
곧게 서고
가지가 많이 갈라짐

줄기는 붉은
자줏빛이 돌고
나무 같음

꽃받침조각은 5개
꽃잎은 없음

수술은 10~12개
꽃밥은 흰색

심피는 10~12개
서로 붙어 있음

땅속에 굵은
뿌리가 있음

잎은 타원형 또는 난형
끝이 뾰족하고 가장자리는 밋밋함

열매조각이
하나로 합쳐 있음

열매는 검은색 장과

0067 석류풀 *Trigastrotheca stricta* / 큰석류풀 *Mollugo verticillata*

- 돌려나기와 마주나기, 홑잎, 양성화, 취산꽃차례
- 밭이나 들에서 자라며 7~10월에 꽃 피는 한해살이풀
- 잎이 3~5개가 돌려서 달리고 꽃이 취산꽃차례에 달림

＊ 북미 원산 외래식물인 큰석류풀은 꽃이 잎겨드랑이에 모여 달리고 잎이 4~7개가 돌려남

높이는 10~30cm
옆으로 퍼져 자라거나
비스듬히 섬

줄기에
능선이 있고
털은 없음

수술은 3~5개

암술대는
3개고 짧음

꽃덮개는 5개

1맥이 있고
광택이 있음

잎은 피침형
또는 도피침형

씨는 신장형
흑갈색

열매는 구형 삭과
익으면 3갈래로 갈라짐

큰석류풀

꽃이 잎겨드랑이에
모여 달리고
잎이 4~7개가 돌려남

0068 **번행초** *Tetragonia tetragonoides*

- 어긋나기, 홑잎, 양성화, 잎겨드랑이에 1~2개씩 달림
- 남부지방 바닷가 모래땅에서 자라며 5~11월에 꽃 피는 여러해살이풀
- 잎에 유리조각 같은 미세한 돌기가 많으며 열매가 익어도 벌어지지 않음

높이는 10~30cm
눕거나 땅을 기고
가지가 갈라짐

꽃받침은 통 모양
큰 돌기가 있음

줄기는
모가 짐

전체에 유리가루 같은
미세한 돌기가 많고 다육질

암술대는 4~6개

수술은 9~16개

꽃덮개는 통 모양
4~5갈래로 갈라짐
안쪽이 노란색

잎은 난상 삼각형
또는 난형
질이 두꺼운 편

뒷면에도
미세한 돌기가 많음

열매는 난형 견과
익어도 벌어지지 않음

0069 들개미자리 *Spergula arvensis*

- 돌려난 것처럼 보임, 홑잎, 양성화, 엉성한 취산꽃차례
- 중부 이남 양지바른 곳에서 자라며 4~8월에 꽃 피는 한해살이풀. 유럽 원산 외래식물
- 잎이 마디에 돌려서 달리고 줄기 위쪽에 샘털이 많음

높이는 20~50cm
밑에서 가지가 갈라짐

줄기에
샘털이 많음

암술머리는 대개
5개로 갈라짐

꽃잎은 5개

꽃받침조각은 5개

수술은 10개

군락으로 자라는 모습

열매는 넓은 난형 삭과

잎은 좁은 선형, 12~18개가
마디에 돌려난 것처럼 보임

0070 개미자리 *Sagina japonica* / 큰개미자리 *S. maxima*

- 마주나기, 홑잎, 양성화, 취산꽃차례
- 정원 가장자리나 길가 빈터에서 자라며 5~8월에 꽃 피는 한두해살이풀
- 큰개미자리보다 꽃잎이 작고 길쭉하며 잎이 얇고 가는 편
- ＊ 큰개미자리는 꽃잎이 넓고 둥글며 잎이 넓고 두꺼움

높이는 2~20cm
밑에서 가지가 많이 갈라짐

줄기 위쪽에
짧은 샘털이 있음

암술머리는 5개로 갈라짐

꽃잎은 5개
좁은 난형

수술은 5~10개

꽃받침
조각은 5개

꽃받침과 꽃자루에
샘털이 있음

열매는 난상 구형 삭과
익으면 5갈래로 갈라짐

큰개미자리

꽃잎이 넓고 둥글며
잎이 두꺼운 편

111

0071 갯개미자리 *Spergularia marina*

- 마주나기, 홑잎, 양성화, 취산꽃차례
- 바닷가 개펄 주변에서 자라며 5~9월에 꽃 피는 한두해살이풀
- 유럽개미자리보다 꽃잎이 긴 난형이고 줄기와 잎이 약간 두꺼움

높이는 10~20cm
밑에서 여러 갈래로 갈라짐

위쪽에
샘털이 있음

수술은 5개

꽃잎은 5개, 긴 난형

암술머리는
3갈래로 갈라짐

꽃받침조각은 5개

잎은 약간 두툼하고
한쪽 면이 납작한 선형
끝은 뾰족하고 털은 없음

열매는 난형 수과

익으면 3갈래로 갈라짐

0072 유럽개미자리 *Spergularia rubra*

- 마주나기, 홑잎, 양성화, 취산꽃차례
- 지리산과 남부지방에서 자라며 5~8월에 꽃 피는 한해살이풀. 유라시아 원산 외래식물
- 갯개미자리보다 꽃잎이 넓은 타원형이고 줄기와 잎이 가는 편

높이는 5~30cm
땅을 기면서 자라다가 끝에서
위를 향함, 전체에 샘털이 있음

수술은 6~10개

암술머리는
3개로 갈라짐

꽃잎은 5개
넓은 난형

꽃받침조각은 5개

잎은 선형
끝이 뾰족하고
짧은 샘털이 있음

턱잎은 긴 삼각형

열매는 난형 삭과

0073 삼수개미자리 *Minuartia verna* var. *leptophylla*

- 마주나기, 홑잎, 양성화, 취산꽃차례
- 강원도와 함경남도 높은 산 돌밭에서 드물게 자라며 5~8월에 꽃 피는 여러해살이풀
- 꽃잎이 타원형이고 끝이 둔하며 잎이 바늘 모양

높이는 10~20cm
여러 대가 모여 나고
가지가 많이 갈라짐

줄기는 매우 가느다람

암술대는 3개
꽃받침조각은 5개
꽃잎은 5개
타원형
끝이 둔함
수술은 10개

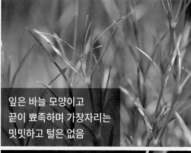

잎은 바늘 모양이고
끝이 뾰족하며 가장자리는
밋밋하고 털은 없음

기다란 뿌리는 흰색

열매는 긴 타원상 난형 삭과

0074 벼룩이자리 *Arenaria serpyllifolia*

- 마주나기, 홑잎, 양성화, 취산꽃차례
- 밭이나 들에서 자라며 4~5월에 꽃 피는 한해살이풀
- 벼룩나물와 달리 꽃잎이 갈라지지 않고 줄기에 털이 있음

높이는 10~25cm
밑에서 가지가 많이 갈라지고
옆으로 벋음

전체에 아래를 향한
짧은 털이 있음

암술대는 3개

수술은 10개

꽃잎은 5개, 꽃받침보다
짧고 갈라지지 않음

꽃받침조각은 5개
끝이 뾰족하고 짧은 털이 있음

잎은 난형 또는
넓은 난형
양 끝이 좁음
잎자루는 없음

열매는 난형 삭과
익으면 6갈래로
갈라짐

0075 덩굴개별꽃 *Pseudostellaria davidii*

- 마주나기, 홑잎, 양성화, 잎겨드랑이에 1개씩 핌
- 높은 산 그늘진 곳에서 자라며 5~6월에 꽃 피는 여러해살이풀
- 잎이 난형이고 가장자리 밑부분에 털이 있으며 꽃이 지면 덩굴처럼 길게 벋음

높이는 10~20cm 곧게 서다가 덩굴처럼 옆으로 벋음

줄기에 털이 2줄로 달림

수술은 10개
암술대는 3개
꽃잎은 5개
꽃받침조각은 5개 뒷면에 털이 있음
꽃자루에 줄로 돋은 털이 있음

꽃이 지면 덩굴처럼 벋으면서 땅에 닿으면 뿌리를 내림

잎은 난형
밑부분에 긴 털이 있음

짧고 굵은 방추형 덩이뿌리가 있음

0076 개별꽃 *Pseudostellaria heterophylla*

- 마주나기, 홑잎, 양성화, 취산꽃차례
- 산기슭이나 숲 속에서 자라며 4~5월에 꽃 피는 여러해살이풀
- 큰개별꽃보다 꽃잎이 5개로 적고 꽃자루에 털이 있으며 꽃잎 끝이 파임

높이는 8~20cm
1~2대가 나와 곧게 섬

꽃이 1~5개가 달림

줄기에 털이
2줄로 달림

암술대는 3개

꽃받침조각은 5개

꽃잎은 5개, 끝이 파임

수술은 10개

꽃자루에 줄로
돋은 털이 있음

방추형 덩이뿌리가 1~2개 달림

열매는 난상 원형 삭과
익으면 3갈래로 갈라짐

0077 큰개별꽃 *Pseudostellaria palibiniana*

- 마주나기, 홑잎, 양성화, 줄기 끝에 1개씩 핌
- 산기슭이나 숲 속에서 자라며 4~5월에 꽃 피는 여러해살이풀
- 개별꽃보다 꽃잎이 여러 개이며 꽃자루에 털이 없고 꽃잎 끝이 파이지 않음

높이는 10~20cm
1~2대가 나와 곧게 섬

줄기에 털이
2줄로 달림

암술대는 2~4개

수술은 10개

꽃잎은 5~8개
끝이 오목하게 파이지 않음

꽃받침조각은
5~8개

꽃자루에
털이 없음

방추형 덩이뿌리가 1~4개씩 달림

열매는 난상 원형 삭과
익으면 3갈래로 갈라짐

0078 긴개별꽃 *Pseudostellaria japonica*

- 마주나기, 홑잎, 양성화, 줄기 끝이나 잎겨드랑이에 1~2개씩 핌
- 강원도 볕이 잘 드는 숲 속에서 자라며 4~5월에 꽃 피는 여러해살이풀
- 덩굴개별꽃보다 잎이 붙는 마디 길이가 길고, 잎 양면에 털이 있음

높이는 10~30cm
곧게 서지만 연약한 편

잎이 붙는
마디 길이가 긺

줄기에 털이
2줄로 달림

수술은 10개

암술대는 2~3개

꽃잎은 5개
도란형, 끝이 약간 파임

꽃받침조각은 5개

꽃받침에 털이 있음

꽃자루에
털이 2줄로 달림

양면에 털이 있음

줄기 위쪽 잎은 난형
또는 긴 난형
끝이 뾰족하고
잎밑은 둥근 편

덩이뿌리와 잔뿌리가 있음

줄기 아래쪽 잎은
선형 또는 피침형

0079 점나도나물 *Cerastium holosteoides subsp. vulgare* / 큰점나도나물 *C. fischerianum* / 유럽점나도나물 *C. glomeratum*

- 마주나기, 홑잎, 양성화, 줄기 끝이나 잎겨드랑이에 1~2개씩 달림
- 강원도 볕이 잘 드는 숲 속에서 자라며 4~5월에 꽃 피는 여러해살이풀
- 큰점나도나물과 달리 꽃잎과 꽃받침 길이가 비슷함

* 큰점나도나물은 꽃받침 길이가 꽃잎보다 짧음. 유럽점나도나물은 꽃이 뭉쳐서 달림

높이는 15~25cm
가지가 많이 갈라져 비스듬히 자람

줄기에
털이 밀생

수술은 10개

암술대는
5개

꽃잎은 5개
끝이 얕게
2갈래로 갈라짐

꽃잎 길이가
꽃받침 길이와
비슷함

꽃받침조각은 5개
뒷면에 털이 있고
가장자리는 막질

잎자루는 거의 없음

잎은 난형 또는
난상 피침형
끝은 뾰족하고
가장자리는 밋밋함

큰점나도나물

꽃받침보다 꽃잎 길이가
2배 정도로 긴 편

꽃이 뭉쳐서 달리고
끈적거림

유럽점나도나물

0080 벼룩나물 *Stellaria alsine*

- 마주나기, 홑잎, 양성화, 엉성한 취산꽃차례
- 논둑이나 밭둑에서 자라며 4~5월에 꽃 피는 한두해살이풀
- 벼룩이자리와 달리 5개 꽃잎이 깊게 갈라져 10개인 것처럼 보이고 줄기에 털이 없음

높이는 15~25cm
밑에서 가지가 많이 갈라짐

전체에 털이 없음

수술은 5~7개   암술대는 2~3개

꽃잎은 5개
깊게 2갈래로 갈라져
꽃잎이 10개인 것처럼 보임

꽃받침조각은 5개
끝이 뾰족하고 가장자리는 막질

잎자루는 없음

잎은 피침형 또는
타원상 피침형
끝이 뾰족함.

열매는 난형 삭과
익으면 6갈래로
갈라짐

0081 **별꽃** *Stellaria media*

- 마주나기, 홑잎, 양성화, 취산꽃차례
- 밭이나 길가에서 자라며 3~5월에 꽃 피는 두해살이풀
- 쇠별꽃보다 암술대가 3개로 적고 잎밑이 원형에 가까움

높이는 10~20cm
밑에서 가지가 많이 갈라져
비스듬히 자람

위쪽 줄기에
1줄로 돋은
털이 있음

수술은 1~7개

암술대는 3개

꽃잎은 5개
깊게 2갈래로 갈라짐

꽃받침조각은 5개
뒷면에 털이 있음

꽃자루에도
털이 있음

잎은 난형
끝은 뾰족하고
잎밑은 원형

열매는 난형 삭과

씨는 표면에 돌기가 많음

0082 쇠별꽃 *Stellaria aquatica*

- 마주나기, 홑잎, 양성화, 취산꽃차례
- 습기 있는 밭이나 길가에서 자라며 4~6월에 꽃 피는 한두해살이풀
- 별꽃보다 암술대가 5개로 많고 잎밑이 심장형에 가까움

높이는 20~80cm
밑에서 가지가 갈라짐

줄기 위쪽에
1줄로 돋은
털이 있음

수술은 10개

꽃받침
조각은 5개
뒷면에
털이 있음

꽃잎은 5개
2갈래로 깊게
갈라져 10개처럼
보임

암술대는 5개

위쪽 줄기에
달리는 잎에도
샘털이 밀생

위쪽 줄기와
꽃자루에
샘털이 밀생

잎자루는 위로
갈수록 짧아지다가
없어짐

잎은 난형
끝은 뾰족하고
밑부분은 심장형

열매는 난형 삭과
익으면 5갈래로 갈라짐

0083 패랭이꽃 *Dianthus chinensis* / 술패랭이꽃 *D. longicalyx*

- 마주나기, 홑잎, 양성화, 위쪽 가지에 1~3개씩 핌
- 건조한 풀밭이나 모래땅 또는 암석지대에서 자라며 6~8월에 꽃 피는 여러해살이풀
- 잎이 선형 또는 피침형으로 가늘고 긺

＊ 술패랭이꽃은 꽃잎이 술처럼 잘게 갈라짐

높이는 20~30cm
여러 대가 모여 나와
곧게 섬

줄기는
분백색이 돌고
매끈한 편

꽃잎은 5개
안쪽에 흑갈색
점무늬가 있음

수술은 10개
암술대는 2개

끝이 자잘한
톱니처럼 얕게 갈라짐

잎자루는 없고
밑부분이 합쳐짐

잎은 선형 또는
피침형 끝은 뾰족함

열매는 원기둥 모양 삭과
익으면 끝이 4갈래로 갈라짐

술패랭이꽃

꽃잎이 술처럼
잘게 갈라짐

0084 갯패랭이꽃 *Dianthus japonicus*

- 마주나기, 홑잎, 양성화, 취산꽃차례
- 부산, 포항, 제주도 바닷가에서 자라며 7~8월에 꽃 피는 여러해살이풀
- 잎이 두툼하며 뿌리잎이 방석처럼 퍼지고 줄기잎이 타원상 피침형

높이는 20~50cm
곧게 서거나 약간 비스듬히 섬

잎밑이 합쳐지면서 줄기를 감쌈

줄기는 원기둥 모양이고 아래쪽은 목질화함 털이 없고 매끈함

암술대는 2개

수술은 10개 내외

꽃잎은 5개 끝이 얕고 자잘하게 갈라짐

흰색 꽃

포엽은 3쌍이고 긴 타원형

가장자리에 털이 많음

줄기잎은 긴 타원상 피침형 또는 난상 피침형, 두툼한 편이고 약간 다육질

열매는 긴 원기둥 모양 삭과

0085 대나물 *Gypsophila oldhamiana* / **끈끈이대나물** *Silene armeria*

- 마주나기, 홑잎, 양성화, 취산꽃차례
- 제주도 제외 지역 산과 들에서 자라며 6~8월에 꽃 피는 여러해살이풀
- 가는대나물보다 꽃줄기가 두껍고 잎이 타원상 피침형으로 좁음

높이는 40~60cm
아래쪽에서
가지가 많이 갈라짐

줄기는 마디가
뚜렷하고
전체에
털이 없음

꽃잎은 5개
흰색 또는 분홍색

꽃받침은 통 모양
5갈래로 갈라짐

수술은 10개

암술대는 2개

잎은 타원상 피침형

끝은 뾰족하고
가장자리는 밋밋함

열매는 구형 삭과
익으면 4갈래로 갈라짐

끈끈이대나물

유럽 원산 외래식물로
심어 기르던 것이
야생화함

꽃자루와 위쪽 줄기
마디 사이에 끈끈이가 있음

0086 가는대나물 *Gypsophila pacifica*

- 마주나기, 홑잎, 양성화, 취산꽃차례
- 강원 이북 산지 바위틈에서 드물게 자라며 7~9월에 꽃 피는 여러해살이풀
- 대나물보다 잎이 난상 피침형으로 넓고, 꽃줄기가 가느다람

높이는 80~100cm
아래쪽에서 가지가 많이 갈라짐

전체에 털이
거의 없고
분백색을 띰

암술대는 2개

수술은 10개

꽃잎은 5개
끝이 약간 파임

꽃줄기가 위로
갈수록 가늘어짐

잎은 난상 피침형

끝은 둥글고
가장자리는 밋밋함

잎밑이 줄기를
완전히 감쌈

열매는 구형 삭과

0087 동자꽃 *Lychnis cognata*

- 마주나기, 홑잎, 양성화, 줄기 끝과 잎겨드랑이에 1개씩 핌
- 제주도 제외 지역 산지 숲 속에서 자라며 6~9월에 꽃 피는 여러해살이풀
- 털동자꽃과 달리 꽃잎이 심장형으로 얕게 갈라짐

높이는 40~120cm
곧게 섬

줄기에 털이 밀생

가장자리에 톱니가 있음

밑부분에 피침형 작은 갈래조각이 1쌍 있음

꽃잎은 5개 도심장형

수술은 10개
암술대는 5개

안쪽에 2개씩 갈래조각이 있음

잎은 긴 난형 또는 긴 타원형 양면과 가장자리에 털이 있음

열매는 난형 삭과 꽃받침에 싸이고 익으면 5갈래로 갈라짐

꽃이 흰색인 것도 있음

0088 **털동자꽃** *Lychnis fulgens*

- 마주나기, 홑잎, 양성화, 취산꽃차례
- 중부 이북 산과 들에서 자라며 6~8월에 꽃 피는 여러해살이풀
- 동자꽃보다 꽃잎이 깊게 갈라짐

높이는 50~100cm
곧게 섬

전체에 흰색
긴 털이 있음

밑부분에 가시 모양
갈래조각이 1쌍 있음

수술은 10개

안쪽에 2개씩
갈래조각이 있음

꽃잎은 5개
2갈래로 깊게 갈라짐

암술은 5개

꽃받침은 곤봉 모양
대개 털이 많음

잎은 긴 난형, 끝은 뾰족하고
가장자리는 밋밋함

잎자루는 없음

열매는 긴 타원형 삭과
꽃받침에 싸임
익으면 5갈래로 갈라짐

0089 제비동자꽃 *Lychnis wilfordii*

- 마주나기, 홑잎, 양성화, 취산꽃차례
- 강원 이북 고지대 습지에서 드물게 자라며 7~9월에 꽃 피는 여러해살이풀
- 동자꽃보다 꽃잎이 잘게 갈라짐

높이는 50~90cm
곧게 서고 가지가 갈라지기도 함

줄기는 털이
없거나 적음

잎자루는 없고
줄기를 감쌈

밑부분에 가시 모양
갈래조각이 1쌍 있음

안쪽에도 2개씩
갈래조각이 있음

암술대는 5개
수술은 10개

꽃잎은 5개
가늘고 깊게 갈라짐

꽃받침은 곤봉 모양
10개 줄이 있음. 털은 거의 없음

위쪽 잎일수록
선상 피침형으로 됨

아래쪽 잎은 긴 난형
또는 긴 타원형
끝은 뾰족하고 가장자리는 밋밋함

열매는 긴 타원형 삭과
익으면 5갈래로
갈라짐

0090 가는동자꽃 *Lychnis kiusiana*

- 마주나기, 홑잎, 양성화, 취산꽃차례
- 강원 이북과 경남 산지 습지에서 드물게 자라며 7~8월에 꽃 피는 여러해살이풀
- 잎이 선상 피침형이며 꽃자루에 잔털이 있음. 꽃은 동자꽃보다 패랭이꽃에 가까움

높이는 60~100cm
곧게 서고
가지가 갈라지기도 함

줄기에 아래로
구부러진 털이 있음

수술은 10개

암술은 5개

꽃잎은 5개
끝이 잘게 갈라짐

끝이 5갈래로
얕게 갈라짐

꽃받침은 긴 타원상 원통형,
표면에 세로줄이 있음

잎은 선상 피침형
끝은 뾰족하고 밑부분은
줄기를 감쌈

열매는 긴 타원형 삭과
익으면 5갈래로 갈라짐

0091 덩굴별꽃 *Silene baccifera*

- 마주나기, 홑잎, 양성화, 가지 끝에 1개씩 핌
- 산과 들에서 자라며 7~8월에 꽃 피는 여러해살이풀
- 덩굴성은 미약하고 열매가 장과

길이는 150~200cm
굽져 자라고 가지를 많이 침

줄기에
꼬불꼬불한
털이 많음

긴 도피침형, 끝이 2갈래로 갈라짐

암술대는 3개

꽃잎은 5개

씨방

수술은 10개

꽃받침은
5갈래로 갈라짐

어린줄기에
꼬불꼬불한 털이 많음

잎은 난형 또는
난상 피침형
끝은 뾰족함

가장자리에
털이 있음

잎밑은 좁아지면서 잎자루로 됨

열매는 구형 장과
검은색으로 익음

0092 장구채 *Silene firma* / 털장구채 *S. firma* f. *pubescens*

- 마주나기, 홑잎, 양성화, 가지 끝과 잎겨드랑이에 몇 개씩 핌
- 산과 들에서 자라며 7~9월에 꽃 피는 두해살이풀
- 애기장구채나 갯장구채보다 줄기가 매끈함
- ＊ 털장구채는 전체에 부드러운 털이 있음

높이는 30~80cm
곧게 서고 가지가 갈라짐

잎자루는
없고 잎밑이
줄기를 감쌈

털이
거의 없음

줄기는 녹색
또는 갈색

안쪽에 2개씩
갈래조각이 있음

수술은 10개

암술은 3개

꽃잎은 5개
끝이 2갈래로 갈라짐

잎은 긴 타원형
또는 넓은 피침형

가장자리와 뒷면
맥 위에 털이 있음

열매는 난형 삭과
익으면 6갈래로 갈라짐

털장구채

전체에 부드러운
털이 있음

0093 갯장구채 *Silene aprica var. oldhamiana*

- 마주나기, 홑잎, 양성화, 줄기와 가지 끝에 1개씩 핌
- 중부 이남 바닷가 양지바른 곳에서 자라며 4~6월에 꽃 피는 두해살이풀
- 애기장구채보다 줄기가 두껍고 꽃이 달린 가지가 옆으로 벌어짐

높이는 30~70cm 곧게 서고 위쪽에서 가지가 갈라짐

꽃자루가 옆으로 벌어짐

전체에 털이 있음

수술은 10개

꽃잎은 5개 끝이 2개로 갈라짐

분홍색 꽃

암술대는 3개

안쪽에 2개씩 갈래조각이 있음

뿌리잎은 주걱형이고 방석처럼 펼쳐짐

열매는 난형 삭과 익으면 6갈래로 갈라짐

0094 애기장구채 *Silene aprica*

- 마주나기, 홑잎, 양성화, 줄기와 가지 끝에 1개씩 핌
- 산지 바위틈에서 자라며 5~6월에 꽃 피는 두해살이풀
- 갯장구채보다 줄기가 가느다랗고 꽃자루가 옆으로 벌어지지 않음

＊ 꽃이 활짝 벌어지지 않고 폐쇄화로 결실하는 경우가 많음

높이는 20~50cm 밑에서 여러 대가 나와 곧게 섬

꽃자루가 벌어지지 않음

줄기에 잔털이 밀생

꽃잎은 5개 끝이 2갈래로 갈라짐

수술은 10개

암술대는 3개

안쪽에 2개씩 갈래조각이 있음

잎자루는 없거나 매우 짧음

줄기잎은 피침형 또는 좁은 피침형 또는 도피침형

뿌리잎은 주걱형이고 방석처럼 펼쳐짐

열매는 난상 삭과 익으면 여러 갈래로 갈라짐

0095 분홍장구채 *Silene capitata*

- 마주나기, 홑잎, 양성화, 두상꽃차례처럼 핌
- 중부 이북 습기 있는 양지 바위틈에서 자라며 8~11월에 꽃 피는 여러해살이풀
- 꽃이 분홍색이고 수술이 꽃잎보다 길며 전체에 굽은 털이 밀생

높이는 20~30cm 비스듬히 서고 밑에서 여러 대가 나옴

전체에 굽은 털이 밀생

암술대는 2~4개

수술은 10개 꽃잎 밖으로 길게 나옴

끝이 5갈래로 갈라짐

꽃잎은 4~5개 분홍색 끝이 2갈래로 갈라짐

꽃받침은 통 모양 털이 있고 맥은 10개

잎은 긴 난형 또는 피침형

밑부분이 좁아지면서 잎자루처럼 됨

열매는 난형 삭과

0096 가는장구채 *Silene seoulensis*

- 마주나기, 홑잎, 양성화, 취산꽃차례
- 제주도 제외 지역 산지 그늘진 곳에서 자라며 6~8월에 꽃 피는 한해살이풀
- 꽃이 흰색이고 수술이 꽃잎보다 짧으며 전체에 가는 털이 있음

높이는 30~60cm
밑부분이 옆으로
거듯이 비스듬히 자라며
가지가 많이 갈라짐

잎자루는
짧음

전체에
가는 털이 있음

꽃잎은 5개
도피침형이고 흰색

수술은 10개
꽃잎보다 짧음

끝이 5갈래로
갈라짐

암술대는 3개

끝이 2갈래로 갈라짐

꽃받침은 통 모양

잎은 난형, 끝이 뾰족하고
가장자리는 밋밋함

열매는 난형 삭과

0097 끈끈이장구채 *Silene koreana*

- 마주나기, 홑잎, 양성화, 취산꽃차례
- 충남 안면도와 강원 이북 산기슭 또는 들에서 자라며 7~9월에 꽃 피는 한해살이풀
- 끈끈이가 있고 잎이 선형으로 가느다람

높이는 30~100cm
곧게 섬

줄기는 매끈하고 꽃자루와 위쪽 마디 사이에 갈색 끈끈이가 있음

수술은 10개

암술대는 3개

끝이 5갈래로 갈라짐

꽃잎은 5개
끝이 2갈래로 갈라짐

꽃받침은 통 모양
맥이 10개 있음

잎자루는 없음

잎은 피침형 또는
선형, 양 끝이 좁음

열매는 난형 삭과
익으면 6갈래로
갈라짐

끈끈이 부분

0098 한라장구채 *Silene fasciculata*

- 마주나기, 홑잎, 양성화, 엉성한 원추꽃차례
- 한라산 고지대 바위틈에서 자라며 7~8월에 꽃 피는 여러해살이풀
- 울릉장구채보다 꽃이 듬성듬성 달리고 꽃받침통이 항아리 모양

꽃이 듬성듬성 달림

높이는 10~20cm
여러 대가 모여 남

줄기에
털이 없음

잎밑이
줄기를 감쌈

수술은 10개

꽃잎은 5개
끝이 2갈래로 갈라짐

암술대는 3개

끝이 5갈래로 갈라짐

꽃받침은 통 모양

줄기잎은 선형

뿌리잎은 넓은 선형

익으면 6갈래로 갈라짐

열매는 긴 타원형 삭과

0099 울릉장구채 *Silene takeshimensis*

- 마주나기, 홑잎, 양성화, 촘촘한 원추꽃차례
- 울릉도 바닷가 바위지대에서 자라며 6~10월에 꽃 피는 여러해살이풀
- 한라장구채보다 꽃이 촘촘하게 달리고 꽃받침통이 긴 원통형

높이는 20~50cm
여러 대가 모여 나고
아래쪽에서
조금 휘어져 곧게 섬

꽃차례에
꽃이 촘촘히
달림

꽃잎은 5개
끝이 2갈래로
갈라짐

암술대는 3개

수술은 10개

끝이 5갈래로
갈라짐

꽃받침은 원통 모양

가장자리에
털 같은 돌기가
달림

잎은 선상 피침형
양면에 털이 없음

익으면 6갈래로
갈라짐

열매는 타원형 삭과

0100 가는다리장구채 *Silene jeniseensis*

- 마주나기, 홑잎, 양성화, 총상꽃차례
- 높은 산에서 자라며 7~9월에 꽃 피는 여러해살이풀
- 꽃이 황백색이고 잎이 피침상 선형

높이는 20~25cm
밑에서 여러 대가 모여 남

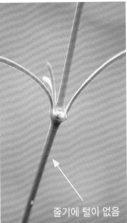

줄기에 털이 없음

수술은 10개

꽃잎은 5개, 연한 노란색
끝이 2갈래로 갈라짐

암술대는 3개

꽃받침은 통 모양

끝이 5갈래로 갈라짐

줄기잎은 피침상 선형

잎자루가 없음

열매는 긴 타원형 삭과
익으면 6갈래로 갈라짐

0101 달맞이장구채 *Silene latifolia* subsp. *alba*

- 마주나기, 홑잎, 암수딴포기, 가지 끝에 1~2개씩 핌
- 대관령, 울릉도 등지에서 자라며 5~9월에 꽃 피는 여러해살이풀. 유럽 원산 외래식물
- 꽃이 크고 암수가 다르며 늦은 오후나 볕이 약할 때 꽃잎이 벌어짐

높이는 30~70cm
곧게 서거나 비스듬히 서고
가지가 갈라지기도 함

위쪽에는 샘털도 있음

전체에 털이 있음

암꽃

암술대는 6개

수꽃

꽃잎은 5개
끝이 2갈래로 갈라짐

안쪽에 2개씩
갈래조각이 있음

수술이 10개
그중 5개가 길게 밖으로 나옴

잎은 난형 또는
넓은 피침형
양면에 짧은
털이 있음

열매는 난형 삭과
익으면 10갈래로
갈라짐

0102 양장구채 *Silene gallica*

- 마주나기, 홑잎, 양성화, 총상꽃차례
- 제주도 저지대 풀밭에서 자라며 4~7월에 꽃 피는 여러해살이풀. 유라시아 원산 외래식물
- 줄기가 곧게 서고 위쪽 가지와 꽃받침에 긴 털과 샘털이 밀생

높이는 10~45cm
밑에서 가지가 많이 갈라지며
곧게 서거나 비스듬히 자람

줄기에
긴 털이 많고
위쪽에는
샘털도 있음

암술대는 3개

수술은 10개

꽃잎은 5개
끝이 살짝 파임

분홍색 꽃

가장자리에
뻣뻣한 털이 있음

줄기 아래쪽
잎은 주걱형

줄기 위쪽 잎은
피침형

열매는 타원형 삭과

0103 명아주 *Chenopodium album var. centrorubrum* / 흰명아주 *C. album*

- 어긋나기, 홑잎, 양성화, 수상꽃차례
- 들이나 길가에서 자라며 6~7월에 꽃 피는 한해살이풀
- 좀명아주보다 키가 크고 잎 톱니가 매우 불규칙함

* 흰명아주는 어린잎에 생기는 분상물이 흰색이고 명아주보다 개화가 빠름

높이는 60~150cm 곧게 서고 가지가 많이 갈라짐

줄기에 녹색 줄이 있고, 털은 없음

암술대는 2개

수술은 5개

꽃덮개는 5개

어린잎에 홍자색 분상물이 덮임

잎은 난형 또는 삼각상 난형 톱니는 불규칙

잎 뒷면과 잎자루에 분상물이 덮임

흰명아주

유라시아 원산이며 어린잎에 흰색 분상물이 덮임

0104 **좀명아주** *Chenopodium ficifolium* / **얇은명아주** *Chenopodiastrum hybridum*

- 어긋나기, 홑잎, 양성화, 원추꽃차례
- 들이나 길가에서 자라며 7월에 꽃 피는 한해살이풀
- 명아주보다 키가 작고 잎 톱니가 규칙적

* 외래식물인 얇은명아주는 잎 질이 얇고 삼각상 큰 톱니가 1~4쌍 있음

높이는 30~60cm
곧게 서고 가지가 많이 갈라짐

줄기에 털은
없으나
분상물이 덮임

수술은 5개

암술대는 2개

꽃덮개는 5개

양면에 분상물이 덮임

잎은 삼각상 긴 타원형
톱니는 규칙적이고 적게 달림

열매는 능선이 있는 포과
검은색 씨가 1개 들어 있음

얇은명아주

유럽과 서아시아 원산이며
잎 질이 얇고 톱니가 1~4쌍 있음

0105 **취명아주** *Oxybasis glauca* / **가는명아주** *Chenopodium album* var. *stenophyllum*

- 어긋나기, 홑잎, 양성화, 수상꽃차례
- 들이나 바닷가 마른 땅에서 자라며 7~8월에 꽃 피는 한해살이풀
- 잎이 두껍고 긴 타원상 난형이며 키가 작음

* 가는명아주는 잎이 두껍고 피침형이며 가장자리에 톱니가 거의 없음

높이는 15~30cm
가지가 갈라지고
약간 다육질

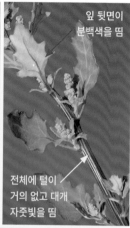

잎 뒷면이
분백색을 띰

전체에 털이
거의 없고 대개
자줏빛을 띰

암술대는 2개

꽃덮개는 2~5개

수술은 5개

물결 모양
톱니가 있음

잎은 긴 타원상 난형
또는 넓은 피침형,
질이 약간 두꺼움

열매는 포과

잎이 두껍고 좁은 피침형이며
가장자리가 밋밋함

가는명아주

0106 **냄새명아주** *Dysphania pumilio*

- 어긋나기, 홑잎, 양성화, 잎겨드랑이에 밀집해서 핌
- 길가 빈터에서 자라며 7~11월에 꽃 피는 한해살이풀. 호주 원산 외래식물
- 취명아주보다 줄기가 가늘고 털이 많으며 잎 뒷면에 노란색 선점이 있어 냄새가 남

높이는 15~40cm
옆으로 기듯이
자라다 끝에서 섬

줄기에
다세포로 된
굵은 털과
샘털이 있음

수술은 5개

꽃덮개는 5개,
다세포로 된 털과
샘점이 있음

암술대는 2개

잎은 긴 타원형
표면에 흔히
광택이 있음

물결 모양
굵은 톱니가 있음

뒷면에 노란색 선점이 있어 냄새가 남

씨는 갈색

열매는 구형 포과

0107 양명아주 *Dysphania ambrosioides*

- 어긋나기, 홑잎, 양성화, 원추꽃차례
- 남부지방 해안가에서 자라며 6~9월에 꽃 피는 한해살이풀. 남미 원산 외래식물
- 줄기에 가시 같은 털이 있으며 잎이 긴 타원상 피침형이고 뒷면에 샘점이 많아 냄새가 남

높이는 30~80cm 곧게 서거나 비스듬히 자라며 가지가 많이 갈라짐

줄기에 가시 같은 털이 있음

수꽃 수술은 5개

꽃덮개는 5개

암꽃 암술대는 2~3개

크기가 서로 다른 톱니가 있음

잎은 긴 타원상 피침형

잎 뒷면에 샘점이 있어 냄새가 남

열매는 포과 작은 별 모양

0108 **갯댑싸리** *Bassia littorea* / **댑싸리** *B. scoparia*

- 어긋나기, 홑잎, 양성화와 암꽃, 원추꽃차례
- 바닷가 모래땅과 개펄에서 자라며 6~10월에 꽃 피는 한해살이풀
- 가지가 옆으로 퍼지고 잎이 두꺼움

* 댑싸리는 갈라진 가지가 위를 향하고 잎이 얇음. 심던 것이 야생화한 것으로 봄

높이는 50~100cm
곧게 서고 가지가
많이 갈라짐

줄기는 흔히
자줏빛을 띰

꽃덮개는 5개

수술은 5개

잎은 피침형 또는
선상 피침형

질이 두꺼운 편

열매는 포과

갈라진 가지가
위를 향하고 잎이 얇음

댑싸리

0109 창명아주 *Atriplex prostrata* subsp. *calotheca*

- 어긋나기, 홑잎, 암수한포기, 수상꽃차례
- 충남과 전라도 해안가에서 자라며 7~9월에 꽃 피는 한해살이풀. 유럽 원산 외래식물
- 가는갯는쟁이와 달리 잎이 삼각형이고 밑부분이 창 모양

높이는 20~80cm
곧게 서거나 옆으로 퍼짐

줄기에 약간 능선이 있음

수술은 5개

꽃덮개는 5개

잎은 삼각형

약간 톱니가 있음

뒷면에 분상물이 있음

열매는 난상 삼각형 포과

0110 **가는갯는쟁이** *Atriplex gmelinii* / **갯는쟁이** *Atriplex subcordata*

- 어긋나기, 홑잎, 암수한포기, 수상꽃차례
- 바닷가에서 자라며 7~9월에 꽃 피는 한해살이풀
- 잎이 피침형 또는 선형으로 좁고 톱니가 거의 없음
- * 갯는쟁이는 잎이 삼각상 피침형으로 넓고 톱니가 분명함

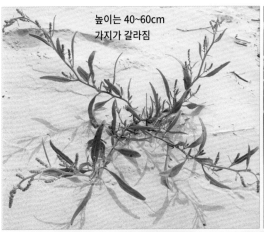

높이는 40~60cm
가지가 갈라짐

줄기에
능선이 있음

분상물로 덮여
있다가 점차 없어짐

수꽃

수꽃은
수술이 4~8개

꽃덮개는 4~6개

암꽃은 암술대가 2개

잎은 피침형 또는 선형
끝이 뾰족하고
가장자리는 밋밋한 편

열매는 난상 심장형
포엽에 싸이는 포과

잎이 삼각상 피침형으로
넓고 톱니가 분명함

갯는쟁이

0111 나문재 *Suaeda glauca*

- 어긋나기, 홑잎, 양성화, 수상꽃차례
- 서해안과 남해안 및 제주도 바닷가에서 자라며 8~10월에 꽃 피는 한해살이풀
- 키가 크고 꽃자루가 있으며 줄기 아래쪽 잎이 홍자색으로 되고 열매가 별 모양

높이는 40~150cm
곧게 서고 가지가 갈라짐

줄기는 매끈하고
아래쪽은 목질화함

수술은 5개

암술대는 2개

꽃덮개는 5개

잎은 선형
다육질, 분백색을 띰
단면은 반달 모양

줄기 아래쪽 잎은
흔히 홍자색을 띰

열매는 납작한 별 모양 포과

152

0112 해홍나물 *Suaeda maritima*

- 어긋나기, 홑잎, 양성화, 수상꽃차례
- 바닷가 모래땅과 개펄에서 자라며 8~11월에 꽃 피는 한해살이풀
- 잎이 길쭉하고 단면이 약간 통통한 반달 모양이며 열매가 울퉁불퉁함

높이는 30~60cm
곧게 서다가 가지가 많이
갈라지면서 옆으로 퍼짐

줄기는
매끈하고
아래쪽은
목질화함

꽃덮개는 5개

암술대는 2개   수술은 5개

잎은 좁은 선형
다육질, 단면은 반달 모양

가을이면 붉은색으로 변함
군락을 이뤄도 듬성듬성한 편

열매는 울퉁불퉁한 포과

0113 방석나물 *Suaeda australis*

- 어긋나기, 홑잎, 양성화, 수상꽃차례
- 바닷가 모래땅과 개펄에서 자라며 8~9월에 꽃 피는 한해살이풀
- 가지가 아래쪽에서 많이 갈라져 방석처럼 자라고 잎 한쪽 면이 약간 납작함

높이는 15~20cm 아래쪽에서 가지가 갈라져 방석처럼 자람

줄기는 매끈하고 자줏빛을 띰

꽃덮개는 5개

암술대는 2개

수술은 5개

단면은 약간 납작한 반달 모양

잎은 좁은 선형, 다육질

열매는 울퉁불퉁한 포과

잎이 매우 짧은 변이도 있음

0114 기수초 *Suaeda malacosperma*

- 어긋나기, 홑잎, 양성화, 수상꽃차례
- 바닷가 개펄에서 자라며 8~9월에 꽃 피는 한해살이풀
- 아래쪽에서 가지가 갈라지고 잎 한쪽 면이 완전히 납작하며 열매가 별 모양

높이는 10~20cm 곧게 섬

5cm 이하 낮은 지점에서 가지가 갈라짐

줄기는 매끈한 편

꽃덮개는 5개
수술은 5개
암술대는 2개

아래쪽은 도톰하고 위쪽은 편평함

잎은 선형, 다육질

기수 지역에서 흔히 무리 지어 자람

열매는 별 모양 포과 나문재 열매보다 작음

0115 칠면초 *Suaeda japonica*

- 어긋나기, 홑잎, 양성화, 수상꽃차례
- 바닷가 개펄에서 자라며 7~9월에 꽃 피는 한해살이풀
- 지면에서 5cm 이상 높이에서 가지가 갈라지고 잎이 짧은 방망이 모양

높이는 15~45cm
곧게 서고 위쪽에서
가지가 많이 갈라짐

지면에서 5cm 이상에서
가지가 갈라짐

줄기
아래쪽은
질화함

꽃덮개는 5개

암술대는 2개

수술은 5개

단면은
원형에
가까움

잎은 짧은 방망이 모양
도피침형, 다육질

대개 처음부터 붉은색이며
카펫처럼 개펄에서
군락으로 자람

열매는
울퉁불퉁한 포과

0116 **퉁퉁마디** *Salicornia perennans*

- 마주나기, 홑잎, 양성화, 잎겨드랑이 홈 속에 핌
- 서해안과 남해안 바닷가 개펄에서 자라며 9~10월에 꽃 피는 한해살이풀
- 마디 사이가 퉁퉁하고 처음에는 녹색에서 점차 붉은색으로 변함

높이는 10~30cm
곧게 섬

줄기는 마디마다
양쪽으로 갈라짐
퉁퉁한 다육질

암술대는
1~2개

수술은 2개

새로 돋는 줄기는 녹색

흔히
개펄에서
자람

열매는 납작한 난형 포과

0117 **수송나물** *Salsola komarovii*

- 어긋나기, 홑잎, 양성화, 잎겨드랑이에 1개씩 핌
- 바닷가 모래땅에서 자라며 7~8월에 꽃 피는 한해살이풀
- 줄기가 비스듬히 서거나 기고 꽃이 띄엄띄엄 달리며 꽃덮개 돌기물이 작음

높이는 10~40cm
밑에서 가지가 많이 갈라져
비스듬히 서거나 기듯이 자람

줄기에
털은 없음

수술은 5개

꽃덮개는 5개

암술대는 2개

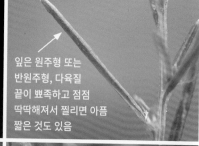

잎은 원주형 또는
반원주형, 다육질
끝이 뾰족하고 점점
딱딱해져서 찔리면 아픔
짧은 것도 있음

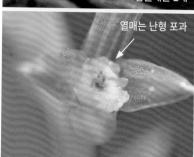

열매는 난형 포과

꽃덮개 등 쪽에 날개가
발달하는 것도 있음

0118 솔장다리 _Salsola collina_

- 어긋나기, 홑잎, 양성화, 잎겨드랑이에 촘촘히 돌려나듯이 핌
- 중부 이북 바닷가 모래땅에서 자라며 7~8월에 꽃 피는 한해살이풀
- 줄기가 곧게 서고 꽃이 촘촘히 돌려나듯이 달리며 꽃덮개 돌기물이 넓음

높이는 10~30cm
곧게 서고
가지가 갈라짐

줄기 위쪽으로
갈수록 돌기나
억센 털이 있음

수술은 5개
꽃덮개는 5개
암술대는 2개

잎은 원주형, 다육질
끝이 뾰족하고 점점
딱딱해지면서 찔리면 아픔

열매는 납작한
난형 포과

꽃덮개에서 자란
돌기물이 닭 볏처럼 넓음

0119 호모초 *Corispermum stauntonii*

- 어긋나기, 홑잎, 양성화, 수상꽃차례
- 중부 이북 강가나 바닷가 모래땅에서 자라며 7~8월에 꽃 피는 한해살이풀
- 잎이 비교적 넓고 다육질이 아니며 열매가 넓은 타원형

높이는 20~50cm
밑부분에서 가지가
많이 갈라짐

줄기에
털은 없고
아래쪽이
목질화함

수술은 5개

포엽은 2개
난형 또는 피침형
가장자리는
흰색 막질

꽃덮개는 5개

암술대는 2개

잎은 선형

끝이 뾰족함
약간 위로 말림
털은 없음

바닷가 모래땅에서
자라는 군락 모습

열매는
넓은 타원형
포과

0120 **쇠무릎** *Achyranthes bidentata* var. *japonica* / **털쇠무릎** *A. bidentata*

- 마주나기, 홑잎, 양성화, 수상꽃차례
- 들녘 그늘진 곳에서 자라며 8~9월에 꽃 피는 여러해살이풀
- 줄기가 네모지고 마디가 굵어짐

* 털쇠무릎은 꽃이 많이 달리고 줄기에 털이 많으나 선명하게 구분되지 않음

높이는
50~100cm
곧게 서고
가지가 갈라짐

마디가
굵어지기도 함

줄기는
네모지고
털이
약간 있음

꽃덮개는 5개
서로 크기가 다름

암술대는 1개

수술은 5개

소포는 침형
3개 중 2개가 긺

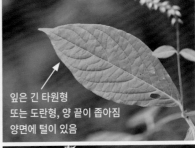

잎은 긴 타원형
또는 도란형, 양 끝이 좁아짐
양면에 털이 있음

소포 밑부분에
난상 돌기가
2개씩 있음

소포

열매는 긴 난형
또는 긴 피침형 포과
꽃덮개에 싸임

줄기에 털이 많고
꽃이 많이 달리는
종이지만
명확히 구분되지 않음

털쇠무릎

0121 개비름 *Amaranthus blitum* subsp. *oleraceus* / 청비름 *A. viridis*

- 어긋나기, 홑잎, 양성화, 수상꽃차례
- 밭이나 길가 빈터에서 자라며 6~9월에 꽃 피는 한해살이풀. 유럽 원산 외래식물
- 줄기에 털이 없고 잎끝이 오목함

* 청비름은 잎이 삼각상 난형이고 줄기 끝 수상화서가 길게 자람

높이는 25~80cm
곧게 서거나 밑에서
가지가 많이 갈라져 퍼짐

줄기에
털이 거의
없음

꽃덮개는 3개
수술은 3개
암술은 1개

끝은 파임
잎은 마름모 모양 난형,
가장자리는 밋밋함

열매는 난형
또는 타원형 포과

잎이 삼각상 난형이고
줄기 끝 수상꽃차례가
길게 자람

청비름

0122 **털비름** *Amaranthus retroflexus* / **가는털비름** *A. patulus*

- 어긋나기, 홑잎, 암수딴포기에 잡성화, 수상꽃차례
- 중부지방 들에서 자라며 7~8월에 꽃 피는 한해살이풀. 남미 원산 외래식물
- 전체에 털이 있고 잎끝이 둔하며 열매가 벌어짐

* 가는털비름은 꽃차례가 가늘고 길며 꽃덮개 끝이 짧게 뾰족함

높이는
40~150cm
곧게 서고 가지가
갈라지기도 함

줄기는
능선이 있고
전체에
잔털이 있음

암술대는 3개

꽃덮개는 5개
흰색 막질

수술은 5개

끝이 둔하고
가장자리는
밋밋함

잎은 마름모
모양 난형

꽃차례가
가늘고 길며
꽃덮개 끝이
짧게 뾰족함

가는털비름

0123 **할미꽃** *Pulsatilla koreana*

| 미나리아재비과 |

- 뿌리에서 모여나기 / 깃꼴겹잎 / 양성화 / 줄기 끝에 1개씩 핌
- 제주도 제외 지역 양지바른 풀밭에서 자라며 3~5월에 꽃 피는 여러해살이풀
- 꽃이 적자색이고 암술이 많으며 꽃줄기가 아래로 굵고 잎에 광택이 없음

＊ *제주도에 자라는 가는잎할미꽃과 구분이 어려움*

높이는 30~40cm
전체에 흰색 털이 밀생

적자색이고
아래를 향해 핌

포엽은 줄기를
감싸고 3~4갈래로
갈라짐
잔털이 밀생

꽃줄기에도
잔털이 밀생

꽃자루가
구부러짐

수술은 많고
꽃밥은 노란색

암술이 많음

꽃받침조각은 6개
겉면에 털이 밀생

잎은 털이 있다가
점차 떨어짐

작은잎은 5개
다시 몇 갈래로 갈라짐

암술대가
깃 모양으로 달림

좁은 난형 수과
흰색 털이 밀생

꽃이 노란색인 것도 있음

0124 **동강할미꽃** *Pulsatilla tongkangensis*

- 뿌리에서 모여나기, 깃꼴겹잎, 양성화, 줄기 끝에 1개씩 핌
- 강원도 석회암지대에서 자라며 3~4월에 꽃 피는 여러해살이풀
- 꽃 색이 다양하고 암술이 많으며 꽃줄기가 대개 위를 향하고 잎에 광택이 있음

* 할미꽃 비슷한 것이 동강할미꽃과 혼생하고, 중간종으로 보이는 것도 발견됨

다양한 색으로 피고
처음엔 하늘을 향함

포엽은 줄기를
감쌈, 몇 갈래로
갈라지고 털이
밀생

높이는 15~30cm
전체에 흰색 털이
밀생

꽃줄기에
긴 털이 밀생

꽃받침조각은 6개
겉면에 털이 많음

수술은 많음
꽃밥은 노란색

홍자색 꽃

암술은
비교적 적음

포엽

잎은 깃꼴겹잎, 작은잎은 5개
다시 몇 갈래로 갈라짐

털이 있다가 점차
떨어지고 광택이 있음

열매는 좁은 난형 수과
널이 밀생. 할미꽃보다 저은 수가 달림

0125 노루귀 *Hepatica asiatica* / 새끼노루귀 *H. insularis*

- 모여나기, 홑잎, 양성화, 꽃줄기 끝에 1개씩 핌
- 제주도 제외 지역 숲 속에서 자라며 3~5월에 꽃 피는 여러해살이풀
- 섬노루귀보다 작고 열매에 퍼진 털이 있음

* 새끼노루귀는 노루귀보다 작고 꽃이 잎과 함께 피나 노루귀와의 구분이 명확하지 않음

높이는 8~20cm
잎보다 꽃이
먼저 올라옴

분홍색 꽃

꽃줄기에
긴 털이
밀생

포엽은 3개
수술은 다수
암술도 다수
꽃받침조각은
6~11개, 색이 다양함

잎은 삼각형이고
3갈래로 얕게 갈라짐
처음에는 털이 많음
무늬가 나타나기도 함

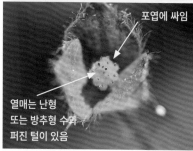

포엽에 싸임

열매는 난형
또는 방추형 수과
퍼진 털이 있음

새끼노루귀

크기가 작고 꽃이 잎과
함께 피는 종이지만
구분이 명확하지 않음

0126 섬노루귀 *Hepatica maxima*

- 모여나기, 홑잎, 양성화, 꽃줄기 끝에 1개씩 핌
- 울릉도 숲 속에서 자라며 4~5월에 꽃 피는 여러해살이풀
- 노루귀보다 크고 잎이 상록성이며 열매에 퍼진 털이 없음

* 꽃이 필 때 대개 묵은 잎이 남아 있음

높이는 10~30cm
전체적으로 큰 편

꽃줄기에
긴 털이 있음

포엽은 3개
꽃보다 큼

수술은 많음

암술도 많음

꽃받침조각은 6~8개
흰색 또는 분홍색

잎은 3갈래로
갈라진 심장형

노루귀보다 크고 두꺼운 편. 상록성

열매는 털이 없고
점점 검은색으로 익음

완전히 익은 열매는 방추형 수과

0127 **꿩의바람꽃** *Anemone raddeana*

- 뿌리에서 나기, 1~2회 3출엽, 양성화, 꽃대 끝에 1개씩 핌
- 습기 있는 산지 숲 속에서 자라며 3~5월에 꽃 피는 여러해살이풀
- 잎이 1~2회 3출엽이고, 꽃받침조각 수가 많아 쟁반처럼 벌어짐

꽃자루에 긴 털이 있음

포엽은 3개 각각 3갈래로 갈라짐

꽃줄기에 긴 털이 있거나 거의 없음

높이는 10~20cm 흔히 무리 지어 자람

수술과 암술은 많음

꽃받침조각은 8~16개

잎은 1~2회 3출엽

옆으로 벋는 굵은 뿌리줄기가 있음

열매는 난형 수과 털이 있음

0128 들바람꽃 *Anemone amurensis*

- 뿌리에서 나기, 1~2회 3출엽, 양성화, 꽃대 끝에 1개씩 핌
- 경기와 강원 이북 습기 있는 산에서 자라며 4~5월에 꽃 피는 여러해살이풀
- 꽃받침조각이 5~10개로 적고 포엽 자루가 길며 포엽에 불규칙한 톱니가 있음

높이는 15~25cm

포엽은 3개 잎처럼 생겼으며 각각 3갈래로 깊게 갈라짐

뿌리잎

포엽 자루에 날개가 있고 털이 있음

수술과 암술은 많음

꽃받침조각은 5~10개

꽃받침조각 뒷면이 분홍색인 것도 있음

잎은 1~2회 3출엽 작은잎은 다시 갈라짐

열매는 난형 수과 별이 있음

0129 **태백바람꽃** *Anemone pendulisepala*

- 뿌리에서 나기, 3출엽, 양성화, 꽃대 끝에 1개씩 핌
- 강원도 높은 산에서 자라며 5월에 꽃 피는 여러해살이풀
- 개화기가 늦는 편이고 꽃받침조각이 뒤로 활짝 젖혀짐

✳ 외형상 회리바람꽃과 들바람꽃 교잡종으로 여겨졌으나 그렇지 않다는 논문이 발표됨

높이는 15~20cm

꽃줄기에
털이 약간
있음

수술과 암술은 많음

꽃받침조각은
6~7개, 뒤로 젖혀짐

꽃대가 길고 털이 밀생엽

포엽은 3개가
돌려 달리고
잎처럼 생겼으며
각각 3갈래로
깊게 갈라짐

열매는
난형 수과
털이 있음

0130 남바람꽃 *Anemone flaccida*

- 뿌리에서 나기, 홑잎, 양성화, 꽃대 끝에 1개씩 핌
- 전남과 경남 및 제주도 습기 있는 산기슭에서 자라며 4~5월에 꽃 피는 여러해살이풀
- 들바람꽃과 달리 꽃이 대개 2개씩 달리고 포엽이 자루 없이 붙음
- ＊ 열매가 잘 달리지 않는 것으로 관찰됨

높이는 15~20cm

꽃대에 털이 있음

수술과 암술은 많음

꽃받침조각은 5~7개

꽃줄기에 털이 있음

포엽은 잎처럼 생겼고 2개, 자루 없이 꽃대를 감싸며 결각처럼 갈라짐

꽃대는 대개 2개씩 올라옴

잎은 3갈래로 깊게 갈라짐 가장자리에 조각이 큰 톱니가 있음

0131 세바람꽃 *Anemone stolonifera*

- 뿌리에서 나기, 홑잎, 양성화, 1~4개 꽃대 끝에 1개씩 핌
- 한라산 해발 700m 이상 숲 속 또는 북부지방 산지에서 자라며 4~6월에 꽃 피는 여러해살이풀
- 대체로 작고, 기거나 눕듯이 자라며 흰색 꽃이 1~4개가 달림

포엽은 잎처럼 생겼고
3개가 돌려 달림

높이는 10~20cm

꽃줄기에
털이 있음

수술과 암술은 많음

꽃받침조각은
5~8개

잎은 3출엽처럼
갈라지며 갈래조각은
다시 깊게 갈라짐

꽃이 작고
여러 개가 달림

바닥에 눕듯이
자라기도 함

열매는 난형 수과,
털이 있음

0132 **홀아비바람꽃** *Anemone koraiensis*

- 뿌리에서 나기, 홑잎, 양성화, 1~2개 꽃대 끝에 1개씩 핌
- 경북 이북 습기 있는 산지 숲 속에서 자라며 4~5월에 꽃 피는 여러해살이풀
- 대개 무리 지어 자라고, 수술대가 짧은 편이며 잎이 5개까지 갈라짐

높이는 7~20cm

꽃이 대개 1개씩 달림

포엽은 잎처럼 생겼고, 3갈래로 깊게 갈라짐

꽃대에 털이 있음

꽃줄기에 털이 약간 있음

수술과 암술은 많음

꽃받침조각은 5~8개

꽃대가 2개씩 달리는 경우도 있음

잎은 손 모양으로 갈라지고 각각 다시 갈라짐

열매는 도란형 수과 털이 있음

0133 바람꽃 *Anemone crinita*

- 뿌리에서 나기, 홑잎, 양성화, 여러 개 꽃대 끝에 1개씩 핌
- 강원도 점봉산 이북 높은 산에서 자라며 6~9월에 꽃 피는 여러해살이풀
- 남한 바람꽃속 식물 중 개화기가 가장 늦고, 식물체가 크며 포엽이 선형으로 갈라짐

높이는 20~40cm, 곧게 섬

꽃줄기에 털이 있음

수술과 암술은 많음

꽃받침조각은 4~7개

꽃대가 여러 개

포엽은 산형으로 갈라짐

잎은 손 모양, 3갈래로 깊게 갈라짐. 갈래조각은 다시 잘게 갈라짐

가장자리에 날개가 있음

열매는 납작한 타원형 수과, 털이 있음

174

0134 회리바람꽃 *Anemone reflexa*

- 뿌리에서 나기, 홑잎, 양성화, 1~4개 꽃대 끝에 1개씩 핌
- 경북 이북 산지 그늘진 곳에서 자라며 4~6월에 꽃 피는 여러해살이풀
- 꽃이 매우 작고 황백색이며 꽃받침조각이 완전히 뒤로 젖혀짐

높이는 15~30cm

꽃대에
털이 있음

줄기에
털이 있음

수술과 암술은
많음

꽃받침조각은 5개
뒤로 완전히 젖혀짐

꽃 지름은 1cm
내외로 작음

포엽은 잎 모양
3개가 돌려 달림
각각 3갈래로 갈라짐

옆으로 벋는
뿌리줄기가 있음

열매는 난형 수과
털이 있음

0135 모데미풀 *Megaleranthis saniculifolia*

- 뿌리에서 나기, 홑잎, 양성화, 1개 꽃대 끝에 1개씩 핌
- 높은 산 계곡이나 습기 있는 숲 속에서 자라며 4~5월에 꽃 피는 여러해살이풀
- 줄기잎이 없고 꽃대가 1개씩 달림

* 1속 1종 한국특산식물

높이는 20~40cm

꽃줄기와 꽃대에 털이 있음

꽃받침조각은 4~6개

암술과 수술은 많음

꽃잎은 많고 진한 노란색

잎은 3갈래로 갈라진 후 다시 깊게 2~3갈래로 갈라짐. 양면에 털이 없음

열매는 난형 골돌과, 수평으로 달림 암술대가 뾰족하게 남음

열매는 익으면 벌어짐

씨는 검은색 광택이 있음

0136 만주바람꽃 *Isopyrum manshuricum*

- 뿌리와 줄기에서 나기, 홑잎 또는 3출엽, 양성화, 몇 개 꽃대 끝에 1개씩 핌
- 제주도 제외 지역 계곡에서 자라며 3~5월에 꽃 피는 여러해살이풀
- 꽃잎이 있고 땅 속에 보리알 같은 덩이뿌리가 있으며 골돌과가 2개씩 달림

높이는 15~20cm

꽃줄기와
꽃대에 털이 있음

꽃받침조각은 5~6개
꽃잎처럼 보임

수술은 많음

암술은 2개

꽃잎은 5개, 황백색

잎은 2회
3갈래로 갈라짐

뿌리줄기는
보리알처럼 생긴
덩이뿌리가 달리고
옆으로 벋음

털은 거의 없고
2개씩 달림

열매는 넓은
도란형 골돌과

암술대가 길게 남음

0137 **개구리발톱** *Semiaquilegia adoxoides*

- 뿌리와 줄기에서 나기, 3출엽, 양성화, 꽃대 끝에 1개씩 핌
- 경기도 섬과 남부지방 산기슭이나 풀밭에서 자라며 3~5월에 꽃 피는 여러해살이풀
- 땅 속에 덩이줄기가 있으며 꽃잎이 황록색이고 둥글게 겹쳐짐

높이는 15~35cm

줄기는 곧게 서고 털이 있음

꽃잎은 5개, 황록색, 둥글게 겹쳐짐

암술은 3~5개

수술은 9~14개

꽃받침조각은 5~6개, 흰색

앞면에 흔히 흰색 무늬가 있고 뒷면은 봄에 자줏빛을 띰

땅속에 덩이줄기가 있음

열매는 피침형 골돌과 익으면 벌어짐

씨는 주름이 있고 흑갈색

0138 **나도바람꽃** *Enemion raddeanum*

- 뿌리와 줄기에서 나기, 3출엽, 양성화, 산형꽃차례
- 습기 있는 숲 속에서 자라며 4~6월에 꽃 피는 여러해살이풀
- 너도바람꽃보다 키가 크고 꽃이 산형꽃차례로 핌

높이는 20~40cm

꽃은 4~7개가
산형꽃차례로 달림

줄기는 곧게 섬

암술은 3~6개

수술은 많음

꽃받침조각은 4~5개

뿌리잎은 2~3개가
달리고 잎자루가 긺

열매는 익으면 벌어짐

열매는 타원형 골돌과, 털은 없음

0139 너도바람꽃 *Eranthis stellata*

- 뿌리에서 나기, 홑잎, 양성화, 줄기 끝에 1개씩 핌
- 제주도 제외 지역 산지 계곡에서 자라며 3~4월에 꽃 피는 여러해살이풀
- 포엽이 깃꼴로 잘게 갈라지고 꽃잎 끝이 2갈래로 갈라져 꿀샘으로 됨

높이는 10~20cm

줄기에 털은
거의 없음

꽃받침조각은
5~9개

꽃잎은 9~15개,
끝이 2갈래로 갈라진
노란색 꿀샘으로 됨

수술과 암술은 많음

포엽은 3갈래로
갈라진 후 다시
깃꼴로 갈라짐

잎은 5각 모양
꽃이 핀 후에 돋음

덩이줄기는 구형

익으면 벌어지면서
흰색 씨를 드러냄

열매는 반달형 골돌과, 위를 향해 달려
있다가 점점 수평으로 펼쳐짐

0140 **변산바람꽃** *Eranthis byunsanensis*

- 뿌리에서 나기, 홑잎, 양성화, 줄기 끝에 1개씩 핌
- 산지 계곡이나 숲 속 습기 있는 곳에서 자라며 2~4월에 꽃 피는 여러해살이풀
- 너도바람꽃과 달리 포엽이 선형으로 갈라지고 꽃잎이 깔때기 모양
- * 꽃잎이 조금 넓어 신종으로 등재한 풍도바람꽃은 변산바람꽃의 변이에 불과해 보임

높이는 10~25cm

꽃줄기는 단면이 둥글고 매끈한 편

꽃잎은 4~14개 깔때기 모양

수술과 암술은 많음

꽃받침조각은 5~7개

포엽은 2개 3~5갈래 선형으로 갈라짐

잎은 3~5갈래로 갈라짐. 갈래조각은 다시 깃꼴로 갈라짐

덩이줄기는 구형

옆이나 아래를 향해 달림

열매는 타원형 골돌과

씨

0141 **복수초** *Adonis amurensis*

- 어긋나기, 홑잎, 양성화, 줄기 끝에 1개씩 핌
- 제주도 제외 지역 산지 숲 속에서 자라며 3~4월에 꽃 피는 여러해살이풀
- 꽃받침조각이 8~9개로 많고 길이가 꽃잎보다 조금 길며 꽃이 작고 잎이 꽃보다 늦게 남
- *높은 산에서 자라는 애기복수초도 복수초와 같은 것으로 봄*

높이는 5~15cm

줄기는 갈라지지 않음

비늘잎

잎은 꽃과 같이 나오거나 꽃보다 늦게 나옴

암술과 수술은 많음

꽃잎은 10~30개

포꽃받침조각은 8~9개 꽃잎과 길이가 같거나 조금 깊

꽃받침조각은 흑갈색

잎은 3~4회 깃꼴로 갈라짐

열매는 수과, 꽃턱에 둥글게 모여 달림 표면에 짧은 털이 있음

0142 개복수초 *Adonis pseudoamurensis*

- 어긋나기, 홑잎, 양성화, 줄기와 가지 끝에 1개씩 핌
- 제주도 제외 지역 산지나 바닷가 숲 속에서 자라며 1~4월에 꽃 피는 여러해살이풀
- 꽃받침조각이 5~6개로 적고 꽃잎보다 짧으며 꽃이 크고 잎이 꽃과 함께 남

높이는 15~35cm

복수초보다 큰 편
잎은 꽃과 함께 남

줄기가 대개 갈라짐

암술과
수술은 많음

꽃잎은 10~30개

꽃잎

꽃받침조각은 5~6개로 적고
꽃잎보다 현저히 짧음

꽃잎 끝이 잘게 갈라지는 것도 있음

열매는 수과
꽃턱에 둥글게 모여 달림
표면에 짧은 털이 있음

0143 세복수초 *Adonis multiflora*

- 어긋나기, 홑잎, 양성화, 줄기와 가지 끝에 1개씩 핌
- 경남과 제주도 숲 속에서 자라며 2~4월에 꽃 피는 여러해살이풀
- 잎 갈래조각이 선형 또는 침형으로 매우 가늘고 뾰족함

높이는 10~30cm
잎은 꽃과 동시에 나옴

줄기는 갈라지거나 갈라지지 않음

암술과 수술은 많음　꽃잎은 10~30개

꽃받침조각은 5~6개, 꽃잎보다 짧음

갈래조각은 매우 뾰족함

잎은 3~4회 깃꼴로 갈라짐

열매는 수과, 여러 개가 꽃턱에 둥글게 모여 달림. 표면에 털이 있음

0144 미나리아재비 *Ranunculus japonicus* / 바위미나리아재비 *R. crucilobus*

- 어긋나기, 홑잎, 양성화, 취산꽃차례
- 습기 있는 산과 양지바른 들에서 자라며 5~6월에 꽃 피는 여러해살이풀
- 뿌리잎이 손 모양으로 갈라지고, 키가 큼

* 바위미나리아재비는 제주도에서 자라고 대체로 키가 작음

높이는 50~70cm, 곧게 섬

줄기에 흰 털이 있음

수술과 암술은 많음

꽃잎은 5개, 표면에 광택이 있음

뿌리잎은 3~5갈래로 깊게 갈라짐

가장자리에 톱니가 있음

열매는 납작한 난형 수과, 여러 개가 둥글게 모여 달림

바위미나리아재비

제주도에서 자라며 대체로 키가 작음

185

0145 개구리갓 *Ranunculus ternatus*

- 어긋나기, 홑잎, 양성화, 줄기와 가지 끝에 1개씩 핌
- 제주도 오름 풀밭에서 자라며 3~5월에 꽃 피는 여러해살이풀
- 왜미나리아재비와 달리 열매에 털이 없고, 땅속에 덩이뿌리가 있음

높이는 5~25cm
비스듬히 눕다가 곧게 서고
가지가 갈라짐

줄기잎은 3갈래
선형으로
갈라짐

줄기에 짧은
털이 있고
속은 비어 있음

수술과
암술은 많음

꽃잎은 5개
광택이 있음

뿌리잎은 양면에
털이 있고
3~5갈래로 갈라짐

털이 없음

덩이뿌리는 방추형

열매는 난형 수과
여러 개가 모여 덩이를 이룸

0146 **왜미나리아재비** *Ranunculus franchetii*

- 어긋나기, 홑잎, 양성화, 줄기 끝에 1~3개씩 핌
- 강원 이북 높은 산에서 자라며 4~5월에 꽃 피는 여러해살이풀
- 개구리갓과 달리 열매에 털이 있고, 땅속에 덩이뿌리가 없음

높이는 15~50cm
곧게 서거나 비스듬히 서는 편

털이 약간 있음

꽃받침조각은 5개,
털이 있음

꽃잎은
5개

수술과 암술은 많음

줄기잎은 3갈래로
깊게 갈라짐

뿌리잎은 둥근 심장형
3갈래로 깊게 갈라심

표면에 잔털이 있음

열매는 난형 수과
여러 개가 둥글게 모여 달림

0147 개구리미나리 *Ranunculus tachiroei*

- 어긋나기, 홑잎, 양성화, 취산꽃차례처럼 핌
- 습기 있는 양지에서 자라며 5~7월에 꽃 피는 두해살이풀
- 암술대 끝이 거의 구부러지지 않고 약간 휨

높이는 50~100cm
곧게 서고 위쪽에서
가지가 갈라짐

전체에
퍼진 털이 있음

꽃받침조각은
5개

꽃잎은 5개

밑부분에
비늘조각 같은
꿀샘이 있음

수술과 암술은 많음

가는 뿌리가 있음

뿌리잎은 2회 3출엽이고
갈래조각에 톱니가 있음

줄기잎은 위로
갈수록 잎자루가 짧아짐

암술대 끝이 약간 휨

열매는 납작한
도란상 원형 수과
짧은 털이 약간 있음

0148 **털개구리미나리** *Ranunculus cantoniensis*

- 어긋나기, 홑잎, 양성화, 취산꽃차례처럼 핌
- 습기 있는 양지에서 자라며 5~7월에 꽃 피는 여러해살이풀
- 개구리미나리와 달리 여러해살이풀이고 잎이 넓음

높이는 30~80cm
곧게 서고 위쪽에서
가지가 갈라짐

줄기 밑부분에 퍼진
털이 있고 위쪽에
누운 털이 있음

꽃잎은 5개, 광택이 있음

수술과 암술은 많음

꽃받침조각은 5개
겉면 위쪽에 털이 있음

뿌리잎은 3출엽
작은잎은 몇 갈래로
갈라지고
가장자리에
톱니가 있음

열매는 도란형 수과
여러 개가 둥글게 모여 달림. 털은 거의 없음

0149 젓가락나물 *Ranunculus chinensis*

- 어긋나기, 홑잎, 양성화, 취산꽃차례처럼 핌
- 습기 있는 양지에서 자라며 5~7월에 꽃 피는 두해살이풀
- 개구리미나리와 달리 열매가 타원형이고 암술대가 짧음

높이는 40~60cm
곧게 서고 가지가 갈라짐

전체에
거친 털이 있음

꽃잎은 5개

암술과 수술은 많음

꽃받침조각은 5개
겉면에 털이 있음

꽃받침조각은 좁은 난형이고
뒤로 활짝 젖혀짐

줄기잎은 3출엽처럼
갈라지고
갈래조각은 다시
잘게 갈라지며
양면에 누운 털이
있음

뿌리잎은 3출엽

열매는 납작한
도란상 원형 수과
짧은 털이
약간 있음

여러 개가
모여 달리며
암술대가
짧고 곧음

0150 **개구리자리** *Ranunculus sceleratus*

- 어긋나기, 홑잎, 양성화, 가지 끝에 1개씩 핌
- 중부 이남 논이나 습지에서 흔히 자라며 4~6월에 꽃 피는 한두해살이풀
- 전체에 털이 없으며 뿌리잎이 둥근 신장형이고 광택이 있음

높이는 10~60cm
곧게 서고
가지가 갈라짐

전체에 털이 없고
광택이 있음

뿌리잎은
둥근 신장형

암술과 수술은 많음

꽃잎은 5개, 도란형
광택이 있음

꽃받침조각은 5개, 타원형
뒤로 젖혀짐. 꽃잎과 길이가 비슷함

뿌리에서 줄기로 갈수록 잎이 점점
가늘게 갈라지고 잎자루가 짧아진

뿌리 쪽 잎일수록 얕게 갈라지며 가장자리에
둔한 톱니가 있고 잎자루가 긺

0151 매화마름 *Ranunculus kadzusensis*

- 어긋나기, 홑잎, 양성화, 잎과 마주나는 꽃대에 1개씩 핌
- 서해안 해안가 논에서 자라며 4~5월에 꽃 피는 한두해살이풀
- 꽃잎이 흰색이고 안쪽이 노란색이며 잎이 실처럼 가늘게 갈라짐

높이는 30~60cm
옆으로 벋으면서 자람
가지가 갈라짐

마디에서
뿌리를 내림

꽃받침조각은
5개

꽃잎은 4~5개
안쪽이 진한 노란색

암술과
수술은 많음

잎은 3~4회 실처럼 갈라짐

늦가을에
새로 돋은 싹

뿌리잎은 3출엽

열매는 주름이 있는 수과
여러 개가 구형으로
모여 달림. 털은 없음

0152 꿩의다리 *Thalictrum aquilegiifolium var. sibiricum*

- 어긋나기, 2~3회 깃꼴겹잎, 양성화, 산방꽃차례
- 경북 이북 산지나 들에서 자라며 7~8월에 꽃 피는 여러해살이풀
- 수술대가 매우 길고 턱잎이 넓으며 열매자루가 길고 열매에 날개가 있음

높이는 50~100cm
곧게 서고 분백색이 돎

가지는 갈라짐
속은 비어 있음

넓은 턱잎이 달림

꽃받침조각은 4~5개
일찍 떨어짐

꽃과 꽃차례가 매우 큼

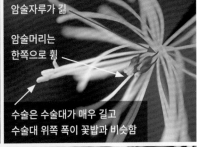

암술자루가 긺

암술머리는
한쪽으로 휨

수술은 수술대가 매우 길고
수술대 위쪽 폭이 꽃밥과 비슷함

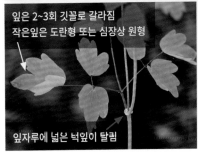

잎은 2~3회 깃꼴로 갈라짐
작은잎은 도란형 또는 심장상 원형

잎자루에 넓은 턱잎이 달림

자루가 길어서
늘어져 달림

열매는 도란형
또는 타원형 수과, 날개가 3~4개 있음

0153 **연잎꿩의다리** *Thalictrum ichangense* var. *coreanum*

- 어긋나기, 1~2회 3출엽, 양성화, 원추꽃차례
- 강원 이북 산지에서 자라며 6~8월에 꽃 피는 여러해살이풀
- 열매자루가 매우 짧고, 땅속에 길고 굵은 방추형 뿌리가 있음

높이는 20~80cm
곧게 섬

줄기에
능선이 없음

수술은 위쪽이
꽃밥보다 넓음

암술은 난형
또는 피침형
자루 부분이
짧음

꽃받침조각은 4~5개
일찍 떨어짐

방추형 뿌리는 굵고 긺

잎자루는 잎 뒷면에 붙음

잎은 1~3회 3출엽
둥근 방패 모양
물결 모양 톱니가 있음

열매 자루 부분이 짧음

암술머리 부분이
두껍게 도드라짐

열매는 난형 또는
피침형 수과

0154 꼭지연잎꿩의다리 *Thalictrum ichangense*

- 어긋나기, 1~2회 3출엽, 양성화, 원추꽃차례
- 경북 이북 산지에서 자라며 6~8월에 꽃 피는 여러해살이풀
- 열매자루가 꽤 길고, 수염뿌리에 콩알 모양 덩이줄기가 달림

높이는 15~40cm
곧게 서고 능선이 없음

수염뿌리에
덩이줄기가 달림

수술은 수술대
위쪽이 넓고
아래쪽은
가느다람

암술머리가
얇게 도드라짐

암술자루가
비교적 긺

암술은 피침형

땅속줄기를 벋어 번식하기도 함

잎은 1~2회 3출엽
둥근 방패 모양
물결 모양
톱니가 있음

잎자루는 잎 뒷면에 붙음

1.3~1.5mm 정도 자루가 있음

열매는 피침형 수과

0155 금꿩의다리 *Thalictrum rochebruneanum*

- 어긋나기, 3~4회 3출엽 또는 2회 깃꼴겹잎, 양성화, 원추꽃차례
- 중부 이북 습기 있는 산과 들에서 자라며 7~9월에 꽃 피는 여러해살이풀
- 키가 매우 크고 수술이 금색(노란색)이며 꽃이 아래를 향해 핌

높이는 100~240cm
곧게 서고 가지가 갈라짐

줄기는 흔히 자줏빛을 띠고
전체에 털이 없음

꽃받침조각은 4~5개
타원형, 꽃잎처럼 보임

수술은 많고
노란색

암술은 8~20개, 자루는 매우 짧음

작은잎은 난형
끝이 2~3갈래로
얕게 갈라짐

잎은 3~4회 3출엽
또는 2회 깃꼴겹잎

자루는 매우 짧음

열매는 좁은 도란형 수과
날개 같은 능선이 있음

0156 은꿩의다리 *Thalictrum actaeifolium* var. *brevistylum*

- 어긋나기, 2~3회 3출엽, 양성화, 원추꽃차례
- 중부 이남 산지 숲 속에서 자라며 7~9월에 꽃 피는 여러해살이풀
- 자주꿩의다리보다 꽃과 꽃차례가 크고 열매자루가 없음

* 암술머리가 갈고리처럼 심하게 구부러지는 참꿩의다리도 은꿩의다리와 같은 것으로 봄

높이는 30~60cm
곧게 서거나 비스듬히 자람
털이 없음

꽃과 꽃차례는 큰 편

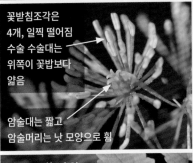

꽃받침조각은
4개, 일찍 떨어짐
수술 수술대는
위쪽이 꽃밥보다
얇음

암술대는 짧고
암술머리는 낫 모양으로 휨

흰색 꽃

잎은 2~3회 3출엽

작은잎은 넓은 난형
가장자리에 결각상 큰 톱니가 있음

끝이 갈고리나
낫 모양으로 휨

열매는 난형 수과
세로줄이 있고 자루는 없음

0157 **자주꿩의다리** *Thalictrum uchiyamae*

- 어긋나기, 2~3회 3출엽, 양성화, 엉성한 원추꽃차례
- 높은 산 바위틈에서 자라며 6~8월에 꽃 피는 여러해살이풀
- 은꿩의다리보다 꽃과 꽃차례가 작고 엉성한 편이며 열매자루가 있음

전체에
털이 없음

높이는 50~90cm
곧게 서고 밑부분이 자줏빛을 띰

수술은 많고 위쪽이
곤봉처럼 넓음

암술은
뭉툭하고 3~5개

꽃받침조각은 4~5개
일찍 떨어짐

뿌리는 방추형

작은잎은 난형
또는 난상 원형
뒷면은 약간
분백색이 돎

짧은
자루가 있음

열매는 긴 난형 수과
세로줄이 있음

잎은 2~3회 3출엽

0158 **좀꿩의다리** *Thalictrum minus* var. *hypoleucum*

- 어긋나기, 3회 3출엽, 양성화, 원추꽃차례
- 산과 들에서 자라며 7~8월에 꽃 피는 여러해살이풀
- 꿩의다리보다 잎과 꽃이 작으며 꽃이 황백색이고 열매자루가 거의 없음

높이는 50~150cm
곧게 서고 가지가 갈라짐

줄기에
털은 없고
능선이 있음

꽃차례가
대체로 큰 편

꽃받침조각은 3~4개
좁은 타원형
일찍 떨어짐

암술은 3~5개
암술머리에
삼각형 날개가 있음

수술은
수술대가
가늘고 긺

작은잎은 긴 타원형 또는 도란형
끝이 몇 갈래로 갈라짐
뒷면은 흰빛이 돎

잎은 3회 3출엽 또는 깃꼴겹잎

자루는 거의 없음

열매는 좁은 타원형
또는 도란형 수과
능선이 8개 있음

0159 산꿩의다리 *Thalictrum tuberiferum*

- 어긋나기, 1~2회 또는 2~3회 3출엽, 양성화, 산방꽃차례
- 산지 숲 속에서 자라며 7~8월에 꽃 피는 여러해살이풀
- 꽃이 산방꽃차례로 피고 열매자루가 짧음

높이는 40~50cm
곧게 섬

줄기에
능선이 없음

꽃받침조각은
4~5개
일찍 떨어짐

수술은 수술대
위쪽이 꽃밥보다 넓고
아래쪽은 가느다람

암술은 짧고 굵음

줄기 쪽 잎은
1~2회 3출엽

뿌리 쪽 잎은
2~3회 3출엽

잎에 흔히 흰색 무늬가 나타남

자루가 있음

열매는 피침형
또는 난형 수과
양쪽에 1~4개 능선이 있음

0160 꽃꿩의다리 *Thalictrum petaloideum*

- 어긋나기, 2~3회 3출엽, 양성화, 원추꽃차례
- 부산, 전남 여수, 충북 산지에서 드물게 자라며 5~7월에 꽃 피는 여러해살이풀
- 암술이 연한 노란색이고 암술머리는 흰색이며 열매자루가 없음

높이는 40~50cm
곧게 섬

줄기에
능선이 있음

암술은 연한
노란색이고 암술머리는
끝이 갈고리처럼 휨

꽃받침조각은
4~5개
타원형

수술은 수술대
위쪽이 꽃밥보다
넓음

작은잎은 난형 또는
도란형 또는 타원형
대개 몇 갈래로 갈라짐

잎은 2~3회
3출엽
또는 깃꼴겹잎

암술머리는 흰색

자루는 거의 없음

열매는 난형 수과
날개 같은 능선이 있음

자루는 없음

0161 매발톱 *Aquilegia buergeriana* var. *oxysepala*

- 어긋나기, 2회 3출엽, 양성화, 가지 끝에 1개씩 핌
- 계곡이나 풀밭에서 자라며 5~7월에 꽃 피는 여러해살이풀
- 꽃받침이 넓은 피침형이고 끝이 뾰족하며 꽃이 적갈색

높이는 30~130cm
곧게 서고 위쪽에서
가지가 갈라짐

꽃대 위쪽일수록
털이나 샘털이
있음

줄기에 털이
거의 없는 편임

꽃잎 끝
꿀주머니는 끝이
안쪽으로 말림

꽃잎은 5개

암술은 5개

수술은 많고
안쪽 수술은 헛수술

꽃받침조각은 5개
샘털이 많음

잎은 2회 3출엽

양면이 매끈하고
뒷면은 분백색이 돎

열매는 골돌과
샘털이 많음
위를 향해 달림

씨는 검은색
광택이 있음

열매는 익으면 벌어짐

0162 큰제비고깔 *Delphinium maackianum*

- 어긋나기, 홑잎, 양성화, 총상꽃차례
- 전북과 충북 이북 숲에서 드물게 자라며 7~9월에 꽃 피는 여러해살이풀
- 꽃이 고깔 모양이고 잎이 손처럼 3~7갈래로 갈라짐

높이는 90~150cm
곧게 서고 위쪽에서
가지가 약간 갈라짐

잎자루에는
털이 있음

줄기는
매끈한 편

꽃받침은 5개
꽃잎처럼 보이며
위쪽은 긴 꿀주머니로 됨

꽃은 고깔 모양

꽃잎은
꽃받침 안에 있음

암술대는 2~4개

수술은 많음

꽃자루에 샘털이 밀생

위로 갈수록 잎자루는 짧아짐

잎은 손 모양, 3~7갈래로
깊게 갈라지고 가장자리에
불규칙한 톱니가 있음

열매는 긴 타원형 골돌과

0163 **투구꽃** *Aconitum jaluense*

- 어긋나기, 홑잎, 양성화, 총상꽃차례
- 산지 숲 속에서 자라며 8~10월에 꽃 피는 여러해살이풀
- 꽃이 투구 모양이고, 꽃자루 털이 곧게 퍼짐

꽃자루에 곧게 퍼진 털이 있음

높이는 80~100cm, 곧게 섬

줄기는 털이 없고 미약한 능선이 나타나기도 함

꽃받침조각은 5개

꽃잎은 2개 꿀샘으로 됨 수술은 많음

암술대는 3~5개, 털이 있음

잎은 3~5갈래로 갈라지고 다양하게 나타남

어린잎은 무디게 갈라짐

흑갈색 뿌리를 초오라고 함

햇뿌리

열매는 긴 타원형 골돌과, 표면에 털이 많음

꽃자루에 곧게 퍼진 털이 있음

0164 한라돌쩌귀 *Aconitum japonicum* subsp. *napiforme*

- 어긋나기, 홑잎, 양성화, 총상꽃차례 또는 산방꽃차례
- 제주도와 남부지방 산지 숲 속에서 자라며 8~10월에 꽃 피는 여러해살이풀
- 꽃이 투구 모양이고, 꽃자루 털이 굽은 털임

높이는 20~150cm
대개 곧게 서지만
아래로 늘어지기도 함

줄기에 굽은
털이 있음

꽃받침조각은 5개
털이 있음

수술은 많음

꽃잎은 2개
위쪽 꽃받침 안에
들어 있음

암술대는
3~5개

잎은 3갈래로
완전히 갈라짐

가장자리에 결각상 큰
톱니가 있음. 양면에
굽은 털이 있음

흑갈색 뿌리가 있음

꽃자루 털이
굽은 털임

열매는 긴 타원형 골돌과
털이 있거나 없음

0165 한라투구꽃 *Aconitum quelpaertense*

- 어긋나기, 홑잎, 양성화, 총상꽃차례
- 한라산 고지대 숲 속에서 자라며 8~9월에 꽃 피는 여러해살이풀
- 꽃이 긴 고깔 모양이고, 줄기가 곧게 섬

* 진범과 달리 줄기가 곧게 서지만 분류학적 재검토가 필요해 보임

높이는 30~100cm 곧게 서고 가지가 갈라지기도 함

위쪽 꽃받침조각은 끝이 뒤로 구부러짐

흰색 꽃

꽃받침조각은 5개 잔털이 많음

꽃잎은 2개, 위쪽 꽃받침조각 속에 있음

수술은 많고 암술대는 3개

줄기잎은 3갈래로 갈라짐

뿌리잎은 둥근 심장형, 5~7갈래로 갈라짐

열매는 긴 타원형 골돌과, 표면에 털이 있음

0166 세뿔투구꽃 *Aconitum austrokoreense*

- 어긋나기, 홑잎, 양성화, 총상꽃차례
- 전라도와 경상도 산지 숲 속에서 자라며 9월에 꽃 피는 여러해살이풀
- 꽃이 투구 모양이고, 잎이 3~5갈래로 얕게 갈라짐

가지가 갈라지지 않음

높이는 60~80cm
곧게 서거나 비스듬히 섬
가지가 갈라지지 않음

꽃받침조각은 5개
털이 있음

수술은 많음

꽃잎은 2개
위쪽 꽃받침조각 속에
있음. 꿀샘으로 됨

암술대는
3~4개

뿌리 쪽 잎은 5각형
다섯 갈래로 갈라짐

가장자리에
치아 모양 톱니가 있음

줄기 쪽 잎은
삼각형

열매는 긴 타원형
골돌과, 표면에
털이 있음

꽃자루에 곧게
퍼진 털이 밀생

0167 백부자 *Aconitum coreanum*

- 어긋나기, 홑잎, 양성화, 총상꽃차례
- 숲 근처에서 자라며 8~10월에 꽃 피는 여러해살이풀
- 꽃이 투구 모양이고, 잎이 선형으로 갈라짐

꽃차례 외에는 털이
거의 없음

높이는 40~130cm,
곧게 섬

흑자색 계열
꽃도 있음

흰색 꽃

꽃받침조각은 5개

수술은 많음

암술대는 3개

꽃잎은 2개
위쪽 꽃받침조각
속에 있고
꿀샘으로 됨

잎은 3~5갈래로 갈라짐

갈래조각은 다시
몇 갈래 선형으로 갈라짐

덩이뿌리는 땅속에
몇 개 있음

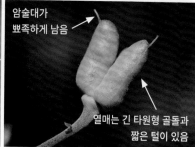

암술대가
뾰족하게 남음

열매는 긴 타원형 골돌과
짧은 털이 있음

0168 노랑투구꽃 *Aconitum barbatum*

- 어긋나기, 홑잎, 양성화, 총상꽃차례
- 강원 이북 깊은 산 숲 속에서 자라며 8~9월에 꽃 피는 여러해살이풀
- 꽃이 긴 고깔 모양이고, 잎이 피침형으로 갈라짐

줄기 위쪽에는 털이 약간 있음

높이는 70~100cm
곧게 서고 아래쪽에 퍼진 털이 많음

꽃받침조각은 5개

위쪽 꽃받침조각은 끝이 길어지면서 꿀주머니로 됨

꽃잎은 2개
위쪽 꽃받침조각 속에 있음

수술은 많고,
암술대는 3개

갈래조각은 피침형

줄기잎은 손 모양,
3~5갈래로 깊게 갈라짐

뿌리잎은 5각형이고 3~5갈래로
깊게 살라지며 잎자루가 긺

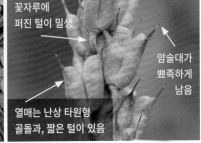

꽃자루에 퍼진 털이 밀생

암술대가 뾰족하게 남음

열매는 난상 타원형
골돌과, 짧은 털이 있음

0169 **진범** *Aconitum pseudolaeve*

- 어긋나기, 홑잎, 양성화, 총상꽃차례
- 산지 숲 속에서 자라며 8~9월에 꽃 피는 여러해살이풀
- 꽃이 긴 고깔 모양이고, 줄기가 비스듬히 서서 덩굴처럼 자람

뿌리잎은 둥근 심장형
5~7갈래로 갈라짐
가장자리에 톱니가 있음

높이는 40~90cm
비스듬히 서며
덩굴성을 띠기도 함

줄기에 털이
있음. 녹색 또는
진한 자줏빛

꽃잎은 2개
위쪽 꽃받침조각
속에 있음

꽃받침조각은 5개
표면에
털이 있음

위쪽
꽃받침조각은
길게 뒤로 말리며
꿀주머니로 됨

수술은 많고
암술대는 3개

줄기잎은 3~5갈래로 갈라짐.
위로 갈수록 단순해짐

뿌리는 곧음

열매는 난상
타원형 골돌과
표면에 털이 있음

암술대가
뾰족하게 남음

0170 놋젓가락나물 *Aconitum ciliare*

- 어긋나기, 홑잎, 양성화, 총상꽃차례
- 숲 속이나 숲 가장자리에서 덩굴져 자라며 8~9월에 꽃 피는 여러해살이풀
- 꽃이 투구 모양이고, 덩굴져 자라며 줄기와 잎자루에 긴 털이 있음

길이는 50~200cm
곧게 서다가 덩굴져 자람

줄기에 털이 있음

꽃받침조각은 5개
수술은 많음
꽃잎은 2개 위쪽 꽃받침조각 속에 있음
암술대는 5개

잎은 3~5갈래로 완전하게 갈라짐. 갈래조각은 다시 몇 갈래로 갈라짐

덩이뿌리는 마늘모양으로 흑갈색

열매는 긴 타원형 골돌과 표면에 털이 없음
암술대가 뾰족하게 남음
꽃자루에 털이 있음

0171 노루삼 *Actaea asiatica*

- 어긋나기, 2~4회 3출엽, 양성화, 총상꽃차례
- 산지 그늘진 숲 속에서 자라며 5~6월에 꽃 피는 여러해살이풀
- 촛대승마보다 키가 작고 개화 시기가 봄이며 열매가 구형 장과

높이는 40~70cm
곧게 서거나 비스듬히 섬

줄기에
털이 약간 있음

암술머리는
끝이 2갈래로
갈라짐

수술은 많음

꽃잎은 흰색
넓은 주걱 모양
수술처럼 보임

어린줄기와 잎

잎은 2~4회 3출엽

작은잎은 불규칙한
톱니가 있음

열매는 구형 장과, 검은색으로 익음

0172 눈빛승마 *Actaea dahurica*

- 어긋나기, 2회 3출엽 또는 깃꼴겹잎, 양성화수꽃딴포기, 총상꽃차례가 원추꽃차례를 이룸
- 제주도 제외 지역 산지 숲 속에서 자라며 8~9월에 꽃 피는 여러해살이풀
- 대체로 크고 잎이 2회 3출엽이거나 깃꼴겹잎

높이는 150~250cm
곧게 서다가 비스듬히 휨

줄기에 약간 능선이 있음

꽃잎은 2~3개
끝은 꽃밥처럼 생겼고
2갈래로 갈라짐

수술은 여러 개

양성화

암술은 3~7개

꽃잎

수술은 많음

수꽃

꽃받침조각은 5~6개
일찍 떨어짐

잎은 2회 3출엽 또는 깃꼴겹잎

열매는 타원형 골돌과
표면에 털이 있음

0173 세잎승마 *Actaea bifida*

- 어긋나기, 3출엽, 양성화, 총상꽃차례가 모여 원추꽃차례를 이룸
- 중부 이북 산지 숲 속에서 드물게 자라며 8~9월에 꽃 피는 여러해살이풀
- 눈빛승마와 달리 잎이 3출엽으로만 달리고 꽃이 양성화

높이는 150~250cm
곧게 섬

줄기에
털이 거의 없음

수술은 많고
암술대는 3~5개

꽃잎은 1~2개
끝이 2갈래로 갈라짐

꽃받침조각은 5개,
일찍 떨어짐

잎은 3출엽

작은잎은 난형 또는 원형
잎맥은 5~7개로
가장자리에 톱니가 있음

잎은 2~4회 3출엽

잎은 대개 줄기 아래쪽에서 많이 나옴

열매는 타원형 골돌과
표면에 털이 있음

0174 촛대승마 *Actaea simplex* / 나제승마 *A. austrokoreana*

- 어긋나기, 2~3회 3출엽, 양성화, 총상꽃차례
- 깊은 산 숲 속에서 자라며 7~9월에 꽃 피는 여러해살이풀
- 줄기와 꽃차례가 곧게 섬
- * 나제승마는 꽃차례가 아래로 휘어져 달림

꽃차례가 곧게 섬

높이는 40~150cm, 곧게 섬

줄기에 털이 약간 있음

꽃잎은 2개 끝이 2갈래로 갈라짐

암술대는 3~5개

꽃받침조각은 5개, 일찍 떨어짐

수술은 많음

작은잎은 난형 또는 좁은 난형 3갈래로 갈라짐

잎은 2~3회 3출엽

열매는 긴 타원형 골돌과 표면에 털이 있음

꽃차례가 아래로 휘어짐

나제승마

0175 **왜승마** *Actaea japonica*

- 어긋나기, 3출엽 또는 홑잎, 양성화, 겹수상꽃차례
- 제주도 숲 속에서 자라며 8~10월에 꽃 피는 여러해살이풀
- 뿌리잎이 3출엽

* *개승마와 구분에 혼란이 많은 종. 여기서는 개승마가 국내에 없다는 견해를 따랐음*

높이는 60~80cm
곧게 서고 가지를 침

줄기에
짧은 털이 밀생

꽃받침조각은 5개
일찍 떨어짐

암술대는 1~3개

꽃잎은 작고 끝이
2갈래로 갈라짐

수술은 많고,
수술대는 실처럼
가느다람

뿌리잎은 3출엽
작은잎은 넓은 난형
또는 둥근 심장형

양면 맥 위에
짧은 털이 있음

가장자리에 날카로운 톱니가 있음

열매는 타원형 골돌과

0176 동의나물 *Caltha palustris*

- 뿌리에서 나기 또는 어긋나기, 홑잎, 양성화, 줄기 끝에 2~4개씩 핌
- 제주도 제외 지역 산지 습기 많은 곳에서 자라며 4~5월에 꽃 피는 여러해살이풀
- 잎이 둥근 심장형으로 넓고 가장자리에 톱니가 있음

높이는 30~60cm
곧게 서거나 옆으로 누움

줄기에 털이 거의 없음

뿌리잎은
잎자루가 긺

암술은 4~16개

수술은 많음

꽃받침조각은 5~7개

뿌리잎은 둥근 심장형,
가장자리에 톱니가 있음

열매는 골돌과

열매는 익으면 수평으로
펼쳐지고 벌어짐

씨는 광택이 있음

0177 **백작약** *Paeonia japonica*

- 어긋나기, 1~2회 3출엽, 양성화, 줄기 끝에 1개씩 핌
- 산지 숲 속에서 자라며 5~6월에 꽃 피는 여러해살이풀
- 참작약과 달리 씨방과 열매와 잎 뒷면에 털이 없음

높이는 50~60cm
곧게 서고 밑부분이
비늘 같은 잎에 싸임

어린순과 어린줄기는
진한 적갈색을 띰

꽃받침조각은 3개
난형

꽃잎은 5~7개

암술대는 3~4개
뒤로 휘어짐

수술은 많음

뿌리는 통통한 다육질로 땅속에 있음

잎은 1~2회 3출엽

작은잎은 긴 타원형 또는 도란형, 털이 없음

익은 씨

열매는 반원형 골돌과
익으면 뒤틀리듯 벌어짐

자라지 못한 씨

0178 **참작약** *Paeonia lactiflora var. trichocarpa*

- 어긋나기, 3출엽, 양성화, 줄기 끝에 1개씩 핌
- 경기 이북 산지에서 자라며 6월에 꽃 피는 여러해살이풀
- 백작약과 달리 씨방과 열매와 잎 뒷면 맥 위에 털이 밀생

* 작약과 같은 것으로 보기도 함

높이는 50~80cm
곧게 섬

꽃잎은 8개 이상

수술은 많음

꽃받침조각은 5개

암술대는 3~4개

씨방에 털이 밀생

잎은 3출엽

작은잎은 타원형 또는 피침형

뒷면 맥 위에 잔털이 있음

열매는 난형 골돌과, 갈색 거친 털이 밀생

익으면 벌어지면서 광택
있는 흑갈색 씨를 드러냄

0179 산작약 *Paeonia obovata*

- 어긋나기, 2회 3출엽, 양성화, 줄기 끝에 1개씩 핌
- 산지 숲 속에서 드물게 자라며 5~6월에 꽃 피는 여러해살이풀
- 꽃이 홍자색이고 씨방과 열매에 털이 없으며 잎 뒷면에 털이 있음

높이는 40~80cm
곧게 서고 밑부분은
비늘조각잎으로 싸임

줄기에 털은 거의 없음

꽃잎은 7~8개
잘 벌어지지 않음

수술은 많음

암술대는
3~5개

꽃받침조각은 3개, 난형

작은잎은 도란형
끝이 뾰족함

잎은 2회 3출엽

잎 뒷면과 맥 위에 털이 있음

자라지 못한 씨

익은 씨

열매는 긴 타원형 골돌과
익으면 뒤틀리듯 벌어짐

0180 꿩의다리아재비 *Caulophyllum robustum*

- 어긋나기, 2~3회 3출엽, 양성화, 원추꽃차례
- 제주도 제외 지역 산지 깊은 숲에서 자라며 5~6월에 꽃 피는 여러해살이풀
- 삼지구엽초와 달리 잎 가장자리에 잔톱니가 없으며 열매가 장과이고 파란색으로 익음

높이는 60~100cm
곧게 섬

전체에
털이 없고
분백색이 돎

꽃받침조각은 6개

수술은 6개

암술은 1개

꽃잎은 6개
안쪽에 세워져 있음.
꿀샘처럼 됨

작은잎은 긴 타원형
광택이 있음
톱니는 없음

잎은 2~3회 3출엽

수염뿌리가 많음

굵은 뿌리줄기가 옆으로 벋음

열매는 구형 장과
파란색으로 익음

0181 깽깽이풀 *Jeffersonia dubia*

- 모여나기, 홑잎, 양성화, 꽃줄기 끝에 1개씩 핌
- 제주도 제외 지역 산지 중턱 아래에서 자라며 4~5월에 꽃 피는 여러해살이풀
- 잎이 뿌리에서 모여나고 방패 모양

* 꽃밥이 흑자색인 것과 노란색인 것이 있음

높이는 15~25cm
꽃은 잎보다 먼저 또는 같이 핌

수술 꽃밥이
흑자색인 것

일찍 돋는 잎은
흔히 적자색을 띰

꽃받침조각은 4개
일찍 떨어짐

꽃줄기는
털이 없고 매끈함

꽃밥이
노란색인 것

수술은 6~8개

암술머리는
3갈래로 갈라짐

꽃잎은 6~8개

잎은 둥근 방패 모양
물결 모양 톱니가 있음

익으면
위쪽이 벌어짐

열매는 타원형
골돌과

씨를 가지러 온
개미

씨는 흑갈색
광택이 있음

얼라이오좀(당분체)을
개미가 좋아해 씨를 물어감

0182 삼지구엽초 *Epimedium koreanum*

- 어긋나기, 2회 3출엽, 양성화, 총상꽃차례
- 산지 습기 있는 숲 속에서 드물게 자라며 4~5월에 꽃 피는 여러해살이풀
- 잎이 2회 3출엽이고 가장자리에 가시 모양 톱니가 있음

2회에 3갈래로 갈라짐

1회에 3갈래로 갈라짐

줄기에 털이 있음

높이는 20~30cm
여러 대가 남

꽃받침조각은 8개, 바깥쪽 4개는 일찍 떨어짐

꽃잎은 4개
긴 꿀주머니가 있음

수술은 4개
암술은 1개

씨방이 자란 모습   수술

꽃잎

꽃받침조각

가시 모양
톱니가 있음

잎은 2회 3출엽

작은 잎은 난형, 끝이 뾰족하고,
밑부분은 심장형

열매는 방추형 삭과

0183 **한계령풀** *Gymnospermium microrrhynchum*

- 모여나기, 2회 3출엽, 양성화, 총상꽃차례
- 태백산 이북 깊고 높은 산에서 무리 지어 자라며 4~5월에 꽃 피는 여러해살이풀
- 꽃차례가 대개 아래로 휘어지고, 땅속에 덩이뿌리가 있음
- ✳ 땅속 덩이뿌리(메감자)가 발견되기 전까지는 한해살이풀로 취급되었음

높이는 20~50cm
곧게 서다가 끝에서 아래로 휨

포엽

턱잎은 반원형
또는 원형

전체에 털이 없음

꽃잎은 6개

수술은 6개

암술은 1개

메감자는 지름
약 3cm 둥근
덩이뿌리를 말함

잎은 2회 3출엽

작은잎은 타원형
또는 긴 도란형
끝이 둥글고
가장자리는 밋밋함

열매는 구형 삭과

0184 순채 *Brasenia schreberi*

- 어긋나기, 홑잎, 양성화, 물 밖으로 나온 꽃줄기 끝에 1개씩 핌
- 오래된 연못에서 자라며 5~8월에 꽃 피는 여러해살이풀
- 새순이 점액질에 싸이고 잎이 타원형이며 씨방이 서로 떨어져 달림

높이는 5~15cm
뿌리줄기가 옆으로 벋음

어린잎이나 꽃줄기는
투명한 점액질로 싸임

수술은 12~18개   암술은 16~18개

꽃받침조각은 3개
꽃잎처럼 보임

꽃잎은 3개
긴 타원형

잎은 타원형 방패 모양

앞면에 광택이 있음

잎 뒷면은 적갈색
잎자루는 긺

열매는 난형
익어도 벌어지지 않음

서로 떨어져 달림

0185 **개연꽃** *Nuphar japonica* / **남개연꽃** *N. pumila* subsp. *oguraensis* / **왜개연꽃** *N. pumila*

| 수련과 |

- 뿌리에서 나기, 홑잎, 양성화, 물 밖으로 나온 꽃줄기 끝에 1개씩 핌
- 중부 이남 얕은 물속에서 자라며 6~9월에 꽃 피는 여러해살이풀
- 잎이 긴 타원형이고 물 밖으로 나옴

＊ 남개연꽃은 암술머리가 진홍색. 왜개연꽃은 잎이 난상 원형이고 물에 뜸

높이는 20~30cm
뿌리줄기가 옆으로 벋음

물속 잎은 가늘고 길며
가장자리가 물결 모양

물 밖 잎은 긴 난형
또는 긴 타원형

꽃받침조각은 5개
꽃잎처럼 보임

암술머리는 납작하고
가장자리는 톱니 모양

꽃잎은 많고 긴 사각형
수술처럼 보임

수술은 많고
끝이 휘어짐

열매는 난형 장과
물속에서 익음

꽃받침조각은 5개

수술

꽃잎

암술머리가 진홍색   **남개연꽃**

잎이 넓은 난형 또는
난상 원형이고 물에 뜸

왜개연꽃

226

0186 **연꽃** *Nelumbo nucifera*

- 뿌리에서 나기, 홑잎, 양성화, 물 밖으로 나온 꽃줄기 끝에 1개씩 핌
- 연못이나 논에 심어 기르며 7~9월에 꽃 피는 여러해살이풀
- 수련과 달리 잎과 꽃이 물 위로 높게 솟고 대체로 큼

* *꽃에서 은은한 향기가 남*

높이는 50~150cm
땅속에 옆으로 벋는
뿌리줄기가 있음
꽃과 잎이 물 밖으로 솟아 나옴

꽃받침조각은
4~5개
일찍 떨어짐

꽃줄기에 오톨도톨한
돌기물이 있음

꽃잎은 16~24개

꽃턱은 도원추형

수술은 많고
꽃턱 주위에 돌려 달림

홍자색 꽃

잎은 둥근 방패 모양
물에 잘 젖지 않음

완전히 물 밖으로 나옴

날것으로 먹기도 하며
약간 아린 맛이 남

열매는 꽃턱에
타원형 견과
형태로 들어 있음

0187 미국수련 *Nymphaea odorata* / 각시수련 *N. tetragona* var. *minima*

- 뿌리에서 나기, 홑잎, 양성화, 물 밖으로 나온 꽃줄기 끝에 1개씩 핌
- 중부 이남 연못에서 자라거나 심어 기르며 6~7월에 꽃 피는 여러해살이풀
- 잎과 꽃이 물에 뜨고 연꽃보다 작음

＊ 각시수련은 꽃 지름이 3cm 정도로 작고 잎이 5.5cm 이하로 작음

높이는 10~20cm
굵고 짧은 뿌리줄기가 있음

잎은 난상 원형
밑부분이 화살처럼 갈라짐

홍자색 꽃

꽃잎은 10~20개
긴 난형
또는 도란형

꽃받침조각은 4개, 긴 타원형   수술은 많음

한라산에서
자라는 것

해가 지면서 서서히
닫히는 꽃

잎은 물에 뜸

각시수련

꽃 지름이 3cm로 작고
잎 길이가 5.5cm 이하로 작음

0188 가시연꽃 *Euryale ferox*

- 뿌리에서 나기, 홑잎, 양성화, 물 밖으로 나온 꽃줄기 끝에 1개씩 핌
- 제주도 제외 지역 연못에서 자라며 8~9월에 꽃 피는 한해살이풀
- 전체에 가시가 많고 잎이 큼

높이는 5~15cm
짧은 뿌리줄기가 있음

잎에 날카로운 가시가 많음

꽃받침조각은 4개
안쪽은 붉은색
겉면에는 가시가 밀생

암술은 8개

꽃잎과 수술은 많음

물속 잎은 작고 화살 모양

물에 뜨는 잎은 원형
지름 20~150cm
가시가 많음

열매는 타원형 장과

열매가 갈라지면 과육으로 덮인 구형 씨가 나옴

0189 **삼백초** *Saururus chinensis*

- 어긋나기, 홑잎, 양성화, 수상꽃차례
- 제주도 습지에서 자라며 6~8월에 꽃 피는 여러해살이풀
- 꽃차례가 길게 휘어지고 줄기 위쪽 잎이 흰색

* 잎, 꽃, 뿌리 3부분이 흰색이라 삼백초라 함

높이는 50~100cm
곧게 섬

꽃차례가 길게 휘어짐

줄기에 털이
거의 없음

수술은 6~7개

심피는 3~5개

꽃덮개는 없음

옆으로 길게 벋는
흰색 뿌리줄기가 있음

잎은 난상 타원형, 밑부분은 심장형
5~7개 맥이 있음

꽃 필 무렵에 줄기 위쪽
2~3개 잎이 흰색으로 변함

열매는 둥글게
심피 형태로 익음

각 실에 1개씩
씨가 들어 있음

0190 **약모밀** *Houttuynia cordata*

- 어긋나기, 홑잎, 양성화, 수상꽃차례
- 제주도, 안면도, 울릉도 습기 있는 곳에서 자라며 5~6월에 꽃 피는 여러해살이풀
- 꽃차례가 짧고 곧게 서며 흰색 총포가 있음
- * 전체에서 물고기 비린내가 남. 중국이나 일본 등지에서 들여온 것으로 봄

높이는 20~60cm
아래쪽에서 퍼져 자라고
마디에서 뿌리를 내림

줄기에
세로줄이
있음

마디 부분에
털이 약간 있음

총포는 4개,
꽃잎처럼 보임
꽃덮개는 없음

암술대는 3개

수술은 3개

군락을 이루기도 함

끝은 뾰족하고
가장자리는 밋밋함

잎은 넓은 난형 또는 난상
심장형, 잎밑은 심장형

열매는 삭과

0191 홀아비꽃대 *Chloranthus japonicus*

- 마주나기(4개가 돌려나기한 것처럼 보임), 홑잎, 양성화, 수상꽃차례
- 산지 숲 속에서 자라며 4~5월에 꽃 피는 여러해살이풀
- 옥녀꽃대보다 수술대가 짧고, 꽃과 열매에 꽃받침조각이 달리지 않음

* 잎 톱니가 오랫동안 흑자색이고, 꽃차례가 잎보다 길게 나오는 점도 특징

높이는 20~40cm
곧게 섬

줄기에
마디가 있음

수술은 3개, 밑부분이 합쳐져서
씨방 등 쪽에 달림

암술

바깥쪽 2개
수술 밑부분에
노란색 꽃밥이
달림

꽃덮개는 없음

잎은 2개씩
마주 달리는
마디 간격이 짧아
4개가 돌려난
것처럼 보임

대개 꽃차례가
잎 밖으로
길게 나옴

잎은 난형 또는 타원형
가장자리에 흑자색 톱니가 있음

열매는 도란형 삭과

0192 옥녀꽃대 *Chloranthus fortunei*

- 마주나기(4개가 돌려나기한 것처럼 보임), 홑잎, 양성화, 수상꽃차례
- 인천 이남 산지 숲 속에서 자라며 4~5월에 꽃 피는 여러해살이풀
- 홀아비꽃대보다 수술대가 길고, 꽃과 열매에 꽃받침조각이 달림
- ＊ 꽃차례 상단에 뾰족한 기둥이 있고, 꽃차례가 잎에 파묻혀 보이는 점도 특징

높이는 15~35cm
곧게 섬

줄기에
마디가 있음

꽃차례 상단에
뾰족한 기둥이 있음

수술은 3개
가늘고 긺

꽃받침조각이 있음

가운데 수술대에 꽃밥이 2개 있음

암술

꽃받침조각

양쪽 수술대에는
꽃밥이 1개 있음

잎은 넓은 타원형 또는 도란형
끝이 뾰족하고 가장자리에 톱니가 있음

열매는 도란형 삭과

꽃받침조각이 남아 있음

0193 **쥐방울덩굴** *Aristolochia contorta*

- 어긋나기, 홑잎, 양성화, 잎겨드랑이에 모여 핌
- 제주도 제외 지역 산자락에서 덩굴져 자라며 7~8월에 꽃 피는 여러해살이풀
- 전체에 털이 없고 꽃이 나팔 모양

* 꼬리명주나비 먹이식물

길이는 100~300cm
덩굴져 자람

전체에 털이
없고 줄기에
희미한
능선이 있음

꽃받침은 통 모양
밑부분이 부풀고
위쪽은 나팔 모양

목 부분 털은 처음에
흰색에서 검은색으로 변함

통 부분 털은
계속 흰색

수술은 6개   암술대는 6개가 합쳐짐

꼬리명주나비가
낳은 알

잎은 심장상 난형

씨는 넓은 난형
날개가 있음

열매는 둥근 삭과, 익으면 6갈래로
갈라져 낙하산 모양으로 달림

0194 족도리풀 *Asarum sieboldii*

- 뿌리에서 2개씩 나기, 홑잎, 양성화, 꽃줄기 끝에 1개씩 핌
- 산지 숲 속에서 자라며 4월에 꽃 피는 여러해살이풀
- 꽃받침통 갈래조각이 비교적 편평함

높이는 10~20cm
곧게 섬

잎자루에 털이
있기도 하고
없기도 함

꽃봉오리가
족두리 모양

잎은 뿌리줄기에서
2개씩 나옴

수술은 12개, 2줄로 배열됨
암술대는 6개

꽃받침통은 끝이
3갈래로 갈라짐
갈래조각은 삼각형
끝이 뿔 모양은 아님

가늘고 매운맛이 나는
뿌리줄기를
세신(細辛)이라고 함

열매는 장과

갈래조각이
뿔 모양인 것도
있음

0195 개족도리풀 *Asarum maculatum*

- 뿌리에서 2개씩 나기, 홑잎, 양성화, 꽃줄기 끝에 1개씩 핌
- 제주도, 전라도, 경남 숲 속에서 자라며 4월에 꽃 피는 여러해살이풀
- 잎이 두껍고 앞면에 흰색 무늬가 있지만 변이가 다양하게 나타남

∗ 잎에 무늬가 나타나지 않은 종도 혼생함

높이는 10~25cm

잎이 얇은 것

갈래조각 끝은 뾰족함

꽃받침통은 끝이 3갈래로 갈라짐

수술은 12개

암술대는 6개

질이 두껍고 흰색 무늬가 나타나며 광택이 있음

잎은 심장형

잎 앞면에 흰색이 나타나지 않는 것도 있음

열매 종단면

씨

열매는 장과

0196 **무늬족도리풀** *Asarum chungbuensis*

- 뿌리에서 2개씩 나기, 홑잎, 양성화, 꽃줄기 끝에 1개씩 핌
- 산지 숲 속 경사지나 바위틈에서 드물게 자라며 4~5월에 꽃 피는 여러해살이풀
- 족도리풀보다 꽃과 잎이 작고 꽃받침통과 갈래조각에 흰색 점무늬가 있음
- ＊ 잎에 무늬가 있기도 하고 없기도 함

높이는 10~20cm

잎의 무늬가 희미한 것

갈래조각은 삼각형이고
흰색 점무늬가 있음

수술은 12개
암술대는 6개

꽃받침통은
끝이 3갈래로 갈라짐

잎은 심장형

잎에 흰색 무늬가
나타나는 경우가 많음

갈래조각이
안으로 휘어지고
끝이 뾰족한 변이

황녹색인 것

0197 서울족도리풀 *Asarum mandshuricum* var. *seoulense*

- 뿌리에서 2개씩 나기, 홑잎, 양성화, 꽃줄기 끝에 1개씩 핌
- 서울, 경기도, 강원도 및 충북 숲에서 자라며 4~5월에 꽃 피는 여러해살이풀
- 꽃받침통 갈래조각이 뒤로 젖혀지고 잎자루에 털이 있음

＊ 꽃이 크고 안쪽에 옅은 색 무늬가 나타나는 점도 특징

높이는 10~25cm

꽃이 큰 편

꽃받침통 갈래조각은
뒤로 살짝 젖혀짐

황록색 꽃

갈래조각 안쪽에
흔히 옅은 색
무늬가 나타남

꽃받침통은 3갈래로
갈라짐

암술대는 6개

갈래조각은 끝이 둔하고
뒤로 살짝 젖혀짐

수술은 12개

잎자루에 털이 있음

족도리풀 종류를 먹이식물로 하는
애호랑나비가 잎 뒷면에 슬어놓은 알

열매는 장과

0198 **각시족도리풀** *Asarum misandrum*

- 뿌리에서 2개씩 나기, 홑잎, 양성화, 꽃줄기 끝에 1개씩 핌
- 산지 숲 속에서 자라며 4~5월에 꽃 피는 여러해살이풀
- 꽃이 좀 작고 꽃받침통 갈래조각이 뒤로 완전히 젖혀지며 잎자루에 털이 없음

잎자루는 길고 털이 없음

꽃이 작은 편

높이는 10~20cm

꽃받침통은 3갈래로 갈라짐

갈래조각은 뒤로
완전히 젖혀짐

수술은 12개
암술대는 6개

황록색 꽃

잎은 심장형
양면에 털이 약간 있음

열매는 장과

0199 금오족도리풀 *Asarum patens*

- 뿌리에서 2개씩 나기, 홑잎, 양성화, 꽃줄기 끝에 1개씩 핌
- 중부 이남 산지 숲 속에서 자라며 4~5월에 꽃 피는 여러해살이풀
- 꽃받침통 갈래조각이 뒤로 젖혀지지 않고 가장자리가 대개 구불거림

높이는 10~25cm

잎자루 안쪽에 털이 약간 있음

안쪽에 짙은 색 무늬가 나타남

꽃받침통은 3갈래로 갈라짐

갈래조각은 가장자리가 대개 구불거림

수술은 12개, 암술대는 6개

잎은 심장형, 다른 족도리풀 종류보다 큰 편이고 양면에 털이 있음

잎 뒷면에 털이 많음

열매는 장과

0200 자주족도리풀 *Asarum koreanum*

- 뿌리에서 2개씩 나기, 홑잎, 양성화, 꽃줄기 끝에 1개씩 핌
- 산지 숲 속에서 드물게 자라며 4~5월에 꽃 피는 여러해살이풀
- 족도리풀보다 꽃이 크고 짙은 흑자색
- * 잎 색은 대개 짙은 자주색이지만 녹색인 것도 있음

높이는 10~25cm

잎자루는 털이 없고 매끈한 편

꽃받침통은 짙은 흑자색

수술은 12개 암술대는 6개

갈래조각은 끝이 뾰족하고 가장자리는 구불거림

잎은 심장형 다른 족도리풀 종류보다 큰 편

대개 흑자색을 띰

녹자색이고 표면에 엷은 흰색 무늬가 나타나는 것도 있음

잎이 아예 녹색인 것도 있음

0201 물레나물 *Hypericum ascyron*

- 마주나기, 홑잎, 양성화, 취산꽃차례
- 산과 들에서 자라며 6~8월에 꽃 피는 여러해살이풀
- 고추나물보다 꽃이 2~3배 이상 크고 암술대가 5갈래로 갈라짐

높이는 50~120cm
곧게 서고
가지가 갈라지기도 함

줄기는
네모지고
털은 없음

꽃잎은 5개, 각각 한쪽으로 휜 모양

꽃 지름이
4~6cm로 큼

암술대는 5개

수술은 많고
5개씩 뭉쳐서 달림

꽃받침조각은 5개

잎은 피침형,
가장자리는
밋밋하고 투명한
점이 있음

어린 열매

남아 있는
꽃받침조각

열매는 난형 삭과

0202 **고추나물** *Hypericum erectum* / **진주고추나물** *H. oliganthum*

- 마주나기, 홑잎, 양성화, 취산꽃차례
- 산과 들에서 자라며 7~8월에 꽃 피는 여러해살이풀
- 물레나물과 달리 암술대가 3개이고 줄기 횡단면이 둥글며 잎에 검은 점이 있음

* *진주고추나물은 잎이 얇고 줄기가 바닥에 깔리듯 자람*

높이는 20~70cm
곧게 섬

줄기는
횡단면이
둥글고 전체에
털이 없음

검은 점이 있음

수술은 많고 3개씩
뭉쳐서 달림

꽃받침조각은 5개,
검은 점이 있음

암술대는 3개

꽃잎은 5개, 검은 점이 있음

잎은 난상 피침형
또는 긴 난형

줄기를 반쯤 감쌈

양면에 검은 점이 있음

열매는 난형 삭과

잎이 얇고
줄기가 바닥에
깔리듯 자람

진주고추나물

0203 애기고추나물 *Hypericum japonicum* / 좀고추나물 *H. laxum*

- 마주나기, 홑잎, 양성화, 취산꽃차례
- 산기슭 습한 곳에서 자라며 7~8월에 꽃 피는 한해살이풀
- 고추나물과 달리 줄기에 능선이 4개 있으며 포엽이 선형이고 수술이 많음

* 좀고추나물은 애기고추나물보다 키가 작고 수술이 8~10개 정도로 적음

높이는 15~50cm
곧게 서고 가지가
갈라짐

줄기는 능선이
있고 털은 없음

잎은 난형 또는 넓은 난형
잎밑이 줄기를 반쯤 감쌈
투명한 기름질이 있음

꽃받침조각은 5개

꽃잎은 5개

암술대는 3개

수술은 10~20개

포엽은 선형 또는 피침형

열매는 난형 삭과

좀고추나물은 키가 작고
포엽이 난형 또는 긴 난형

좀고추나물

좀고추나물

수술이 8~10개 정도로 적은 점이
애기고추나물과 다름

0204 물고추나물 *Triadenum japonicum*

- 마주나기, 홑잎, 양성화, 취산꽃차례
- 습지나 물가에서 자라며 8~9월에 꽃 피는 여러해살이풀
- 고추나물과 달리 꽃이 연한 홍색이며 수술은 3개씩 3묶음으로 총 9개가 달림

높이는 30~70cm
곧게 섬

줄기는 털이 없고
횡단면은 둥근 편

암술대는 3개

꽃잎은 5개
연한 홍색

수술 사이에
꿀샘이 있음

수술은 9개
3개씩 모여 달림

꽃받침
조각은 5개

잎은 긴 타원형 또는 타원상 피침형
끝은 둥글고 가장자리는 밋밋함
투명한 점이 있음

꽃이 지면서 줄기가 눕는 편

열매는 난형 삭과
끝이 뾰족함
익으면 3갈래로
갈라짐

0205 끈끈이귀개 *Drosera peltata* var. *nipponica*

- 어긋나기, 홑잎, 양성화, 총상꽃차례
- 해남과 진도 바닷가 근처 풀밭에서 자라며 5~7월에 꽃 피는 여러해살이풀. 식충식물
- 끈끈이주걱과 달리 땅속에 덩이줄기가 있고 줄기잎이 달리며 열매가 난형

높이는 10~40cm 곧게 서고 위쪽에서 가지가 갈라짐

줄기는 거의 매끈한 편

꽃잎은 4~5개 넓은 도란형

암술대는 3개, 끝이 각각 4~9개로 다시 갈라짐

수술은 5개

잎은 초승달 모양

끈끈이에 잡힌 벌레

긴 샘털에서 끈끈한 점액을 분비해 거기에 붙은 벌레를 잡아 양분으로 삼음

땅속에 구형 덩이줄기가 있음

열매는 난형 삭과

씨는 검은색 넓은 타원형 광택이 있음

0206 **끈끈이주걱** *Drosera rotundifolia*

- 뿌리에서 나기, 홑잎, 양성화, 수상꽃차례
- 제주도 제외 지역 습지에서 자라며 6~8월에 꽃 피는 여러해살이풀. 식충식물
- 끈끈이귀개와 달리 땅속에 덩이줄기가 없고 줄기잎이 없으며 열매가 긴 도란형

높이는 6~30cm
꽃줄기는 곧게 섬

꽃줄기에 털이 약간 있음 →

꽃받침조각은 5개 가장자리에 샘털이 있음

수술은 5개

암술대는 3개 각각 2갈래로 깊게 갈라짐

꽃잎은 5개

잎은 도란형, 빽빽하게 달린 끈끈한 샘털로 벌레를 잡음

샘털

샘털에 잡힌 벌레

열매는 긴 도란형 삭과

0207 피나물 *Hylomecon vernalis*

- 어긋나기, 깃꼴겹잎, 양성화, 줄기 끝 잎겨드랑이에 1~3개씩 핌
- 전남 이북 숲 속에서 자라며 4~5월에 꽃 피는 여러해살이풀
- 매미꽃과 달리 개화기가 봄이고, 꽃이 잎겨드랑이에서 나옴

높이는 20~30cm
연약하지만 곧게 섬

1~3개 꽃이
잎겨드랑이에서
나옴

줄기에 →
털이 있음

꽃받침조각은 2개   꽃잎은 4개

암술은 1개   수술은 많음

줄기나 잎을 자르면 나오는
주황색 액

잎은 깃꼴겹잎

작은잎은 3~7개, 긴 타원형
불규칙한 톱니가 있음

열매는 가는
기둥 모양 삭과

0208 매미꽃 *Coreanomecon hylomeconoides*

- 뿌리에서 나기, 깃꼴겹잎, 양성화, 산형꽃차례
- 전라도와 경남 숲 속에서 자라며 5~7월에 꽃 피는 여러해살이풀
- 피나물과 달리 개화기가 늦봄이나 초여름이고, 꽃줄기가 뿌리에서 올라옴

높이는 20~30cm

꽃줄기에 대개 털이
많음(적기도 함)

꽃줄기가
뿌리에서
바로 나옴

꽃받침조각은 2개

꽃잎은
4개

수술은 많음

암술은 1개

줄기나 잎을 자르면
나오는 주황색 액

잎은 뿌리에서
나오고 깃꼴겹잎

열매는 가는
기둥 모양 삭과

작은잎은 마름모 모양 도란형
3~7개, 날카로운 톱니가 있음

0209 애기똥풀 *Chelidonium majus* subsp. *asiaticum*

- 어긋나기, 홑잎, 양성화, 산형꽃차례
- 양지바른 풀밭이나 숲 가장자리에서 자라며 4~8월에 꽃 피는 두해살이풀
- 피나물보다 꽃이 작고 잎이 깃꼴로 깊게 갈라지며 자르면 노란색 액이 나옴

높이는 30~80cm, 연약한 편

전체에 희고 긴 털이 있음

꽃잎은 4개
암술은 1개
수술은 많음
꽃받침조각은 2개 일찍 떨어짐 겉에 긴 털이 있음

줄기나 잎을 자르면 나오는 노란색 액

잎이 1~2회 깃꼴로 갈라짐 갈래조각에 둔한 톱니나 결각이 있음

열매는 가는 기둥 모양 삭과

씨는 검은색, 광택이 있고 흰색 당분체가 붙어 있음

0210 둥근빗살괴불주머니 *Fumaria officinalis*

- 어긋나기, 홑잎, 양성화, 총상꽃차례
- 제주도 벌판에서 자라며 4~5월에 꽃 피는 한해살이풀. 유럽 원산 외래식물
- 땅속에 덩이줄기가 없고 열매가 구형
- * 덩이줄기가 없고 현호색과 식물이 아니므로 둥근빗살괴불주머니로 부르기도 함

높이는 20~35cm
줄기가 여러 개 나와
퍼지듯 자람

줄기는 매끈한 편

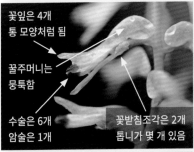

꽃잎은 4개
통 모양처럼 됨

꿀주머니는
뭉툭함

수술은 6개
암술은 1개

꽃받침조각은 2개
톱니가 몇 개 있음

꽃차례 부분은 곧게 섬

잎은 3회 깃꼴로 깊게 갈라짐
마지막 갈래조각은 피침형 또는 선형

열매는 구형 삭과

0211 **현호색** *Corydalis remota* / **완도현호색** *C. wandoensis*

- 어긋나기, 1~2회 3출엽, 양성화, 총상꽃차례
- 산지 숲 속에서 자라며 3~4월에 꽃 피는 여러해살이풀
- 잎 형태가 매우 다양하고 열매가 피침형

* 완도현호색은 잎이 선상 피침형이고 포엽이 갈라지는 것이나 특징적인 종은 아님

높이는 10~25cm

암술머리   수술은 6개

외화판   내화판

댓잎 형태 잎

깃꼴로 잘게 갈라지는 형태 잎

열매는 피침형 삭과

완도현호색

잎이 선상 피침형으로 갈라지는
점으로 구분하나 특징적인 종은 아님

0212 **섬현호색** *Corydalis filistipes*

- 어긋나기, 2~3회 3출엽, 양성화, 총상꽃차례
- 울릉도 숲 속에서 자라며 3~4월에 꽃 피는 여러해살이풀
- 키가 크고 꽃이 흰색이며 열매자루가 길어져 열매가 땅바닥에 닿음

* 성인봉에서 자라는 것일수록 키가 작아지면서 조선현호색과 비슷해짐

높이는 20~50cm
곧게 섬

처음에는 곧게 서서 자람

포엽은 긴 타원형 또는 도피침형
끝이 얕게 갈라짐

흰색 꽃이
5~20개 핌

뒤쪽은 꿀주머니로 됨

땅속에 구형
덩이줄기가 있음

잎은 3회 3출엽

작은잎은 여러 갈래로 갈라짐
갈래조각은 선형

꽃이 지면서 꽃줄기가 자라 바닥에
눕듯이 휘어짐

열매는 피침형 삭과

0213 **각시현호색** *Corydalis misandra* / **난장이현호색** *C. humilis*

- 어긋나기, 1~2회 3출엽, 양성화, 총상꽃차례
- 경기도와 강원도 숲 속에서 자라며 3~4월에 꽃 피는 여러해살이풀
- 꽃이 적게 달리고 크기가 작으며 하측 외화판이 넓음

* 난장이현호색은 내화판 양 끝이 볼록하게 돌출하는 점으로 구분하나 특징적인 종은 아님

높이는 4~20cm
연약한 편

뒤쪽은 꿀주머니로 됨

꽃은 작은 편이지만 하측
외화판은 넓은 마름모 모양

땅속에 구형
덩이줄기가 있음

잎은 1~2회 3출엽

작은잎은 타원형 내지 선형
흔히 적자색 테두리가 나타남

열매는 선형 삭과

난장이현호색

내화판 양 끝이 돌출되는 점으로 구분하나
특징적인 종은 아님

0214 **점현호색** *Corydalis maculata*

- 어긋나기, 2~3회 3출엽, 양성화, 총상꽃차례
- 제주도를 제외한 지역의 숲 속에서 자라며 3~4월에 꽃 피는 여러해살이풀
- 대개 잎이 두껍고 점무늬가 있으며 꽃이 크고 가운데가 불룩함

* 잎에 점무늬가 없거나 질이 얇은 변이가 발견됨

높이는 10~25cm

꽃은 비교적 크고 가운데 부분이 불룩함

하측 외화판이 넓은 편

포엽은 대개 갈색을 띠고 잘게 갈라짐

땅속에 구형 덩이줄기가 있음

잎은 2회 3출엽

작은잎은 도란형 또는 긴 타원형 흔히 표면에 흰색 점무늬가 나타남

잎에 무늬가 없는 것도 있음

열매는 납작한 방추형 삭과

0215 조선현호색 *Corydalis turtschaninovii*

- 어긋나기, 3출엽, 양성화, 총상꽃차례
- 산지나 바닷가 숲 속에서 자라며 3~5월에 꽃 피는 여러해살이풀
- 잎이 두껍고 잎맥을 따라 흰색 무늬가 나타나며 외화판 가장자리가 구불거림

* 원래 빗살현호색으로 부르던 것임

연약한 편
높이는 17~28cm
대체로 큰 편

외화판 가장자리가 파상을
이루며 가운데가 꼬리처럼
내민 것이 많음

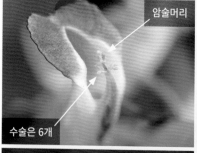

암술머리

수술은 6개

땅속에 구형
덩이줄기가 있음

작은잎은 도란형 또는 넓은 타원형 등 다양함

잎은 3출엽

잎맥을 따라 흔히
흰색 무늬가 나타남

열매는 선형 삭과

씨는 검은색이고 흰색 당분체가 붙어 있음

0216 **갈퀴현호색** *Corydalis grandicalyx* / **수염현호색** *C. caudata*

- 어긋나기, 2회 3출엽, 양성화, 총상꽃차례
- 강원도 산지 숲 속에서 자라며 3~4월에 꽃 피는 여러해살이풀
- 꽃받침이 갈퀴 모양

* 수염현호색은 꿀주머니가 위로 휘고 꽃받침이 수염 모양이며 갈퀴현호색과 유사성이 많음

높이는 7~21cm

뒤쪽은 꿀주머니로 됨

꽃받침이 크게 발달해 갈퀴 모양으로 갈라짐

땅속에 구형 비늘줄기가 있음

잎은 2회 3출엽

작은잎은 타원형 또는 도란형

열매는 방추형 삭과

꿀주머니가 위로 휨 → **수염현호색**

꽃받침이 수염처럼 달림

0217 남도현호색 *Corydalis namdoensis* / 흰현호색 *C. albipetala*

- 어긋나기, 2회 3출엽, 양성화, 총상꽃차례
- 중부와 남부 산지에서 자라며 4~5월에 꽃 피는 여러해살이풀
- 꽃이 작고 흰색 계열로 피며 내화판이 V자 모양으로 함몰함

* 흰현호색은 꽃이 매우 작고 완전히 흰색으로 피며 남도현호색과 유사함

높이는 12~20cm

내화판 정단이 V자 모양으로 함몰함

땅속에 구형 덩이줄기가 있음

잎은 2회 3출엽

작은잎은 대개 타원형, 형태가 다양함

열매는 넓으면서 짧은 삭과

흰현호색

꽃이 흰색이고 매우 작음

0218 쇠뿔현호색 *Corydalis cornupetala* / 날개현호색 *C. alata*

- 어긋나기, 1~2회 3출엽, 양성화, 총상꽃차례
- 경북 경산시 저지대에서 자라며 3~4월에 꽃 피는 여러해살이풀
- 잎이 댓잎형이고 꽃이 흰색 계열로 피며 외화판 끝이 쇠뿔 모양

* 날개현호색은 잎이 피침형이고 하측 외화판 아래쪽이 화살촉 모양

높이는 11~24cm

상측 외화판 겉면에 짙은
자주색 줄무늬가 나타남

포엽은 선형
또는 피침형

하측 외화판이 쇠뿔 모양

땅속에 구형
덩이줄기가 있음

잎은 1~2회 3출엽

작은잎은 선형이고 긺

열매는 방추형 삭과

하측 외화판
아래쪽이
날개 또는
화살촉 모양

날개현호색

0219 들현호색 *Corydalis ternata*

- 어긋나기, 3출엽, 양성화, 총상꽃차례
- 제주도 제외 지역 양지바른 곳에서 자라며 4~5월에 꽃 피는 여러해살이풀
- 꽃이 밝은 홍자색이고 잎이 난형 3출엽이며 덩이줄기가 여러 개 달림

* 변이가 심한 현호색속 중 가장 특징적이고 변이가 적은 종

높이는 10~30cm

땅속에 구슬 모양 덩이줄기가 줄줄이 달림

꽃은 밝은 홍자색

덩이줄기가 땅속에 크게 달리기도 하고 잎겨드랑이에 살눈처럼 달리기도 함

작은잎은 난형 또는 넓은 타원형 결각 모양 불규칙한 톱니가 있음

잎은 3출엽

열매는 선형 삭과

0220 **좀현호색** *Corydalis decumbens* / **탐라현호색** *C. hallaisanensis*

- 어긋나기, 1~2회 3출엽, 양성화, 총상꽃차례
- 제주도 숲 속에서 자라며 3~4월에 꽃 피는 여러해살이풀
- 줄기가 약하고 꽃이 적게 달리며 묵은 덩이줄기 위에 새 덩이줄기가 달림

* 탐라현호색은 한라산 수림 하에서 자라며 줄기가 기듯이 자람

높이는 10~15cm
연약한 편

뒤쪽은 꿀주머니로 됨

꽃은 작은 편이고
홍자색으로 핌

묵은 덩이줄기 위에
매년 새 덩이줄기가
생김

땅속에 구형
덩이줄기가 있음

묵은 덩이줄기는
속이 비면서 썩음

잎은 1~2회
3출엽

작은잎은 도란형 또는
타원형

흔히 연한 색 무늬가 나타남

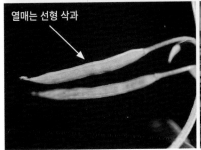

열매는 선형 삭과

탐라현호색

한라산 수림 하에서 자라며
줄기가 기듯이 자람

0221 자주괴불주머니 *Corydalis incisa*

- 어긋나기, 2회 3출엽, 양성화, 총상꽃차례
- 남부지방 숲 속이나 습한 곳에서 자라며 4~5월에 꽃 피는 두해살이풀
- 일반적인 현호색속과 달리 땅속에 덩이줄기가 없음

높이는 5~50cm
줄기가 여러 개 나와 가지가 갈라짐

줄기는 털이
거의 없음

포엽은 부채 모양
결각 모양 톱니가 있음

꽃 외화판은
짙은 홍자색

뒤쪽은
꿀주머니로 됨

잎은 2회 3출엽

작은잎은 난형, 가장자리는
결각상으로 갈라짐

열매는 긴 타원형 삭과
아래를 향해 달림

꽃이 흰색인 것도 있음

0222 선괴불주머니 *Corydalis pauciovulata*

- 어긋나기, 2회 3출엽, 양성화, 총상꽃차례
- 산과 들 습기 있는 곳에서 자라며 7~9월에 꽃 피는 두해살이풀
- 염주괴불주머니보다 개화가 한 달 이상 늦고 열매가 타원형

* 한때 눈괴불주머니로 잘못 동정했던 종

줄기에 능선이 있고 분백색을 띰

높이는 50~100cm
비스듬히 서고 가지가 많이 갈라짐

끝은 꿀주머니로 됨
화관은 입술 모양
포엽은 난형 또는 넓은 난형

잎은 2~3회 3출엽
작은잎은 3갈래로 갈라짐.
갈래조각은 긴 타원형 또는 도란형

열매는 타원형 또는 도란상 삭과
아래를 향해 달림

씨는 당분체가 붙어 있음
씨는 당분체가 익었을 때 만지면 갈라져 터짐

0223 **산괴불주머니** *Corydalis speciosa*

- 어긋나기, 2회 깃꼴겹잎, 양성화, 총상꽃차례
- 산과 들 습기 있는 곳에서 자라며 3~6월에 꽃 피는 두해살이풀
- 꽃이 빽빽하게 달리며 열매가 규칙적인 염주 모양

높이는 30~50cm
곧게 서고 가지가 갈라짐

줄기는 털이
거의 없음

화관은 입술 모양

외화판 끝은
뾰족함

잎은 2회 깃꼴겹잎

작은잎은 다시 깃꼴이나 선상
긴 타원형으로 잘게 갈라짐

열매는 선형 삭과
규칙적인 염주 모양

씨는 표면에 돌기가 있고 당분체가 붙어 있음

0224 염주괴불주머니 *Corydalis heterocarpa* / 갯괴불주머니 *C. platycarpa*

- 어긋나기, 2~3회 깃꼴겹잎, 양성화, 총상꽃차례
- 바닷가와 산지 숲에서 자라며 4~6월에 꽃 피는 두해살이풀
- 꽃이 듬성듬성 달리고 열매는 선형이며 불규칙한 염주 모양으로 길쭉함

* 갯괴불주머니는 열매가 넓은 염주 모양이고 씨가 거의 두 줄로 배열됨

높이는 40~60cm
곧게 서거나 비스듬히 서고 가지가 갈라짐

줄기는 분백색이 돎

잎은 2~3회 깃꼴겹잎

작은잎은 삼각상 난형, 결각이 있음

열매는 긴 선형 삭과, 염주처럼 잘록잘록한 모양이 불규칙적

갯괴불주머니

울릉도와 남부 섬에서 자람

갯괴불주머니

열매가 넓고 씨가 두 줄로 배열됨

0225 금낭화 *Dicentra spectabilis* / 흰금낭화 *D. spectabilis*

- 어긋나기, 2~3회 깃꼴겹잎, 양성화, 총상꽃차례
- 제주도 제외 지역 산지에서 자라며 5~6월에 꽃 피는 여러해살이풀
- 꽃차례가 활처럼 휘어지고 꽃이 주머니 모양으로 주렁주렁 달림

❋ 흰금낭화는 꽃이 흰색

꽃차례가
비스듬히 휘어짐

높이는 50~70cm, 곧게 서고 가지가 갈라지기도 함

줄기는 분백색을 띰

꽃잎은 4개, 바깥쪽 홍자색 꽃잎 2개는
밖으로 휨. 안쪽 흰색 꽃잎 2개는 모아짐

수술은 6개, 암술은 1개

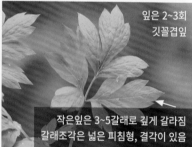

잎은 2~3회
깃꼴겹잎

작은잎은 3~5갈래로 깊게 갈라짐
갈래조각은 넓은 피침형, 결각이 있음

열매는 긴 타원형 삭과

씨는 광택이 있고, 환색 당분체가 붙어 있음

흰금낭화

꽃이 흰색

0226 갯무 *Raphanus sativus* var. *hortensis* f. *raphanistroides*

- 어긋나기, 홑잎, 양성화, 총상꽃차례
- 울릉도와 남부지방 바닷가에서 자라며 4~6월에 꽃 피는 한두해살이풀
- 꽃잎이 주걱형 또는 도란형. 무보다 뿌리가 가늘고 딱딱하며 잎이 작음

＊ 재배하는 무 원종이거나, 야생화한 것으로 봄

줄기에 뻣뻣한 털이 있음

높이는 30~50cm; 곧게 서거나 비스듬히 서며 가지가 사방으로 퍼짐

꽃잎은 4개 주걱형 또는 도란형

암술은 1개

수술은 6개 그중 4개가 긺

긴 수술 4개

흰색 꽃

짧은 수술 2개

잎은 깃꼴로 깊게 갈라짐 양면에 뻣뻣한 털이 있음

열매는 염주 모양 장과 익어도 벌어지지 않음

0227 유채 *Brassica napus* / 갓 *B. juncea*

- 어긋나기, 홑잎, 양성화, 총상꽃차례
- 주로 남부지방에서 재배하며 3~5월에 꽃 피는 두해살이풀
- 갓과 달리 잎밑이 넓어지면서 줄기를 감쌈

* 갓은 잎밑이 줄기를 감싸지 않음

높이는 50~150cm, 곧게 서고 가지가 갈라짐

줄기에 털이 거의 없음

줄기 위쪽 잎은 잎밑이 귓불처럼 줄기를 감쌈

꽃잎은 4개

암술은 1개

수술은 6개, 그중 4개가 김

꽃받침조각은 4개

뿌리잎은 넓은 도란상 주걱형

열매는 긴 원주형 장각과 비스듬히 섬

잎밑이 줄기를 감싸지 않음

갓

0228 대부도냉이 *Lepidium perfoliatum*

- 어긋나기, 홑잎, 양성화, 총상꽃차례
- 경기도 갯벌 근처에서 자라며 5~6월에 꽃 피는 한해살이풀. 유럽과 서아시아 원산 외래식물
- 뿌리잎과 줄기 아래쪽 잎은 잘게 갈라지고 줄기 위쪽 잎은 갈라지지 않음

높이는 20~40cm
곧게 서고 위쪽에서 가지가 갈라짐

줄기 아래쪽 잎

줄기 위쪽 잎

줄기 아래쪽에
털이 있음

수술은 6개

암술은 1개

꽃잎은 4개

줄기 위쪽 잎은 심장형
가장자리가 밋밋하며
잎자루 없이 귓불처럼
줄기를 감쌈

줄기 아래쪽 잎은 뿌리잎처럼
깃꼴로 가늘게 갈리짐

열매는 납작한 원형 각과

0229 콩다닥냉이 *Lepidium virginicum* / **좀다닥냉이** *L. ruderale*

- 어긋나기, 홑잎 또는 깃꼴겹잎, 양성화, 총상꽃차례
- 길가나 빈터에서 자라며 5~7월에 꽃 피는 한두해살이풀. 북미 원산 외래식물
- 줄기잎이 도피침형이고 가장자리에 톱니가 있으며 수술이 2개

* 좀다닥냉이는 꽃잎이 거의 흔적뿐이고 줄기잎에 톱니가 거의 없음

꽃받침조각은 4개

암술은 1개

꽃잎은 4개,
주걱 모양

수술은 2개

높이는 20~40cm

곧게 서고
위쪽에서
가지가
갈라짐

줄기에
짧은 털이
밀생

줄기잎은 도피침형
가장자리에 크기가
다른 톱니가 있음

뿌리잎은 깃꼴겹잎

끝이 오목함

열매는 납작한 원반형 각과

좀다닥냉이

꽃잎이 거의
흔적으로만
남아 있음

줄기에 톱니가
거의 없음

0230 들다닥냉이 *Lepidium campestre*

- 어긋나기, 홑잎, 양성화, 총상꽃차례
- 경기도 바닷가에서 자라며 5~6월에 꽃 피는 한두해살이풀. 유럽 원산 외래식물
- 줄기잎 밑이 화살 모양이고 가장자리에 톱니가 있으며 열매가 스푼 모양

높이는 15~60cm, 곧게 서고 위쪽에서 가지가 갈라짐

줄기에 짧은 털이 밀생

뿌리잎은 방석처럼 펼쳐짐

수술은 6개

꽃받침조각은 4개 겉면에 털이 있음

암술은 1개

꽃잎은 4개, 주걱 모양

잎밑이 줄기를 감쌈

줄기잎은 화살 모양 가장자리에 톱니가 있음

열매는 스푼 모양 각과

0231 **황새냉이** *Cardamine flexuosa* / **꽃황새냉이** *C. amariformis*

- 어긋나기, 깃꼴겹잎, 양성화, 총상꽃차례
- 논밭이나 습지에서 자라며 4~5월에 꽃 피는 두해살이풀
- 잎에 털이 있고, 정소엽이 측소엽보다 2배 이상 큼

* *꽃황새냉이는 작은잎이 3~7개이고 꽃이 큼*

높이는 10~30cm
밑에서 가지가 갈라짐

줄기 아래쪽에
퍼진 털이 있음

꽃받침조각은 4개

꽃잎은 4개
꽃받침조각보다
긺

암술은
1개

수술은 6개,
그중 **4개**가 긺

측소엽

정소엽은 측소엽보다
2배 이상 큼

열매는 가느다란
선형 장각과

꽃황새냉이

꽃이 크고 작은잎이 3~7개

0232 **싸리냉이** *Cardamine impatiens* / **좁쌀냉이** *C. fallax*

- 어긋나기, 홑잎 또는 깃꼴겹잎, 양성화, 총상꽃차례
- 습기 있는 곳에서 자라며 5~6월에 꽃 피는 두해살이풀
- 좁쌀냉이와 달리 턱잎이 확실하게 있고 줄기에 털이 적음
- ＊ 좁쌀냉이는 턱잎이 없거나 불분명하고 줄기에 털이 밀생

높이는 20~60cm, 곧게 서고 위쪽에서 가지가 갈라짐

확실한 턱잎이 있음

줄기에 → 털이 있음

꽃받침조각은 4개

암술은 1개

수술은 6개, 그중 4개가 긺

꽃잎은 4개, 꽃잎이 작거나 없는 경우도 있음

잎은 깃꼴로 잘게 갈라지거나 깃꼴겹잎 형태를 띰

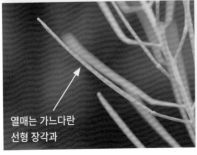

열매는 가느다란 선형 장각과

정소엽이 측소엽보다 약간 큼

턱잎이 없거나 불확실한 점이 특징

좁쌀냉이

0233 느쟁이냉이 *Cardamine komarovii*

- 어긋나기 또는 모여나기, 홑잎, 양성화, 총상꽃차례
- 전북과 경북 이북 깊은 산 계곡에서 자라며 4~6월에 꽃 피는 여러해살이풀
- 잎자루에 날개가 있고 잎밑이 줄기를 감쌈

* 봄에는 흔히 잎 뒷면이 자줏빛을 띰

높이는 30~50cm
곧게 서고 위쪽에서
가지가 갈라짐

줄기에 능선이 있고
짧은 털이 있음

수술은 6개
그중 4개가 긺

암술은 1개

꽃잎은 4개, 도란형

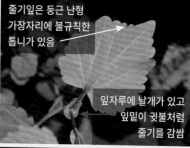

줄기잎은 둥근 난형
가장자리에 불규칙한
톱니가 있음

잎자루에 날개가 있고
잎밑이 귓불처럼
줄기를 감쌈

가을에 난 잎으로 겨울을 나는 경우가 많음

열매는 가느다란 선형 장각과
익었을 때 만지면 아래쪽부터 갈라져 터짐

0234 미나리냉이 *Cardamine leucantha*

- 어긋나기, 깃꼴겹잎, 양성화, 총상꽃차례
- 계곡이나 습기 있는 곳에서 자라며 4~6월에 꽃 피는 여러해살이풀
- 전체에 짧은 털이 있고 3~7개 작은잎으로 된 깃꼴겹잎

높이는 30~70cm, 곧게 서고 위쪽에서 가지가 갈라짐

줄기에 짧은 털이 있음

암술은 1개

수술은 6개 그중 4개가 깊

꽃잎은 4개

꽃받침조각은 4개 겉면에 털이 있음

작은잎 3~7개로 된 깃꼴겹잎

작은잎은 피침 또는 긴 난형, 불규칙한 톱니가 있음

열매는 가느다란 선형 장각과

0235 벌깨냉이 *Cardamine glechomifolia*

- 어긋나기, 홑잎 또는 깃꼴겹잎, 양성화, 총상꽃차례
- 제주도 습한 그늘에서 자라며 3~4월에 꽃 피는 여러해살이풀
- 덩이줄기가 있고 열매에 털이 없으며 뿌리잎이 둥근 신장형

높이는 15~30cm
곧게 섬

줄기에 흰색 털이 밀생

꽃받침조각은 4개
흰색 털이 있음

꽃잎은 4개

암술은 1개

수술은 6개, 그중 4개가 긺

표면에 짧은 털이 듬성듬성 있음

뿌리잎은 둥근 신장형

홑잎

깃꼴겹잎

잎자루는 긺

열매는 긴 선형 장각과
꽃자루와 함께 털이 없음

0236 **말냉이** *Thlaspi arvense*

- 어긋나기, 홑잎, 양성화, 총상꽃차례
- 밭이나 들에서 자라며 5~8월에 꽃 피는 두해살이풀. 유럽 원산 외래식물
- 냉이보다 대체로 크며 열매 끝이 오목한 난형에 가까움

높이는 20~50cm
곧게 서고 가지를 침

줄기잎은
긴 타원형
줄기를 감쌈

줄기에 능선이
있고 털은 없음

수술은 6개
암술은 1개

꽃받침조각은
4개

꽃잎은 4개

뿌리잎은 도란형, 가장자리는
밋밋하거나 물결 모양

열매는 끝이
오목하게 파인 난형
또는 도란형 각과

씨는 2개로 나눠진 씨방에 들어 있고
표면에 지문 같은 주름이 잡힘

0237 뿔냉이 *Chorispora tenella*

- 어긋나기, 홑잎, 양성화, 총상꽃차례
- 길가나 들에서 자라며 4~5월에 꽃 피는 한해살이풀. 지중해와 중앙아시아 원산 외래식물
- 서양갯냉이와 달리 꽃 색이 진하고 전체에 샘털이 있으며 열매가 뿔 모양

높이는 20~50cm
가지가 많이 갈라지면서
옆으로 퍼져 자람

줄기에 돌기 모양
샘털이 있음

꽃잎은 4개

암술은 1개

수술은 6개
그중 4개가 깊

어린 열매

꽃받침은 4개, 작은 돌기 모양
샘털과 성긴 털이 달림

뿌리잎은 긴 타원형
줄기잎은 넓은 피침형

톱니 사이가 안으로 굴곡이 짐

각 마디마다 씨가
2개씩 들어 있음

열매는 뿔처럼 휘는 장각과, 샘털이 있음

0238 **노란장대** *Sisymbrium luteum*

- 어긋나기, 홑잎, 양성화, 총상꽃차례
- 산지 양지바른 곳에서 자라며 5~6월에 꽃 피는 여러해살이풀
- 느러진장대와 달리 꽃이 노란색이고 더 일찍 피며 열매도 일찍 맺음

높이는 80~150cm
곧게 서고 가지가 갈라짐

전체에 털이 있음

암술은 1개
수술보다 긺

수술은 6개

꽃받침조각은 4개

꽃잎은 4개

잎은 긴 타원형 또는 긴 난형

불규칙한 톱니가 있음

옆으로 비스듬히 눕기도 함

열매는 긴
원주형 장각과

0239 유럽장대 *Sisymbrium officinale*

- 어긋나기, 홑잎 또는 깃꼴겹잎, 양성화, 총상꽃차례
- 백령도, 울릉도, 제주도 길가에서 자라며 5~6월에 꽃 피는 한해살이풀. 유럽 원산 외래식물
- 열매가 짧고 꽃대를 나선형으로 감으며 대체로 길게 달림

줄기에 거친 털이 있음

높이는 40~80cm
곧게 서고 가지가 사방으로 갈라짐

꽃잎은 4개

수술은 6개
암술은 1개

꽃받침조각은 4개
털이 있음

뿌리잎은 깃꼴겹잎

줄기잎은 창 모양
톱니가 약간 있음

열매는 선상
피침형 장각과

털이 밀생하고
꽃대에 바짝 붙어 달림

열매에 털이
전혀 없는 것도 있음

0240 **나도냉이** *Barbarea orthoceras* / **유럽나도냉이** *B. vulgaris*

- 어긋나기, 홑잎, 양성화, 총상꽃차례
- 산과 들 냇가 또는 습지에서 자라며 5~6월에 꽃 피는 두해살이풀
- 노란장대와 달리 잎이 깃꼴로 갈라지고 열매가 꽃대에 짧게 붙음
- * 유럽나도냉이는 열매가 꽃대에서 떨어져 달림

높이는 50~100cm
곧게 서고 가지가 갈라짐

줄기에 능선이 있고
털은 거의 없음

꽃받침조각은 4개   암술은 1개

수술은 6개,
그중 4개가 긺   꽃잎은 4개

줄기잎은 깃꼴로 갈라짐
표면에 광택이 있음

뿌리잎은
도란형이고
깃꼴로 갈라짐

꽃대에
빠짝 붙음

열매는 선상
피침형 장각과

유럽나도냉이

열매기 꽃대에서 떨어져 달림

0241 **개갓냉이** *Rorippa indica* / **구슬갓냉이** *R. globosa*

- 어긋나기, 홑잎, 양성화, 총상꽃차례
- 밭이나 들에서 자라며 5~6월에 꽃 피는 여러해살이풀
- 속속이풀과 달리 줄기잎이 거의 갈라지지 않고 열매가 좀 더 길쭉함

* *구슬갓냉이는 열매가 구슬 모양*

높이는 20~50cm
곧게 서고
가지가 많이 갈라짐

전체에 털이 거의 없음

꽃받침조각은 4개

암술은 1개

꽃잎은 4개

수술은 6개

줄기잎은 피침형 또는 긴 난형
거의 갈라지지 않음

톱니가 있음

열매는 긴 바늘 모양 장각과

구슬갓냉이

열매가 구슬 모양

0242 속속이풀 *Rorippa palustris*

- 어긋나기, 홑잎, 양성화, 총상꽃차례
- 습기 있는 들에서 자라며 5~6월에 꽃 피는 한두해살이풀
- 개갓냉이와 달리 줄기잎이 대개 깃꼴로 갈라지고 열매가 좀 더 짧음

높이는 30~60cm
곧게 서고 가지가 많이 갈라짐

전체에 털이
거의 없음

꽃잎은 4개

수술은 6개
암술은 1개

꽃받침조각은 4개

줄기잎은 피침형, 깃꼴로 갈라짐

갈래조각 가장자리에
톱니가 있음

열매는 장각과

개갓냉이보다 짧고 통통한 편

0243 가새잎개갓냉이 *Rorippa sylvestris* / 가는잎털냉이 *Sisymbrium altissimum*

- 어긋나기, 홑잎, 양성화, 총상꽃차례
- 강원도 오대산 저지대에서 자라며 5~8월에 꽃 피는 여러해살이풀. 유럽 원산 외래식물
- 속속이풀보다 꽃이 크고 잎이 여러 갈래로 갈라짐

✳ 가는잎털냉이는 지중해 원산 외래식물로 잎이 실처럼 갈라지고 열매가 길쭉함

높이는 10~60cm, 곧게 서고 가지가 갈라짐

줄기에 털은 거의 없음

암술은 1개

수술은 6개 그중 4개가 긺

꽃받침조각은 4개

꽃잎은 4개

잎은 깃꼴로 갈라짐. 갈래조각은 다시 갈라지거나 톱니처럼 됨

열매는 원통형 장각과

가새잎털냉이

열매가 비스듬히 위를 향하는 점도 특징

잎이 완전히 갈라짐

0244 물냉이 *Nasturtium officinale*

- 어긋나기, 깃꼴겹잎, 양성화, 총상꽃차례
- 얕은 하천에서 무리 지어 자라며 5~6월에 꽃 피는 여러해살이풀. 유럽 원산 외래식물
- 여러해살이풀이고 3~9개 작은잎으로 된 깃꼴겹잎

* 샐러드용으로 들여온 것이 야생으로 퍼져나간 것으로 추정

줄기 속은 비어 있음

높이는 30~90cm
곧게 서거나 옆으로 기듯이 자람

수술은 6개
그중 4개가 긺

꽃잎은 4개

암술은 1개

꽃받침조각은 4개

물속으로 뿌리가 길게 자람

작은잎은 3~9개, 난형 또는 원형
밋밋하거나 물결 모양

잎은 깃꼴겹잎

열매는 원기둥 모양 각과

0245 냉이 *Capsella bursa-pastoris*

- 어긋나기, 홑잎, 양성화, 총상꽃차례
- 밭이나 들에서 자라며 4~5월에 꽃 피는 두해살이풀
- 뿌리잎이 깃꼴로 깊게 갈라지고 방석처럼 퍼져 자라며 열매가 하트 모양

높이는 10~50cm, 곧게 서고 가지가 갈라짐

전체에 털이 있음

수술은 6개 그중 4개가 긺

암술은 1개

꽃받침은 4개 털이 있음

꽃잎은 4개

줄기잎은 피침형, 잎자루는 위로 갈수록 짧아지다가 없어짐

뿌리잎은 방석처럼 펼쳐지고 깃꼴로 갈라짐

가운데가 오목함

열매는 납작한 역삼각형 각과

0246 꽃다지 *Draba nemorosa*

- 어긋나기, 홑잎, 양성화, 총상꽃차례
- 밭과 들 양지바른 곳에서 자라며 4~5월에 꽃 피는 두해살이풀
- 냉이와 달리 꽃이 노란색이고 잎이 갈라지지 않으며 열매가 긴 타원형

높이는 10~40cm, 곧게 서고 흔히 가지가 갈라짐

전체에 흰 털과 별 모양 털이 많음

수술은 6개
암술은 1개

꽃잎은 4개
노란색

이른 봄엔 꽃차례가 짧지만 자라면서 점점 길어짐

뿌리잎은 주걱 모양

꽃받침조각은 4개, 털이 있음

줄기잎은 좁은 난형 또는 긴 타원형, 톱니가 듬성듬성 있음

잎 뒷면 별 모양 털

열매는 긴 타원형 각과 표면에 털이 있음

0247 **장대나물** *Turritis glabra* / **털장대** *Arabis hirsuta*

- 어긋나기, 홑잎, 양성화, 총상꽃차례
- 산과 들 풀밭에서 자라며 4~5월에 꽃 피는 두해살이풀
- 줄기에 털이 거의 없고 꽃이 황백색

✱ 털장대는 전체에 털이 많으며 잎 톱니가 얕음

암술은 1개

수술은 6개
그중 4개가 긺

꽃잎은 4개

꽃받침조각은 4개

높이는
40~70cm
곧게 서고
가지가 드물게
갈라짐

전체에 분백색이
돌고 털이 없음

줄기잎은 피침형
또는 긴 타원형

잎밑이
줄기를 감쌈

뿌리잎은 피침형이고
깃꼴로 갈라짐

열매는
선형 장각과

줄기 위쪽에는 털이 거의 없고
잎 가장자리 톱니가 깊은 것도 있음

털장대

전체에 털이 많고
잎 가장자리
톱니가 얕음

0248 **산장대** *Arabidopsis halleri* subsp. *gemmifera*

- 어긋나기, 홑잎, 양성화, 총상꽃차례
- 높은 산 숲 속이나 능선에서 자라며 5~6월에 꽃 피는 여러해살이풀
- 줄기가 눕듯이 자라고 열매가 미약한 염주 모양

높이는 10~30cm
대개 아래쪽이 눕듯이 자람

줄기 아래쪽에 퍼진 털이 있음

수술은 6개 그중 4개가 김

암술은 1개

꽃받침조각은 4개

꽃잎은 4개

뿌리잎은 난형 또는 타원형 깃꼴로 갈라짐

줄기잎은 타원형, 깃꼴로 얕게 갈라지거나 치아 모양 톱니가 있음

잎 뒷면 털

열매는 선형 장각과 미약한 염주 모양

0249 느러진장대 *Catolobus pendulus*

- 어긋나기, 홑잎, 양성화, 총상꽃차례
- 충북 이북 산기슭이나 숲 속에서 자라며 7~8월에 꽃 피는 두해살이풀
- 열매가 가늘고 길며 아래로 늘어져 달림

높이는 50~120cm, 곧게 서고 가지가 갈라짐

줄기가 점점 휘면서 열매가 아래로 늘어져 달림

줄기에 퍼진 털과 별 모양 털이 있음

수술은 6개, 그중 4개가 긺

암술은 1개

꽃받침조각은 4개 털이 있음

꽃잎은 4개 꽃받침보다 약간 긺

꽃대에도 털이 있음

열매는 점점 늘어져 달림

잎은 긴 타원형 또는 피침형, 톱니가 있음

열매는 선형 장각과 아래로 늘어져 달림

잎밑이 줄기를 약간 감쌈

0250 가는장대 *Dontostemon dentatus*

- 어긋나기, 홑잎, 양성화, 총상꽃차례
- 양지바른 풀밭에서 드물게 자라며 5~7월에 꽃 피는 두해살이풀
- 잎이 피침형이고 꽃받침에 털이 없음

높이는 20~60cm
곧게 서고 가지가 갈라짐

줄기에 굽은
잔털이 있음

꽃잎은 4개, 끝이 약간 파임

수술은 6개
그중 4개가 긺

꽃받침조각은 4개

암술은 1개

줄기잎은 선상 피침형
물결 모양 톱니가 몇 개 있고 털이 있음

무리 지어 자라는 모습

열매는 선형 장각과

0251 **바위장대** *Arabis serrata*

- 어긋나기, 홑잎, 양성화, 총상꽃차례
- 한라산 고지대 건조한 바위틈이나 풀밭에서 자라며 5~7월에 꽃 피는 여러해살이풀
- 갯장대와 달리 전체에 별 모양 털이 밀생하고 잎 톱니가 날카로움

전체에 별 모양 털과 2갈래로 갈라진 털이 있음

높이는 10~20cm
밑에서 여러 대가 나와 곧게 서거나 비스듬히 섬

꽃잎은 4개

꽃받침조각은 4개

수술은 6개, 그중 4개가 깊

암술은 1개

줄기잎은 도피침형 또는 피침형
불규칙하고 날카로운 톱니가 있음

별 모양 털이 밀생

뿌리잎은 주걱 모양, 불규칙한 톱니가 있음
꽃이 진 다음에도 남음

열매는 선형 장각과
줄기에 비스듬히 섬

0252 **갯장대** *Arabis stelleri* / **섬장대** *A. takesimana*

- 어긋나기, 홑잎, 양성화, 총상꽃차례
- 바닷가 모래땅이나 바위틈에서 자라며 4~5월에 꽃 피는 두해살이풀
- 줄기에 털이 많으며 열매가 짧고 줄기에 거의 평행하게 붙음

* 섬장대는 울릉도 산기슭에서 자라고 줄기에 털이 거의 없으며 열매가 짧고 벌어져 달림

높이는 20~40cm
비스듬히 서거나 곧게 서고 가지가 갈라짐

줄기에 2~4갈래로 갈라진 털이 밀생

수술은 6개 그중 4개가 긺

꽃받침조각은 4개   암술은 1개   꽃잎은 4개

뿌리잎은 도피침형 또는 긴 타원형, 별 모양 털이 밀생 →

열매는 선형 장각과 줄기와 거의 평행하게 붙음

섬장대

줄기에 털이 거의 없고 열매가 줄기에서 멀리 벌어져 달림

0253 애기장대 *Arabidopsis thaliana*

- 어긋나기, 홑잎, 양성화, 총상꽃차례
- 인가 들에서 자라며 4~5월에 꽃 피는 두해살이풀
- 줄기잎이 선형이고 뿌리잎은 방석처럼 퍼짐

높이는 15~35cm
곧게 서고 가지가 갈라지며
연약한 편

줄기 아래쪽에
긴 털이 있고
위로 갈수록
없어짐

꽃잎은 4개

암술은 1개

꽃받침조각은 4개
겉면에 털이 있음

수술은 6개,
그중 4개가 김

뿌리잎은 도피침형, 잔톱니가 있음
양면이 2갈래로 갈라진 털이 있음

줄기잎은 도피침형 또는 선형
양면에 2갈래로 갈라진 털이 있음

열매는 선형 장각과

0254 **고추냉이** *Eutrema japonicum*

- 어긋나기, 홑잎, 양성화, 총상꽃차례
- 울릉도 계곡이나 개천에서 자라며 4~6월에 꽃 피는 여러해살이풀
- 잎이 오각상 심장형

* 울릉도에서 자라는 고추냉이는 일본에서 들여와 기르던 것이 퍼져나간 것으로 추정함

높이는 20~40cm
여러 대가 나와 곧게 섬

줄기에 털이
거의 없음

꽃잎은 4개

꽃받침조각은
4개

수술은 6개
그중 4개가 깊

암술은 1개

굵은 원기둥 모양 뿌리줄기가 있음

잎은 5각상 심장형
불규칙한 잔톱니가 있음

열매는 선형 장각과

0255 장대냉이 *Berteroella maximowiczii*

- 어긋나기, 홑잎, 양성화, 총상꽃차례
- 중부 이북 산기슭이나 숲 속에서 자라며 6~7월에 꽃 피는 한두해살이풀
- 전체에 별 모양 털이 많고 열매 끝이 부리처럼 긺

높이는 20~80cm
곧게 서고 위쪽에서 가지가 갈라짐

전체에
별 모양
털이 밀생

꽃받침조각은 4개

수술은 6개
그중 4개가 긺

암술은 1개

꽃잎은 4개

줄기잎은 긴 타원형
양 끝이 좁고
가장자리는 밋밋함

잎 표면 별 모양 털

열매는 기둥
모양 장각과
털이 밀생하고
끝이 뾰족함

0256 서양갯냉이 *Cakile edentula*

- 어긋나기, 홑잎, 양성화, 총상꽃차례
- 바닷가 모래땅에서 자라며 6~8월에 꽃 피는 한두해살이풀. 유럽과 북미 원산 외래식물
- 뿔냉이와 달리 꽃 색이 옅고 샘털이 없으며 열매가 붓 모양

높이는 10~50cm
곧게 서거나 비스듬히 누워 자람. 퉁퉁한 다육질

줄기는 털이 없고 퉁퉁한 다육질

꽃잎은 4개

수술은 6개

암술은 1개   꽃받침조각은 4개

강원도 해안가에서 자라는 모습

잎은 넓은 난형 또는 주걱 모양
질이 두꺼운 편. 굵은 톱니가 있음

열매는 끝이 붓처럼 생긴 각과

2개로 나뉘어 위쪽이 아래쪽보다 큼

0257 **쑥부지깽이** *Erysimum cheiranthoides*

- 어긋나기, 홑잎, 양성화, 총상꽃차례
- 강원 이북 산과 들에서 자라며 6~8월에 꽃 피는 두해살이풀
- 꽃이 작고 잎에 2~4갈래로 갈라지는 털이 있음

높이는 30~80cm, 곧게 서고 간혹 가지가 갈라짐

줄기에 털이 밀생

수술은 6개, 그중 4개가 긺

꽃잎은 4개

암술은 1개

꽃받침조각은 4개

잎은 피침형 또는 선상 피침형 밋밋하거나 잔톱니가 있음

양면에 2~4갈래로 갈라지는 털이 있음

열매는 기다란 원통형 장각과 위를 향해 달림

0258 재쑥 *Descurainia sophia*

- 어긋나기, 홑잎, 양성화, 총상꽃차례
- 저지대 들이나 빈터에서 자라며 5~6월에 꽃 피는 두해살이풀
- 전체에 흰색 털이 덮이고, 잎이 2회 이상 깃꼴로 가늘게 갈라짐

* 국화과인 쑥 종류는 아니지만 식물체에서 쑥 냄새가 남

높이는 30~70cm
곧게 서고 위쪽에서 가지가 갈라짐

전체에 흰색 털이 있음

암술은 1개
꽃잎은 4개
꽃받침조각은 4개 겉면에 털이 있음
수술은 6개 그중 4개가 깊

잎은 2~3회 깃꼴로 갈라짐

양면에 흰색 털이 있음

열매는 긴 바늘 모양 장각과

0259 **냄새냉이** *Coronopus didymus*

- 어긋나기, 홑잎, 양성화, 총상꽃차례
- 제주도와 통영시 빈터에서 자라며 4~10월에 꽃 피는 한해살이풀. 유럽 원산 외래식물
- 대개 땅바닥에 붙어서 자라고 냄새가 나며 열매가 1쌍 공 모양

높이는 10~20cm, 밑부분에서 가지가 많이 갈라져 땅 위를 기거나 비스듬히 섬

줄기에 흰색 연한 털이 있음

수술은 2개

꽃받침조각은 4개

암술은 1개

꽃잎은 4개, 피침형 극히 작거나 없음

대개 바닥에 퍼져 자람

줄기잎은 난형, 깃꼴로 갈라짐

뿌리잎은 긴 타원형, 깃꼴로 갈라짐

열매는 공 1쌍을 붙여놓은 모양 각과 그물 모양 주름이 있음

0260 **돌나물** *Sedum sarmentosum*

- 돌려나기(드물게 마주나기), 홑잎, 양성화, 취산꽃차례
- 양지바른 곳 축축한 바위틈이나 밭둑에서 자라며 5~6월에 꽃 피는 여러해살이풀
- 잎이 대개 3개씩 돌려남
- * 생명력이 강해 척박한 곳에 줄기를 잘라놓아도 뿌리를 내림

높이는 10~15cm
밑에서 가지가
많이 갈라져
눕듯이 자람

다육질이고
마디에서
수염뿌리를 내림

꽃잎은 5개

수술은 10개

심피는 5개

꽃받침조각은 5개

어린잎은 짧게 발달함

3개씩 돌려남(드물게 마주남)

잎은 긴 타원형 또는 도피침형

열매는 별 모양 골돌과

0261 **말똥비름** *Sedum bulbiferum* / **주걱비름** *S. tosaense*

- 어긋나기 또는 마주나기, 홑잎, 양성화, 취산꽃차례
- 남부지방 습기 있는 산과 들에서 자라며 6~7월에 꽃 피는 두해살이풀
- 돌채송화와 달리 두해살이풀이고 살눈이 달림

* 주걱비름은 여러해살이풀이고 기는줄기가 발달하며 살눈이 없고 잎이 주걱 모양

잎겨드랑이와
꽃차례에 잎이
달린 살눈이
2쌍 생김

줄기에
털이 없음

높이는 10~20cm
곧게 서다가 옆으로 벌으면서 자람

수술은 10개   심피는 5개

꽃받침조각은 5개

꽃잎은 5개
꽃받침보다 길

잎은 주걱 모양
끝이 둥글거나 약간 뾰족함

열매는 별 모양 골돌과

주걱비름

제주도와 가거도에 분포함

0262 **땅채송화** *Sedum oryzifolium* / **돌채송화** *S. japonicum*

- 어긋나기, 홑잎, 양성화, 취산꽃차례
- 바닷가 바위틈이나 모래땅에서 자라며 5~6월에 꽃 피는 여러해살이풀
- 돌채송화와 달리 꽃이 곁가지 끝에 달리고 잎끝이 둥근 편
* 돌채송화는 말똥비름과 비슷하나 살눈이 달리지 않고 잎이 더 넓고 긺

군생하듯 자라고 줄기가 목질화함

높이는 5~15cm
다육질이고 기는 줄기에서 곧게 서는 줄기가 나옴

수술은 10개

심피는 5개

꽃잎은 5개

꽃받침조각은 5개

잎은 원통형, 잎자루가 없고 끝이 뭉툭함

열매는 별 모양 골돌과

돌채송화

말똥비름과 비슷하나
살눈이 없으며 잎이 좀 더 넓고 긺

0263 **바위채송화** *Sedum polytrichoides*

- 어긋나기, 홑잎, 양성화, 취산꽃차례
- 산지 습기 있는 바위틈에서 자라며 6~8월에 꽃 피는 여러해살이풀
- 잎이 선형 또는 선상 도피침형

높이는 7~10cm, 옆으로 벋으면서 가지가 많이 갈라짐

줄기는 녹색 또는 짙은 자줏빛을 띰

꽃잎은 4~6개

꽃받침조각은 5개

심피는 5개

수술은 10개

잎은 선형 또는 선상 도피침형, 약간 다육질

잎이 긴 것도 있음

열매는 별 모양 골돌과

0264 기린초 *Phedimus aizoon* var. *floribundus* / 가는기린초 *P. aizoon*

- 어긋나기, 홑잎, 양성화, 취산꽃차례
- 산과 바닷가 양지바른 바위틈에서 자라며 6~9월에 꽃 피는 여러해살이풀
- 줄기는 여러 대가 모여 나고 줄기 아래쪽이 휘어짐

* 가는기린초는 줄기가 곧게 서고 가지가 거의 갈라지지 않으며 잎 폭이 좁음

높이는 10~30cm, 여러 대가 모여 남
아래쪽에서 비스듬히 휘어짐

줄기는 흔히
자줏빛을 띰

심피는 5개
꽃받침조각은 5개
수술은 10개
꽃잎은 4~7개

잎은 도란형 또는 타원형
끝이 둔하고 톱니가 있음

열매는 별 모양 골돌과

가는기린초
줄기가 곧게 서고
잎이 가늘지만 후에
넓어지기도 함

0265 섬기린초 *Phedimus takesimensis*

- 어긋나기, 홑잎, 양성화, 취산꽃차례
- 울릉도 바닷가 바위틈에서 자라며 5~11월에 꽃 피는 여러해살이풀
- 기린초보다 잎이 두껍고 도피침형 또는 주걱형이며 꽃밥이 큰 편

＊ 잎 변이가 다양함

높이는 20~50cm, 여러 대가 모여 나고 아래쪽은 목질화함

줄기는 대개 녹색을 띰

꽃받침조각은 5개
꽃잎은 5개
수술은 10개, 꽃밥이 큼
심피는 5개

잎이 두꺼운 편

잎은 피침형 또는 주걱 모양
둔한 톱니가 몇 쌍 있음

피침형 잎

변이가 매우 다양함

열매는 별 모양 골돌과

0266 속리기린초 *Phedimus zokuriensis* / 태백기린초 *P. latiovalifolius*

- 어긋나기, 홑잎, 양성화, 취산꽃차례
- 충북 속리산 바위지대에서 무리 지어 자라며 7~8월에 꽃 피는 여러해살이풀
- 기린초와 달리 잎이 주걱 모양이고 줄기가 연약하며 무리 지어 자람
- * 태백기린초는 잎이 넓은 난형이고 줄기 끝 잎이 방석처럼 돌려 달림

높이는 10~18cm, 여러 대가 모여 나고 연약함

줄기는 털이 없음

심피는 4~6개

꽃받침조각은 5개 수술은 10개 꽃잎은 5개

잎은 도란형 또는 긴 타원상 도란형 또는 주걱 모양

끝이 둔하고 상반부에 톱니가 있음

열매는 별 모양 골돌과

태백기린초

잎이 넓은 난형이고 줄기 끝 잎이 돌려 달림

0267 **꿩의비름** *Hylotelephium erythrostictum*

- 십자 마주나기, 홑잎, 양성화, 산방상 취산꽃차례
- 주로 고지대 산기슭과 들에서 자라며 8~10월에 꽃 피는 여러해살이풀
- 큰꿩의비름과 달리 꽃 색이 연하고 수술과 꽃잎 길이가 비슷함

높이는 40~70cm
곧게 서고 가지가 갈라지기도 함

줄기는
다육질이고
전체에 털이 없음

수술은
10개

심피는 4~5개

꽃잎은 4~5개, 연한 색

꽃받침조각은 5개

줄기가
처음에는
대개 녹색

잎은 타원형 또는
긴 타원상 난형
치아 모양 톱니가
있거나 밋밋함

0268 **큰꿩의비름** *Hylotelephium spectabile*

- 마주나기 또는 돌려나기, 홑잎, 양성화, 산방상 취산꽃차례
- 들이나 산기슭에서 자라며 8~9월에 꽃 피는 여러해살이풀
- 꿩의비름과 달리 꽃 색이 진하고 수술이 꽃잎보다 긺

줄기는 다육질 전체에 털이 없음

높이는 30~70cm
여러 대가 모여 남

꽃잎은 5개
홍자색

심피는 5개

수술은 10개
꽃잎보다 길게 나옴

꽃받침조각은 5개

여러 대가 돌려나기도 함

잎은 난형 또는 도란형 또는 주걱 모양

어린 싹

줄기에서도 새싹이 나옴

열매는 별 모양 골돌과

0269 둥근잎꿩의비름 *Hylotelephium ussuriense*

- 2개씩 십자 마주나기, 홑잎, 양성화, 산방상 취산꽃차례
- 경북 주왕산과 내연산 등지 계곡 바위틈에서 자라며 7~10월에 꽃 피는 여러해살이풀
- 큰꿩의비름과 달리 잎이 난상 원형이고 십자 모양으로 2개씩 마주남

높이는 15~30cm 몇 대가 모여 남

줄기가 늘어져 달리고, 다육질 털이 없음

꽃잎은 4~6개

수술은 10개

심피는 5개

꽃받침조각은 5개

잎은 난상 원형 또는 난상 타원형

밑부분이 줄기를 감쌈

물결 모양 톱니가 있음

2개씩 마주남

어린 싹

열매는 끝이 곧게 서는 골돌과

0270 **새끼꿩의비름** *Hylotelephium viviparum* / **세잎꿩의비름** *H. verticillatum*

- 3~4개씩 돌려나기, 홑잎, 양성화, 겹산방꽃차례
- 산지에서 자라며 8~9월에 꽃 피는 여러해살이풀
- 잎겨드랑이와 꽃차례에 달리는 살눈으로 번식함

＊ *세잎꿩의비름은 새끼꿩의비름과 비슷하나 살눈이 달리지 않음*

높이는 20~60cm
곧게 섬

줄기는 분백색이 돌고
다육질, 털이 없음

잎겨드랑이에
흑갈색 살눈이 달림

꽃잎은
5개

심피는 5개

수술은 10개

꽃받침조각은 5개

잎은 넓은 피침형 또는 난형
3~4개씩 돌려서 달림. 밋밋하거나 톱니가 있음

꽃차례에도 갈색 살눈이 달림

세잎꿩의비름

새끼꿩의비름과 비슷하나
살눈이 달리지 않음

0271 난쟁이바위솔 *Meterostachys sikokianus*

- 돌려나기 또는 어긋나기, 홑잎, 양성화, 취산꽃차례
- 중부 이남 산지 바위 표면에서 자라며 8~9월에 꽃 피는 여러해살이풀
- 잎이 선형이고 작으며 꽃이 취산꽃차례를 이룸

높이는 5~10cm, 여러 대가 나와 자람

줄기는 대개 짙은 자줏빛을 띰

수술은 10개

심피는 5개

꽃받침조각은 5개

꽃잎은 5개

끝에 바늘 모양 돌기가 있음

뿌리잎은 선형 또는 도피침형, 통통한 다육질

꽃봉오리 상태

열매는 난형 골돌과

0272 **바위솔** *Orostachys japonica* / **좀바위솔** *O. minuta*

- 어긋나기, 홑잎, 양성화, 총상꽃차례
- 바위나 모래땅 또는 오래된 지붕 위에서 자라며 9~10월에 꽃 피는 여러해살이풀
- 둥근바위솔과 달리 잎끝이 가시처럼 됨

* *좀바위솔은 바위솔보다 대체로 작고 꽃차례 길이가 짧음*

높이는 10~40cm, 곧게 서고 가지를 치기도 함

잎은 다육질
피침형
꽃 필 무렵이면
대개 시듦

수술은 10개
심피는 5개
꽃잎은 5개
꽃받침조각은 5개

어린 개체

열매는 골돌과

좀바위솔

대체로 작고
꽃차례 길이가 짧음

0273 둥근바위솔 *Orostachys malacophylla* / 가지바위솔 *O. ramosa*

- 어긋나기, 홑잎, 양성화, 총상꽃차례
- 동해안 산지나 모래땅에서 자라며 9~11월에 꽃 피는 여러해살이풀
- 정선바위솔과 달리 잎끝이 둥근 편이고 잎에 무늬가 없음
- * 줄기가 목질화하고 가지가 많이 갈라지는 가지바위솔도 둥근바위솔과 같은 것으로 보임

높이는 20~30cm
대개 녹색 또는 분백색을 띰

아래쪽에서 가지가
갈라지기도 함

심피는 5개

수술은 10개

꽃받침조각은 5개

꽃잎은 5개

잎은 타원형 또는 도란상 피침형
다육질이고 끝이 둥글거나 뾰족

어린 개체

가지바위솔

가지가 여러 갈래로 갈라지는 것을
가지바위솔로 구분하나 둥근바위솔과
같은 것으로 보임

0274 정선바위솔 *Orostachys chongsunensis* / 포천바위솔 *O. latielliptica*

- 어긋나기, 홑잎, 양성화, 총상꽃차례
- 경북과 강원도 바위지대에서 자라며 10~11월에 꽃 피는 여러해살이풀
- 둥근바위솔과 달리 잎끝이 뾰족하고 잎에 무늬가 있음

* 포천바위솔은 잎이 좀 더 가늘고 긴 점이 다르나 둥근바위솔과 같은 것으로 보기도 함

높이는 10~20cm
가지를 거의 치지 않음

그늘에서 자라는 것은
청회색을 띠는 경우가 많음

심피는
5개

수술은
10개

꽃받침조각은 5개

꽃잎은 5개

잎 표면에 연한 반점이 있음

양지에서 자라는 것은 대개 분홍색을 띰

어린 개체

둥근바위솔보다
잎이 좀 더
가늘고 깊

포천바위솔

| 돌나물과 |

0275 **연화바위솔** *Orostachys iwarenge* / **울릉연화바위솔** *O. iwarenge* f. *magna*

- 어긋나기, 홑잎, 양성화, 총상꽃차례
- 제주도 서귀포 바닷가 바위틈에서 드물게 자라며 10~11월에 꽃 피는 여러해살이풀
- 둥근바위솔과 달리 식물체가 흰빛을 띠는 녹색이나 정선바위솔과 흡사함
- ※ 울릉도에서 자라는 울릉연화바위솔은 연화바위솔과 유전적 동질성은 낮은 것으로 알려짐

높이는 5~20cm

분백색을 띰

심피는 5개

수술은 10개

꽃받침조각은 5개

꽃잎은 5개

잎은 긴 타원상 주걱 모양
다육질이고 끝이 둥근 편

어린 개체

울릉연화바위솔

연화바위솔과
구분하기 어려우나
생식적으로 완전히
격리된 종으로
알려짐

0276 낙지다리 *Penthorum chinense*

- 어긋나기, 홑잎, 양성화, 총상꽃차례
- 제주도 제외 지역 물가나 습지에서 드물게 자라며 6~8월에 꽃 피는 여러해살이풀
- 꽃이 사방으로 갈라진 총상꽃차례에 달리고 열매가 별 모양 삭과

높이는 40~80cm 곧게 서고 가지가 갈라지기도 함

총상꽃차례

줄기에 희미한 능선이 있고 샘털이 있음

심피는 5개

꽃잎은 없음

수술은 10개

꽃받침조각은 5개

잎은 좁은 피침형, 잔톱니가 있음

덜 익은 열매

열매는 납작한 별 모양 삭과

0277 도깨비부채 *Rodgersia podophylla*

- 뿌리에서 나기, 손꼴겹잎, 양성화, 취산상 원추꽃차례
- 경북 이북 높은 산 그늘진 곳에서 자라며 5~7월에 꽃 피는 여러해살이풀
- 개병풍과 달리 꽃차례가 곧게 서고 잎이 손꼴겹잎

높이는 60~130cm, 곧게 섬

꽃차례는 곧게 섬

꽃이 취산상 원추꽃차례에 달림

수술은 8~15개

꽃잎은 없음

암술대는 2개

꽃받침조각은 4~8개

작은잎은 도란형 톱니가 있음

작은잎 4~6개로 된 손꼴겹잎

뒷면 맥 위와 잎자루 위쪽에 털이 있음

열매는 넓은 선형 삭과

0278 **개병풍** *Astilboides tabularis*

- 뿌리에서 나기, 홑잎, 양성화, 원추꽃차례
- 강원 이북 깊은 계곡이나 습기 있는 숲에서 자라며 6~7월에 꽃 피는 여러해살이풀
- 꽃차례가 휘어져 달리고 잎이 방패 모양이며 줄기와 잎자루에 거센 털이 많음

높이는 100~150cm

줄기에 가시 같은 거센 털이 많음

원추꽃차례가 아래로 휘어져 달림

꽃받침조각은 4~5개   암술대는 2개   꽃잎은 5개

수술은 3~10개(대개 5개)

잎은 둥근 방패 모양 가장자리가 7갈래 정도로 길라짐

열매는 난형 골돌과

0279 노루오줌 *Astilbe chinensis* / 숙은노루오줌 *A. koreana*

- 어긋나기, 2~3회 3출엽, 양성화, 원추꽃차례
- 산지 습기 있는 곳에서 자라며 6~8월에 꽃 피는 여러해살이풀
- 꽃차례가 곧게 서고 꽃이 홍자색
- * 숙은노루오줌은 꽃이 황백색이고 꽃차례가 아래로 휘어져 달림

높이는 30~70cm, 곧게 섬

꽃차례가 곧게 섬

줄기에 갈색 털이 있음

꽃잎은 5개, 홍자색　꽃받침조각은 5개

수술은 10개 꽃잎보다 짧음

암술대는 2개

작은잎은 타원형 또는 도란형

뿌리잎은 2~3회 3출엽

열매는 난형 삭과

숙은노루오줌

꽃이 대개 황백색이고 꽃차례가 아래로 휘어져 달림

0280 **돌단풍** *Mukdenia rossii*

- 뿌리에서 나기, 홑잎, 양성화, 원추상 취산꽃차례
- 충북 이북 계곡이나 강변 바위틈에서 자라며 4~5월에 꽃 피는 여러해살이풀
- 잎이 손 모양으로 갈라지며 결각과 톱니가 있음

높이는 30~50cm
굵은 뿌리줄기가 있음

꽃줄기에
짧은 털이 밀생

꽃받침조각은 5~6개
꽃잎처럼 보임

암술은 2개

꽃잎은 5개
피침형

수술은 5~6개

잎은 손 모양, 5~7갈래로 갈라짐

봄에 돋는 어린잎은
붉은 자줏빛을 띠기도 함

열매는
난상 원형
삭과

0281 **바위떡풀** *Saxifraga fortunei* var. *koraiensis*

- 뿌리에서 나기, 홑잎, 양성화, 취산꽃차례
- 산지 습기 있는 바위틈에서 자라며 7~10월에 꽃 피는 여러해살이풀
- 참바위취와 달리 잎이 둥글고 가장자리가 얕게 갈라지며 꽃잎이 도피침형

높이는 5~35cm, 짧은 뿌리줄기가 있음

잎자루는 길고 거친 털이 있음

꽃잎은 5개 도피침형

암술대는 2개

수술은 10개

각각 길이가 다르고 아래쪽 꽃잎 2개가 긺

꽃받침조각은 5개

잎은 원형 또는 둥근 신장형

표면에 털이 있다가 점차 떨어짐

11~17갈래로 얕게 갈라짐

바위틈에서 자라는 모습

열매는 난형 삭과

끝에 암술대가 부리처럼 남음

0282 **참바위취** *Micranthes oblongifolia*

- 뿌리에서 나기, 홑잎, 양성화, 원추꽃차례
- 지리산 이북 높은 산 바위틈에서 자라며 7~8월에 꽃 피는 여러해살이풀
- 바위떡풀과 달리 잎이 타원형이고 불규칙한 톱니가 있으며 꽃잎이 난형

높이는 5~35cm
가지가 갈라지고 샘털이 있음

줄기는 녹색 또는
자줏빛을 띰

꽃받침조각은 5개

꽃잎은 5개
난형 또는
긴 타원형

수술은 10개

암술대는 2개

뿌리잎은 타원형 또는 둥근 타원형
불규칙한 톱니가 있음

줄기잎은 1~2개 달림

꽃줄기에 샘털이 있음

열매는 난형 삭과
끝에 암술대가 부리처럼 남음

0283 구실바위취 *Micranthes octopetala*

- 뿌리에서 나기, 홑잎, 양성화, 원추꽃차례
- 강원 이북 깊은 산 계곡에서 자라며 6~8월에 꽃 피는 여러해살이풀
- 바위떡풀과 달리 잎 표면에 털이 없고 꽃잎 길이가 서로 비슷함

꽃줄기에 털과 샘털이 있음

높이는 15~30cm
옆으로 벋는
짧은 뿌리줄기가 있음

꽃잎은 8개, 피침형

수술은 16개

암술대는 2~3개

꽃받침조각은 8개
선형, 뒤로 젖혀짐

표면에 털이 없음

잎은 심장상 신장형
규칙적인 톱니가 있음

잎자루와 잎 뒷면
맥 위에 털이 있음

열매는 난형 삭과

0284 가지괭이눈 *Chrysosplenium ramosum*

- 마주나기, 홑잎, 양성화, 취산꽃차례
- 경북 이북 높은 산 숲 속에서 자라며 5~7월에 꽃 피는 여러해살이풀
- 꽃받침조각이 수평으로 펼쳐지고 항상 녹색이며 꽃이 매우 작음

줄기에 긴 털이
조금 있음

높이는 5~15cm
밑에서 가지가
갈라져 옆으로 벋음

위쪽에서 가지가 갈라짐

꽃받침은 4개
끝이 둥글고
수평으로 펼쳐지며 녹색

포엽은 원형에
가깝고 무딘
톱니가 있으며
녹색

수술은 8개

심피는 2개

잎은 원형 또는 난상 원형
톱니가 있고 1~2쌍이 마주나게 달림

꽃이 진 다음에 무성지가 길게 자라남

열매는 뿔 모양 삭과
익으면 술잔 모양으로 벌어짐

0285 애기괭이눈 *Chrysosplenium flagelliferum*

- 어긋나기, 홑잎, 양성화, 엉성한 취산꽃차례
- 제주도 제외 지역 산지 계곡에서 자라며 4~5월에 꽃 피는 여러해살이풀
- 꽃받침조각 끝이 둥글고 수평으로 펼쳐지며 무성지 잎이 크고 둥근 편

높이는 3~15cm
여러 대가 나옴

줄기에 털이
없는 편이나
아래쪽에는
있기도 함

포엽은 녹색
결각으로 갈라짐

수술은 8개

꽃받침조각은 4개
끝이 둥글고 수평에
가깝게 젖혀짐

심피는 2개

털이 있는 줄기

꽃이 진 다음에 무성자가
길게 자라 뿌리를 내림

열매는 삭과
익으면 술잔
모양으로 벌어짐

0286 산괭이눈 *Chrysosplenium japonicum*

- 어긋나기, 홑잎, 양성화, 엉성한 취산꽃차례
- 산지 숲 속이나 산기슭에서 자라며 4~5월에 꽃 피는 여러해살이풀
- 포엽이 넓고 뿌리잎이 원형이며 꽃이 진 후 살눈이 달림

줄기는 털이 있음

높이는 5~20cm, 밑에서 여러 개로 갈라짐

수술은 8개

심피는 2개

포엽은 무딘 톱니가 있고 연한 녹색

꽃받침조각은 4개 끝이 둥글고 수평에 가깝게 펼쳐짐. 노란색

줄기잎도 뿌리잎과 비슷함

뿌리잎은 원형 얇고 둔한 톱니가 있음

꽃이 진 후 지면 가까이에 살눈이 달림

열매는 삭과, 익으면 술잔 모양으로 벌어짐

0287 **천마괭이눈** *Chrysosplenium valdepilosum* / **누른괭이눈** *C. flaviflorum*

- 마주나기 또는 어긋나기, 홑잎, 양성화, 엉성한 취산꽃차례
- 산지 계곡에서 자라며 4~5월에 꽃 피는 여러해살이풀
- 꽃 필 무렵에 포엽과 꽃받침이 진한 노란색으로 변하고 무성지 잎에 무늬가 없음

* 누른괭이눈은 꽃이 매우 작고 무성지 잎에 흰색 무늬가 있음

높이는 5~15cm

줄기잎은 1~2쌍이 달림

아래쪽일수록 털이 많음

포엽은 녹색이다가 꽃이 필 무렵에 진한 노란색이 됨

수술은 8개, 심피는 2개

꽃받침조각은 4개, 수직으로 곧게 서고 끝이 자른 듯한 직선

꽃줄기 밑부분에 달린 잎겨드랑이에서 무성지가 1~2쌍 발달하며 털이 있음

열매는 뿔 모양 삭과, 익으면 2갈래로 갈라짐

꽃이 매우 작고 꽃받침조각 끝이 둥글며 무성지 잎에 흰색 무늬가 있음

누른괭이눈

0288 흰털괭이눈 *Chrysosplenium barbatum*

- 마주나기, 홑잎, 양성화, 엉성한 취산꽃차례
- 중부 이남 산지 계곡에서 자라며 3~5월에 꽃 피는 여러해살이풀
- 천마괭이눈과 달리 줄기에 털이 많고 꽃 필 무렵에도 포엽이 녹색

높이는 5~10cm, 밑에서 많이 갈라짐

줄기는 부드러운 털이 많음

포엽은 약간 노란빛을 띠지만 대개 녹색

꽃받침조각은 4개 수직으로 곧게 서며 끝이 직선에 가깝고 진한 노란색

수술은 8개 심피는 2개

잎은 부채 모양 또는 원형

무성지와 무성지에 달리는 잎에 털이 많음

열매는 뿔 모양 삭과 익으면 2갈래로 갈라짐

0289 **선괭이눈** *Chrysosplenium pseudofauriei*

- 마주나기, 홑잎, 양성화, 엉성한 취산꽃차례
- 산지 숲 속에서 자라며 4~5월에 꽃 피는 여러해살이풀
- 흰털괭이눈과 달리 줄기에 털이 없고 무성지 잎이 방석 모양으로 퍼짐

 ✻ 꽃이 진 후 더욱 크게 자라며 국내 괭이눈속 중 가장 큼

높이는 5~20cm, 밑에서 많이 갈라짐

줄기에
털은 없음

포엽은 꽃 필 무렵에
거의 노란색

꽃받침조각은 4개
수직으로 곧게 서며 끝이
직선에 가깝고 노란색

수술은 8개
심피는 2개

새로 돋아난 무성지 잎

크게 자라난 무성지 잎은
주걱 모양 또는 도란형

열매는 뿔 모양 삭과
익으면 2갈래로 갈라짐

0290 **헐떡이풀** *Tiarella polyphylla*

- 뿌리에서 모여나기, 홑잎, 양성화, 총상꽃차례
- 울릉도 성인봉 습기 있는 곳에서 자라며 5~6월에 꽃 피는 여러해살이풀
- 꽃잎이 바늘 모양이고, 길이가 서로 다른 열매 2개가 상하로 붙어 달림

높이는 10~40cm, 옆으로 벋는 뿌리줄기가 있음

줄기는 곧게 서고 샘털이 있음

꽃받침조각은 5개

꽃잎은 5개 바늘 모양이고 꽃받침보다 긺

심피는 상하로 2개

수술은 10개

뿌리잎은 심장상 원형 얕게 5갈래로 갈라짐

양면에 털이 있음

군락으로 자라는 모습

열매는 타원형 삭과

크기가 다른 것이 상하로 2개가 달림

0291 **나도범의귀** *Mitella nuda*

- 뿌리에서 나기, 홑잎, 양성화, 총상꽃차례
- 강원 이북 숲 속에서 자라며 5~7월에 꽃 피는 여러해살이풀
- 꽃잎이 깃처럼 갈라지고 잎 결각이 불분명하며 열매가 접시 모양으로 벌어짐

높이는 15~25cm
땅속에 가늘고 긴
뿌리줄기가 있고 땅
위로 기는줄기를 냄

꽃줄기에 짧은
샘털이 있음

꽃받침조각은 5개

수술은 10개
2줄로 배열

꽃잎은 5개
깃처럼 갈라짐

심피는 2개

양면에 털이 있음

잎은 난상 원형 또는 심장형
뚜렷하지 않은 결각과 얕은 톱니가 있음

군락으로 자라는 모습

씨는 흑갈색, 광택이 있음

열매는 종 모양 삭과
익으면 접시처럼 완전히 벌어짐

0292 물매화 *Parnassia palustris*

- 뿌리에서 나기, 홑잎, 양성화, 줄기 끝에 1개씩 핌
- 습기 있는 계곡이나 풀밭에서 자라며 7~10월에 꽃 피는 여러해살이풀
- 헛수술이 12~22개로 잘게 갈라지고 각 갈래 끝에 노란색 꿀샘이 달림

높이는 20~40cm
곧게 서고 여러 대가 나옴

꽃줄기에
날개 같은
능선이 있음

줄기잎은
대개 1개
잎밑이
줄기를 감쌈

헛수술은 5개, 각각 12~22개씩 실처럼
갈라지고 끝에는 둥글고 노란 꿀샘이 있음

수술은
5개

꽃잎은 4~7개
여러 개 세로맥이 있음

꽃받침조각은 5개

수술 꽃밥이
붉은색인 것도 있음

뿌리잎은 둥근 심장형, 잎자루가 긺

열매는 넓은 난형 삭과

0293 나도승마 *Kirengeshoma koreana*

- 마주나기, 홑잎, 양성화, 총상꽃차례
- 전남 계곡에서 자라며 7~8월에 꽃 피는 여러해살이풀
- 일본산 나도승마속 식물에 비해 줄기가 녹색이고 6각이 지며 꽃이 1~5개가 달림

높이는 60~100cm
곧게 서고 옆으로 벋는 뿌리줄기가 있음

줄기는 6각이
지며 위로 갈수록
털이 많음

수술은 15개

꽃잎은 5개

암술대는 3~4개

꽃이 1~5개가 달림

꽃받침은 끝이
5갈래로 갈라짐
털이 있음

잎은 타원형 또는 원형, 손 모양으로
갈라지고 날카로운 톱니가 있음

열매는 난상 구형 삭과
긴 암술대가 남음

0294 뱀딸기 *Duchesnea indica*

- 어긋나기, 3출엽, 양성화, 꽃대 끝에 1개씩 핌
- 습기 있는 풀밭이나 숲 가장자리에서 자라며 4~7월에 꽃 피는 여러해살이풀
- 양지꽃과 달리 잎이 3출엽이고 꽃이 꽃대 끝에 1개씩만 달림

꽃대 끝에 꽃이 1개씩만 핌

높이는 10~15cm, 땅 위로 길게 벋음

턱잎은 난상 피침형

전체에 긴 털이 많음

꽃받침조각은 5개

곁꽃받침조각은 5개 끝이 3갈래로 갈라짐

꽃잎은 5개

수술과 암술은 많음

곁꽃받침조각과 꽃받침조각에 털이 있음

잎은 3출엽

작은잎은 난상 타원형 톱니가 있고 뒷면에 긴 털이 있음

열매는 붉은색 수과 먹을 수 있으나 텁텁함

0295 한라개승마 *Aruncus dioicus* var. *aethusifolius*

- 어긋나기, 깃꼴겹잎, 양성화, 총상꽃차례가 모여 원추꽃차례를 이룸
- 한라산 고지대 습기 있는 곳에서 자라며 6~7월에 꽃 피는 여러해살이풀
- 눈개승마보다 키가 작고 작은잎 톱니가 결각처럼 깊음

높이는 10~40cm
곧게 섬

원추꽃차례를 이룸

수술은 많고
암술대는
3~5개

꽃잎은 5개,
도피침형

꽃받침조각은 5개, 피침형

작은잎은 난형, 깃꼴로 깊게
갈라지고 톱니가 결각처럼 깊음

잎은 2회 깃꼴겹잎

군락으로 심은 모습

열매는 타원형 골돌과

0296 **눈개승마** *Aruncus dioicus*

- 어긋나기, 깃꼴겹잎, 암수딴포기, 원추꽃차례
- 제주도 제외 지역 숲 속에서 자라며 5~6월에 꽃 피는 여러해살이풀
- 한라개승마보다 키가 크고 작은잎이 갈라지지 않으며 꽃이 암수딴포기로 핌

높이는 30~100cm
곧게 섬

줄기는
매끈한 편

수꽃

꽃잎은 5개
꽃받침보다 깊

꽃받침조각은 5개

수술은 20개
꽃잎보다 깊

암꽃

꽃받침은 5개

꽃잎은 5개

암술은 3개

작은잎은 좁은 난형, 끝은 뾰족
날카로운 톱니가 있음

잎은 2~3회 깃꼴겹잎

열매는
타원형
골돌과

0297 **흰땃딸기** *Fragaria nipponica* subsp. *chejuensis*

- 뿌리에서 모여나기, 3출엽, 양성화, 꽃줄기 끝에 1~4개씩 핌
- 한라산 고지대 풀밭이나 바위틈에서 자라며 5~7월에 꽃 피는 여러해살이풀
- 꽃이 흰색이고, 꽃자루 털이 위를 향함

높이는 10~30cm
곧게 서거나 옆으로 기듯이 자람

부드러운
솜털이 많음

꽃받침조각은 5개

꽃잎은 5개, 원형에
가까운 난형 또는 도란형

수술과
암술은 많음

꽃자루 털이 위를 향함

작은잎은 도란형, 털이 많고
날카로운 톱니가 있음

어린 열매

열매는 수과, 붉은색으로 익음

0298 딱지꽃 *Potentilla chinensis*

- 어긋나기, 깃꼴겹잎, 양성화, 산방상 취산꽃차례
- 양지바른 곳에서 자라며 6~7월에 꽃 피는 여러해살이풀
- 잎 뒷면이 흰빛을 띠고 작은잎이 15~29개로 많음

높이는 30~70cm, 여러 대가 나오고 비스듬히 섬

줄기는 털이 많음

꽃받침조각은 4개 좁은 난형

겉꽃받침조각은 5개 피침형

잎은 15~29개 작은잎으로 된 깃꼴겹잎

꽃잎은 5개, 끝이 파임

수술과 암술은 많음

작은잎은 도피침형 또는 긴 타원형

잎 뒷면에는 흰색 솜털이 밀생

열매는 넓은 난형 수과

0299 **양지꽃** *Potentilla fragarioides var. major* / **세잎양지꽃** *P. freyniana*

- 뿌리에서 나기, 깃꼴겹잎, 양성화, 취산꽃차례
- 산과 들 양지바른 곳에서 자라며 4~6월에 꽃 피는 여러해살이풀
- 뱀딸기와 달리 뿌리잎이 깃꼴겹잎이고 꽃이 꽃차례를 이뤄서 달림

* *세잎양지꽃은 잎이 3출엽만 달림*

높이는 20~50cm, 비스듬히 섬

취산꽃차례를 이룸

줄기는 털이 많음

꽃받침조각은 5개 난상 피침형

꽃잎은 5개 끝이 파임

곁꽃받침조각은 5개, 넓은 피침형

수술과 암술은 많음

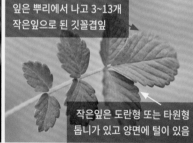

잎은 뿌리에서 나고 3~13개 작은잎으로 된 깃꼴겹잎

작은잎은 도란형 또는 타원형 톱니가 있고 양면에 털이 있음

열매는 난형 수과

세잎양지꽃

3출엽만 달림

0300 좀딸기 *Potentilla centigrana*

- 어긋나기, 3출엽, 양성화, 산방꽃차례
- 경북 이북 산지 습기 있는 곳에서 자라며 5~7월에 꽃 피는 여러해살이풀
- 줄기가 연약하고 기듯이 자라며 꽃 지름이 1cm 이내로 작음

꽃 지름이 1cm 이내로 작음

높이는 20~40cm, 비스듬히 서거나 옆으로 기면서 자람

전체에 털이 거의 없고 연약함

꽃받침조각은 5개 좁은 난형 또는 피침형 →

꽃잎은 5개 끝이 약간 파임

곁꽃받침조각은 5개, 도란형

수술과 암술은 많음

잎은 3출엽

작은잎은 난형, 톱니는 6~11쌍 있음

뒷면은 회록색이고 맥에 털이 있음

열매는 넓은 난형 수과 털 같은 돌기물이 덮여 있음

0301 **물양지꽃** *Potentilla cryptotaeniae*

- 어긋나기, 3출엽, 양성화, 취산꽃차례
- 제주도 제외 지역 계곡이나 습기 있는 곳에서 자라며 7~8월에 꽃 피는 여러해살이풀
- 줄기잎이 3출엽만 달리고 끝이 뾰족함

전체에 퍼진 털이 있음

높이는 30~100cm 비스듬히 서거나 누워 자라고 가지가 많이 갈라짐

꽃잎은 5개 끝이 약간 파임

수술과 암술은 많음

곁꽃받침조각은 5개 도피침형 또는 긴 타원형

꽃받침조각은 5개, 난상 피침형

잎은 3출엽

작은잎은 타원형 또는 피침형 둔한 톱니가 있음

열매는 난형 수과

0302 **돌양지꽃** *Potentilla dickinsii*

- 어긋나기, 3출엽 또는 깃꼴겹잎, 양성화, 취산꽃차례
- 산지 바위틈에서 자라며 6~8월에 꽃 피는 여러해살이풀
- 작은잎이 5~7개로 적으며 뒷면이 회록색이고 털이 있음

높이는 10~20cm
비스듬히 퍼져 자람

줄기는
가늘고 길며
잔털이 있음

꽃받침조각은 5개
난형

꽃잎은 5개
끝이 약간 오목

겉꽃받침조각은 5개, 도피침형

수술과
암술은 많음

잎은 3출엽 또는 깃꼴겹잎

작은잎은 난형, 날카로운 톱니가 있음

뒷면 맥 위에
털이 있고 회록색

열매는 수과

0303 솜양지꽃 *Potentilla discolor*

- 어긋나기, 3출엽 또는 깃꼴겹잎, 양성화, 취산꽃차례
- 산기슭이나 바닷가 양지바른 곳에서 자라며 4~8월에 꽃 피는 여러해살이풀
- 기는줄기가 없으며 작은잎이 긴 타원형이고 뒷면에 흰색 털이 밀생

높이는 15~40cm, 비스듬히 눕듯이 자람

전체에 솜 같은 털이 밀생

꽃잎은 5개 끝이 약간 파임

겉꽃받침조각은 5개 좁고 긴 타원형

잎은 작은잎 3~7개 깃꼴겹잎

꽃받침조각은 5개 난형

수술과 암술은 많음

작은잎은 난상 긴 타원형

뒷면에 흰 털이 밀생

줄기잎은 3출엽 작은잎은 난상 긴 타원형

열매는 난형 수과

0304 **제주양지꽃** *Potentilla stolonifera* var. *quelpaertensis* / **가거양지꽃** *P. gageodoensis*

- 어긋나기, 3출엽 또는 깃꼴겹잎, 양성화, 취산꽃차례
- 한라산 양지바른 풀밭에서 자라며 4~6월에 꽃 피는 여러해살이풀
- 양지꽃과 달리 기는줄기가 있으며 작은잎이 3~7개로 적게 달림

* *가거도에 분포하는 가거양지꽃은 작은잎이 5개 이하이고 가장자리에 흰색 털이 밀생*

높이는 5~15cm, 기는줄기가 사방으로 벋음

줄기는 대개 자줏빛이 돌고 털이 있음

꽃잎은 5개, 끝이 약간 파임

곁꽃받침조각은 5개

수술과 암술은 많음

꽃받침조각은 5개 피침형

작은잎은 도란형 또는 넓은 난형 톱니가 있음

잎은 작은잎 3~7개 깃꼴겹잎

가거양지꽃

가거양지꽃은 잎이 크고 두꺼움

가거양지꽃

작은잎이 5개로 적고 가장자리에 흰색 털이 밀생

0305 민눈양지꽃 *Potentilla yokusaiana* / 눈양지꽃 *Argentina egedii*

- 어긋나기, 3출엽, 양성화, 취산꽃차례
- 중부 이남 산지 숲 속에서 자라며 4~6월에 꽃 피는 여러해살이풀
- 나도양지꽃과 달리 작은잎이 마름모 모양이고 꽃잎 안쪽에 주황색 무늬가 있음
- ＊ 눈양지꽃은 꽃이 크며 꽃차례를 이루지 않고 1개씩만 달림

높이는 10~20cm, 기는줄기가 벋음

전체에 긴 털이 있음

꽃받침조각은 5개 넓은 피침형

곁꽃받침조각은 5개

잎은 3출엽

꽃잎은 5개 끝이 약간 파임 안쪽에 주황색 무늬가 있음

수술과 암술은 많음

작은잎은 사각상 난형, 깊고 날카로운 톱니가 있음. 흰색 누운 털이 있음

열매는 난형 수과

눈양지꽃

꽃이 크고 꽃이 줄기 끝에 1개씩만 달림

0306 **가락지나물** *Potentilla anemonifolia*

- 어긋나기, 3출엽 또는 손꼴겹잎, 양성화, 취산꽃차례
- 산기슭이나 저지대 습기 있는 곳에서 자라며 4~7월에 꽃 피는 여러해살이풀
- 꽃이 취산꽃차례에 달리고 잎이 3출엽 또는 손꼴겹잎

취산꽃차례를 이룸

높이는 10~30cm, 여러 대가 나서 땅 위를 김

줄기에 위를 향한 털이 있음

곁꽃받침조각은 5개 선형

꽃잎은 5개 끝이 약간 파임

꽃받침조각은 5개, 난형 또는 난상 피침형

수술과 암술은 많음

3출엽

턱잎은 깊게 갈라짐

잎은 3출엽 또는 손꼴겹잎 측소엽이 여러 길레로 갈라짐

열매는 난형 수과

0307 개소시랑개비 *Potentilla supina* subsp. *paradoxa* / 좀개소시랑개비 *P. amurensis*

- 어긋나기, 3출엽 또는 깃꼴겹잎, 양성화, 취산꽃차례
- 빈터 습한 곳에서 자라며 5~8월에 꽃 피는 한두해살이풀. 유럽 원산 외래식물
- 좀개소시랑개비와 달리 깃꼴겹잎이 많이 달리고 꽃잎이 3배 정도 큼

* 좀개소시랑개비는 식물체가 작고 3출엽이 많으며 꽃잎이 매우 작음

높이는 20~40cm, 아래쪽에서 가지를 침
곧게 서거나 비스듬히 섬

줄기에
털이 있음

꽃잎은 5개
끝이 약간 파임

꽃받침조각은
5개, 난형

겉꽃받침조각은
5개, 난상 긴 타원형

수술과 암술은 많음

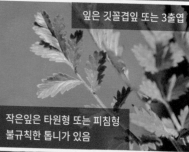

잎은 깃꼴겹잎 또는 3출엽

작은잎은 타원형 또는 피침형
불규칙한 톱니가 있음

열매는 난형 수과

좀개소시랑개비

3출엽이 많고
꽃잎이 매우 작음

0308 나도양지꽃 *Waldsteinia ternata*

- 뿌리에서 나기, 3출엽, 양성화, 뿌리에서 올라온 꽃줄기에 1~3개씩 핌
- 경북 이북 높은 산 숲 속에서 자라며 4~5월에 꽃 피는 여러해살이풀
- 민눈양지꽃과 달리 꽃잎 끝이 약간 오목하고 수술이 길며 작은잎이 도란형

높이는 10~15cm 옆으로 벋는 뿌리줄기가 있음

흔히 군락을 이뤄 자람

꽃잎은 5개 넓은 난형 끝이 오목하게 파이지는 않음

꽃받침조각은 5개 피침형

수술은 많고 긴 편

암술대는 5개

곁꽃받침조각은 5개, 선형

잎은 3출엽

작은잎은 도란형 또는 넓은 난형 상반부에 톱니가 있음

가늘고 길게 벋는 뿌리줄기가 있음

열매는 타원형 수과

0309 큰뱀무 *Geum aleppicum* / 뱀무 *G. japonicum*

- 어긋나기, 깃꼴겹잎, 양성화, 줄기와 가지 끝에 1개씩 핌
- 산과 들 습기 있는 곳에서 자라며 6~8월에 꽃 피는 여러해살이풀
- 뱀무와 달리 줄기잎이 작은잎 3~5개 깃꼴겹잎이고 꽃자루 털이 퍼진 털임

* 뱀무는 줄기잎이 갈라지지 않거나 3갈래로 얕게 갈라지고 꽃자루에 부드러운 털이 밀생

높이는 30~100cm, 곧게 서고 가지가 갈라짐

전체에 퍼진 털이 있음

꽃받침조각은 5개 삼각상 피침형

수술과 암술은 많음

꽃잎은 5개 원형에 가까움

곁꽃받침조각은 5개, 선형

줄기잎은 작은잎 3~5개 깃꼴겹잎

꽃받침조각

열매는 수과

꽃자루 털은 퍼진 털

뱀무는 줄기잎이 갈라지지 않거나 3갈래로 얕게 갈라지고 꽃자루에 부드러운 털이 밀생

뱀무

0310 터리풀 *Filipendula glaberrima* / 단풍터리풀 *F. palmata* / 지리터리풀 *F. formosa*

- 어긋나기, 홑잎 또는 깃꼴겹잎, 양성화, 취산상 산방꽃차례
- 제주도 제외 지역 산지 습기 있는 곳에서 자라며 7~8월에 꽃 피는 여러해살이풀
- 열매에 털이 적고 열매자루가 없으며 작은잎 갈래조각이 난형
- *단풍터리풀은 작은잎이 피침형으로 갈라지고, 지리터리풀은 꽃이 진한 분홍색*

꽃받침조각은 4~5개

꽃잎은 4~5개

수술은 많음

암술은 대개 4~6개

높이는 80~160cm, 곧게 서고 털이 거의 없음 땅속으로 벋는 뿌리줄기가 있음

끝에 달리는 잎은 5~7갈래로 갈라짐

잎조각이 달림

열매는 털이 적고 열매자루가 없음

열매에 털이 밀생하고 열매자루가 있으며 잎 갈래조각이 피침형

단풍터리풀

지리터리풀

꽃이 진한 분홍색이고 열매에 털이 없음

0311 오이풀 *Sanguisorba officinalis* / 긴오이풀 *S. longifolia*

- 어긋나기, 깃꼴겹잎, 양성화, 수상꽃차례
- 산과 들 습기 있는 곳에서 자라며 7~9월에 꽃 피는 여러해살이풀
- 잎을 비벼보면 오이향이 남, 긴오이풀보다 꽃차례와 잎 길이가 짧음

* 긴오이풀은 꽃차례가 3~4cm로 길고 잎도 길쭉함

높이는 5~150cm
곧게 서고
가지가 갈라짐

전체에
털이 없음

심피는 1개

수술은 4개

소포

꽃받침조각은 4개
꽃잎은 없음

포엽

잎은 작은잎
3~13개 깃꼴겹잎

작은잎은 타원형 또는 긴 타원형
날카로운 톱니가 있음

열매는 사각상 수과

긴오이풀

꽃차례 길이가
3~4cm로 길고 잎도 긺

0312 가는오이풀 _Sanguisorba × tenuifoliaex_

- 어긋나기, 깃꼴겹잎, 양성화, 아래로 휘어진 수상꽃차례
- 습지에서 자라며 7~9월에 꽃 피는 여러해살이풀
- 잎을 비벼보면 오이향이 남, 꽃이 흰색이고 꽃차례가 아래를 향하며 작은잎이 가는다람

높이는 70~200cm
곧게 섬

꽃차례가
아래로
휘어짐

가녀리고
전체에
털이 없음

꽃받침조각은 4개
꽃잎은 없음

수술은 4개
꽃받침조각보다
길게 나옴
꽃밥은 흑갈색

심피는 1개

작은잎은 난형 또는 타원형
11~15개 톱니가 있음

잎은 깃꼴겹잎

열매는 도란형 수과

꽃이 적자색인 것도 있음

0313 산오이풀 *Sanguisorba hakusanensis*

- 어긋나기, 깃꼴겹잎, 양성화, 아래로 휘어진 수상꽃차례
- 중부와 남부 높은 산에서 자라며 7~9월에 꽃 피는 여러해살이풀
- 높은 산에서 자라고 꽃이 홍자색이며 꽃차례가 아래로 처져 달림

높이는 40~80cm, 곧게 섬

홍자색 꽃이 아래로 처져 달림

전체에 털이 없음

수술은 6~12개 꽃받침보다 길게 나옴

꽃받침조각은 4개, 꽃잎은 없음

심피는 1개

작은잎은 긴 타원형 9~13개, 날카로운 톱니가 있음

잎은 깃꼴겹잎

바위에서 자라는 모습

열매는 도란형 수과

0314 짚신나물 *Agrimonia pilosa*

- 어긋나기, 깃꼴겹잎, 양성화, 총상꽃차례
- 산과 들에서 자라며 6~8월에 꽃 피는 여러해살이풀
- 턱잎이 긴 난형이고 수술이 많으며 열매에 갈고리 같은 가시털이 있음

전체에 털이 있음

높이는 30~100cm, 곧게 서고 가지가 갈라짐

수술은 12~16개
꽃받침조각은 5개
암술은 1개
암술머리는 2갈래
꽃잎은 5개

작은잎은 긴 타원형 또는 도란형 5~7개
잎은 깃꼴겹잎
작은 잎조각이 달림

턱잎은 긴 난형, 불규칙한 톱니가 있음

열매는 수과, 갈고리 같은 익센 가시털이 있음

0315 **차풀** *Chamaecrista nomame*

- 어긋나기, 깃꼴겹잎, 양성화, 잎겨드랑이에서 나온 꽃대에 1~2개씩 핌
- 산과 들 습기 있는 곳에서 자라며 8~10월에 꽃 피는 한해살이풀
- 꽃이 나비 모양이 아니고 줄기와 열매에 굽은 털이 있으며 턱잎이 좁은 피침형

높이는 30~60cm
곧게 서거나 비스듬히 자람

줄기 밑부분은
대개 목질화함

꽃받침조각은 5개
피침형

꽃잎은 5개
나비 모양이 아님

수술은 4개
암술은 1개

잎은 깃꼴겹잎

작은잎은 피침형
15~35쌍, 가장자리는 밋밋함

턱잎은 바늘 모양
또는 좁은 피침형

안으로 굽은
털이 많음

털이 있음

열매는 납작하고 긴 타원형 협과

0316 **자귀풀** *Aeschynomene indica*

- 어긋나기, 깃꼴겹잎, 양성화, 잎겨드랑이에서 나온 꽃대에 2~3개씩 핌
- 논이나 습지 또는 물가에서 자라며 7~8월에 꽃 피는 한해살이풀
- 꽃이 나비 모양이고 줄기와 열매에 털이 없어 매끈하며 턱잎이 넓은 편

높이는 50~80cm
곧게 서고 가지가 갈라짐

줄기는 털이
거의 없고
위쪽은 속이
비어 있음

화관은 나비 모양

잎은 깃꼴겹잎

작은잎은 좁은 타원형, 10~30쌍
끝이 둥글고 뒷면은 분백색이 돎

턱잎은 난형
또는 피침형

열매는 길고
납작한 선형 협과

털이 없고 6~8개 마디가
있으며 우툴두툴한 주름이 생김

0317 고삼 *Sophora flavescens*

- 어긋나기, 깃꼴겹잎, 양성화, 총상꽃차례
- 산기슭이나 양지바른 곳에서 자라며 6~8월에 꽃 피는 여러해살이풀
- 작은잎이 15~41개로 많이 달리고 꽃도 긴 총상꽃차례에 많이 달림

＊ 뿌리와 열매를 포함한 전체에서 쓴맛이 남

높이는 80~100cm, 곧게 섬

줄기는 녹색 또는
분녹색을 띰

꽃은 나비 모양

기판 끝이
위로 젖혀짐

꽃받침은 통 모양, 누운 털이
있고 끝이 5갈래로 얕게 갈라짐

잎은 깃꼴겹잎

작은잎은 긴 타원형 또는 긴 난형, 15~41개
양면에 털이 있거나 뒷면에 누운

어린 열매

열매는 선형 협과
염주처럼 잘록잘록한 모양

0318 **갯활량나물** *Thermopsis fabacea*

- 어긋나기, 3출엽, 양성화, 총상꽃차례
- 강원 이북 해변 모래땅에서 자라며 5~8월에 꽃 피는 여러해살이풀
- 활량나물과 달리 잎이 3출엽이고 꽃이 큰 편

높이는 40~80cm
곧게 서고
가지는 갈라지지 않음

줄기에 털이
거의 없음

꽃이 크고
나비 모양

수술은 10개

꽃받침조각은
5개

잎은 3출엽

열매는 납작한
선형 협과

꼬투리에는 광택
있는 흑갈색
씨가 12~15개
들어 있음

0319 비수리 *Lespedeza cuneata*

- 어긋나기, 3출엽, 양성화, 잎겨드랑이에 2~4개씩 모여 핌
- 길가나 풀밭에서 자라며 8~9월에 꽃 피는 여러해살이풀
- 작은잎이 선상 도피침형이고 전체에 털이 약간 있음

높이는 50~100cm
곧게 서고 가지가 갈라짐

전체에 퍼진
털이 있고
아래쪽은 흔히
목질화함

꽃은 나비 모양

꽃받침조각은 5개
긴 털이 밀생

잎은
3출엽

작은잎은 선상 도피침형
끝이 둥글거나 오목함
가장자리는 밋밋함
뒷면에 잔털이 있음

땅속에 긴 뿌리가 있음

열매는 넓은 난형 협과

0320 **괭이싸리** *Lespedeza pilosa*

- 어긋나기, 3출엽, 양성화, 잎겨드랑이에 3~5개씩 모여 핌
- 산기슭이나 풀밭에서 자라며 8~9월에 꽃 피는 여러해살이풀
- 작은잎이 도란형이고 줄기가 바닥을 기듯이 자라며 전체에 퍼진 털이 밀생

꽃이 3~5개가 모여 핌

전체에 퍼진 털이 밀생

길이는 50~100cm
땅바닥을 기듯이 자람

꽃은 나비 모양

꽃받침조각은 5개 긴 털이 밀생

잎은 3출엽

작은잎은 원형 또는 도란형

양면에 털이 밀생

열매는 난상 원형 협과 표면에 그물맥과 부드러운 털이 밀생

0321 개싸리 *Lespedeza tomentosa*

- 어긋나기, 3출엽, 양성화, 총상꽃차례
- 산기슭이나 풀밭에서 자라며 8~9월에 꽃 피는 여러해살이풀
- 작은잎은 두껍고 잎맥이 두드러지며 전체에 황갈색 털이 밀생

높이는 50~100cm
비스듬히 섬

거의 전체에
황갈색 털이 밀생

화관은
나비 모양

꽃받침조각은 5개, 아래쪽 3개는 선형
위쪽 2개는 얕게 갈라짐

잎은 3출엽

작은잎은 타원형 또는 긴 타원형
양 끝이 둥글고 표면에 잔털이 있음

잎자루와 뒷면 맥
위에도 황갈색
털이 밀생

열매는 원형 협과
표면에 털과 그물맥이 있음

0322 도둑놈의갈고리 _Hylodesmum podocarpum_ subsp. _oxyphyllum_

- 어긋나기, 3출엽, 양성화, 총상꽃차례
- 산기슭이나 숲 속에서 자라며 7~8월에 꽃 피는 여러해살이풀
- 큰도둑놈의갈고리와 달리 잎이 3출엽이고 정소엽이 사각상 난형

줄기에 능선이 있고 털이 있음

높이는 60~90cm
곧게 서고 위쪽에서 가지가 갈라짐

턱잎은 바늘 모양
피침형

화관은 나비 모양

꽃받침은 5갈래로 얕게 갈라짐

기판

용골판

수술과 암술

잎은 3출엽

작은잎은 사각상 난형

열매는 2개로 반달 모양 협과, 표면에 갈고리 같은 잔털이 있어서 다른 물체에 잘 달라붙음

0323 개도둑놈의갈고리 *Hylodesmum podocarpum*

- 어긋나기, 3출엽, 양성화, 총상꽃차례
- 산기슭이나 숲 속에서 자라며 8~9월에 꽃 피는 여러해살이풀
- 도둑놈의갈고리보다 털이 많고 정소엽이 난상 원형

전체에 털이 많음

높이는 60~90cm, 곧게 섬

턱잎은 선형

화관은 나비 모양

꽃받침은 끝이 5갈래로 얕게 갈라짐

잎은 3출엽

작은잎은 도란형 또는 난상 원형 잎자루와 함께 양면에 털이 있음

큰도둑놈의갈고리보다 키가 작음

열매는 1~2개로 반달 모양 협과 표면에 갈고리 같은 잔털이 있어서 다른 물체에 잘 달라붙음

0324 큰도둑놈의갈고리 *Hylodesmum oldhamii*

- 어긋나기, 깃꼴겹잎, 양성화, 총상꽃차례
- 산기슭이나 숲 속에서 자라며 7~8월에 꽃 피는 여러해살이풀
- **잎은 5~7개 작은잎으로 된 깃꼴겹잎**

높이는 100~150cm
곧게 서고 위쪽에서 가지가 갈라짐

키가 큰 편

화관은 나비 모양

꽃받침은 얕게 5갈래로 갈라짐

줄기는 털이 있으나 매우 작음

잎은 작은잎 5~7개 깃꼴겹잎

작은잎은 난형 또는 긴 타원형, 끝이 뾰족함

열매는 1~2개로 반달 모양 협과 표면에 갈고리 같은 잔털이 있어서 다른 물체에 잘 달라붙음

0325 매듭풀 *Kummerowia striata* / 둥근매듭풀 *K. stipulacea*

- 어긋나기, 3출엽, 양성화, 잎겨드랑이에 1~2개씩 핌
- 길가나 들녘에서 자라며 7~9월에 꽃 피는 한해살이풀
- 작은잎이 긴 타원형이고 줄기 털이 아래를 향함

* 둥근매듭풀은 작은잎이 도란형이고 줄기 털이 위를 향함

높이는 10~40cm
밑부분에서 가지가 갈라져
비스듬히 자람

줄기에
아래를 향한
털이 있음

화관은
나비 모양

꽃받침은 5갈래로
갈라짐

작은잎은 긴 타원형
또는 도란형
팽팽한 측맥이 발달

잎은 3출엽

열매는 난형 협과

둥근매듭풀

작은잎이 도란형 임

둥근매듭풀

줄기 털이 위를
향해 달림

0326 **벌완두** *Vicia amurensis*

- 어긋나기, 깃꼴겹잎, 양성화, 총상꽃차례
- 양지바른 들녘에서 자라며 6~8월에 꽃 피는 여러해살이풀
- 갈퀴나물보다 턱잎이 작고 2갈래로 갈라짐

높이는 30~100cm
덩굴져 자람

줄기는 가늘고
네모지며 잔털이 있음

꽃받침은 5갈래로
뚜렷하지 않게 갈라짐

화관은 나비 모양

턱잎은 톱니가 있거나
2~3갈래로 갈라짐

잎은 작은잎 5~8쌍
깃꼴겹잎

덩굴손

작은잎은 타원형 또는 긴 타원형

열매는
타원형 협과

0327 **나래완두** *Vicia anguste-pinnata*

- 어긋나기, 깃꼴겹잎, 양성화, 잎겨드랑이에 2~5개씩 핌
- 남부지방 산과 들에서 자라며 4~5월에 꽃 피는 여러해살이풀
- 작은잎이 선상 피침형으로 가늘고 꽃받침에 털이 많음

높이는 30~40cm
다소 곧게 서고 가지가 갈라짐

턱잎은
난상 피침형

줄기에
털은 없고
능선이 있음

꽃받침은 5갈래
선형으로 갈라짐

표면에 털이 많음

화관은 나비 모양

잎은 작은잎 3~7쌍
깃꼴겹잎

작은잎은 난상 타원형 또는 선상 피침형

약간 넓은 잎도 나타남

열매는 좁은 피침형 협과

0328 들완두 *Vicia bungei*

- 어긋나기, 깃꼴겹잎, 양성화, 잎겨드랑이에서 나온 꽃대에 2~4개씩 핌
- 중부 이북 낮은 산기슭이나 들에서 자라며 5~6월에 꽃 피는 여러해살이풀
- 살갈퀴보다 꽃대가 길고 꽃이 2~4개씩 달림

* 주로 강원도 석회암 지대에서 자라는 북방계 식물

높이는 20~30cm
가지가 많이 갈라지고
땅을 기면서 자람

턱잎은
뾰족하게
갈라짐

화관은 나비 모양

꽃대가 길고 꽃이 2~4개씩 달림

꽃받침은 털이 있고 5갈래로 갈라짐
갈래조각은 뾰족함

덩굴손

잎은 작은잎 2~5쌍 깃꼴겹잎

작은잎은 도란형 또는 좁은 긴 타원형

열매는 납작한 타원형 협과

369

0329 새완두 *Vicia hirsuta*

- 어긋나기, 깃꼴겹잎, 양성화, 잎겨드랑이에서 나온 꽃대에 3~7개씩 핌
- 산기슭이나 들에서 자라며 5~6월에 꽃 피는 두해살이풀
- 화관 기판에 무늬가 없고 덩굴손이 갈라지며 열매에 긴 털이 밀생

높이는 30~60cm
밑부분에서 가지가 갈라져
덩굴져 자람

줄기는
능선이 있고
잔털이 약간
있음

턱잎은 대개
4갈래로
갈라짐

익판

화관은 나비 모양

용골판

기판에 아무런
무늬가 없음

꽃받침은 5갈래
피침형으로 갈라짐
표면에 털이 있음

작은잎은 피침형

덩굴손이 갈라짐

잎은 작은잎 6~8쌍 깃꼴겹잎

열매는
긴 타원형 협과

표면에 긴 털이 밀생

0330 **얼치기완두** *Vicia tetrasperma*

- 어긋나기, 깃꼴겹잎, 양성화, 잎겨드랑이에서 나온 긴 꽃대에 1~3개씩 핌
- 산기슭이나 들에서 자라며 5~6월에 꽃 피는 두해살이풀
- 화관 기판에 무늬가 있고 덩굴손이 갈라지지 않으며 열매에 짧은 털이 있음

높이는 30~60cm
밑부분에서 가지가 갈라져 덩굴져 자람

꽃대가 긴 편

줄기는 능선이 있고 잔털이 약간 있음

기판에 줄무늬가 있음

화관은 나비 모양

꽃받침은 5갈래로 갈라짐 표면에 털이 있음

잎은 작은잎 3~8쌍 깃꼴겹잎

작은잎은 선상 긴 타원형

열매는 타원형 또는 긴 타원형 협과 표면에 매우 짧은 털이 덮임

0331 **갈퀴나물** *Vicia amoenaex* / **벳지** *V. villosa*

- 어긋나기, 깃꼴겹잎, 양성화, 총상꽃차례
- 산기슭이나 들에서 자라며 6~9월에 꽃 피는 여러해살이풀
- 벌완두보다 턱잎이 크고 톱니가 몇 개 있음
- ❋ 벳지는 유럽 원산 외래식물로 전체에 털이 많음, 털갈퀴나물이라고도 함

높이는 60~100cm, 덩굴져 자람

줄기에 날개 같은 능선이 있음

턱잎이 크고 톱니가 몇 개 있음

꽃받침은 불규칙하게 5갈래로 갈라짐

화관은 나비 모양

잎은 작은잎 5~8쌍 깃꼴겹잎

작은잎은 긴 타원형

열매는 긴 타원형 협과, 털이 있다가 점차 떨어짐

벳지

전체에 털이 많고 턱잎에 톱니가 1개 있음

0332 **살갈퀴** *Vicia sativa* / **가는살갈퀴** *V. sativa* subsp. *nigra*

- 어긋나기, 깃꼴겹잎, 양성화, 잎겨드랑이에서 나온 꽃대에 1~2개씩 핌
- 산기슭이나 밭과 들에서 자라며 4~5월에 꽃 피는 두해살이풀
- 작은잎이 도란형이고 끝이 오목하게 파이며 끝이 꼬리처럼 뾰족함
- *가는살갈퀴는 작은잎이 선상 긴 타원형으로 좁음*

높이는 50~60cm, 밑에서 가지가 많이 갈라져 사방으로 퍼져 자라며 끝에서 곧게 섬

턱잎은 흔히 톱니가 있음

줄기는 능선이 있고 짧은 털이 약간 있음

화관은 나비 모양

꽃받침은 뾰족하게 5갈래로 갈라짐

잎은 작은잎 3~7쌍 깃꼴겹잎

덩굴손은 3갈래로 갈라짐

작은잎은 도란형

점점 통통해지면서 검은색으로 익음

열매는 선형 협과

가는살갈퀴

작은잎이 선상 긴 타원형으로 좁음

0333 **노랑갈퀴** *Vicia chosenensis*

- 어긋나기, 깃꼴겹잎, 양성화, 총상꽃차례
- 경북 이북 산기슭에서 자라며 6~7월에 꽃 피는 여러해살이풀
- 활량나물과 달리 작은잎이 긴 난형이고 끝이 뾰족하며 덩굴손이 발달하지 않음

높이는 60~80cm, 곧게 서고 가지가 갈라짐

가지가 넓게 갈라지는 편

꽃받침은 얕게 5갈래로 갈라짐

화관은 노란색, 나비 모양

전체에 털이 없음

턱잎은 좁은 피침형

잎은 작은잎 2~4쌍 깃꼴겹잎

작은잎은 긴 난형 끝이 뾰족함

열매는 선상 타원형 협과, 털이 없음

0334 **광릉갈퀴** *Vicia venosa* var. *cuspidata*

- 어긋나기, 깃꼴겹잎, 양성화, 총상꽃차례
- 산지 숲 속에서 자라며 6~7월에 꽃 피는 여러해살이풀
- 작은잎이 난상 피침형이고 턱잎이 삼각상 피침형으로 좁음

높이는 80~100cm, 곧게 서고 위쪽에서 가지가 갈라짐

턱잎은 삼각상 피침형

줄기는 네모지고 짧은 털이 있음

꽃받침은 얕게 5갈래로 갈라짐

화관은 나비 모양

턱잎은 삼각상 피침형, 날카로운 톱니가 있음

잎은 작은잎 3~7쌍 깃꼴겹잎

흔적만 남은 덩굴손   작은잎은 난상 피침형

열매는 선상 타원형 협과

0335 나비나물 *Vicia unijuga* / 큰나비나물 *V. unijuga* var. *ouensanensis* / 긴잎나비나물 *V. unijuga* f. *angustifolia*

- 어긋나기, 작은잎 1쌍으로 된 겹잎, 양성화, 총상꽃차례
- 산과 들에서 자라며 7~8월에 꽃 피는 여러해살이풀
- 작은잎이 난형 또는 넓은 피침형이고 1쌍씩 달리며 꽃차례가 잎보다 길지 않음

* 큰나비나물은 잎이 크고 꽃차례가 잎보다 길게 나옴, 긴잎나비나물은 잎이 가늘고 긺

작은잎은 난형 또는 넓은 피침형, 1쌍씩 달림

높이는 50~100cm, 여러 대가 곧게 서거나 비스듬히 자람

턱잎은 2갈래로 갈라지거나 톱니가 있음

줄기는 능선이 있고 전체에 털이 없음

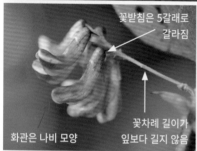

꽃받침은 5갈래로 갈라짐

화관은 나비 모양

꽃차례 길이가 잎보다 길지 않음

열매는 넓은 피침형 협과 털은 없음

큰나비나물

꽃차례가 잎보다 긺

긴잎나비나물

잎이 피침형으로 가늘고 긺

0336 네잎갈퀴나물 *Vicia nipponica*

- 어긋나기, 깃꼴겹잎, 양성화, 총상꽃차례
- 산과 들에서 자라며 7~8월에 꽃 피는 여러해살이풀
- 갈퀴나물과 달리 줄기가 곧게 서고 덩굴성이 아니며 작은잎이 1~3쌍으로 적게 달림

높이는 30~80cm, 곧게 섬

줄기는 네모지고 잔털이 있음

꽃받침은 얕게 5갈래로 갈라짐

화관은 나비 모양

턱잎은 삼각 모양, 톱니가 있음

작은잎은 타원형 또는 긴 타원형 양 끝이 좁음

잎은 작은잎 1~3쌍 깃꼴겹잎

열매는 타원형 협과

0337 **갯완두** *Lathyrus japonicus* / **털갯완두** *L. japonicus* var. *aleuticus*

- 어긋나기, 깃꼴겹잎, 양성화, 총상꽃차례
- 바닷가 모래땅에서 자라며 4~5월에 꽃 피는 여러해살이풀
- 바닥을 기듯이 자라고 꽃받침과 꽃대에 털이 거의 없음
- * 털갯완두는 꽃받침과 꽃대에 털이 밀생

높이는 20~60cm, 비스듬히 바닥을 기듯이 자람

줄기는 모가 지고 털이 거의 없음

꽃받침은 5갈래 피침형으로 갈라짐 털이 거의 없음

화관은 나비 모양

잎은 작은잎 3~5쌍 깃꼴겹잎

덩굴손 →

작은잎은 난상 타원형, 양면이 분백색을 띔

열매는 피침형 협과

털갯완두

꽃받침과 화축에 털이 밀생

0338 **활량나물** *Lathyrus davidii*

- 어긋나기, 깃꼴겹잎, 양성화, 총상꽃차례
- 산과 들에서 자라며 6~8월에 꽃 피는 여러해살이풀
- 노랑갈퀴와 달리 작은잎이 난상 타원형이고 덩굴손이 발달함

높이는 80~150cm
곧게 서거나 비스듬히 섬

덩굴손이 발달함

줄기는 매끈하고
가지가 갈라짐

꽃받침은 얕게
5갈래로 갈라짐

화관은 나비 모양

턱잎은 난상 피침형
2갈래로 갈라짐

잎은 작은잎 2~4쌍 깃꼴겹잎

덩굴손이
발달함

작은잎은 타원형 또는 난상 타원형

열매는
선형 협과
털이 없음

0339 산새콩 *Lathyrus vaniotii*

- 어긋나기, 깃꼴겹잎, 양성화, 총상꽃차례
- 강원 이북 산지에서 자라며 5~6월에 꽃 피는 여러해살이풀
- 작은잎이 긴 타원형이고 턱잎이 가시 모양 선형

높이는 20~60cm, 곧게 섬

줄기에 능선이 있음

꽃받침은 5갈래로 갈라짐

화관은 나비 모양

턱잎은 선형, 끝이 뾰족함

잎은 작은잎 3~5쌍 깃꼴겹잎

작은잎은 난상 긴 타원형

열매는 긴 타원형 협과

0340 **연리초** *Lathyrus quinquenervius*

- 어긋나기, 깃꼴겹잎, 양성화, 총상꽃차례
- 중부 이북 산기슭이나 풀밭에서 자라며 5~6월에 꽃 피는 여러해살이풀
- 줄기에 날개가 거의 없고 세모지며 덩굴손이 있음

높이는 30~60cm
뿌리줄기를 벋으며 번식함

줄기는 세모지고
이약한 날개가 있음

화관은 나비 모양

꽃받침은 얕게
5갈래로 갈라짐
털이 있음

잎은 작은잎 1~3쌍 깃꼴겹잎

작은잎은 선형 또는 피침형

뿌리풀기

열매는 타원형 협과

0341 여우콩 *Rhynchosia volubilis*

- 어긋나기, 3출엽, 양성화, 총상꽃차례
- 전남과 경남 이남 산기슭이나 풀밭에서 자라며 8~9월에 꽃 피는 여러해살이풀
- 큰여우콩과 달리 작은잎이 마름모 모양이고 끝이 짧게 뾰족하며 질이 두꺼움

길이는 80~200cm, 덩굴져 자람

줄기에 아래를 향한 털이 밀생

꽃받침은 5갈래로 갈라짐

화관은 나비 모양

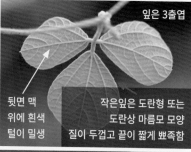

잎은 3출엽

뒷면 맥 위에 흰색 털이 밀생

작은잎은 도란형 또는 도란상 마름모 모양 질이 두껍고 끝이 짧게 뾰족함

열매는 가운데가 잘록한 타원형 협과, 붉은색

익으면 갈라지면서 광택 있는 검은색 씨 2개를 드러냄

0342 큰여우콩 *Rhynchosia acuminatifolia*

- 어긋나기, 3출엽, 양성화, 총상꽃차례
- 중부 이남 산기슭이나 풀밭에서 자라며 7~9월에 꽃 피는 여러해살이풀
- 여우콩과 달리 작은잎이 난형이고 끝이 길게 뾰족하며 질이 얇음

작은잎은 난형 또는 긴 난형, 질이 얇고 끝이 길게 뾰족함

길이는 80~200cm, 덩굴져 자람

줄기에 아래를 향한 흰색 털이 있음

꽃받침은 5갈래로 갈라짐

화관은 나비 모양

양면과 가장자리에 짧은 털이 있음

잎은 3출엽

열매는 가운데가 잘록한 타원형 협과, 붉은색

익으면 갈라지면서 광택 있는 검은색 씨 2개를 드러냄

0343 새콩 *Amphicarpaea bracteata* subsp. *edgeworthii*

- 어긋나기, 3출엽, 양성화, 총상꽃차례
- 들에서 자라며 7~9월에 꽃 피는 한해살이풀
- 돌콩과 달리 작은잎이 난형으로 둥근 편이고 열매에 털이 거의 없음

＊ 땅속 뿌리 쪽에 달리는 폐쇄화에서 식용 가능한 1cm 내외 크기 열매가 달림

길이는 100~200cm, 덩굴져 자람

전체에 아래를
향한 퍼진
털이 있음

꽃받침은 5갈래로 갈라지며 털이 있음

기판 양 끝이
뒤로 말림

화관은 나비 모양

잎은 3출엽

작은잎은 난형
끝이 둔하고 털이 있음

열매는 타원형 협과

땅속 뿌리 쪽에 달리는 폐쇄화가 맺는
열매는 1cm 내외로 큼

0344 **여우팥** *Dunbaria villosa*

- 어긋나기, 3출엽, 양성화, 총상꽃차례
- 경기도 바닷가와 남부지방 산과 들에서 자라며 8~9월에 꽃 피는 여러해살이풀
- 새팥과 달리 작은잎이 난상 마름모 모양이고 열매가 선형

길이는 50~200cm, 덩굴져 자람

전체에 털이 많음

꽃받침은 5갈래로 갈라지고 털이 많음

수술과 암술

화관은 약간 일그러진 나비 모양

잎은 3출엽

작은잎은 난상 마름모 모양 끝이 뾰족해지다 둔해짐

열매는 선형 협과, 표면에 잔털이 있음

씨는 6~8개 정도가 들어 있음

0345 새팥 *Vigna angularis* var. *nipponensis*

- 어긋나기, 3출엽, 양성화, 잎겨드랑이에서 나온 긴 꽃대에 2~3개씩 핌
- 풀밭이나 빈터에서 자라며 8~9월에 꽃 피는 한해살이풀
- 좀돌팥과 달리 작은잎이 결각처럼 갈라지기도 하며 포엽이 크고 꽃받침보다 깊

＊ *씨 배꼽 부분이 도드라지지 않는 점도 특징*

길이는 80~150cm, 덩굴져 자람

턱잎은 짧은 피침형

전체에 퍼진
털이 있음

꽃받침은 5갈래로
얕게 갈라짐

화관은
나비 모양

포엽은 난형으로 크고
꽃받침보다 길거나 같음

잎은 3출엽

작은잎은 난형 또는 좁은 난형
얕게 갈라지기도 함

열매는 원기둥
모양 협과

씨 배꼽 부분이
도드라지지 않음

0346 **좀돌팥** *Vigna nakashimae*

- 어긋나기, 3출엽, 양성화, 잎겨드랑이에서 나온 긴 꽃대에 2~5개씩 핌
- 제주도 제외 지역 풀밭이나 빈터에서 자라며 8~9월에 꽃 피는 한해살이풀
- 새팥과 달리 작은잎에 결각이 생기지 않으며 포엽이 매우 작고 꽃받침보다 짧음

＊ 씨 배꼽 부분이 선명하게 위로 도드라지는 점도 특징

길이는 80~150cm, 덩굴져 자람

줄기에 털이 약간 있음

꽃받침은 5갈래로 얕게 갈라짐

화관은 나비 모양

포엽은 선형으로 작고 꽃받침보다 짧음

잎은 3출엽

작은잎은 난형 또는 피침형 대개 갈라지지 않음

열매는 원기둥 모양 협과

씨 배꼽 부분이 도드라짐

0347 **왕관갈퀴나물** *Securigera varia*

- 어긋나기, 3출엽, 양성화, 산형꽃차례
- 서울 등지 풀밭에서 자라며 5~8월에 꽃 피는 한해살이풀. 유라시아 원산 외래식물
- 꽃이 연한 홍자색이고 산형꽃차례로 핌

길이는 80~150cm
덩굴처럼 옆으로 자라며 가지를 많이 침

전체에 털이 없음

왕관 모양 산형꽃차례를 이룸

화관은 나비 모양

꽃받침은 5갈래로
얕게 갈라짐

잎은 작은잎
15~25개 깃꼴겹잎

작은잎은 타원형

열매는 긴 원기둥
모양 협과

마디가 몇 개 있음

0348 **돌동부** *Vigna vexillata* var. *tsusimensis*

- 어긋나기, 3출엽, 양성화, 잎겨드랑이에서 나온 긴 꽃대에 2~4개씩 핌
- 진도, 완도, 제주도 풀밭에서 자라며 8~9월에 꽃 피는 여러해살이풀
- 갈색 퍼진 털이 있고 작은잎이 좁으며 땅속에 덩이뿌리가 있는 여러해살이풀

길이는 80~150cm, 덩굴져 자람

줄기에 아래를 향한 갈색 퍼진 털이 있음

기판이 넓고 뒤로 젖혀짐

화관은 나비 모양

꽃받침은 5갈래로 중간까지 갈라짐 짧은 털이 있음

작은잎은 난형 또는 좁은 난형 양면에 털이 있음

잎은 3출엽

열매는 긴 선형 협과 표면에 갈색 털이 많음

0349 **해녀콩** *Canavalia lineata*

- 어긋나기, 3출엽, 양성화, 총상꽃차례
- 제주도 바닷가에서 자라며 6~8월에 꽃 피는 여러해살이풀
- 잎이 크고 두껍고 털이 있으며 열매가 매우 단단함

＊ *씨에 독성이 있음*

길이는 200~300cm, 바닥을 기며 덩굴져 자람

꽃받침은 5갈래로 갈라짐
위쪽 2개가 조금 큼

화관은 나비 모양

꽃 지름은
2~3cm로 큰 편

잎은 3출엽

작은잎은 넓은 난형 또는 도란상
원형, 6~12cm 정도로 큼

열매는 긴
선형 협과

씨는 갈색, 독성분이 있음

0350 비진도콩 *Dumasia truncata*

- 어긋나기, 3출엽, 양성화, 총상꽃차례
- 비진도와 거제도 쪽 빈터나 풀밭에서 자라며 8~9월에 꽃 피는 여러해살이풀
- 줄기가 연약하고 작은잎이 긴 난형이며 열매가 도피침형

길이는 200~300cm 덩굴져 자람

연약하고 흑자색이 돌며 아래를 향한 짧은 털이 있음

꽃받침은 5갈래로 얕게 갈라짐

화관은 나비 모양

작은잎은 긴 난형 끝이 약간 오목함 질이 얇은 편

잎은 3출엽

열매는 선형 협과 한쪽으로 휨

씨는 흑자색, 광택이 있음

0351 돌콩 *Glycine max* subsp. *soja*

- 어긋나기, 3출엽, 양성화, 총상꽃차례
- 들에서 자라며 7~9월에 꽃 피는 한해살이풀
- 새콩과 달리 작은잎이 긴 타원형이고 열매에 갈색 털이 많음

전체에
갈색 털이
있음

길이는 100~250cm
덩굴져 자람

화관은 나비 모양

꽃 지름은 0.4~0.7cm로 매우 작음

꽃받침은 5갈래로 중간까지 갈라짐

잎은 3출엽

작은잎은 긴 타원형
또는 타원상 피침형

열매는
도피침형 또는
타원형 협과
갈색 털이 밀생

0352 벌노랑이 *Lotus corniculatus* var. *japonica* / 들벌노랑이 *L. pedunculatus*

- 어긋나기, 깃꼴겹잎, 양성화, 산형꽃차례
- 산과 들 풀밭에서 자라며 5~7월에 꽃 피는 여러해살이풀
- 꽃받침에 털이 없음

* 유럽과 아프리카 원산 들벌노랑이는 꽃받침 통부와 갈래조각에도 긴 털이 있음

높이는 10~30cm
밑에서 가지가 갈라져 비스듬히 서거나 누워 자람

턱잎 자리에
달리는 작은잎

턱잎은
작거나 없음

전체에 털이 없음

꽃은 1~4개씩 달림   화관은 나비 모양

꽃받침은 5갈래로 갈라짐
갈래조각은 선상 피침형으로
길고 털은 없음   기판은 크고
뒤로 젖혀짐

잎은 작은 잎 5개   작은잎 2개는 턱잎
깃꼴겹잎   자리에 달림

작은잎은 도란형
3개는 잎줄기 끝에 모여 달림

열매는 긴 원기둥 모양 협과

들벌노랑이

꽃이 여러 개 달리고 꽃받침 통부와
갈래조각 모두 털이 있음

0353 황기 *Astragalus penduliflorus* var. *dahuricus* / 제주황기 *A. mongholicus* var. *nakaianus*

- 어긋나기, 깃꼴겹잎, 양성화, 총상꽃차례
- 경북 이북 산지에서 자라며 8~9월에 꽃 피는 여러해살이풀
- 제주황기보다 키가 크고 턱잎이 서로 붙지 않음
* 한라산에 분포하는 제주황기는 키가 작고 턱잎이 반 정도 붙음

높이는 80~120cm
곧게 서고
가지가 많이 갈라짐

턱잎은 피침형
끝이 길게
뾰족해짐
서로 붙지 않음

꽃받침은 5갈래로 얕게 갈라짐
갈래조각은 뾰족함. 표면에 잔털이 있음

화관은 나비 모양

잎은 작은잎 13~27개 깃꼴겹잎

작은잎은 난상 긴 타원형, 양 끝이 둔함

열매는 도란상 타원형 협과, 부풀어 있음

제주황기

키가 작고 턱잎이 반 정도 붙음

0354 강화황기 *Astragalus sikokianus*

- 어긋나기, 깃꼴겹잎, 양성화, 두상꽃차례처럼 보이는 총상꽃차례
- 강원도 석회암 지대에서 자라며 6~8월에 꽃 피는 여러해살이풀
- 황기와 달리 줄기가 옆으로 누워 자라고 꽃이 두상꽃차례처럼 핌

높이는 30~50cm, 덩굴처럼 비스듬히 누워 자람

줄기는 흔히 자줏빛을 띠고 흰색 잔털이 있음

두상꽃차례처럼 핌

화관은 나비 모양

꽃받침은 5갈래로 갈라짐. 털이 있음

포엽

작은잎은 타원형, 뒷면은 분백색을 띰

잎은 작은잎 11~19개 깃꼴겹잎

열매는 원통 모양 협과 직자색으로 익고 표면에 잔털이 있음

0355 자운영 *Astragalus sinicus*

- 어긋나기, 깃꼴겹잎, 양성화, 산형꽃차례
- 논과 밭에 심거나 저절로 자라며 4~5월에 꽃 피는 두해살이풀. 중국 원산 외래식물
- 꽃이 산형꽃차례로 달리고 화관 기판에 무늬가 있음

＊ 녹비(풋거름)로 쓰기 위해 논밭에 심었으나 화학비료 등장으로 지금은 잘 기르지 않음

높이는 10~25cm, 밑에서 가지가 많이 갈라지고 옆으로 비스듬히 자람

기판 안쪽에 무늬가 있음

화관은 나비 모양

꽃받침은 5갈래로 갈라짐 털이 듬성듬성 있음

산형꽃차례로 핌

잎은 작은잎 9~11개 깃꼴겹잎

작은잎은 도란형 또는 타원형 끝이 오목하고 양면에 털이 있음

뿌리혹이 있어서 땅을 기름지게 함

열매는 긴 타원형 협과 검은색으로 익음

0356 달구지풀 *Trifolium lupinaster*

- 어긋나기, 손꼴겹잎, 양성화, 두상꽃차례
- 대개 고지대 풀밭에서 자라며 6~9월에 꽃 피는 여러해살이풀
- 제주도 한라산의 것보다 대체로 크고 잎이 좁으며 씨가 4~6개
- 제주도 한라산에서 자라는 것은 대체로 작고 잎이 넓으며 씨가 1~2개

높이는 10~50cm, 여러 대가 모여 나와
비스듬히 서거나 땅 위에 누워 자람

꽃대 쪽에
털이 있음

줄기 아래쪽은
매끈한 편

익판 기판

두상꽃차례로 핌

용골판

꽃받침은
5갈래로 갈라짐

화관은 나비 모양

잎은 손꼴겹잎

작은잎은 도란상 피침형 또는
넓은 타원형, 잎맥이 뚜렷함

열매는 타원형 협과

제주도 한라산에서 자라는 것

0357 **토끼풀** *Trifolium repens*

- 어긋나기, 3출엽, 양성화, 두상꽃차례
- 산과 들 풀밭에서 자라며 5~9월에 꽃 피는 여러해살이풀. 유럽 원산 외래식물
- 선토끼풀과 달리 줄기가 땅을 기고 꽃대가 기는줄기에서 나옴

높이는 10~50cm, 바닥을 기며 가지가 갈라짐

줄기에 털은 거의 없음

화관은 나비 모양

두상꽃차례로 핌
꽃이 30~80개 달림

꽃대에 잔털이 있음

꽃받침은 5갈래로 갈라짐

작은잎은 도란형 또는 도심장형
끝이 둥글거나 오목함. 톱니가 있음

잎은 3출엽

열매는 선형 협과, 씨는 3~6개 들어 있음

0358 선토끼풀 *Trifolium hybridum*

- 어긋나기, 3출엽, 양성화, 두상꽃차례
- 중부지방 풀밭에서 자라며 5~9월에 꽃 피는 여러해살이풀. 유럽 원산 외래식물
- 토끼풀과 달리 줄기가 곧게 서고 꽃대가 줄기 끝이나 잎겨드랑이에서 나옴

높이는 30~50cm
옆으로 퍼지면서 끝에서 위를 향해 섬

줄기에 퍼진 털은 거의 없음

꽃대가 줄기 끝이나 잎겨드랑이에서 나옴

화관은 나비 모양

꽃은 20~30개가 두상꽃차례를 이룸

꽃받침은 5갈래로 갈라짐

턱잎은 피침형

잎은 3출엽

작은잎은 도란형, 끝이 둥글거나 오목함 가시 모양 잔톱니가 있음

열매는 타원형 협과, 씨는 2~4개 들어 있음

0359 붉은토끼풀 *Trifolium pratense* / 진홍토끼풀 *T. incarnatum*

- 어긋나기, 3출엽, 양성화, 두상꽃차례
- 길가나 풀밭에서 자라며 5~8월에 꽃 피는 여러해살이풀. 유럽 원산 외래식물
- 토끼풀이나 선토끼풀과 달리 꽃이 홍자색이고 꽃차례 바로 밑에 잎 달림

* 유럽 원산 외래식물인 진홍토끼풀은 꽃이 진홍색이고 수상꽃차례로 핌

높이는 20~70cm, 옆으로 퍼지면서 끝에서 위를 향해 섬

전체가 퍼진 털로 덮임

화관은 나비 모양

꽃은 홍자색

꽃받침은 5갈래로 갈라짐

꽃차례 바로 밑에 잎이 붙어 달림

잎은 3출엽

작은잎은 난형 또는 타원형 잔톱니가 있음

열매는 난형 협과

진홍토끼풀

꽃이 진홍색이고 꽃차례가 길쭉한 수상꽃차례를 이룸

0360 노랑토끼풀 *Trifolium campestre* / 애기노랑토끼풀 *T. dubium*

- 어긋나기, 3출엽, 양성화, 두상꽃차례
- 습기 있는 풀밭에서 자라며 5~6월에 꽃 피는 한해살이풀. 지중해 원산 외래식물
- 식물체와 꽃차례가 크고 화관 기판 측맥을 따라 홈이 파임

* 애기노랑토끼풀은 식물체와 꽃차례가 작고 화관 기판에 맥만 있으며 홈은 없음

높이는 10~25cm, 비스듬히 섬

줄기에
잔털이 있음

화관은 나비 모양

기판 중앙맥 좌우에
5~8쌍 측맥이 파임

작은잎은 도란형
상반부에 톱니가 있음

꽃받침은 5갈래로 갈라짐

잎은 3출엽

열매는 타원형 협과
씨는 1개 들어 있음

애기노랑토끼풀

식물체와 꽃차례가 작고
화관 기판에 홈이 파이지 않음

0361 개자리 *Medicago polymorpha* / 좀개자리 *Medicago minima*

- 어긋나기, 3출엽, 양성화, 두상꽃차례
- 길가나 빈터에서 자라며 4~6월에 꽃 피는 한해살이풀. 유럽 원산 외래식물
- 꽃이 4~8개로 적고 턱잎이 빗살처럼 갈라지며 열매에 갈고리 같은 가시가 있음

❋ 좀개자리는 줄기와 잎에 털이 밀생하고 열매에 갈고리 같은 가시와 털이 있음

화관은 나비 모양

꽃은 4~8개로
적게 달림

높이는 5~15cm
밑에서 가지가 많이 갈라져 옆으로 기거나 비스듬히 자람

턱잎은 빗살처럼
깊게 갈라짐

줄기는 털이 거의 없음
미약한 능선이 있음

작은잎은 도란형
상반부에 톱니가
있음. 뒷면 맥
위에 털이 있음

잎은 3출엽

열매는 납작한 구형 협과
나선상으로 2~3회 둥글게 말림

꽃받침조각

갈고리 모양 가시가 있음

좀개자리

줄기와 잎에
부드러운 털이 밀생
턱잎에 톱니가
거의 없음

좀개자리

개자리처럼 열매에 갈고리가 있으나
털이 함께 달리는 점이 다름

0362 **잔개자리** *Medicago lupulina*

- 어긋나기, 3출엽, 양성화, 두상꽃차례
- 길가나 빈터에서 자라며 4~6월에 꽃 피는 한해살이풀. 유럽 원산 외래식물
- 꽃이 10~30개로 많고 턱잎이 갈라지지 않으며 열매에 샘털이 있음

높이는 5~15cm, 땅을 기거나 위를 향해 자람

줄기에 부드러운 털이 밀생

꽃이 10~30개로 많이 달림

꽃받침조각은 5개 털이 있음

화관은 나비 모양

턱잎은 난상 피침형 거의 갈라지지 않음

작은잎은 도란형 잔톱니가 있음

잎은 3출엽

열매는 신장형 협과, 반 바퀴 정도 말림 돌출된 그물맥이 있음

자루에도 샘털이 있음

갈고리 같은 가시는 없고 샘털이 덮임

0363 자주개자리 *Medicago sativa*

- 어긋나기, 3출엽, 양성화, 두상꽃차례
- 길가나 빈터에서 자라며 6~8월에 꽃 피는 여러해살이풀. 지중해 연안 원산 외래식물
- 개자리보다 대체로 크고 꽃이 자주색

＊ 알팔파(alfalfa)라는 목초로 들여왔으며 비탈면 복구용으로 뿌려지기도 함

높이는 30~90cm
곧게 서거나 비스듬히 자람
가지가 갈라짐

턱잎은 선상 피침형

줄기 속은 비어 있음

20~30개가
두상꽃차례로 핌

꽃받침조각은
5개

화관은 나비 모양
대개 청자색

노란색, 연한 청자색 또는
흰색으로 피는 것도 있음

잎은 3출엽

작은잎은 긴 타원형
또는 피침형
상반부에 톱니가 있음

주름이 잡힘

열매는 2~3회 나선형으로 말리는 협과

0364 전동싸리 *Melilotus suaveolens* / 흰전동싸리 *Melilotus albus*

- 어긋나기, 3출엽, 양성화, 총상꽃차례
- 들이나 길가에서 자라며 7~8월에 꽃 피는 두해살이풀
- 개자리보다 크고 꽃이 총상꽃차례로 피며 열매가 말리지 않음
- * 흰전동싸리는 꽃이 흰색이고 화관 길이가 0.2cm로 짧음

높이는 60~90cm, 곧게 서고 가지가 많이 갈라짐

줄기에 미약한 능선이 있음

화관은 나비 모양
노란색

30~40개가
달림

꽃받침조각은 5개

잎은 3출엽   턱잎은 선형

작은잎은 긴 타원형, 잔톱니가 있음

열매는 난형 또는
넓은 타원형 협과

흰전동싸리

꽃이 흰색

0365 활나물 *Crotalaria sessiliflora*

- 어긋나기, 홑잎, 양성화, 총상꽃차례
- 산과 들 양지바른 풀밭에서 자라며 7~9월에 꽃 피는 한해살이풀
- 잎이 홑잎이고 선상 긴 타원형이며 꽃받침에 갈색 털이 밀생

높이는 20~60cm, 곧게 섬

줄기에 위를
향한 긴
털이 있음

2~20개
꽃이 모여 핌

화관은
나비 모양

꽃받침은
2갈래로 깊게
갈라지고
위쪽은 2갈래
아래쪽은 3갈래로 갈라짐

잎은 넓은 선상 긴 타원형

선형에 가까운
잎이 달리기도 함

열매는 긴
타원형 협과
털이 밀생하는
꽃받침에 싸임

0366 애기자운 *Gueldenstaedtia verna*

- 뿌리에서 모여나기, 깃꼴겹잎, 양성화, 총상꽃차례
- 평북 낭림산 이북과 경북 풀밭에서 자라며 4~5월(또는 7~8월)에 꽃 피는 여러해살이풀
- 꽃이 꽃줄기 끝에 모여 달리며 열매를 비롯해 전체에 흰색 털이 밀생
- ** 평북에서 자라던 것이 경북으로 이장된 묘에 딸려와 퍼진 것일 수 있음*

높이는 5~20cm, 전체에 흰색 털이 밀생

꽃받침은 5갈래로 얕게 갈라짐

꽃줄기가 뿌리에서 올라옴

꽃줄기는 흰색 털이 밀생

뿌리에서 올라온 꽃줄기 끝에 1~4개 꽃이 핌

화관은 나비 모양

작은잎은 피침형 또는 타원형 흰색 털이 밀생

잎은 작은잎 4~9쌍 깃꼴겹잎

길고 굵은 뿌리가 있음

열매는 긴 타원형 협과 흰색 털이 밀생

0367 **괭이밥** *Oxalis corniculata* / **선괭이밥** *O. stricta*

- 어긋나기, 3출엽, 양성화, 산형꽃차례
- 밭이나 길가 빈터에서 자라며 4~9월에 꽃 피는 여러해살이풀
- 선괭이밥과 달리 줄기가 비스듬히 자라고 가지가 많이 갈라짐

* 선괭이밥은 줄기가 곧게 서고 가지가 거의 갈라지지 않음

높이는 10~25cm, 가지가 많이 갈라지고 비스듬히 자람

잎은 3출엽

작은잎은 도심장형
양면에 털이 있음

꽃잎은 5개, 도란형

암술대는 5개

수술은 10개
5개씩 2줄로 배열

꽃받침조각은
5개 피침형

꽃과 잎에 붉은색이 도는 것도 있음

열매는 6각 기둥
모양 삭과

익으면
열매껍질이
툭툭 터지면서
씨가 튀어나옴

선괭이밥

줄기가 곧게 서고
가지가 거의 갈라지지 않음

0368 자주괭이밥 *Oxalis debilis* var. *corymbosa*

- 뿌리에서 나기, 3출엽, 양성화, 산형꽃차례
- 남부지방과 제주도에서 자라며 5~10월에 꽃 피는 여러해살이풀. 남미 원산 외래식물
- 비늘줄기를 여러 개 만들어 번식하며 꽃 수가 5~7개로 적음

높이는 15~30cm

꽃 수가 5~7개로
적게 달림

잎은 3출엽
작은잎은 도심장형
양면에 털이 있음

꽃받침조각은 5개

꽃잎은 5개   수술은 10개, 2줄로 배널림

땅속에
비늘줄기를
여러 개 만들어
번식함

0369 **큰괭이밥** *Oxalis obtriangulata*

- 뿌리에서 나기, 3출엽, 양성화, 뿌리에서 나온 꽃줄기 끝에 1개씩 핌
- 산지 계곡에서 자라며 4~5월에 꽃 피는 여러해살이풀
- 애기괭이밥과 달리 작은잎 끝이 자른 듯한 모양이고 열매가 원기둥 모양

높이는 10~20cm

꽃줄기는 뿌리에서
올라오고 털이 있음

꽃잎은 5개, 도란형 또는 주걱
모양, 자주색 줄무늬가 있음

수술은 10개

작은잎은 도삼각형
가운데가 파임

잎은 3출엽

꽃받침조각은 5개
털이 있음

암술대는 5개

끝이 자른 듯한 모양

뿌리줄기가 있음

열매는 원기둥
모양 삭과

꽃받침조각

익으면 열매껍질이 툭툭
터지면서 씨가 튀어나옴

0370 **애기괭이밥** *Oxalis acetosella*

- 뿌리에서 나기, 3출엽, 양성화, 뿌리에서 나온 꽃줄기 끝에 1개씩 핌
- 높은 산 숲 속에서 자라며 4~6월에 꽃 피는 여러해살이풀
- 큰괭이밥과 달리 작은잎이 도심장형이고 열매가 짧은 별 모양

높이는 5~20cm

열매에서
나온 씨

꽃줄기에
털이 있음

꽃받침조각은 5개
털이 있음

수술은 10개

꽃잎은 5개, 도란형 또는
주걱 모양, 끝이 오목함

암술대는 5개

잎은 3출엽

털이 있고
가운데가 오목함

작은잎은 도심장형

햇볕이 들어야 꽃이
벌어지고 잎도 펼쳐짐

꽃이 벌어지기 전
모습

잎이 펼쳐지기 전 모습

열매는 짧은 별 모양 삭과

익으면 갈라지면서 씨가 튀어나옴

0371 **이질풀** *Geranium thunbergii*

- 마주나기, 홑잎, 양성화, 잎겨드랑이에서 나온 꽃대에 2개씩 핌
- 중부 이남 산과 들에서 자라며 8~10월에 꽃 피는 여러해살이풀
- 쥐손이풀보다 꽃이 좀 더 크고 진한 홍자색이며 꽃자루에 샘털이 밀생

높이는 30~70cm, 비스듬히 서거나 기듯이 자람

꽃받침과 꽃자루에 샘털과 옆으로 퍼진 털이 밀생

암술대는 5개   수술은 10개

꽃잎은 5개   꽃받침조각은 5개

흰색으로 피는 것도 드물게 있음

갈래조각은 도란형 불규칙한 톱니가 있음

잎은 3~5갈래로 갈라짐

샘털

열매는 삭과 5갈래로 갈라져 위로 말림

0372 쥐손이풀 *Geranium sibiricum*

- 마주나기, 홑잎, 양성화, 잎겨드랑이에서 나온 꽃대에 1~2개씩 핌
- 산기슭이나 길가에서 자라며 6~9월에 꽃 피는 여러해살이풀
- 이질풀보다 꽃이 좀 작고 연한 분홍색이며 꽃자루에 아래를 향한 털만 있음

높이는 30~80cm
비스듬히 서거나
옆으로 퍼져 자람

꽃자루에
아래를 향한
털이 있고
샘털은 없음

꽃받침조각은 5개   수술은 10개

꽃잎은 5개
홍자색 줄무늬가 있음   암술대는 5개

분홍색으로 피는 것도 있음

갈래조각은 피침상 난형
불규칙한 톱니가 있음

잎은 3~5갈래로 갈라짐

열매는 삭과, 5갈래로 갈라져 위로 말림

아래를 향한 털

0373 꽃쥐손이 *Geranium platyanthum*

- 어긋나기(줄기 위쪽은 마주나기처럼 보임), 홑잎, 양성화, 산형꽃차례
- 높은 지대 풀숲에서 자라며 5~7월에 꽃 피는 여러해살이풀
- 턱잎이 서로 떨어져 달리고 꽃자루에 샘털이 있으며 꽃이 산형꽃차례를 이룸

* 털쥐손이로 구분했던 것도 꽃쥐손이와 같은 것으로 봄

높이는 30~60cm
곧게 서고 위쪽에서 가지가 갈라짐

전체에
거친 털이
많음

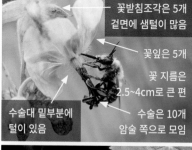

꽃받침조각은 5개
겉면에 샘털이 많음

꽃잎은 5개

꽃 지름은
2.5~4cm로 큰 편

수술은 10개
암술 쪽으로 모임

수술대 밑부분에
털이 있음

흰색으로 피는 것도 있음

잎은 오각상 원형
5~7갈래로 깊게 갈라짐

갈래조각에는 불규칙한 결각과
톱니가 있고 양면에 털이 있음

열매는 삭과
5갈래로 갈라서
위로 말림

꽃자루에 샘털 있음

0374 둥근이질풀 *Geranium koreanum* / 털둥근이질풀 *G. koreanum* f. *hirsutum*

- 마주나기, 홑잎, 양성화, 잎겨드랑이에서 나온 꽃대에 2개씩 핌
- 높은 산 양지바른 풀밭에서 자라며 6~8월에 꽃 피는 여러해살이풀
- 이질풀보다 대체로 크고 꽃도 크며 털이 많지 않음

∗ 꽃자루와 꽃받침과 줄기에 털이 많은 것을 털둥근이질풀로 구분하기도 함

전체에
짧은 털이
있거나
거의 없음

높이는 60~100cm
밑에서 여러 대가 나오고 곧게 서며 가지가 갈라지기도 함

꽃받침조각은 5개

수술은 10개

암술대는
5개

꽃 지름은
2~3cm로 약간 큰 편

꽃잎은 5개
홍자색 무늬가 있음

잎은 3~5갈래로 갈라짐
갈래조각은 굵은 톱니가 있음

열매는 삭과
5갈래로 갈라져 위로 말림

털둥근이질풀

꽃자루와
꽃받침과
줄기에
털이 많음

415

0375 세잎쥐손이 *Geranium wilfordii*

- 마주나기, 홑잎, 양성화, 잎겨드랑이에서 나온 꽃대에 2개씩 핌
- 산지 숲 가장자리에서 자라며 8~10월에 꽃 피는 여러해살이풀
- 쥐손이풀과 달리 구부러진 털이 많고 줄기잎이 대개 3갈래로 갈라짐

높이는 30~80cm
아래쪽이 옆으로 눕고 마디가 굵음

줄기에 구부러진
털이 많음

꽃잎은 5개
줄무늬가 있음

수술은 10개

암술대는
5개

꽃받침조각은 5개
끝이 돌기처럼 뾰족함. 짧은 털이 있음

홍자색으로 피는 것도 있음

아래쪽 잎은
5갈래로 갈라짐

줄기잎은 3갈래로
깊게 갈라짐
갈래조각에
불규칙한 톱니가 있음

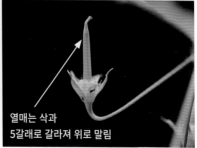

열매는 삭과
5갈래로 갈라져 위로 말림

0376 큰세잎쥐손이 *Geranium knuthii* / 산쥐손이 *G. dahuricum*

- 마주나기, 홑잎, 양성화, 잎겨드랑이에서 나온 꽃대에 2개씩 핌
- 중부 이북 산지에서 자라며 8~9월에 꽃 피는 여러해살이풀
- 세잎쥐손이보다 잎과 꽃이 크고 턱잎이 서로 붙어 달림
- * 산쥐손이는 잎이 밑부분까지 7갈래로 깊고 잘게 갈라짐

높이는 50~70cm, 곧게 서거나 비스듬히 섬

줄기에 구부러진 잔털이 있거나 없음

암술대는 5개

꽃받침조각은 5개 끝이 돌기처럼 뾰족함

꽃잎은 5개 홍자색 줄무늬가 있음

수술은 10개

아래쪽 잎은 5갈래로 갈라짐 갈래조각은 치아 모양 톱니가 있음

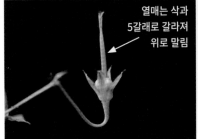

열매는 삭과 5갈래로 갈라져 위로 말림

잎이 밑부분까지 7갈래로 잘게 갈라짐

산쥐손이

0377 섬쥐손이 *Geranium shikokianum* var. *quelpaertense*

- 마주나기, 홑잎, 양성화, 잎겨드랑이에서 나온 꽃대에 2개씩 핌
- 한라산 고지대 풀밭에서 자라며 7~8월에 꽃 피는 여러해살이풀
- 산쥐손이보다 대체로 작고 전체에 퍼진 털이 밀생

높이는 15~30cm, 비스듬히 서거나 누워 자람

전체에 퍼진 털이 밀생

꽃잎은 5개
홍자색 줄무늬가
있음

수술은 10개

암술대는
5개

꽃받침조각은 5개
끝이 돌기처럼 뾰족함. 털이 있음

꽃잎 변이

잎은 3~5갈래로 갈라짐. 갈래조각은 결각 또는
치아 모양 큰 톱니가 있고 양면에 털이 있음

열매는 삭과
5갈래로 갈라져
위로 말림

0378 미국쥐손이 *Geranium carolinianum*

- 마주나기, 홑잎, 양성화, 산형꽃차례
- 제주도와 남부지방 풀밭에서 자라며 5~8월에 꽃 피는 한해살이풀. 북미 원산 외래식물
- 쥐손이풀과 달리 한해살이풀이고 잎이 5~9갈래로 깊게 갈라짐

높이는 10~40cm
비스듬히 서거나 옆으로 퍼져 자람

턱잎은 피침형
떨어져 달림

줄기에 부드러운 털과 함께
샘털이 드물게 있음

꽃잎은 5개, 연한 줄무늬가 있음   암술대는
5개

수술은
10개

꽃받침조각은 5개, 끝이 돌기처럼 뾰족함

꽃받침조각은 난형
긴 털이 있고 샘털이 섞여 있음

잎은 신장형 또는 원형
5~9갈래로 깊게 갈라짐

열매는 삭과
5갈래로 갈라져
위로 말림

0379 **남가새** *Tribulus terrestris*

- 어긋나기, 깃꼴겹잎, 양성화, 잎겨드랑이에 1개씩 핌
- 경북과 제주도 바닷가 모래땅에서 자라며 7~8월에 꽃 피는 한해살이풀
- 잎이 깃꼴겹잎이며 열매에 가시털과 함께 뾰족한 돌기가 있음

높이는 5~20cm
밑에서 가지가 많이 갈라져 옆으로 퍼져 자람

줄기에
구부러진 짧은
털과 퍼진 긴
털이 있음

꽃받침조각은 5개
겉면에 누운
털이 있음

수술은 10개

암술머리는
5갈래로 갈라짐

꽃잎은 5개

작은잎은 긴 타원형, 좌우비대칭, 끝이 둔함

잎은 작은잎 4~8쌍 깃꼴겹잎

양면, 특히 뒷면에 흰색 누운 털이 밀생

5갈래로 갈라지고
갈래조각에 2개씩
돌기가 있음

열매는 가시털이 있는 삭과

0380 개아마 *Linum stelleroides* / 노랑개아마 *L. virginianum*

- 어긋나기, 홑잎, 양성화, 총상꽃차례
- 볕이 잘 드는 곳에서 자라며 8~10월에 꽃 피는 한해살이풀. 중앙아시아 원산 외래식물
- 꽃받침조각 가장자리에 검은색 샘점이 있음

＊ 노란색 꽃이 피는 노랑개아마는 북미 원산 외래식물

높이는 40~60cm
곧게 서고 위쪽에서 가지가 갈라짐

줄기는 털이 거의 없음

꽃받침조각은 5개, 가장자리에 검은색 샘점이 도드라짐

3개 맥이 있음

꽃잎은 5개, 도란형으로 안쪽에 청자색 무늬가 있음

수술은 5개, 암술은 1개, 암술대는 4~5개

3개 맥잎은 넓은 선형 잎밑이 좁아지면서 줄기에 붙음이 있음

열매는 구형 삭과 지름이 0.3~0.4cm

꽃받침조각 가장사리에 섬은색 샘점이 도드라짐

노랑개아마

꽃이 노란색 정오가 지나서 꽃이 벌어지고 몇 시간 후면 닫힘

0381 **여우구슬** *Phyllanthus urinaria*

- 1개씩 나기, 홑잎, 암수한포기, 잎겨드랑이에 1~3개씩 핌
- 충남 이남 들이나 길가에서 자라며 7~9월에 꽃 피는 한해살이풀
- 잎이 가지에만 달리며 열매자루가 거의 없고 열매 표면에 돌기가 있음

높이는 10~30cm, 곧게 서고 가지가 갈라짐

줄기는 녹색 또는 자줏빛을 띠고 매끈함

원줄기에 잎이 달리지 않음

꽃받침조각은 6개, 꽃잎처럼 보임

암꽃은 암술대가 3개이고 각각 2갈래로 갈라짐

수꽃은 수술이 3개

암꽃

꽃받침조각은 6개 꽃잎처럼 보임

꿀샘덩이는 6개

잎은 긴 타원형 또는 도란형

잎은 깃꼴겹잎처럼 보이지만 사이마다 꽃이 달리므로 홑잎으로 봄

열매는 납작한 구형 삭과 표면에 돌기가 있음

0382 **여우주머니** *Phyllanthus ussuriensis*

- 어긋나기, 홑잎, 암수한포기, 잎겨드랑이에 몇 개씩 핌
- 산기슭이나 들에서 자라며 6~7월에 꽃 피는 한해살이풀
- 잎이 가지와 줄기 모두에 달리며 열매자루가 확실히 있고 열매 표면이 매끈함

높이는 15~30cm 약간 비스듬히 서고 가지가 갈라짐

줄기에 미약한 능선이 있음

원줄기에도 잎이 달림

수꽃은 꽃받침조각이 4~5개, 수술은 2개 꿀샘덩이는 4개

암꽃은 꽃받침조각이 6개이고 펼쳐지지 않으며 암술대는 3개, 각각 2갈래로 갈라짐

암꽃

수꽃

잎은 피침형 또는 긴 타원형

끝이 뾰족하고 뒷면은 분백색을 띰

열매는 납작한 구형 삭과

열매자루기 있음

표면은 밋밋한 편

0383 깨풀 *Acalypha australis*

- 어긋나기, 홑잎, 암수한포기, 수상꽃차례
- 밭이나 길가에서 자라며 8~10월에 꽃 피는 한해살이풀
- 산쪽풀과 달리 잎이 어긋나고 수꽃 꽃받침조각이 4개이며 씨방이 3실

높이는 30~50cm, 곧게 서고 가지가 갈라짐

줄기에 짧은 털이 있음

수꽃차례가 위쪽에 달림

포엽은 삼각상 난형 톱니가 있음

씨방은 3실

암꽃은 꽃받침조각이 3개 암술대는 3개

암꽃은 수꽃보다 아래쪽 포엽겨드랑이에 달림

수꽃은 꽃받침조각이 4개, 수술은 8개

앞면에 짧은 털이 듬성듬성 있음

잎은 난형 또는 넓은 피침형 끝이 뾰족하고 둔한 톱니가 있음

포엽

열매는 구형 삭과 표면은 울퉁불퉁함

0384 산쪽풀 *Mercurialis leiocarpa*

- 마주나기, 홑잎, 암수한포기, 수상꽃차례
- 제주도와 전남 숲 속에서 자라며 3~5월에 꽃 피는 여러해살이풀
- 깨풀과 달리 잎 표면에 가시털이 있으며 꽃받침조각이 3개이고 씨방이 2실

높이는 20~40cm, 곧게 서며 옆으로 벋는 뿌리줄기가 있음

줄기는 네모지며 마디가 있음

암꽃은 암술머리가 2갈래로 갈라짐

꽃받침조각은 3개

수꽃은 수술이 많음

꽃받침조각은 3개

잎은 긴 타원형, 둔한 톱니가 있음

앞면과 뒷면 맥을 따라 대개 긴 가시털이 있음

표면에 울퉁불퉁한 돌기가 있음

열매는 구형 삭과 2갈래로 갈라짐

0385 대극 *Euphorbia pekinensis*

- 어긋나기, 홑잎, 암수한포기, 배상꽃차례
- 산기슭 풀밭에서 자라며 5~7월에 꽃 피는 여러해살이풀
- 붉은대극보다 잎이 좁은 편이고 열매 표면에 사마귀 모양 돌기가 있음

* 줄기나 잎을 자르면 하얀 액이 나옴

높이는 30~80cm, 곧게 서고 녹색 또는 적갈색

줄기에 굽은 털이 대개 없는 편

수꽃은 여러 개 각각 1개 수술로 됨

꿀샘덩이는 4개 콩팥 모양

씨방은 사마귀 모양 돌기가 있음 드물게 털이 있기도 함

총포엽은 2~3개

암꽃은 암술대가 3개 각각 2갈래로 갈라짐

잎은 피침형 또는 긴 타원형

양면에 털이 있거나 없음 잔톱니도 있거나 없음

줄기에 털이 있는 개체도 있음

열매는 난상 구형 삭과 표면에 사마귀 모양 돌기가 있음

0386 개감수 *Euphorbia sieboldiana*

- 어긋나기, 홑잎, 암수한포기, 배상꽃차례
- 산지 숲 속에서 자라며 4~8월에 꽃 피는 여러해살이풀
- 흰대극과 달리 꿀샘덩이가 긴 뿔 모양이고 열매 표면이 매끈함

＊ 줄기나 잎을 자르면 하얀 액이 나옴

높이는 20~40cm
곧게 섬
옆으로 벋는
뿌리줄기가 있음

성장한
모습

줄기에
털이 없음

꿀샘덩이는 4개
초승달 모양
끝이 뿔처럼
길게 뾰족함

총포엽은 2개
삼각상 난형

수꽃은 여러 개
각각 1개씩 수술로 됨

씨방은 매끈함

암꽃은 암술대가 3개
각각 2갈래로 갈라짐

봄에 돋는 새순은 붉은색

꽃이 지고 난 후 모습

열매는 닌상 구형 삭과, 표면이 매끈함

0387 붉은대극 *Euphorbia ebracteolata*

- 어긋나기, 홑잎, 암수한포기, 배상꽃차례
- 산지 숲 속에서 자라며 3~4월에 꽃 피는 여러해살이풀
- 대극보다 잎이 넓은 편이고 열매 표면이 매끈함

* *줄기나 잎을 자르면 하얀 액이 나옴*

높이는 10~20cm, 곧게 서고 털이 있거나 없음

봄에 돋는 새순은 붉은색

암꽃은
암술대가 3개
각각 2갈래로
갈라짐

씨방은 매끈함

총포엽은
대개 2개

수꽃은 여러 개
각각 1개씩
수술로 됨

소포엽

꿀샘덩이는 4개
콩팥 모양

굵은 뿌리줄기가 있고
자르면 황록색 액이 나옴

열매는 난상 구형 삭과
표면이 매끈함

서해 풍도에서 자라는 것도
붉은대극과
같은 것으로 봄

0388 흰대극 *Euphorbia esula*

- 어긋나기, 홑잎, 암수한포기, 배상꽃차례
- 바닷가나 들에서 자라며 4~5월에 꽃 피는 여러해살이풀
- 대극과 달리 총포엽이 반원형이고 꿀샘덩이가 초승달 모양

* 줄기나 잎을 자르면 하얀 액이 나옴

높이는 20~50cm
곧게 서고 가지가 갈라짐

줄기는
매끈한 편

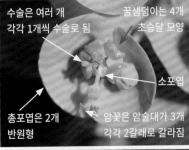

수술은 여러 개
각각 1개씩 수술로 됨

꿀샘덩이는 4개
초승달 모양

소포엽

총포엽은 2개
반원형

암꽃은 암술대가 3개
각각 2갈래로 갈라짐

꿀샘덩이가 주황색인 것도 있음

잎은 피침형 또는 도피침형, 가을에는 훨씬
길어지고 붉은색으로 물들기도 함

열매는 삼각상
난형 삭과, 표면은
삼각 돌출부만
우툴두툴함

0389 암대극 *Euphorbia jolkinii*

- 어긋나기, 홑잎, 암수한포기, 배상꽃차례
- 제주도와 남부지방 바닷가 암석지대에서 자라며 4~5월에 꽃 피는 여러해살이풀
- 꽃 필 때 총포엽이 노란색이고 잎이 촘촘하며 열매에 사마귀 같은 돌기가 있음

＊ 줄기나 잎을 자르면 하얀 액이 나옴

높이는 40~80cm, 곧게 서고 밑에서 가지가 갈라짐

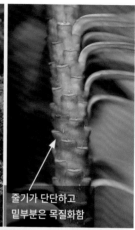

줄기가 단단하고 밑부분은 목질화함

수꽃은 여러 개 각각 1개씩 수술로 됨

꿀샘덩이는 4~5개 눌린 깔때기 모양

씨방은 사마귀 모양 돌기가 있음

소포엽

암꽃은 암술대가 3개 각각 2갈래로 갈라짐

총포엽은 2~4개 꽃 필 무렵에 노란색을 띰

총포엽은 꽃 필 무렵에 노란색을 띰

잎은 도피침형, 촘촘히 달림

열매는 삼각상 난형 삭과 표면에 사마귀 모양 돌기가 있음

0390 두메대극 *Euphorbia fauriei*

- 어긋나기, 홑잎, 암수한포기, 배상꽃차례
- 한라산 고지대와 부산 바닷가 풀밭에서 자라며 5~8월에 꽃 피는 여러해살이풀
- 대극과 달리 줄기잎이 난형 또는 긴 타원형이고 2cm 이하로 작음
- ＊ 줄기나 잎을 자르면 하얀 액이 나옴

높이는 10~20cm, 여러 대가 갈라져 나와 비스듬히 섬

줄기에 털이 있음

꿀샘덩이는 4~5개 콩팥 모양

암꽃은 암술대가 3개 각각 2갈래로 갈라짐

총포엽은 2~3개

수꽃은 여러 개 각각 1개씩 수술로 됨

소포엽

잎은 난형 또는 긴 타원형, 잔톱니가 있음

잎이 2cm 이하로 작고 줄기 끝에는 3~4개가 돌려서 달림

뒷면은 분백색을 띰

열매는 삼각상 난형 삭과 표면에 사마귀 모양 돌기가 있음

0391 등대풀 *Euphorbia helioscopia*

- 어긋나기, 홑잎, 암수한포기, 배상꽃차례
- 경기 이남 들에서 자라며 4~5월에 꽃 피는 한두해살이풀
- 대극과 달리 한두해살이풀이고 잎이 도란형

* 줄기나 잎을 자르면 하얀 액이 나옴

높이는 15~35cm, 밑에서 가지가 갈라짐

전체에 긴 털이 있음

꿀샘덩이는 4개 콩팥 모양

수꽃은 여러 개 각각 1개씩 수술로 됨

꽃이 다 핀 후 모습

씨방은 매끈함

총포엽은 2개 잔톱니가 있고 양면에 털이 있음

암꽃은 암술대가 3개, 각각 2갈래로 갈라짐

상반부에 잔톱니가 있음 양면에 털이 있음

잎은 도란형 또는 주걱 모양

열매는 삼각상 난형 삭과 표면은 매끈함

0392 **땅빈대** *Euphorbia humifusa* / **누운땅빈대** *Euphorbia prostrata*

- 마주나기, 홑잎, 암수한포기, 배상꽃차례
- 밭이나 길가에서 자라며 8~9월에 꽃 피는 한해살이풀
- 애기땅빈대와 달리 잎에 적갈색 무늬가 없고 열매에 털이 없음

* 열대 아메리카 원산 외래식물인 누운땅빈대는 열매 능선을 따라 털이 있음

높이는 2~10cm, 밑에서 갈라져 땅에 붙어 자람

줄기에 긴 털이 있음

수꽃은 각각 수술 1개로 됨

꿀샘덩이는 4개 콩팥 모양

암꽃은 암술대가 3개 각각 2갈래로 갈라짐

잎은 긴 타원형 좌우비대칭 잔톱니가 있음

열매는 난형 삭과 능선이 3개 있음. 털은 없음

누운땅빈대

열매 능선을 따라 털이 있음

0393 애기땅빈대 *Euphorbia maculata*

| 대극과 |

- 마주나기, 홑잎, 암수한포기, 배상꽃차례
- 밭이나 길가에서 자라며 6~9월에 꽃 피는 한해살이풀. 북미 원산 외래식물
- 땅빈대와 달리 잎 중앙에 적갈색 무늬가 있고 열매에 부드러운 털이 밀생

＊ 줄기나 잎을 자르면 하얀 액이 나옴

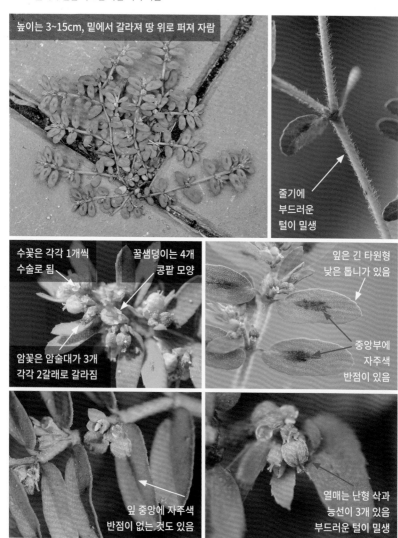

높이는 3~15cm, 밑에서 갈라져 땅 위로 퍼져 자람

줄기에 부드러운 털이 밀생

수꽃은 각각 1개씩 수술로 됨

꿀샘덩이는 4개 콩팥 모양

암꽃은 암술대가 3개 각각 2갈래로 갈라짐

잎은 긴 타원형 낮은 톱니가 있음

중앙부에 자주색 반점이 있음

잎 중앙에 자주색 반점이 없는 것도 있음

열매는 난형 삭과 능선이 3개 있음 부드러운 털이 밀생

0394 큰땅빈대 *Euphorbia nutans*

- 마주나기, 홑잎, 암수한포기, 배상꽃차례
- 밭이나 길가에서 자라며 6~9월에 꽃 피는 한해살이풀. 북미 원산 외래식물
- 식물체가 크고 높게 자라며 잎이 좀 더 길쭉하고 3개 잎맥이 확실함

* 줄기나 잎을 자르면 하얀 액이 나옴

높이는 15~60cm
가지가 갈라져 퍼지고 곧게 서거나 비스듬히 자람

줄기에 털이 있다가
점차 없어짐

꿀샘덩이는 4개
콩팥 모양

수꽃은 수술
1개로 됨

암꽃은 암술대가 3개,
각각 2갈래로 갈라짐

잎은 긴 타원형
잔톱니가 있음
맥은 3개

잎 뒷면은 분백색을 띰

열매는 난형 삭과, 능선은 3개, 털은 없음

0395 **물별이끼** *Callitriche palustris* / **별이끼** *C. japonica*

- 마주나기, 홑잎, 암수한포기, 잎겨드랑이에 1개씩 핌
- 늪이나 논에서 자라며 5~8월에 꽃 피는 한해살이풀
- 잎맥이 1개이고 물속 잎이 선형
- ＊ 별이끼는 잎이 도란형 또는 난상 원형이고 잎맥이 3개

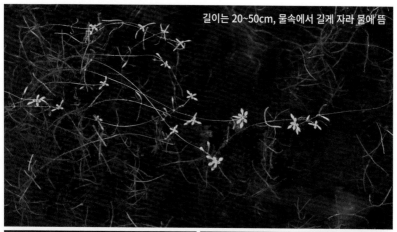

길이는 20~50cm, 물속에서 길게 자라 물에 뜸

물에 뜨는 잎은 주걱 모양 긴 도란형 또는 긴 타원형, 끝이 둥글거나 파임

물속 잎은 선형, 맥은 1개

열매는 타원형 삭과

수꽃은 수술이 1개 있음

암꽃은 암술대 2개와 포엽 2개가 있음

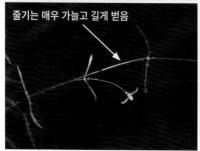

줄기는 매우 가늘고 길게 벋음

별이끼

잎이 도란형 또는 난상 원형이고 잎맥이 3개

0396 백선 *Dictamnus dasycarpus*

- 어긋나기, 깃꼴겹잎, 양성화, 총상꽃차례
- 산과 들에서 자라며 5~6월에 꽃 피는 여러해살이풀
- 암술과 수술이 꽃 밖으로 길게 나오고 엽축에 날개가 있으며 열매가 별 모양

* 전체에 있는 기름샘에서 독특한 냄새가 남

높이는 60~90cm

곧게 섬
줄기 아래쪽은
목질화함

꽃잎은 5개, 홍자색
줄무늬가 있음

암술은 1개

수술은 10개, 적갈색 기름샘이 붙어 있음

엽축에
날개가 있음

작은잎은 난형
또는 타원형
잔톱니가 있음

잎은 작은잎
5~9개 깃꼴겹잎

길고 굵직한
뿌리가 있음

열매는 별 모양 삭과
기름샘과 털이 있음

0397 **애기풀** *Polygala japonica*

- 어긋나기, 홑잎, 양성화, 총상꽃차례
- 풀밭이나 산지 양지바른 곳에서 자라며 4~6월에 꽃 피는 여러해살이풀
- 원지와 달리 반관목 성질을 띠고 잎이 난형 또는 타원형으로 넓은 편

높이는 10~20cm
밑에서 여러 대가 나옴

줄기는
잔털로 덮임

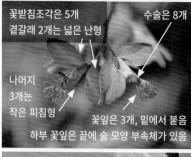

꽃받침조각은 5개
곁갈래 2개는 넓은 난형
수술은 8개
나머지
3개는
작은 피침형
꽃잎은 3개, 밑에서 붙음
하부 꽃잎은 끝에 술 모양 부속체가 있음

꽃이 대개 보라색이지만
청보라색을 띠는 것도 있음

잎은 난형 또는 타원형
양면에 털이 있음

열매는 납작한 원형 삭과, 넓은 날개가 있음

0398 **원지** *Polygala tenuifolia*

- 어긋나기, 홑잎, 양성화, 엉성한 총상꽃차례
- 중부 이북 산지 풀밭에서 자라며 5~7월에 꽃 피는 여러해살이풀
- 애기풀과 달리 줄기가 연약하고 잎이 선형으로 매우 가느다람

∗ 남한에서는 경북 안동 지역에 제한적으로 분포함

높이는 15~30cm
곧게 서지만 연약함

줄기에 짧은
돌기 같은
털이 밀생

꽃잎은 3개, 위쪽 2개는 넓고 뒤로 휨

나머지 꽃받침조각
3개는 선형

나머지 꽃잎 1개는
끝이 솔처럼 갈라짐

꽃받침조각은 5개, 그중 곁갈래
2개는 넓고 뒤로 젖혀짐

잎은 선형

굵고 긴 뿌리가 있음

꽃받침조각

열매는 납작한
도심장형 삭과

좁은 날개가
있고 딜은 없음

0399 병아리풀 *Polygala tatarinowii*

- 어긋나기, 홑잎, 양성화, 총상꽃차례
- 전라도와 중부 이북 풀밭이나 바위틈에서 자라며 8~9월에 꽃 피는 한해살이풀
- 원지와 달리 한해살이풀이고 잎이 난상 원형이며 꽃이 조밀하게 달림

높이는 5~15cm, 곧게 서고 가지가 갈라지기도 함

줄기에 잔털이 있음

꽃은 조밀하게 달림

꽃받침은 5개 그중 곁갈래 2개는 꽃잎 같음

흰색으로 피는 것도 있음

잎은 난상 원형 또는 난상 타원형

가장자리에 연한 털이 있음

열매는 납작한 원형 삭과

0400 **병아리다리** _Salomonia ciliata_

- 어긋나기, 홑잎, 양성화, 수상꽃차례
- 남부지방 습지에서 자라며 7~8월에 꽃 피는 한해살이풀
- 병아리풀과 달리 꽃이 듬성듬성 달리고 잎이 긴 타원형이며 열매에 가시가 있음

높이는 6~30cm
곧게 서고 가지가 갈라지기도 함

줄기에 털은
거의 없음

꽃잎은 3개, 일부가
수술통과 합쳐짐

꽃받침조각은 5개
피침형

수술은 4~5개

잎은 타원형 또는 긴 타원형
위로 갈수록 피침형으로 됨

하얀 실 같은 뿌리가 있음

열매는 납작한
신장형 삭과
가장자리에 가시
같은 털이 있음

0401 **물봉선** *Impatiens textorii* / **흰물봉선** *I. textorii* var. *koreana* / **가야물봉선** *I. atrosanguinea*

- 어긋나기, 홑잎, 양성화, 총상꽃차례
- 산지 냇가나 습기 있는 곳에서 자라며 8~9월에 꽃 피는 한해살이풀
- 노랑물봉선과 달리 꽃이 홍자색이고 잎이 넓은 피침형

* 흰물봉선은 꽃이 흰색, 가야물봉선은 꽃이 흑자색

높이는 40~70cm
곧게 서고 가지가 갈라짐

꿀주머니는 대개 1회 이상 말림

꽃은 홍자색

줄기는 털은 없고
물기가 많음

마디가
굵어짐

잎은 난상
넓은 피침형
날카로운
톱니가 있음

열매는 피침형 삭과,
익으면 갈라지면서 씨를 튕겨냄

흰물봉선

꽃이 흰색

가야물봉선

꽃이 흑자색이고
수염뿌리가 적색

0402 처진물봉선 *Impatiens furcillata*

- 어긋나기, 홑잎, 양성화, 총상꽃차례
- 경남 연화산 이남 습기 있는 산에서 자라며 9~10월에 꽃 피는 한해살이풀
- 물봉선과 달리 꽃이 연한 분홍색이고 꽃차례가 아래로 처져 달림

* *거제물봉선으로 불리던 것도 처진물봉선과 같은 것으로 봄*

높이는 30~60cm, 비스듬히 서고 가지가 많이 갈라짐

꽃차례가 아래로 처져 달림

수술은 5개
꽃밥이 합쳐짐. 암술은 1개

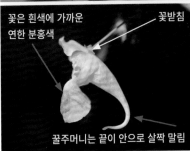

꽃은 흰색에 가까운 연한 분홍색

꽃받침

꿀주머니는 끝이 안으로 살짝 말림

잎은 넓은 피침형 또는 타원형
날카로운 가시가 있음

양면에 털이 있다가 점차 사라짐

열매는 피침형 삭과
익으면 갈라지면서 씨를 튕겨냄

0403 노랑물봉선 *Impatiens noli-tangere*

- 어긋나기, 홑잎, 양성화, 총상꽃차례
- 제주도 제외 지역 산지 습한 곳에서 자라며 7~9월에 꽃 피는 한해살이풀
- 물봉선과 달리 꿀주머니가 말리지 않고 잎이 난형 또는 타원형이며 톱니가 둔함

높이는 40~80cm, 곧게 서고 가지가 많이 갈라짐

줄기에 털은 없고 물기가 많음

꽃은 노란색

꿀주머니는 살짝 구부러짐

수술은 5개 서로 합쳐짐. 암술은 1개

잎은 난형 또는 타원형, 둔한 톱니가 있음

열매는 피침형 삭과 익으면 갈라지면서 씨를 튕겨냄

꽃이 미황색인 것도 있음

0404 봉선화 *Impatiens balsamina*

- 어긋나기, 홑잎, 양성화, 잎겨드랑이에 1~3개씩 핌
- 집 주변에 심어 기르며 7~9월에 꽃 피는 한해살이풀. 동남아시아 원산 식물
- 꽃 색이 다양하며 열매가 난상 타원형이고 표면에 흰색 털이 밀생

높이는 40~100cm, 곧게 섬

줄기는 마디가 굵어지고 털이 없으며 통통한 다육질

꽃받침조각은 3개 가운데 것이 꽃잎 모양

겹꽃 품종

수술은 5개 꽃밥이 서로 합쳐짐 암술은 1개

꿀주머니는 아래로 굽음

꽃잎은 3개

열매는 난상 타원형 삭과, 흰색 털로 덮임

익으면 5갈래로 갈라지면서 흑갈색 씨를 튕겨냄

0405 거지덩굴 *Causonia japonica*

- 어긋나기, 손꼴겹잎, 양성화, 산방상 취산꽃차례
- 제주도와 전남 섬 지방 숲 가장자리에서 자라며 7~8월에 꽃 피는 여러해살이풀
- 돌외와 달리 꽃이 양성화이고 잎 앞면에 거친 털이 없으며 열매에 가로줄이 없음

길이는 300~500cm, 덩굴져 자람

줄기에 능선이 있고 마디에 털이 있음

덩굴손
산방상 취산꽃차례를 이룸
꽃차례 폭은 8~15cm

암술은 1개
수술은 4개
꽃잎은 4개, 잘 떨어짐

잎은 손꼴겹잎
작은잎은 난형 또는 긴 난형 톱니가 있음

열매는 구형 장과 녹색에서 검은색으로 익음

0406 고슴도치풀 *Triumfetta japonica*

- 어긋나기, 홑잎, 양성화, 취산꽃차례
- 중부 이남 들이나 산기슭에서 자라며 8~9월에 꽃 피는 한해살이풀
- 열매에 갈고리 모양 가시가 덮임

높이는 60~100cm, 곧게 서고 가지가 갈라짐

줄기에
긴 털이 있음

꽃받침조각은 5개
넓은 선형, 털이
있음. 꽃잎보다 긺

수술은 10개

꽃잎은 5개
꽃받침조각보다 넓음

표면에 털이
듬성듬성 있음

잎은 난형 또는 타원형
끝이 길게 뾰족함. 톱니가 있음

뒷면과 맥 위에도 털이 있음

가시에 긴 털이 있음

열매는 구형 삭과
끝이 갈고리처럼 굽은 긴 가시로 덮임

447

0407 **애기아욱** *Malva parviflora* / **당아욱** *M. sylvestris*

- 어긋나기, 홑잎, 양성화, 잎겨드랑이에 2~3개가 뭉쳐서 핌
- 제주도 밭이나 길가에서 자라며 4~6월에 꽃 피는 한해살이풀. 유럽 원산 외래식물
- 잎이 중간까지 갈라지고 꽃잎이 꽃받침보다 조금 길며 분과에 그물무늬가 있음

* 유라시아 원산 외래식물인 당아욱은 울릉도와 남부지방에서 야생함

높이는 20~50cm, 비스듬히 서고 가지가 갈라짐

줄기에 긴 털이
흩어져 달림

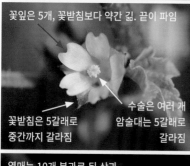

꽃잎은 5개, 꽃받침보다 약간 긺. 끝이 파임

수술은 여러 개
암술대는 5갈래로
갈라짐

꽃받침은 5갈래로
중간까지 갈라짐

갈래조각에는 둔한
톱니가 있음

잎은 원형 또는 신장형
5~7갈래로 중간까지 갈라짐

열매는 10개 분과로 된 삭과
분과는 그물무늬가 있음

당아욱

꽃이 진한 홍자색이고 잎이
얕게 갈라짐

0408 **난쟁이아욱** *Malva neglecta*

- 어긋나기, 홑잎, 양성화, 잎겨드랑이에 3~6개가 뭉쳐서 핌
- 남부지방에서 자라며 6~9월에 꽃 피는 두해살이풀. 유라시아 원산 외래식물
- 잎이 매우 얕게 갈라지고 꽃잎이 꽃받침보다 2~3배 길며 분과에 무늬가 없음

줄기에 털이 흩어져 남

높이는 10~25cm, 땅 위를 기며 가지가 갈라짐

꽃잎은 5개, 꽃받침보다 2~3배 긺
홍자색 줄무늬가 있음. 끝이 약간 파임

꽃받침은 5갈래로 갈라짐. 꽃잎보다 짧음

잎은 원형, 5~9갈래로 얕게 갈라짐
얕은 톱니가 있음

뒷면과 맥 위에도 털이 있음

열매는 12~15개 분과로 된 삭과
분과에 무늬가 없음

0409 국화잎아욱 *Modiola caroliniana*

- 어긋나기, 홑잎, 양성화, 잎겨드랑이에서 나온 꽃대에 1개씩 핌
- 제주도 풀밭에서 자라며 5~7월에 꽃 피는 한두해살이풀. 열대 아메리카 원산 외래식물
- 꽃이 잎겨드랑이에 1개씩 달리고 분과 위쪽에 뿔 모양 돌기와 털이 있음

높이는 15~40cm, 아래쪽이 바닥을 기면서 자람

줄기에 긴 털이 흩어져 달림

꽃받침은 5갈래로 갈라짐

수술은 암술대 주위로 모임

꽃잎은 5개, 주황색 안쪽에 짙은 무늬가 있음

꽃이 잎겨드랑이에서 길게 나온 꽃대에 1개씩 달림

잎은 원형 또는 넓은 난형, 5~7갈래로 깊게 갈라짐. 갈래조각에 톱니가 있음

열매는 14~22개 분과로 된 삭과

분과 끝에 뿔 모양 돌기가 있고 털이 있음

0410 어저귀 *Abutilon theophrasti* / 접시꽃 *Alcea rosea*

- 어긋나기, 홑잎, 양성화, 잎겨드랑이에서 나온 꽃대에 1개씩 핌
- 길가나 들에서 자라며 8~10월에 꽃 피는 한해살이풀. 인도 원산 외래식물
- 잎이 심장상 원형이고 끝이 갑자기 뾰족해지며 분과에 긴 돌기가 2개 있음
- ＊ 중국과 시리아 원산 접시꽃은 관상용 또는 약용으로 심어 기름

높이는 80~300cm, 곧게 서고 가지가 갈라짐

전체에 털이 많음

수술은 많고 가운데로 모아짐

꽃받침조각은 5개 꽃잎보다 약간 짧음

꽃잎은 5개 밑부분이 서로 붙음

잎은 심장상 원형, 톱니가 있음 끝이 갑자기 길게 뾰족함

분과는 뿔 모양 돌기가 2개 있고 털이 많음

열매는 12~16개 분과로 된 삭과

접시꽃

꽃이 크고 접시 모양

0411 공단풀 *Sida spinosa*

- 어긋나기, 홑잎, 양성화, 잎겨드랑이에 1~3개씩 핌
- 길가나 빈터에서 자라며 8~9월에 꽃 피는 한해살이풀. 열대 아메리카 원산 외래식물
- 나도공단풀과 달리 잎자루 밑에 가시 모양 돌기가 있으며 꽃자루가 짧고 잎자루가 깊

＊ 분과가 5개로 적고, 뿔 모양 돌기 2개가 달리는 점도 다름

높이는 30~60cm
곧게 서고 가지가 많이 갈라짐

잎자루는
꽃자루보다 깊

줄기에 짧은
털이 있음

턱잎은
바늘 모양

꽃자루가
짧음

꽃받침조각은 5개

수술은 여러 개

꽃 지름은 1.2cm로
조금 작은 편

꽃잎은 5개, 도란형

잎자루 밑부분에 뭉툭한
가시 모양 돌기가 있음

잎은 긴 난형 또는 넓은 피침형
둔한 톱니가 있음

잎자루가
꽃자루보다 깊

열매는 5개 분과로 된 삭과

0412 나도공단풀 *Sida rhombifolia*

- 어긋나기, 홑잎, 양성화, 잎겨드랑이에 1개씩 핌
- 제주도 길가나 빈터에서 자라며 8~10월에 꽃 피는 한해살이풀. 열대지방 원산 외래식물
- 공단풀과 달리 잎이 대개 마름모 모양이며 잎자루가 짧고 꽃자루가 훨씬 긺
- * 분과가 8~14개로 많고, 분과 끝이 가시처럼 2갈래로 갈라지는 점도 다름

높이는 30~70cm, 곧게 서고 가지가 많이 갈라짐

꽃자루가 잎자루보다 매우 긺

턱잎은 바늘 모양

잎자루는 짧음

줄기에 짧은 털이 있음

꽃받침조각은 5개 별 모양 털이 밀생

수술은 여러 개

꽃 지름은 1.5cm로 큰 편

꽃잎은 5개, 도란형

잎은 마름모 형태 도란형 그 외 다양한 형태, 둔한 톱니가 있음

열매자루도 긺

열매는 8~14개 분과로 된 삭과

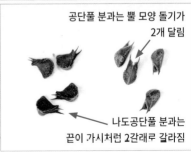

공단풀 분과는 뿔 모양 돌기가 2개 달림

나도공단풀 분과는 끝이 가시처럼 2갈래로 갈라짐

0413 수박풀 *Hibiscus trionum*

- 어긋나기, 홑잎, 양성화, 잎겨드랑이에서 나온 꽃대에 1개씩 핌
- 들에서 자라며 7~9월에 꽃 피는 한해살이풀. 유럽 또는 중앙아프리카 원산 외래식물
- 잎이 3~5갈래로 완전히 갈라지며 꽃받침이 풍선처럼 되고 맥은 20개 있음

잎은 3~5갈래로 완전히 갈라짐
갈래조각은 다시
깃꼴 결각이 생김

높이는 30~60cm, 곧게 섬

턱잎은
송곳 모양

줄기에 옆으로
벋은 긴 털이 있음

수술은 많고 암술대
주위로 뭉쳐서 달림

꽃잎은 5개, 안쪽에
적자색 무늬가 있음

암술대는
5갈래로 갈라짐

꽃받침은 종 모양
5갈래로 갈라짐
투명한 막질
맥은 20개

오후 1시가
지나면 꽃잎이
닫히기 시작함

포엽은 10~13개, 선형

어린 열매는 꽃받침에 싸여
풍선 모양으로 됨

벌어진 열매

열매는 난형 또는
긴 타원형 삭과

0414 불암초 *Melochia corchorifolia*

- 어긋나기, 홑잎, 양성화, 잎겨드랑이에 꽃 여러 개가 뭉쳐서 핌
- 중부지방 산지 풀밭과 남부지방 바닷가에서 자라며 7~9월에 꽃 피는 한해살이풀
- 잎이 대개 갈라지지 않고 열매자루가 열매보다 짧음

높이는 30~60cm
곧게 서거나 비스듬히 자람

줄기에 별 모양 털이 듬성듬성 있음

꽃받침조각은 5개, 피침형, 털이 있음

암술대는 5개

수술은 10개

꽃잎은 5개, 안쪽은 노란색 또는 녹황색

잎은 넓은 난형 또는 긴 난형

톱니가 있음. 양면에 털이 있음

잎은 대개 갈라지지 않음

아래쪽 것은 얕게 3갈래로 갈라지기도 함

열매는 5개 분과로 된 삭과, 잔털이 밀생

0415 까치개 *Corchoropsis tomentosa* var. *psilocarpa*

- 어긋나기, 홑잎, 양성화, 잎겨드랑이에서 나온 꽃대에 1개씩 핌
- 산기슭이나 들에서 자라며 6~9월에 꽃 피는 한해살이풀
- 줄기에 옆으로 퍼진 긴 털이 있고 암술머리가 붉은색

* 수까치깨와 달리 꽃받침조각이 수평으로 펼쳐지며 열매에 털이 없는 점도 다름

높이는 30~90cm, 곧게 섬

턱잎은 피침형 또는 선형

줄기에 수평으로 퍼진 긴 털과 굽은 털이 있음

꽃받침조각은 5개 선상 피침형 털이 있음

꽃잎은 5개

헛수술은 5개 암술보다 짧음

진짜 수술은 10개

암술머리는 붉은색

잎은 난형, 치아 모양 톱니가 있음

양면에 별 모양 털이 있음

포엽은 3개, 선형

열매는 원기둥 모양 삭과 털이 거의 없음

꽃받침은 대개 수평으로 퍼짐

0416 **수까치깨** *Corchoropsis tomentosa*

- 어긋나기, 홑잎, 양성화, 잎겨드랑이에서 나온 꽃대에 1개씩 핌
- 산기슭이나 들에서 자라며 8~9월에 꽃 피는 한해살이풀
- 줄기에 별 모양 털이 달리고 암술머리가 흰색
- ✻ 까치깨와 달리 꽃받침조각이 뒤로 완전히 젖혀지며 열매에 털이 있는 점도 다름

높이는 20~70cm
곧게 섬

턱잎은 피침형
또는 선형

줄기에 별 모양 털이 있음

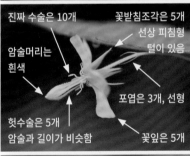

진짜 수술은 10개

꽃받침조각은 5개
선상 피침형
털이 있음

암술머리는
흰색

포엽은 3개, 선형

헛수술은 5개
암술과 길이가 비슷함

꽃잎은 5개

잎은 난형, 둔한 톱니가 있음

양면에 별 모양 털이 있거나 없음

꽃받침은 대개 뒤로 활짝 젖혀짐

열매는 원기둥 모양 삭과, 털이 있음

0417 아마풀 *Diarthron linifolium*

- 어긋나기, 홑잎, 양성화, 총상꽃차례
- 서해안 섬과 중부 이북 낮은 산지 풀밭에서 자라며 7~8월에 꽃 피는 한해살이풀
- 아마과 식물이 아니며 잎이 선형이고 꽃이 총상꽃차례로 핌

＊ 강원도 석회암 지대에서 흔히 자람

높이는 10~50cm
곧게 서고 가지가 갈라지기도 함

줄기는
연약한 편

꽃받침은 통 모양
화관처럼 보이며
끝은 붉은색
또는 흰색

꽃자루는 매우 짧음

꽃잎은 없음
수술은 4개

잎은 선형
양면에 털이 있음

연약한 뿌리가 있음

열매는 난형 수과, 털이 있음

0418 **피뿌리풀** *Stellera chamaejasme*

- 어긋나기, 홑잎, 양성화, 두상꽃차례
- 제주도 동쪽 오름과 황해도 이북 들판에서 자라며 5~6월에 꽃 피는 여러해살이풀
- 잎이 촘촘히 달리고 꽃받침통이 길쭉함
- * 제주도가 몽골 지배를 받던 시기에 말 진통제로 쓰기 위해 들여왔다는 설이 있음

높이는 15~40cm
여러 대가 나와
곧게 섬

줄기에 털은
거의 없음

수술은 10개
2줄로 꽃받침통 위쪽에 붙음

꽃받침은 통 모양
끝이 5갈래로 갈라져 수평으로 펼쳐짐

잎은 피침형, 촘촘히 달리고 양면에 털이 없음

꽃받침통은
0.8~1.2cm

꽃자루는 거의 없음

굵은 뿌리가 있음
겉은 흑갈색이고 속은 흰색

꽃이 진 후에 자라난 모습

419 노랑제비꽃 *Viola orientalis*

- 어긋나기, 홑잎, 양성화, 잎겨드랑이에서 2~3개씩 핌
- 산지 경사면이나 풀밭에서 자라며 4~5월에 꽃 피는 여러해살이풀
- 장백제비꽃과 달리 잎이 넓은 심장형이고 끝이 뾰족함

높이는 10~20cm
곧게 서고 위쪽에서 가지가 갈라짐

포엽은 꽃대 위쪽에 달림

꽃받침조각은
피침형

꽃대 위쪽에 털이 대개 약간
있으나 거의 없기도 함

꽃대와
꽃받침에 털이
많은 것도 있음

곁꽃잎 안쪽에 털이 있음

꽃잎은 5개

물결 모양
톱니가 있음

열매는 삼각상 난형 삭과
털이 없음

씨는 대개 미색

잎은 심장형
끝이 뾰족함

420 장백제비꽃 *Viola biflora*

- 어긋나기, 홑잎, 양성화, 잎겨드랑이에서 나온 꽃대에 1개씩 핌
- 설악산 이북 높은 산에서 자라며 6~7월에 꽃 피는 여러해살이풀
- 노랑제비꽃과 달리 잎이 넓은 신장형이고 끝이 둔함

높이는 5~20cm, 줄기 몇 개가 나와 곧게 섬

포엽은 꽃대 위쪽에 달림

꽃받침조각은 피침형

꽃잎은 5개

곁꽃잎은 위를 향함. 안쪽에 털이 없음

잎은 신장형으로 끝이 둔함

백두산에서 찍은 장백제비꽃

열매는 타원형 삭과 털이 없음

0421 서울제비꽃 *Viola seoulensis*

- 뿌리에서 나기, 홑잎, 양성화, 꽃줄기에 1개씩 핌
- 제주도 제외 지역 양지바른 곳에서 자라며 4~5월에 꽃 피는 여러해살이풀
- 호제비꽃과 달리 잎이 삼각상 난형 또는 긴 난형

* 제주도 제외 지역에서 매우 흔히 자람

높이는 10~15cm

포엽은 꽃줄기
중간보다 아래쪽에 달림

꿀주머니

꽃받침조각은
피침형

곁꽃잎
안쪽에
털이 있음

꽃잎은 5개

꽃줄기에 털이 있음

잎은 삼각상 난형 또는 긴 난형
양면에 털이 있음. 톱니가 있음

열매는 난상 타원형, 털이 없음

0422 호제비꽃 *Viola yedoensis*

- 뿌리에서 나기, 홑잎, 양성화, 꽃줄기에 1개씩 핌
- 들이나 길가에서 자라며 3~5월에 꽃 피는 여러해살이풀
- 제비꽃과 달리 전체에 털이 있고 잎자루에 날개가 거의 없음

＊ 곁꽃잎 안쪽에 털이 있는 것도 있고 없는 것도 있음

높이는 5~18cm, 전체에 털이 있음

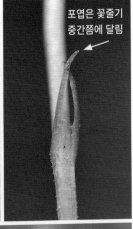

포엽은 꽃줄기 중간쯤에 달림

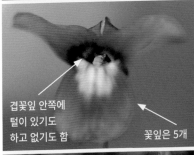

곁꽃잎 안쪽에 털이 있기도 하고 없기도 함

꽃잎은 5개

꽃줄기에 털이 있음

꽃받침 조각은 피침형

잎은 삼각상 피침형, 둔한 톱니가 있음
잎 양면과 잎자루에 털이 있음

잎자루에 날개가 약간 있거나 없음

분홍색 꽃이 피는 개체

0423 **제비꽃** *Viola mandshurica* / **흰제비꽃** *Viola patrinii*

- 뿌리에서 나기, 홑잎, 양성화, 꽃줄기에 1개씩 핌
- 양지바른 곳에서 자라며 3~5월에 꽃 피는 여러해살이풀
- 호제비꽃과 달리 털이 거의 없고 잎자루에 날개가 있음

＊ 흰제비꽃은 제비꽃처럼 잎자루에 날개가 있으면서 꽃이 흰색

높이는 10~20cm

포엽은 꽃줄기
중간쯤에 달림

곁꽃잎 안쪽에 털이 있음

꽃잎은 5개

잎자루 위쪽에 약간
날개가 있음

잎은 삼각상 난형
또는 긴 난형
둔한 톱니가 있음

열매는 난상 타원형
삭과, 털이 없음

씨

흰제비꽃

흰색이고 대개
고지대에서 자람
제비꽃처럼 잎자루에
날개가 있음

0424 **흰젖제비꽃** *Viola lactiflora*

- 뿌리에서 나기, 홑잎, 양성화, 꽃줄기에 1개씩 핌
- 산과 들 풀밭이나 빈터에서 자라며 4~5월에 꽃 피는 여러해살이풀
- 흰제비꽃과 달리 잎이 넓고 잎밑이 심장형이며 잎자루에 날개가 없음

* 흰제비꽃과 달리 저지대에서 흔히 자라고 잎이 삼각상으로 길쭉함

높이는 5~15cm

포엽은 꽃줄기 중간보다 아래쪽에 달림

곁꽃잎 안쪽에 털이 있음

꽃줄기에 털이 없음

꽃받침조각은 피침형

꿀주머니는 둥긂

잎밑은 심장형 잎자루에 날개가 없음

잎은 넓은 삼각상 피침형, 둔한 톱니가 있음. 양면에 털이 없음

열매는 삼각상 타원형 삭과 털이 없음

씨

0425 금강제비꽃 *Viola diamantiaca* / 애기금강제비꽃 *Viola yazawana*

- 뿌리에서 나기, 홑잎, 양성화, 꽃줄기에 1개씩 핌
- 약간 높은 산에서 자라며 4~5월에 꽃 피는 여러해살이풀
- 잎이 둥근 심장형이고 양쪽에서 안으로 말려 나오며 곁꽃잎 안쪽에 털이 있음

* 애기금강제비꽃은 잎이 긴 삼각상 심장형이고 곁꽃잎 안쪽에 털이 없음

잎은 양쪽에서 안으로 말림

잎이 잎자루와 'ㄱ'자로 붙음

높이는 5~20cm

꽃줄기에 털은 없고 중간쯤에 포엽이 달림

꽃잎은 5개

곁꽃잎 안쪽에 털이 있음

꿀주머니는 짧은 편

꽃받침조각은 피침형

잎은 둥근 심장형 톱니가 있음

처음엔 말려 있다가 점차 펼쳐짐

애기금강제비꽃

밑부분부터 말림

곁꽃잎 안쪽에 털이 없고 잎이 긴 삼각상 심장형

0426 **잔털제비꽃** *Viola keiskei* / **동강제비꽃**

- 뿌리에서 나기, 홑잎, 양성화, 꽃줄기에 1개씩 핌
- 중부 이남 산기슭에서 자라며 4~5월에 꽃 피는 여러해살이풀
- 둥근털제비꽃과 달리 꽃이 흰색이고 잎에 잔털이 많으며 열매에 털이 없음
* 동강제비꽃은 잎이 난형이고 잎밑이 둔한 심장형이며 꽃대에 털이 없음

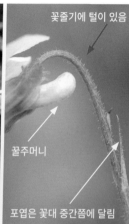
꽃줄기에 털이 있음
꿀주머니
포엽은 꽃대 중간쯤에 달림
높이는 5~15cm

꽃잎은 5개
곁꽃잎 안쪽에 털이 있음

양면에 털이 있음
잎밑은 깊은 심장형
잎은 난상 원형
물결 모양 톱니가 있음

꽃받침조각 뒤쪽이 톱니처럼 약간 갈라짐
열매는 타원형 삭과, 털이 없음

동강제비꽃
잎이 난형이고
잎밑이 둔한
심장형
꽃줄기에
털이 없음

0427 태백제비꽃 *Viola albida*

- 뿌리에서 나기, 홑잎, 양성화, 꽃줄기에 1개씩 핌
- 전국 숲 속에서 자라며 4~5월에 꽃 피는 여러해살이풀
- 털제비꽃과 달리 잎과 열매와 꽃대에 털이 없음

* 남산제비꽃과는 잎이 전혀 갈라지지 않는 형태인 점이 다름

높이는 5~15cm

포엽은 꽃줄기 중간보다 아래쪽에 달림

꽃잎은 5개

곁꽃잎 안쪽에 털이 있음

꽃받침조각 뒤쪽이 깊게 갈라짐

꽃줄기에 털이 없음

잎은 삼각상 난형 또는 난상 타원형 비교적 규칙적인 톱니가 있음

자주색 반점이 나타나기도 함

열매는 타원형 삭과, 털은 없음

0428 **남산제비꽃** *Viola albida* var. *chaerophylloides* / **단풍제비꽃** *V. albida* var. *takahashii*

- 뿌리에서 나기, 홑잎, 양성화, 꽃줄기에 1개씩 핌
- 산과 들에서 자라며 4~5월에 꽃 피는 여러해살이풀
- 태백제비꽃과 달리 잎이 잘게 갈라짐. 잎 변이가 심한 편
* 잎이 단풍잎처럼 생긴 단풍제비꽃도 남산제비꽃에 포함시키는 추세

높이는 5~15cm

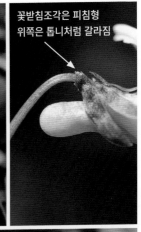

꽃받침조각은 피침형
위쪽은 톱니처럼 갈라짐

꽃잎은 5개

곁꽃잎 안쪽에 털이 있음

잎은 삼각상 난형 또는 넓은 난형
3~5개로 갈라짐

갈래조각은 다시 잘게 갈라짐

열매는 타원형 삭과, 털은 없음
자주색 반점이 나타나기도 함

단풍제비꽃

남산제비꽃과 같은 종으로 보는 추세

0429 **선제비꽃** *Viola raddeana*

- 어긋나기, 홑잎, 양성화, 잎겨드랑이에서 나온 꽃대에 1개씩 핌
- 경남 저지대 습지에서 드물게 자라며 5~6월에 꽃 피는 여러해살이풀
- 왕제비꽃과 달리 잎이 삼각상 피침형이고 잎밑이 얕은 심장형
- *다른 식물 뿌리에 의지해 서서 자라고 연약한 편이며 분포지가 제한적임*

높이는 30~70cm
곧게 서지만 연약한 편

턱잎은 선상
피침형
톱니가 있음

줄기에 털은
거의 없음

꽃잎은 5개

곁꽃잎 안쪽에 털이 있음

포엽은 꽃대
중간쯤에 달림

잎은 삼각상 피침형
둔한 톱니가 있음

잎밑은 얕은 심장형

꽃받침조각은 피침형

열매는 타원형 삭과, 털은 없음

0430 **왕제비꽃** *Viola websteri*

- 어긋나기, 홑잎, 양성화, 잎겨드랑이에서 나온 꽃대에 1개씩 핌
- 충북 이북 숲 속에서 드물게 자라며 4~5월에 꽃 피는 여러해살이풀
- 졸방제비꽃과 달리 잎이 피침형으로 길쭉하고 잎밑이 쐐기 모양으로 좁아짐
- ＊ 식물체가 대체로 큰 편

높이는 40~90cm, 곧게 섬

줄기에 털은 없음

턱잎은 피침형 빗살처럼 잘게 갈라짐

연한 보라색 꽃도 있음

곁꽃잎 안쪽에 털이 있음

꽃잎은 5개

포엽은 꽃대 위쪽에 달림

꽃대에 털이 없는 편이나 있기도 함

잎밑은 쐐기 모양으로 좁아짐

잎은 피침형 또는 난상 긴 타원형 큰 톱니가 있음

열매는 난상 타원형 삭과, 털은 없음

0431 **졸방제비꽃** *Viola acuminata*

- 어긋나기, 홑잎, 양성화, 잎겨드랑이에서 나온 꽃대에 1개씩 핌
- 산과 들에서 자라며 4~6월에 꽃 피는 여러해살이풀
- 왕제비꽃과 달리 잎이 난상 심장형이고 잎밑이 쐐기 모양으로 좁아짐
- *비교적 흔한 종이며 연한 보라색 또는 흰색으로 핌*

높이는 20~40cm
곧게 섬

줄기에 털이
약간 있음

턱잎은 긴 타원형
빗살처럼 갈라짐

꽃잎은 5개
흰색으로도 핌

곁꽃잎 안쪽에
털이 있음

포엽은 꽃대 중간보다
위쪽에 달림

꽃받침조각은 좁은 피침형

잎밑이 심장형

잎은 심장형 또는 난상 심장형
얕은 톱니가 있음

열매는 난상 타원형 삭과, 털이 없음

0432 큰졸방제비꽃 *Viola kusanoana*

- 뿌리에서 나기와 어긋나기, 홑잎, 양성화, 잎겨드랑이에서 나온 꽃대에 1개씩 핌
- 울릉도와 북부지방 숲 속에서 자라며 4~5월에 꽃 피는 여러해살이풀
- 졸방제비꽃과 달리 잎이 둥근 심장형이고 곁꽃잎 안쪽에 털이 없음

* *울릉도에서 자라는 제비꽃과 식물 중 가장 흔한 종*

높이는 10~40cm, 여러 대가 나와 곧게 서거나 비스듬히 자람

턱잎은 피침형 깃꼴로 갈라짐

줄기에 털이 없음

꽃잎은 5개

곁꽃잎 안쪽에 털이 없음

포엽은 꽃대 중간보다 위쪽에 달림

꽃받침조각은 피침형

잎은 둥근 심장형, 톱니가 있음

열매는 긴 타원형 삭과, 털이 없음

0433 고깔제비꽃 *Viola rossii*

- 뿌리에서 나기, 홑잎, 양성화, 꽃줄기에 1개씩 핌
- 산지 숲 속에서 자라며 4~5월에 꽃 피는 여러해살이풀
- 잎이 고깔처럼 말려 나오고 난상 심장형인 점이 특징

＊ 잎과 꽃줄기가 같이 올라오는 편이지만 잎보다 먼저 올라오기도 함

높이는 10~20cm

잎은 난상 심장형, 톱니가 있음
양면에 털이 있음. 고깔처럼 말려서 남

꽃받침조각은 긴 타원형

포엽은 꽃줄기 중간쯤에 달림

꽃줄기에 털이 없음

꽃잎은 5개

곁꽃잎 안쪽에 털이 있으나 없는 것도 있음

흰색으로 피는 것도 있음

꽃이 진 후 잎은 계속 자라 하트 모양이 됨

자주색 무늬가 나타남

열매는 타원형 삭과, 털이 없음

0434 넓은잎제비꽃 *Viola mirabilis* / 종지나물 *V. sororia*

- 뿌리에서 나기와 어긋나기, 홑잎, 양성화, 잎겨드랑이에서 나온 꽃대에 1개씩 핌
- 강원 이북 그늘진 곳에서 자라며 4~5월에 꽃 피는 여러해살이풀
- 잎이 넓은 심장형이고 줄기가 있음. 남한에서는 강원도 영월군에서만 발견됨
- ※ 북미 원산 외래식물인 종지나물은 화단에 지피식물로 심던 것이 야생화함

줄기가 있음

높이는 15~30cm

꽃대에 털은 거의 없음

꽃받침조각은 좁은 난형

포엽은 꽃줄기 중간보다 위쪽에 달림

꽃잎은 5개

곁꽃잎 안쪽에 털이 있음

끝이 약간 뾰족하고 양면에 털이 있음

잎은 넓은 심장형

열매는 둥근 난형 삭과, 털이 없음

종지나물

잎이 난형으로 종지 모양

0435 **왜제비꽃** *Viola japonica*

- 뿌리에서 나기, 홑잎, 양성화, 꽃줄기에 1개씩 핌
- 중부 이남 양지바른 곳에서 자라며 3~5월에 꽃 피는 여러해살이풀
- 털제비꽃과 달리 꽃대와 열매에 털이 없음

* 대체로 털이 없는 점이 특징. 지역에 따라 변이가 다양함

높이는 10~15cm

꽃받침조각은 피침형 끝이 깊게 갈라짐

꽃줄기에 대개 털이 없음

꽃잎은 5개

곁꽃잎 안쪽에 털이 있거나 없음

잎은 난형 또는 삼각상 긴 난형 둔한 톱니가 있음

양면에 털이 거의 없음

잎이 서울제비꽃처럼 생겼으나 왜제비꽃처럼 꽃대와 잎에 털이 없는 개체도 있음

열매는 타원형 삭과, 털이 없음

0436 **털제비꽃** *Viola phalacrocarpa* / **흰털제비꽃** *V. hirtipes*

- 뿌리에서 나기, 홑잎, 양성화, 꽃줄기에 1개씩 핌
- 산지 양지바른 곳에서 자라며 4~5월에 꽃 피는 여러해살이풀
- 왜제비꽃과 달리 꽃대와 열매에 털이 있음
- ＊ 흰털제비꽃은 잎이 길고 잎자루에 흰색 긴 털이 밀생하며 열매에 털이 없음

높이는 10~20cm

포엽은 꽃줄기 중간쯤에 달림

꽃줄기에 털이 있음

꽃잎은 5개

곁꽃잎 안쪽에 털이 있음

꽃줄기에 털이 많은 개체

꽃받침조각은 넓은 피침형, 털이 있음

잎은 삼각상 난형 또는 좁은 난형

잔톱니가 있고 양면에 털이 있음

흰털제비꽃

잎이 좁고 긴 난형이며 잎자루에 흰색 털이 밀생

0437 **둥근털제비꽃** *Viola collina*

- 뿌리에서 나기, 홑잎, 양성화, 꽃줄기에 1개씩 핌
- 산지 숲 속에서 자라며 3~5월에 꽃 피는 여러해살이풀
- 털제비꽃과 달리 잎이 난상 심장형이고 열매가 구형

* 산에서 자라는 제비꽃과 식물 중 꽃이 가장 먼저 피는 종

포엽은 꽃줄기 중간쯤에 달림

높이는 10~20cm

꽃잎은 5개

곁꽃잎 안쪽에 털이 있음

꽃받침조각은 긴 타원형 털이 밀생

꽃줄기에도 털이 밀생

양면에 털이 많다가 점차 없어짐

잎은 난상 심장형, 잔톱니가 있음

열매는 구형 삭과, 잔털이 밀생

0438 **알록제비꽃** *Viola variegataex*

- 뿌리에서 나기, 홑잎, 양성화, 꽃줄기에 1개씩 핌
- 산지 숲 속이나 숲 가장자리에서 자라며 4~5월에 꽃 피는 여러해살이풀
- 잔털제비꽃과 달리 열매에 털이 있고 잎에 흰색 무늬가 있는 점이 다름

* 꽃이 흰색이거나 잎에 무늬가 없거나 잎이 원형인 것 등등 변이가 다양함

높이는 10~20cm

꽃받침조각은 피침형
털이 있음

꽃줄기에
잔털이 밀생

포엽은 꽃줄기
중간쯤에 달림

꽃잎은 5개

겉꽃잎 안쪽에 털이 있음

잎은 난형 또는 심장상 원형, 톱니가 있음
대개 잎맥을 따라 줄무늬가 나타남

석회암지대에서 자라는 것은 꽃이
흰색인 경우가 많음

털이 있음

열매는 난상 타원형 삭과

0439 **자주잎제비꽃** *Viola violacea*

- 뿌리에서 나기, 홑잎, 양성화, 꽃줄기에 1개씩 핌
- 건조한 풀밭이나 숲 속에서 자라며 4~5월에 꽃 피는 여러해살이풀
- 잎이 두껍고 삼각상 난형이며 뒷면이 짙은 자주색

* 알록제비꽃처럼 잎맥을 따라 흰색 무늬가 나타나는 것도 발견됨

포엽은 꽃대 중간보다 아래쪽에 달림

높이는 5~15cm

잎 뒷면이 자주색

꽃받침조각은 넓은 피침형

꽃줄기에 털은 없음

꽃잎은 5개

곁꽃잎 안쪽에 털이 없음

잎은 삼각상 난형 또는 난상 심장형 질이 두꺼움

얕은 톱니가 있음

앞면에 광택이 있고 털이 있음

알록제비꽃처럼 잎에 흰색 무늬가 있는 것도 있음

열매는 난형 또는 타원형 삭과, 털이 없음

0440 **콩제비꽃** *Viola verecunda*

- 뿌리에서 나기와 어긋나기, 홑잎, 양성화, 잎겨드랑이에서 나온 꽃대에 1개씩 핌
- 산과 들 습기 있는 곳에서 자라며 4~5월에 꽃 피는 여러해살이풀
- 졸방제비꽃과 달리 잎이 신장형이고 꽃이 작으며 턱잎이 빗살 모양이 아님

높이는 5~20cm

비스듬히 서거나 기듯이 자람

턱잎은 피침형
얕은 톱니가 있음

털은 없음

꽃잎은
5개

곁꽃잎 안쪽에
털이 있음

꽃받침조각은 넓은 피침형

꽃대에 털이 없음

꽃이 작은 편

포엽은 꽃대 중간보다 위쪽에 달림

잎은 난상 심장형
밋밋하거나 얕은 톱니가 있음

열매는 타원형 삭과, 털이 없음

0441 각시제비꽃 *Viola boissieuana*

- 뿌리에서 나기, 홑잎, 양성화, 꽃줄기에 1개씩 핌
- 제주도 그늘진 숲 속에서 자라며 4~5월에 꽃 피는 여러해살이풀
- 자주잎제비꽃과 달리 꽃이 흰색이고 잎이 삼각상 심장형

* 꽃은 콩제비꽃을 닮았고 잎은 자주잎제비꽃이나 알록제비꽃을 닮았음

높이는 5~10cm

꽃줄기에
털이 없음

포엽은 꽃대
중간보다 위쪽에 달림

꽃잎은
5개

곁꽃잎 안쪽에
털이 있음

꽃 모양이
콩제비꽃과 비슷함

꽃받침조각은
피침형

약간 두껍고 광택이 있어서
자주잎제비꽃 잎과 비슷함

잎은 삼각상 심장형, 물결 모양 톱니가 있음

열매는 난상 타원형 삭과, 털이 없음

0442 낚시제비꽃 *Viola grypoceras*

- 뿌리에서 나기와 어긋나기, 홑잎, 양성화, 뿌리나 잎겨드랑이에서 나온 꽃대에 1개씩 핌
- 중부 이남 산과 들에서 자라며 3~5월에 꽃 피는 여러해살이풀
- 졸방제비꽃보다 키가 작고 뿌리줄기에서 직접 올라오는 꽃대가 있음

* 긴잎제비꽃처럼 잎 앞면 맥을 따라 적자색 무늬가 나타나기도 함

높이는 5~20cm, 몇 대가 모여 나서 비스듬히 섬

뿌리줄기에서 직접 올라오는 꽃줄기도 있음

잎겨드랑이에서 나오는 꽃대

턱잎은 피침형 빗살처럼 갈라짐 털은 없음

꽃잎은 5개

곁꽃잎 안쪽에 털이 없음

포엽은 꽃대 중간보다 위쪽에 달림

꿀주머니

꽃대에 털이 없음

꽃받침조각은 피침형

잎은 심장형, 얕은 톱니가 있음

열매는 난상 타원형 삭과 털이 없음

0443 좀낚시제비꽃 *Viola grypoceras var. exilis*

- 뿌리에서 나기와 어긋나기, 홑잎, 양성화, 뿌리나 잎겨드랑이에서 나온 꽃대에 1개씩 핌
- 남부지방 산과 들에서 자라며 3~5월에 꽃 피는 여러해살이풀
- 낚시제비꽃보다 대체로 작고 다소 눕기도 함

높이는 3~10cm, 대체로 작고 다소 눕는 편

꽃대에 털이 없음

꽃받침조각은 피침형

포엽은 꽃대 중간보다 위쪽에 달림

턱잎은 피침형, 빗살처럼 갈라짐

잎은 심장형, 얕은 톱니가 있음

열매는 난상 타원형 삭과, 털이 없음

꽃이 흰색인 것도 있음

0444 긴잎제비꽃 *Viola ovato-oblonga*

- 뿌리에서 나기와 어긋나기, 홑잎, 양성화, 뿌리나 잎겨드랑이에서 나온 꽃대에 1개씩 핌
- 남부지방 산과 들에서 자라며 4~5월에 꽃 피는 여러해살이풀
- 낚시제비꽃과 달리 잎은 좁은 난형으로 길쭉하게 달리고 잎맥에 적자색 무늬가 있음

높이는 1~30cm, 곧게 서거나 비스듬히 자람

턱잎은 깃꼴로 잘게 갈라짐

꽃잎은 5개

곁꽃잎 안쪽에 털이 없음

포엽은 꽃대 중간보다 위쪽에 달림

꽃대에 털은 없음

꽃받침조각은 피침형

잎맥을 따라 흔히 적자색 줄무늬가 나타남

줄기 위쪽 잎일수록 난형 또는 삼각상 좁은 난형

뿌리에 가까운 아래잎일수록 난상 심장형

열매는 난상 타원형 삭과, 털이 없음

0445 **사향제비꽃** *Viola obtusa*

- 뿌리에서 나기와 어긋나기, 홑잎, 양성화, 뿌리나 잎겨드랑이에서 나온 꽃줄기에 1개씩 핌
- 제주도 산과 들에서 자라며 4~5월에 꽃 피는 여러해살이풀
- 낚시제비꽃과 달리 곁꽃잎 안쪽에 털이 있고 잎이 둥근 심장형

※ 다양한 변이가 발견되므로 폭넓고 면밀한 연구가 필요해 보임

줄기 잎겨드랑이에서 꽃대가 나오기도 함

높이는 10~25cm, 곧게 섬

포엽은 꽃대 중간쯤에 달림

꽃잎은 5개

곁꽃잎 안쪽에 털이 있음

꽃받침은 피침형 털이 있음

꽃줄기에 대개 털이 많으나 개체에 따라 차이가 있음

뿌리잎은 둥근 심장형

줄기잎은 삼각상 난형

턱잎은 깃꼴로 갈라짐

열매는 타원형 털이 있음

0446 **뫼제비꽃** *Viola selkirkii*

- 뿌리에서 나기, 홑잎, 양성화, 꽃줄기에 1개씩 핌
- 높은 산 계곡이나 그늘진 돌 틈에서 자라며 4~5월에 꽃 피는 여러해살이풀
- 민둥뫼제비꽃과 달리 곁꽃잎 안쪽에 털이 없고 잎이 난상 심장형

높이는 5~15cm

포엽은 꽃줄기 중간쯤에 달림

꽃잎은 5개

꽃줄기에 털이 없음

꿀주머니

곁꽃잎 안쪽에 털이 없음

꽃받침조각은 피침형

잎은 난상 심장형 또는 넓은 난형

물결 모양 톱니가 있음. 양면에 털이 있음

열매는 난형 삭과, 털이 없음

0447 **민둥뫼제비꽃** *Viola tokubuchiana var. takedana*

- 뿌리에서 나기, 홑잎, 양성화, 꽃줄기에 1개씩 핌
- 산지 숲 속에서 자라며 4~5월에 꽃 피는 여러해살이풀
- 뫼제비꽃과 달리 잎이 넓은 난형

＊ 흰줄민둥뫼제비꽃은 잎맥에 흰색 무늬가 있는 점으로 구분하기도 하나 같은 것으로 보임

높이는 5~15cm

포엽은 꽃줄기
중간쯤에 달림

곁꽃잎 안쪽에
털이 있음

꽃잎은 5개

꽃줄기에 대개 털이 없으나
드물게 있기도 함

꽃받침조각은 피침형

잎맥을 따라 무늬가
있는 것도 있음

잎은 삼각상 넓은 난형

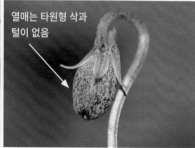

열매는 타원형 삭과
털이 없음

0448 우산제비꽃 *iola woosanensis* / 울릉제비꽃 *V. ulleungdoensis*

- 뿌리에서 나기, 홑잎, 양성화, 꽃줄기에 1개씩 핌
- 울릉도 숲 속에서 자라며 4~5월에 꽃 피는 여러해살이풀
- 잎이 삼각상 난형이고 가장자리가 심하게 구불거리며 결각상 톱니가 있음

* 울릉도에서 아욱제비꽃으로 잘못 동정했던 울릉제비꽃은 면밀한 연구가 필요해 보임

꽃받침조각은 피침형, 뒤쪽은 톱니처럼 갈라짐

높이는 10~20cm

꽃줄기에 털이 없음

꽃잎은 5개

곁꽃잎 안쪽에 털이 있음

잎은 삼각상 난형, 가장자리가 심하게 구불거림. 결각 또는 굵은 톱니처럼 갈라짐

울릉제비꽃

아욱제비꽃으로 잘못 동정했던 종

울릉제비꽃

부정아가 생기기도 해 뫼제비꽃과 다르다고 보기 어려움

0449 하늘타리 *Trichosanthes kirilowii*

- 어긋나기, 홑잎, 양성화, 잎겨드랑이에 1개씩 핌
- 제주도 제외 지역 산기슭이나 들에서 자라며 7~8월에 꽃 피는 여러해살이풀
- 노랑하늘타리와 달리 잎이 5~7갈래로 중간 이상까지 갈라지고 열매가 구형

길이는 수m, 덩굴져 자람

땅속에 커다란 덩이뿌리가 있음

암꽃

암술대 끝이 3갈래로 갈라짐

꽃받침조각은 5개

암꽃에는 어린 열매가 달림

화관은 5갈래로 갈라지고 갈래조각은 실처럼 갈라짐

수술이 3개

수꽃

잎은 넓은 난상 심장형 5~7갈래로 중간 이상까지 갈라짐

열매는 구형 장과

0450 **노랑하늘타리** *Trichosanthes kirilowii* var. *japonica*

- 어긋나기, 홑잎, 양성화, 잎겨드랑이에 1개씩 핌
- 남부지방 산기슭이나 들에서 자라며 7~8월에 꽃 피는 여러해살이풀
- 하늘타리와 달리 잎이 3~5갈래로 얕게 갈라지고 열매가 난상 타원형으로 길쭉함

길이는 수m, 덩굴져 자람

어린 개체 잎은 톱니가 날카로움

암꽃

암술대 끝이 3갈래로 갈라짐

화관은 5갈래로 갈라지고 갈래조각은 실처럼 갈라짐

수꽃

수술이 4개

성장한 개체 잎은 5각상 둥근 심장형, 3~5갈래로 얕게 갈라짐

열매는 난상 타원형 장과

0451 **뚜껑덩굴** *Actinostemma lobatum*

- 어긋나기, 홑잎, 암수한포기(또는 수꽃양성화한포기일 수 있음), 총상꽃차례
- 물가 풀숲에서 자라며 8~9월에 꽃 피는 한해살이풀
- 새박과 달리 잎이 난상 삼각형으로 길며 열매가 난형이고 돌기가 있음

줄기에 짧게
굽은 털이 있음

길이는 2m, 덩굴져 자람

암꽃(또는 양성화)

꽃받침조각은 5개
뒤로 젖혀져 말림

암술은 1개

수술은 5개   화관은 5갈래

꽃받침조각은 5개, 대개 뒤로 젖혀짐

화관은
5갈래

수꽃은 수술이 5개   수꽃

잎은 난상 삼각형
3~5갈래로 갈라짐

익으면 2갈래로 갈라짐

열매는 난형 장과
하반부에 가시 같은 돌기가 있음

0452 **새박** *Melothria japonica*

- 어긋나기, 홑잎, 암수한포기, 총상꽃차례
- 충청 이남 습지 풀밭에서 자라며 7~8월에 꽃 피는 한해살이풀
- 뚜껑덩굴과 달리 잎이 삼각상 난형이며 열매가 구형이고 갈라지지 않음

길이는 2m, 덩굴져 자람

줄기에 털이 있음

암꽃

어린 열매가 달림

꽃받침조각은 5개 선형

암꽃은 암술머리가 3갈래로 갈라짐

화관은 5갈래

수꽃

수술은 6개

꽃받침조각은 5개, 피침형

화관은 5갈래

낮은 톱니가 있음

표면은 거친 편

잎은 삼각상 난형

열매는 구형 장과 흰색이고 단맛이 남

익어도 벌어지지 않음

흑갈색 씨가 들어 있음

0453 **산외** *Schizopepon bryoniifolius*

- 어긋나기, 홑잎, 암수한포기(또는 수꽃양성화한포기일 수 있음), 총상꽃차례
- 깊은 산에서 자라며 8~9월에 꽃 피는 한해살이풀
- 새박과 달리 잎밑이 깊은 심장형이며 열매가 난형이고 익으면 3갈래로 갈라짐

줄기에 희미한 능선이 있고 짧은 털이 있음

길이는 수m, 덩굴져 자람

열매는 3갈래로 벌어짐

화관은 5갈래, 짧은 돌기 같은 털이 있음

암꽃(또는 양성화)

수꽃

꽃받침조각

수술이 3~4개

암술이 3갈래로 갈라진 후 다시 각각 2갈래로 갈라짐

꽃받침조각은 5개

화관

수꽃은 수술이 5개

잎은 삼각상 긴 난형 또는 난상 심장형 날카로운 톱니가 있음

열매는 난형 장과

잎밑은 깊은 심장형

양면이 거친 편

0454 왕과 *Thladiantha dubia*

- 어긋나기, 홑잎, 암수딴포기, 총상꽃차례
- 산기슭이나 들에서 자라며 7~8월에 꽃 피는 여러해살이풀
- 화관이 종 모양이고 잎이 갈라지지 않으며 땅속에 덩이뿌리가 있고 암수딴포기임

길이는 2~3m, 덩굴져 자람

잎은 심장형 또는 난상 심장형

줄기는 네모지고 털이 밀생

화관은 종 모양 5갈래, 뒤로 젖혀짐

암꽃은 암술머리가 3갈래로 갈라짐

꽃받침은 종 모양 5갈래로 갈라짐

수꽃은 수술이 5개, 수술대에 털이 있음

땅속에 3~5cm 타원형 덩이뿌리가 있음

열매는 타원형 장과 길이는 2~4cm로 작음 긴 털이 밀생 표면에 골이 짐

0455 가시박 *Sicyos angulatus*

- 어긋나기, 홑잎, 암수한포기, 총상꽃차례(수꽃)와 두상꽃차례(암꽃)
- 산기슭이나 들에서 자라며 6~9월에 꽃 피는 한해살이풀. 북미 원산 외래식물
- 전체에 긴 털이 밀생하고 열매에 가시털이 달림

＊ 현재 남부지방까지 퍼져 자라는 환경위해식물

길이는 4~8m, 덩굴져 자람

덩굴손으로 다른 물체를 휘감음

전체에 긴 털이 밀생

암꽃

암꽃은 꽃덮개가 3~5갈래

암술머리는 3갈래로 갈라짐

수꽃

수꽃은 꽃덮개가 5갈래, 수술은 뭉쳐 있음

잎은 손 모양 5~7갈래로 얕게 갈라짐

열매는 긴 타원형 수과 3~15개가 뭉쳐서 달림

가느다란 털과 굵은 가시털이 함께 밀생 찔리면 매우 따갑고 아픔

0456 **돌외** *Gynostemma pentaphyllum*

- 어긋나기, 손꼴겹잎, 암수딴포기, 원추꽃차례
- 울릉도와 충남 이남 숲이나 산기슭에서 자라며 8~10월에 꽃 피는 여러해살이풀
- 거지덩굴과 달리 꽃이 원추꽃차례에 달리고 잎 앞면에 거친 털이 있음

* 열매 상반부에 가로줄이 1개 있는 점도 특징. 흔히 거지덩굴로 오인하는 종

길이는 2~4m, 덩굴져 자람

잎은 5~7개 작은잎으로 된 손꼴겹잎

마디에 흰 털이 있음

꽃받침조각은 5개   암꽃

화관은 5갈래 피침형

암술대가 3개 끝이 다시 2갈래로 갈라짐

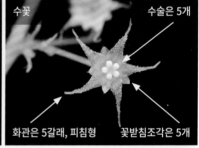

수꽃   수술은 5개

화관은 5갈래, 피침형   꽃받침조각은 5개

잎 양면에 거친 털이 있어서 꺼끌꺼끌함

열매는 구형 장과

상반부에 가로줄이 1개 있음

0457 **부처꽃** *Lythrum salicaria* subsp. *anceps*

- 십자마주나기, 홑잎, 양성화, 취산꽃차례처럼 핌
- 습지와 냇가에서 자라며 6~8월에 꽃 피는 여러해살이풀
- 털부처꽃과 달리 줄기에 털이 거의 없고 잎이 줄기를 감싸지 않음

높이는 60~120cm, 곧게 서고 가지가 갈라짐

줄기는 네모지고 털이 거의 없음

꽃잎은 6개

수술은 12개 그중 6개가 길게 나옴

암술은 수술보다 길게 나옴

꽃받침은 긴 통 모양 능선이 있고 끝이 6갈래로 얕게 갈라짐

잎은 피침형

잎밑이 줄기를 감싸지 않음

잎이 2개씩 십자로 마주남

0458 **털부처꽃** *Lythrum salicaria*

- 마주나기 또는 어긋나기 또는 돌려나기, 홑잎, 양성화, 취산꽃차례처럼 핌
- 습지와 냇가에서 자라며 7~9월에 꽃 피는 여러해살이풀
- 부처꽃과 달리 줄기에 털이 많고 잎이 줄기를 반쯤 감싸며 다양한 방식으로 달림

높이는 50~150cm, 곧게 서고 가지가 갈라짐

줄기는 네모지고 거친 털이 있음

잎이 어긋나게 달리기도 함

암술은 수술보다 길게 나옴

꽃잎은 6개

수술은 12개 그중 6개가 길게 나옴

연한 분홍색으로 피는 것도 있음

잎은 피침형 3개씩 달리기도 하며 줄기를 감쌈

열매는 긴 타원형 삭과

0459 미국좀부처꽃 *Ammannia coccinea*

- 십자마주나기, 홑잎, 양성화, 잎겨드랑이에 1~5개씩 핌
- 논이나 습지에서 자라며 9~10월에 꽃 피는 한해살이풀. 열대아메리카 원산 외래식물
- 꽃이 잎겨드랑이에 달리고 열매가 도란상 구형

높이는 30~80cm
곧게 서고 가지가 갈라짐

줄기는 네모지고
짧은 털이 있거나
거의 없음

암술은 1개
암술머리는 납작함

꽃잎은 4개

수술은 4개

꽃받침은 통 모양, 능선은 4개 있음
끝이 4갈래로 얕게 갈라짐

포엽

밑부분이 약간
넓어지면서 줄기를 감쌈

잎은 피침형

열매는 도란상 구형 삭과
꽃받침 안에 들어 있음

0460 마디꽃 *Rotala indica* / 가는마디꽃 *R. mexicana*

- 마주나기, 홑잎, 양성화, 잎겨드랑이에 1개씩 핌
- 논이나 습지에서 자라며 7~8월에 꽃 피는 한두해살이풀
- 꽃잎이 4개이고 잎이 도란상 긴 타원형이며 마주남
- * 가는마디꽃은 꽃잎이 5개이며 잎이 좁은 피침형이고 줄기에 3~4개씩 돌려남

높이는 12~15cm, 밑부분이 옆으로 기면서 비스듬히 자람

줄기에 가느다란 세로줄이 있음

꽃받침은 통 모양 4갈래로 뾰족하게 갈라짐

꽃잎은 5개 난형

수술은 4개 암술은 1개

잎은 도란상 긴 타원형 끝이 둥글고 가장자리는 밋밋함

열매는 타원형 삭과

가는마디꽃

잎이 좁은 피침형이고 줄기에 3~4개씩 돌려남

0461 애기달맞이꽃 *Oenothera laciniata*

- 어긋나기, 홑잎, 양성화, 잎겨드랑이에 1개씩 핌
- 제주도 빈터나 모래땅에서 자라며 5~10월에 꽃 피는 두해살이풀. 북미 원산 외래식물
- 달맞이꽃과 달리 줄기가 땅 위를 기듯이 자라고 잎이 구불거리며 열매가 휘는 편

꽃은 밤에 벌어짐

줄기는 긴 털로 덮임

높이는 20~60cm
밑부분에서 갈라져 땅위에 눕듯이 자람

암술대는 4갈래로 갈라짐

수술은 8개

아침이면 꽃이 닫힘

꽃잎은 4개, 끝이 오목함

꽃받침은 통 모양, 4갈래로 갈라짐
꽃이 피면 뒤로 젖혀짐

잎은 피침형, 물결 모양 톱니가 있음

한쪽으로 휨

열매는 원기둥
모양 삭과
털이 있음

0462 달맞이꽃 *Oenothera biennis* / 큰달맞이꽃 *O. glazioviana*

- 어긋나기, 홑잎, 양성화, 잎겨드랑이에 1개씩 핌
- 길가나 빈터에서 자라며 6~10월에 꽃 피는 두해살이풀. 남미 원산 외래식물
- 애기달맞이꽃과 달리 줄기가 곧게 서고 잎이 편평하며 열매가 휘지 않음
- ＊ 북미 원산 큰달맞이꽃은 꽃이 크고 잎이 넓음. 달맞이꽃에 밀려 점차 사라지는 추세

높이는 30~120cm
곧게 서고
가지가 갈라지기도 함

꽃받침조각은 4개
뒤로 젖혀짐

줄기는 털이 있고
밑부분은 목질화함

암술대는 4갈래로
갈라짐

수술은 8개

꽃잎은 4개,
끝이 오목함

뿌리잎은 방석 모양

열매는 긴
타원형 삭과
털이 있음

꽃이 크고 잎이 넓으며
열매 갈래조각이 뒤로 말리지 않음

큰달맞이꽃

0463 **여뀌바늘** *Ludwigia epilobioides*

- 어긋나기, 홑잎, 양성화, 잎겨드랑이에 1개씩 핌
- 논밭이나 습지 주변에서 자라며 8~9월에 꽃 피는 한해살이풀
- 눈여뀌바늘과 달리 꽃잎이 있으며 잎이 피침형이고 열매가 길쭉함

줄기는 네모지고 털이 없음

높이는 3~70cm, 곧게 서거나 비스듬히 자람

수술은 대개 4개

암술은 1개

꽃잎은 대개 4개 도란형 또는 주걱 모양

꽃받침조각은 4개

꽃받침조각, 꽃잎 수술이 각각 5개씩인 꽃도 있음

잎은 피침형 가장자리는 밋밋함. 잎맥은 뚜렷함

열매는 원기둥 모양 삭과

0464 **눈여뀌바늘** *Ludwigia ovalis*

- 어긋나기, 홑잎, 양성화, 잎겨드랑이에 1개씩 핌
- 남부지방 연못이나 습지에서 드물게 자라며 7~10월에 꽃 피는 여러해살이풀
- 여뀌바늘과 달리 꽃잎이 없고 잎이 난형 또는 도란형이며 열매가 타원형으로 짤막함

* 잎이 어긋나기로 달리는 것이어야 진짜 눈여뀌바늘임(시중에 눈여뀌바늘이라면서 파는 수초는 잎이 마주나는 다른 종)

높이는 15~40cm
밑부분은 진흙 위를 기면서 뿌리를 내림

줄기는 흔히
붉은 자줏빛이 돎

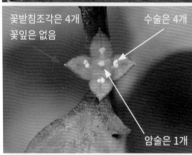

꽃받침조각은 4개
꽃잎은 없음
수술은 4개
암술은 1개

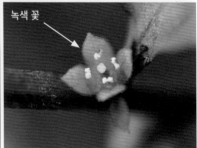

녹색 꽃

잎은 난형 또는 도란형
가장자리는 밋밋함

열매는 타원형 또는
타원상 구형 삭과

0465 **털이슬** *Circaea mollis* / **쇠털이슬** *C. cordata*

- 마주나기, 홑잎, 양성화, 총상꽃차례
- 산지 숲 속이나 그늘진 곳에서 자라며 7~8월에 꽃 피는 여러해살이풀
- 말털이슬과 달리 줄기와 잎에 털이 있고 꽃대에 털이나 샘털이 있음

＊ 쇠털이슬은 전체에 잔털이 많고 꽃차례에 샘털이 밀생

높이는 40~60cm
곧게 서고 가지가 갈라짐

전체에 굽은
잔털이 있음

꽃받침조각은 2개

수술은 2개

암술머리는
2갈래로
갈라짐

꽃잎은 2개
끝이 2갈래로
갈라짐

잎은 좁은 난형 또는 넓은 피침형
얕은 톱니가 있음

열매는 넓은 도란형 견과
4개 홈이 생김. 갈고리 같은 털이 밀생

쇠털이슬

전체에 잔털이 많고
꽃차례에 샘털이 밀생

0466 **말털이슬** *Circaea lutetiana* subsp. *quadrisulcata*

- 마주나기, 홑잎, 양성화, 총상꽃차례
- 강원 이북 산지 숲 속이나 그늘진 곳에서 자라며 7~9월에 꽃 피는 여러해살이풀
- 줄기에 털이 거의 없고 꽃받침조각이 붉은색이며 꽃대에 샘털이 밀생

높이는 40~60cm
곧게 서고 가지가 갈라짐

줄기에 매우
짧은 털이 있음

꽃받침조각은 2개
붉은색을 띰

수술은 2개

암술머리는
2갈래로 갈라짐

꽃잎은 2개
끝이 2갈래로 갈라짐

꽃대에 짧은
샘털이 있음

잎은 좁은 난형 또는
난상 긴 타원형, 얕은 톱니가 있음

열매는 넓은 도란형 견과
4개 홈이 생김. 갈고리 같은 털이 밀생

0467 **쥐털이슬** *Circaea alpina*

- 마주나기, 홑잎, 양성화, 총상꽃차례
- 깊은 산 그늘진 곳에서 자라며 7~8월에 꽃 피는 여러해살이풀
- 털이슬보다 작고 잎이 심장형이며 꽃차례에 털이 없고 열매가 곤봉 모양

＊ 줄기에 굽은 털이 있는 것을 개털이슬로 구분하기도 함

높이는 5~20cm
곧게 서거나
비스듬히 자람
기는줄기가 벋음

줄기에 털이
없거나
아래쪽에만
약간 있음

수술은 2개

꽃받침조각은 2개
대개 붉은색

암술머리는
2갈래로 갈라짐

꽃잎은 2개, 끝이 2갈래로 갈라짐

꽃받침이 녹색인 것도 있음

잎은 삼각상 심장형 또는 난형

날카로운 톱니가 있음

열매는 곤봉 모양 견과
갈고리 같은 털이 밀생

0468 바늘꽃 *Epilobium pyrricholophum* / 돌바늘꽃 *E. amurense* subsp. *cephalostigma*

- 마주나기, 홑잎, 양성화, 잎겨드랑이에 1개씩 핌
- 깊은 산 그늘진 곳에서 자라며 7~8월에 꽃 피는 여러해살이풀
- 돌바늘꽃과 달리 잎이 난형 또는 난상 피침형이고 잎밑이 줄기를 약간 감쌈

* 돌바늘꽃은 잎이 긴 타원형 또는 피침형

높이는 30~90cm, 곧게 서고 가지가 갈라짐

밑부분에 굽은 잔털이 있음

줄기 위쪽에는 샘털이 있음

수술은 8개

꽃잎은 4개 흰색 또는 홍자색

암술머리는 방망이 모양

꽃받침조각은 4개

잎은 난형 또는 난상 피침형, 끝이 뾰족하고 톱니가 있음

익으면 4갈래로 갈라짐

열매는 긴 선형 삭과, 샘털이 있음

돌바늘꽃

잎이 긴 타원형 또는 피침형이고 잎밑이 줄기를 감싸지 않음

0469 큰바늘꽃 *Epilobium hirsutum*

- 마주나기, 홑잎, 양성화, 잎겨드랑이에 1개씩 핌
- 울릉도와 강원 이북 풀밭에서 자라며 7~9월에 꽃 피는 여러해살이풀
- 분홍바늘꽃보다 꽃 지름이 작고 꽃잎이 서로 겹치며 잎이 마주나게 달림

높이는 70~100cm, 곧게 서고 가지가 많이 갈라짐

전체에 털이 많음

꽃받침조각은 4개 선상 피침형

수술은 8개 그중 4개가 위쪽에 달림

암술머리는 4갈래로 갈라짐

꽃잎은 4개, 넓은 도란형 서로 겹쳐짐. 끝이 2갈래로 갈라짐

잎은 타원형 또는 타원상 피침형 날카로운 톱니가 있음

열매는 긴 선형 삭과, 샘털이 밀생

익으면 4갈래로 갈라짐

0470 분홍바늘꽃 *Chamerion angustifolium*

- 어긋나기, 홑잎, 양성화, 총상꽃차례
- 강원 이북 양지바른 곳에서 자라며 6~8월에 꽃 피는 여러해살이풀
- 큰바늘꽃보다 꽃 지름이 크고 꽃잎이 서로 겹쳐지지 않으며 잎이 어긋나게 달림

높이는 50~200cm 곧게 서고 굵직하며 가지가 갈라지기도 함

줄기는 매끈한 편

꽃받침조각은 4개 선상 피침형

암술머리는 4갈래로 갈라짐

꽃잎은 4개 도란형, 끝이 둥긂

수술은 8개

잎은 피침형, 잔톱니가 있음

백두산 주변 군락

열매는 긴 타원형 삭과 익으면 4갈래로 갈라짐

0471 마름 _Trapa japonica_

- 모여나기, 홑잎, 양성화, 잎겨드랑이에서 나온 꽃대에 1개씩 핌
- 하천이나 저수지에서 자라며 8~9월에 꽃 피는 한해살이풀
- 잎이 마름모 모양이고 잎자루에 공기주머니가 있으며 열매가 역삼각형 핵과

높이는 3~5cm, 물에 떠서 자람

물에 뜨는 잎은 난상 마름모 모양

물속 잎은 깃꼴로 실처럼 갈라짐

암술은 1개

수술은 4개

꽃잎은 4개

꽃받침조각은 4개

상반부에 톱니가 있음. 앞면에 광택이 있음

잎자루에 긴 타원형 공기주머니가 있음

열매는 납작한 역삼각형 핵과 양쪽에 긴 뿔이 있음

열매 속은 먹을 수 있고 밤 맛이 남

0472 **독활** *Aralia cordata* var. *continentalis*

- 어긋나기, 2~3회 깃꼴겹잎, 양성화, 원추상 취산꽃차례
- 산기슭이나 들에서 자라며 7~9월에 꽃 피는 여러해살이풀
- 두릅나무와 달리 나무가 아니라 풀이며 줄기에 가시가 없음

높이는 100~150cm, 곧게 서고 속이 비어 있음

전체에 짧은 털이 있음

수술기

수술은 5개 꽃잎은 5개

암술기

작은잎은 3~9개, 난상 타원형 톱니가 있음

잎은 2~3회 깃꼴겹잎

열매는 구형 장과 검은색으로 익음

0473 **개미탑** *Haloragis micrantha*

- 마주나기 또는 어긋나기, 홑잎, 양성화, 총상꽃차례
- 습기 있는 곳에서 자라며 7~8월에 꽃 피는 여러해살이풀
- 줄기가 땅 위를 기듯이 자라며 꽃이 수술기를 거쳐 암술기로 됨

높이는 10~30cm
바닥을 기듯이 자람

꽃줄기는
곧게 섬
털이 없음

꽃받침은 통 모양
4갈래로 갈라짐

꽃잎은 4개
긴 타원형

수술은 8개
암술보다 먼저 돋아남

수술기 꽃

암술기 꽃

암술 암술머리는 4개
연한 홍색 털이 밀생

잎은 난형 또는 넓은 난형
톱니가 있음

잎자루는 짧음

열매는 구형 핵과

0474 **이삭물수세미** *Myriophyllum spicatum*

- 돌려나기, 홑잎, 암수한포기, 수상꽃차례
- 도랑이나 연못에서 자라며 6~10월에 꽃 피는 여러해살이풀
- 꽃이 수상꽃차례를 이루고 암꽃과 수꽃이 따로 핌

길이는 100~150cm
여러 대가 나와 물에 뜸. 뿌리가 있음

암꽃차례는
아래쪽에
달림

수꽃차례가
위쪽에 달림

암꽃은 암술이 4개
털 같은 돌기물이 많음

수꽃은 꽃잎이 4개
수술은 8개

잎은 4개씩 돌려서 달림
깃꼴로 깊게 갈라짐. 갈래조각은 선형

열매는
난상 구형 분과

포엽은 긴
타원형

515

0475 등대시호 *Bupleurum euphorbioides*

- 어긋나기, 홑잎, 양성화, 산형꽃차례
- 덕유산 이북 높은 산 풀밭이나 바위지대에서 자라며 7~9월에 꽃 피는 여러해살이풀
- 개시호와 달리 높은 산에서 자라고 키가 작으며 총포엽과 소포엽이 난형

높이는 8~40cm, 곧게 섬

줄기에 털은 없음

줄기잎은 난상 피침형 잎밑이 줄기를 감쌈

꽃잎은 5개 수술도 5개 암술대는 2개

소산경은 5~15개

소총포는 4~6개, 넓은 난형, 끝은 뾰족함

총포엽은 1~3개, 난형

뿌리잎은 피침형

열매는 타원형 분과

0476 **섬시호** *Bupleurum latissimum*

- 어긋나기, 홑잎, 양성화, 겹산형꽃차례
- 울릉도 바위지대에서 드물게 자라며 5~6월에 꽃 피는 여러해살이풀
- 시호 종류와 달리 뿌리잎이 넓은 난형

높이는 60~100cm
곧게 섬

줄기에 능선이 있고
전체에 털은 없음

총포엽은 2개
넓은 난형

소산경은 6~10개
각각 10~30개씩
꽃이 달림

꽃잎은 5개
수술도 5개
암술대는 2개

소총포는 5개, 난형

뿌리잎은 넓은 난형

열매는 난형 분과

분과 횡단면

0477 시호 *Bupleurum komarovianum*

- 어긋나기, 홑잎, 양성화, 겹산형꽃차례
- 산기슭에서 자라며 8~9월에 꽃 피는 여러해살이풀
- 개시호와 달리 잎이 좁고 잎밑이 줄기를 감싸지 않음

높이는 40~70cm, 곧게 서고 위쪽에서 가지가 갈라짐

줄기에 희미한 능선이 있음 털은 없음

총포엽은 1~2개 좁은 피침형

소총포는 5~8개, 선형

꽃잎은 5개 수술은 5개 암술대는 2개

소산경은 2~7개 각각 5~10개씩 꽃이 달림

줄기잎은 넓은 선형 또는 피침형 평행한 맥이 있음

잎밑은 좁아지면서 잎자루처럼 됨

열매는 타원형 분과

분과 횡단면은 둥근 오각형

0478 개시호 *Bupleurum longeradiatum*

- 어긋나기, 홑잎, 양성화, 겹산형꽃차례
- 깊은 산 숲에서 자라며 7~8월에 꽃 피는 여러해살이풀
- 시호와 달리 잎이 넓고 잎밑이 귓볼처럼 되어 줄기를 감쌈

줄기에 희미한 세로줄이 있고 털은 없음

높이는 40~100cm
곧게 서고 위쪽에서 가지가 갈라짐

총포엽은 1~2개, 긴 타원형

꽃잎은 5개
수술도 5개
암술대는 2개

소총포는 5개
난형 또는 피침형

소산경은 5~10개
각각 10~15개씩
꽃이 달림

줄기잎은 피침형

잎밑이 귓볼처럼 되어 줄기를 감쌈

뿌리잎은 넓은 피침형 또는 긴 타원형

열매는 타원형 분과
분과 횡단면은 거의 둥긂

0479 **참시호** *Bupleurum scorzonerifolium*

- 어긋나기, 홑잎, 양성화, 겹산형꽃차례
- 산과 들 풀밭에서 자라며 8~9월에 꽃 피는 여러해살이풀
- 시호와 달리 잎이 선형으로 가늘고 길며 꽃차례가 작음

높이는 40~70cm
곧게 서고 위쪽에서
가지가 갈라짐

줄기에
털은 없음

총포엽은 없음

꽃잎은 5개
수술도 5개
암술대는 2개

소총포는 5개 내외, 선상 피침형

소총포는 5개 내외
선상 피침형

줄기잎은 선상 도피침형

열매는 타원형 분과

0480 큰피막이 *Hydrocotyle ramiflora* / 제주피막이 *Hydrocotyle yabei*

- 어긋나기, 홑잎, 양성화, 산형꽃차례
- 중부 이남 습기 있는 들이나 길가에서 자라며 6~8월에 꽃 피는 여러해살이풀
- 잎 아래쪽 갈래가 서로 겹치고 잎자루보다 꽃자루가 길게 나옴

＊ 제주피막이는 줄기가 항상 바닥을 기고 잎이 0.5~2cm로 작으며 잎 결각이 깊음

높이는 10~15cm, 옆으로 기면서 비스듬히 섬

줄기에 털은 거의 없음

잎자루보다 꽃대가 길게 나옴

꽃잎은 5개, 수술은 5개, 암술대는 2개

잎은 원형, 7갈래 정도로 얕게 갈라짐

둔한 톱니가 있음

앞면에 광택이 있음

잎밑 갈래가 서로 겹침

열매는 납작한 신장형 분과

제주피막이

줄기가 항상 기고 잎이 0.5~2cm이며 잎 결각이 깊음

0481 병풀 *Centella asiatica*

- 마디에 2~3개씩 모여나기, 홑잎, 양성화, 산형꽃차례
- 남부지방 바닷가나 섬 길가에서 자라며 7~8월에 꽃 피는 여러해살이풀
- 잎이 갈라지지 않고 분과에 7~9개 맥이 있음

높이는 5~10cm, 옆으로 기듯이 자람

줄기는 흔히 적갈색을 띰

암술대는 2개

수술은 5개

꽃잎은 5개 넓은 난형

꽃은 2~5개가 홍자색 또는 적자색으로 모여 핌

총포엽은 2개, 난형 꽃차례를 둘러쌈

잎은 신장상 원형, 둔한 톱니가 있으며 갈라지지는 않음

잎밑은 깊은 심장형

열매는 납작한 원형 분과 7~9개 맥이 있고 털이 있음

총포엽은 열매를 맺을 때까지 남음

0482 붉은참반디 *Sanicula rubriflora*

- 뿌리에서 나기, 홑잎, 수꽃양성화한포기, 산형꽃차례
- 덕유산 이북 높은 산 숲 속에서 자라며 4~6월에 꽃 피는 여러해살이풀
- 참반디와 달리 꽃이 흑자색이고 줄기잎이 달리지 않으며 잎 뒷면이 녹색

높이는 20~50cm
곧게 서거나
비스듬히 자람

소총포는
좁은 피침형

총포엽은 잎 모양
줄기 끝에 2개가 마주남
각각 3갈래로 깊게 갈라짐

줄기에 능선이
몇 개 있고
털은 없음

수꽃은 꽃자루가 김

꽃받침조각은 5개

양성화는 꽃자루가
없고 암술대는
2개(꽃이 진 모습)

꽃은 흑자색으로
1~5개가 핌

잎은 둥근 신장형, 깊게 3갈래로 갈라지고
양쪽 갈래는 다시 잘라짐. 톱니가 있음

뿌리에서만 남
줄기잎은 없음

잎 뒷면은 녹색이고 자줏빛이 돌지 않음

열매는 넓은 난형 분과
갈고리처럼 굽은 가시가
많음

꽃받침조각이
남음

소총포

0483 **참반디** *Sanicula chinensis*

- 어긋나기, 홑잎, 수꽃양성화한포기, 산형꽃차례
- 산지 숲 속에서 자라며 7~8월에 꽃 피는 여러해살이풀
- 붉은참반디와 달리 꽃이 흰색이고 줄기잎이 달림

＊ 잎 뒷면 주맥을 따라 자줏빛을 띠는 점이 특징이나 그렇지 않은 경우도 있음

높이는 30~80cm
곧게 서고 위쪽에서
가지가 갈라짐

줄기잎이 달림

줄기에 둔한
능선이 있고
털은 거의 없음

수꽃과 양성화가
섞여 달림

양성화는 수술이 5개
암술이 2개

꽃받침조각은
5개

꽃잎은 5개

수꽃

작은잎은 난형
또는 타원형
겹톱니가 있음

잎은 3출엽
양쪽 작은잎이 2갈래로 갈라짐

잎 뒷면 주맥을 따라 자줏빛을 띰

분과는 표면에
갈고리 모양
가시가 있어 다른
물체에 잘 붙음

꽃받침조각이
남아 있음

열매는 난상
구형 분과

0484 **애기참반디** *Sanicula tuberculata*

- 어긋나기, 홑잎, 수꽃양성화한포기, 산형꽃차례
- 산지 숲 속에서 드물게 자라며 4~6월에 꽃 피는 여러해살이풀
- 붉은참반디와 달리 꽃이 흰색이고 열매 가시가 굽지 않음
- ※ 노란색 꽃이 피는 것도 따로 있어 변종 또는 품종 정도로 구분할 필요가 있음

높이는 10~20cm, 곧게 서거나 비스듬히 자람

줄기에
털은 없음

양성화는 암술대가 2개

수꽃과 양성화가
섞여 달림

수술은 5개

꽃잎은 5개
흰색

꽃받침조각은
5개, 피침형

수꽃

소총포는 3~4개, 선상 피침형

총포엽은 잎 모양, 줄기 끝에 2개가 마주남
각각 3갈래로 깊게 갈라짐

열매는 넓은 난상
구형 분과

꽃받침조각

수꽃
꽃자루

위쪽에 곧은
가시가 있음

아래쪽에는
사마귀 모양
돌기만 있음

소총포

열매자루는 없음

노란색 꽃이 피는 것도 있음

0485 전호 *Anthriscus sylvestris*

- 어긋나기, 홑잎, 양성화, 겹산형꽃차례
- 섬이나 산지 숲 가장자리에서 자라며 5~6월에 꽃 피는 여러해살이풀
- 사상자와 달리 소총포와 잎집에 긴 털이 있고 열매에 털이 없으며 개화가 한 달 정도 빠름
* 서해안 섬에서 사생이로 부르며 무쳐먹는 나물은 모두 전호임

높이는 50~120cm
곧게 서고 가지가 갈라짐

잎집에
긴 털이 밀생

암술대는 2개

꽃잎은 5개
크기가 제각각 다름

수술은 4~5개

소총포는 5~12개, 넓은 피침형, 긴 털이 밀생

소산경은
3~12개
각각 5~14개
꽃이 달림

총포엽은 없음

잎은 삼각상, 2~3회 깃꼴겹잎

작은잎은 깃꼴로
다시 잘게 갈라짐

열매는 긴 원기둥 모양 분과, 털이 없음

소총포에
긴 털이 밀생

0486 유럽전호 *Anthriscus caucalis*

- 어긋나기, 홑잎, 양성화, 겹산형꽃차례
- 들이나 산기슭에서 자라며 5~6월에 꽃 피는 한해살이풀. 유럽 원산 외래식물
- 전호보다 꽃이 매우 작으며 열매 표면에 굽은 털이 밀생

* 잎 뒷면과 엽축에 긴 털이 있는 점도 특징

높이는 15~80cm
곧게 서고 가지가 갈라짐

줄기엔
털이 거의 없음

잎집에
긴 털이 밀생

꽃 지름은 0.2cm로 매우 작음
수술은 5개

암술대는 2개

꽃잎은 5개

소산경은 3~7개
각각 5~7개씩 꽃이 달림

소총포는 피침형

잎은 2~3회
깃꼴겹잎

작은잎은 다시
깃꼴로 잘게 갈라짐

잎 뒷면과 엽축에
긴 털이 밀생

끝에 암술대가 갈고리 모양
돌기처럼 달림

열매는 난형 분과
굽은 털이 밀생

0487 **사상자** *Torilis japonica*

- 어긋나기, 홑잎, 양성화, 겹산형꽃차례
- 산과 들 풀밭에서 자라며 5~8월에 꽃 피는 두해살이풀
- 개사상자와 달리 꽃, 총포엽, 소산경, 열매가 많이 달림

* 전호와 달리 전체에 짧은 털이 밀생하고 잎집에 긴 털이 없으며 개화가 늦음

높이는 30~70cm
곧게 서고
가지가 갈라짐

전체에 짧은
털이 밀생

꽃잎은 5개
끝이 깊게 파임

수술은 5개

암술은 2개

소총포는 선형

총포엽은
4~8개

소산경은 5~11개
각각 6~20개씩
꽃이 달림

총산경

잎은 2~3회 깃꼴로 갈라짐

양면에 짧은 털이 밀생

열매는 난형 분과
짧은 가시털이 있음

6~20개로 많이 달림

0488 개사상자 *Torilis scabra*

- 어긋나기, 홑잎, 양성화, 겹산형꽃차례
- 경기도 이남 산과 들의 풀밭에서 자라며 5~8월에 꽃 피는 두해살이풀
- 사상자와 달리 꽃, 총포엽, 소산경, 열매가 적게 달림

높이는 30~60cm
곧게 서고 가지가 갈라짐

전체에 짧은
털이 있음

암술대는 2개

수술은 5개

꽃잎은 5개
끝이 깊게 파임

소산경은 2~6개
각각 2~7개씩
꽃이 달림

총포엽은
없거나 1개

소총포는 1~2개

양면에 잔털이 밀생

잎은 2~3회 깃꼴로 갈라짐

열매는 난형 분과, 가시털이 밀생
열매는 2~7개로 적게 달림

소총포

0489 **긴사상자** *Osmorhiza aristata*

- 어긋나기, 홑잎, 수꽃양성화한포기, 겹산형꽃차례
- 산지 그늘진 곳에서 자라며 4~6월에 꽃 피는 여러해살이풀
- 사상자와 달리 소산경이 2~5개로 적고 열매가 도피침형으로 길쭉함

높이는 30~60cm
곧게 서고 위쪽에서 가지가 갈라짐

소총포는 4~6개

총포엽은 2~4개
일찍 떨어짐

소산경은 2~5개
각각 3~9개씩 꽃이 달림

특히 꽃줄기에
털이 많음

전체에 털이 있음

수꽃과 양성화가 섞여 핌

수꽃

양성화는 수술이 5개
암술대는 2개

꽃잎은 5개
끝이 오목함

잎은 삼각 모양
2~3회 깃꼴로 갈라짐
톱니가 있음

열매는 좁고 긴 도피침형 분과

소총포는 4~6개

분과는 길쭉하고 아래쪽에서 갈라짐
억센 가시털이 있어서 잘 달라붙음

0490 솔잎미나리 *Cyclospermum leptophyllum*

- 어긋나기, 홑잎, 양성화, 산형꽃차례
- 제주도 저지대에서 자라며 7~9월에 꽃 피는 한해살이풀. 열대아메리카 원산 외래식물
- 회향보다 식물체가 대체로 작고 꽃이 흰색

높이는 15~70cm
곧게 서거나 비스듬히 자람
가지가 갈라짐

줄기에 능선이
있고 털은 없음

수술은 5개, 암술대는 2개

꽃잎은 5개, 끝이 안쪽으로 말림

잎집은 줄기를 감쌈

잎은 2~4회 깃꼴로 갈라짐
갈래조각은 선상 피침형

열매는 타원형 분과, 능선이 있음

0491 반디미나리 *Pternopetalum tanakae*

- 어긋나기, 깃꼴겹잎, 양성화, 겹산형꽃차례
- 한라산 그늘진 곳에서 자라며 5~6월에 꽃 피는 여러해살이풀
- 소산경이나 꽃자루 길이가 제각각 다름

높이는 10~25cm
곧게 섬

소산경은 8~10개
길이가 다름
각각
1~3개씩
꽃이 달림

줄기에
털은 없음

총포엽은
없음

꽃잎은 5개, 도란형

소포엽은 피침형

수술은 5개

암술대는 2개

줄기에
털은 없음

잎집 가장자리는 막질

잎은 삼각상 난형
2~3회 깃꼴겹잎

열매는 긴 타원형 분과, 털이나 돌기가 없음

소총포

0492 미나리 *Oenanthe javanica*

- 어긋나기, 깃꼴겹잎, 양성화, 겹산형꽃차례
- 도랑이나 습지에서 자라며 6~8월에 꽃 피는 여러해살이풀
- 독미나리보다 키가 작고 줄기 아래쪽이 누우며 열매에 암술대가 길게 남음

높이는 20~80cm, 옆으로 자라다가 곧게 섬

줄기 속은 비어 있고 털은 없음

능선이 있음

수술은 5개
암술대는 2개

총포엽은 없거나 1~3개 일찍 떨어짐

꽃잎은 5개, 끝이 파임

잎은 1~2회 깃꼴겹잎

작은잎은 난형, 톱니가 있음

열매는 타원형 분과, 능선이 있음

암술대가 길게 남음

소총포는 5~15개 선형

치편이 남아 있음

소산경은 5~15개, 각각 10~25개씩 꽃이 달림

기름관은 배면에 4개 합생면에 2개가 있음

0493 **참나물** *Pimpinella brachycarpa*

- 어긋나기, 3출엽, 양성화, 겹산형꽃차례
- 산지 숲 속에서 자라며 7~9월에 꽃 피는 여러해살이풀
- 한라참나물과 달리 잎이 3출엽이고 꽃 필 무렵에 뿌리잎이 없음

* 작은잎이 거듭 3갈래로 깊게 갈라지거나 빗살처럼 잘게 갈라지는 등 변이가 심함

높이는 30~80cm
곧게 섬

소산경은
10개 내외
각각
8~12개
꽃이 달림

총포엽은
없거나
1~2개, 선형

총산경

꽃잎은 5개

수술은 5개

암술대는 2개

작은잎은 난형
또는 긴 난형
겹톱니가 있음

잎은 3출엽

작은잎이 깊게 또는 가늘게
갈라지는 등 변이가 심함

치편이 남아 있음

열매는 넓은 타원형 분과, 털이 없음

0494 한라참나물 *Pimpinella hallaisanensis*

- 어긋나기, 3출엽, 양성화, 겹산형꽃차례
- 제주도 숲 속에서 자라며 8~9월에 꽃 피는 여러해살이풀
- 잎이 대개 2회 3출엽이고 다세포 털이 있으며 꽃 필 무렵에 뿌리잎이 있음

* 제주도 외 지역에서 자생이 보고되기도 함. 종 실체에 대한 재검토가 필요해 보임

높이는 20~50cm 곧게 섬

소총포는 2~5개

총포엽은 없거나 1~2개

소산경은 7~9개 각각 8~15개씩 꽃이 달림

꽃잎은 5개

수술은 5개

암술대는 2개

작은잎은 개체마다 다양하게 나타남

잎은 1~2회 3출엽

잎 가장자리와 주맥을 따라 긴 다세포 털이 나타나지만 지역에 따라 차이가 있음

열매는 넓은 타원형 분과, 털이 없음

치편이 남아 있음

0495 큰참나물 *Cymopterus melanotilingia*

- 어긋나기, 3출엽, 양성화, 겹산형꽃차례
- 산지 숲 속에서 자라며 8~9월에 꽃 피는 여러해살이풀
- 참나물과 달리 전체에 짧은 털이 있고 꽃이 적자색이며 잎 톱니가 큼
- *※ 분과 2개가 합쳐져 5각으로 별 모양인 점이 특이함*

수술은 5개, 암술대는 2개

총포엽은 3~4개

소산경은 12~13개 각각 여러 개 꽃이 달림

꽃잎은 5개, 적자색

높이는 50~100cm 곧게 섬

잎집

짧은 털이 있음

잎은 3출엽

작은잎은 난형 또는 넓은 난형 치아 모양 큰 톱니가 있음

열매는 타원형 분과

치편이 남아 있음

낮은 능선이 3개 있고 넓은 날개가 있음

소총포는 6~8개, 선형

2개 분과가 합쳐져 5각으로 별 모양

열매 횡단면

0496 대마참나물 *Tilingia tsusimensis*

- 어긋나기, 3출엽, 양성화, 겹산형꽃차례
- 가야산과 금오산과 속리산에서 드물게 자라며 7~8월에 꽃 피는 여러해살이풀
- 참나물과 달리 작은잎 톱니가 굵고 열매 표면에 능선이 돌출함

높이는 35~60cm
곧게 섬

잎집

줄기에
털은 없고
세로줄이 있음

총포엽은 1개   소총포는 4~5개

꽃잎은 5개
수술은 5개
암술대는 2개

소산경은 10~20개
각각 12~18개씩 꽃이 달림

잎은 3출엽

작은잎은 도피침형 또는 긴 난형
굵은 톱니가 있음

열매는 난형 분과

돌출하는 능선이 있고 능선 사이마다
3~4개 갈색 세로줄이 있음

열매 횡단면

기름관이 배면에 12개, 합생면에 4개 있음

0497 독미나리 *Cicuta virosa*

- 어긋나기, 깃꼴겹잎, 양성화, 겹산형꽃차례
- 강원 이북 도랑가나 습지에서 드물게 자라며 6~8월에 꽃 피는 여러해살이풀
- 미나리보다 키가 크고 줄기 아래쪽이 곧게 서며 열매가 도란형

높이는 60~150cm
곧게 서고 가지가 갈라짐

줄기는 세로줄이
있고 속은 비어
있으며 털이 없음

소총포는 6~12개   총포엽은 없거나 1~2개

꽃잎은 5개
수술은 5개
암술대는 2개

소산경은 10~20개
각각 10여개씩 꽃이 달림

잎은 2~3회 깃꼴겹잎

작은잎은 피침형
또는 긴 난형
결각이 있음

뿌리줄기는 오래되면 스펀지처럼
속이 비면서 여러 칸이 생김

치편이 남아 있음

열매는 도란형 분과
능선이 있음

0498 **갯사상자** *Cnidium japonicum*

- 어긋나기, 깃꼴겹잎, 양성화, 겹산형꽃차례
- 중부 이남 바닷가 모래땅이나 바위틈에서 자라며 6~8월에 꽃 피는 두해살이풀
- 줄기가 비스듬히 자라고 잎이 1회 깃꼴겹잎이며 잎 양면에 광택이 있음

소산경은 5~11개 각각 10~16개씩 꽃이 달림

소포엽은 2~6개

총포엽은 2~6개

총산경

높이는 10~30cm, 가지가 많이 갈라져 비스듬히 서거나 눕듯이 자람

꽃잎은 5개

암술대는 2개

수술은 5개

잎은 작은잎 5~7개 깃꼴겹잎

작은잎은 난상 삼각형 다시 깃꼴로 갈라지고 양면에 광택이 있음

열매는 원형 또는 난형 분과 능선이 2~4개 있음

열매 횡단면은 꽃 모양

0499 벌사상자 *Cnidium monnieri*

- 어긋나기, 깃꼴겹잎, 양성화, 겹산형꽃차례
- 산과 들의 풀밭이나 산기슭에서 자라며 8~9월에 꽃 피는 두해살이풀
- 사상자와 달리 잎이 선상 피침형으로 갈라지고 열매에 날개 같은 능선이 있음

* 사상자나 개사상자와 이름만 비슷할 뿐 사뭇 다른 식물

높이는 50~100cm, 곧게 서고 가지가 갈라짐

줄기 속은 비어 있고 전체에 짧은 털이 있거나 없음

소총포는 4~7개

소산경은 10~20개 각각 15~25개씩 꽃이 달림

총산경

총포엽은 여러 개, 선형

수술은 5개 암술대는 2개 꽃잎은 5개 끝이 깊게 파임

잎은 2~3회 깃꼴겹잎

작은잎은 선상 피침형으로 갈라짐

열매는 타원형 분과

날개 같은 능선이 여러 개 있음

0500 궁궁이 *Angelica polymorpha*

- 어긋나기, 깃꼴겹잎, 양성화, 겹산형꽃차례
- 산지 계곡에서 자라며 8~10월에 꽃 피는 여러해살이풀
- 정소엽에 겹톱니 같은 결각이 있고 열매에 털이 없음

높이는 80~150cm
곧게 서고 가지가 갈라짐

줄기에 털은
없고 흔히
흑자색을 띠며
분백색이 돎

수술은 5개   암술대는 2개   꽃잎은 5개

소산경은 20~40개
각각 20~40개씩
꽃이 달림

총포엽은 없거나 1~2개

작은잎은 난형 또는 피침형
결각 모양 톱니가 있음

잎은 3~4회 3출넙상 깃꼴겹잎

열매는 타원형 분과
날개 모양 능선이 있음
털은 없음

소총포는
여러 개

0501 개회향 *Ligusticum tachiroei*

- 어긋나기, 홑잎, 양성화, 겹산형꽃차례
- 높은 산 바위틈에서 자라며 8~10월에 꽃 피는 여러해살이풀
- 고본보다 작고 분과에 치편이 남아 있으며 분과 횡단면이 일그러진 오각형

* 잎을 씹으면 미나리향이 나는 점도 특징

높이는 10~30cm, 곧게 서고 가지가 갈라짐

소산경은 5~10개
각각 10~30개씩 꽃이 달림

총포엽은
1~4개

소총포는
여러 개

줄기에 털은 거의 없음

수술은 5개

꽃잎은 5개

암술대는 2개

잎은 3~4회 깃꼴로 갈라짐. 갈래조각은 선형

치편이 남아 있음

소총포

열매는 난상 긴 타원형 분과
짧은 날개 같은 능선이 있음

분과 횡단면은 약간 일그러진 오각형

기름관은
배면에 4개
합생면에 2개

0502 고본 *Angelica tenuissima*

- 어긋나기, 홑잎, 양성화, 겹산형꽃차례
- 제주도 제외 지역 높은 산에서 자라며 8~10월에 꽃 피는 여러해살이풀
- 개회향보다 작고 분과에 치편이 없으며 분과 횡단면이 반원형
- ＊ 분과 껍질이 씨와 느슨하게 접해 있고, 잎을 씹으면 한약재 향이 나는 점도 특징

높이는 30~80cm, 곧게 서고 속이 비어 있음

소산경은 8~20개 각각 20~22개씩 꽃이 달림

총포엽은 1~2개

수술은 5개

꽃잎은 5개

암술대는 2개

잎은 3회 깃꼴로 갈라짐 갈래조각은 선상 피침형

치편은 없음

열매는 타원형 분과 날개 같은 능선이 있음

껍질이 두껍고 씨와 느슨하게 접해 있음

분과 횡단면은 반원형

0503 **왜당귀** *Angelica acutiloba*

- 어긋나기, 깃꼴겹잎, 양성화, 겹산형꽃차례
- 약용 또는 식용으로 심어 기르며 8~9월에 꽃 피는 여러해살이풀. 일본 원산 재배식물
- 잎이 1~3회 깃꼴겹잎이고 갈래조각에 결각이 생기거나 날카로운 톱니가 있음

* 특유한 향이 나서 쌈 재료로 먹음. 일부 지역에서 야생으로 퍼져 자라기도 함

높이는 60~90cm, 곧게 서고 가지가 갈라짐

소산경은 30~40개, 각각 20~40개 꽃이 달림

총포엽은 없거나 1개

총산경

꽃잎은 5개

암술대는 2개   수술은 5개

잎은 1~3회 깃꼴로 갈라짐

갈래조각은 결각이 생기거나 날카로운 톱니가 있음

열매는 타원형 분과

기름관은 여러 개

분과 횡단면은 납작한 오각형

0504 개발나물 *Sium suave*

- 어긋나기, 깃꼴겹잎, 양성화, 겹산형꽃차례
- 물가에서 자라며 8~10월에 꽃 피는 여러해살이풀
- 작은잎이 선상 피침형이고 7~17개로 많음

높이는 70~100cm, 곧게 섬

줄기에 희미한 능선이 있고 전체에 털이 없음

꽃잎은 5개

수술은 5개   암술대는 2개

소총포는 여러 개

총포엽은 5~6개

소산경은 10~20개 각각 10개 내외 꽃이 달림

잎은 작은 잎 7~17개 깃꼴겹잎

작은잎은 좁은 피침형 날카로운 톱니가 있음

열매는 타원형 분과 털이 없음

치편이 남아 있음

0505 대암개발나물 *Sium tenue*

- 어긋나기, 홑잎 또는 깃꼴겹잎, 양성화, 겹산형꽃차례
- 물가나 습지에서 자라며 8~10월에 꽃 피는 여러해살이풀
- 개발나물보다 뿌리가 굵고, 깃꼴겹잎 외에 갈라지지 않는 잎이 달림
- ＊ 땅에 닿은 줄기 잎겨드랑이에서 살눈처럼 생긴 뿌리가 내림

소산경은 10개 내외
각각 5~20개 꽃이 달림

총포엽은 3~5개

높이는 30~80cm
곧게 서고 전체에 털이 없음

줄기 잎겨드랑이에서
내린 뿌리

수술은 5개

꽃잎은 5개

암술대는 2개

성숙한 잎은 작은잎
3~7개 깃꼴겹잎

어린잎은 심장형
또는 3출엽

방추형 굵은 뿌리가 있음

열매는 난상 구형 분과, 털은 없음

치편이
남아 있음

0506 세잎개발나물 *Sium ternifolium*

- 어긋나기, 3출엽, 양성화, 겹산형꽃차례
- 강원도 산지 습기 있는 곳에서 자라며 8~9월에 꽃 피는 여러해살이풀
- 키가 작고 총포엽이 거의 없으며 모든 잎이 3출엽으로만 되어 있음

* 강원도 치악산에서 채집되어 2009년에 신종으로 발표됨

높이는 20~50cm, 곧게 서고 가지가 거의 갈라지지 않음

소산경은 3~6개
각각 2~5개 꽃이 달림

꽃자루
(열매자루)

소총포는 1~3개

총포엽은
없거나 1개

수술은 5개

암술대는 2개

꽃잎은 5개

모든 잎이 3출엽

작은잎은 난형
잔톱니가 있음

흰색 긴 뿌리줄기가 있음

치편이 남아 있음

열매는 난상 구형 분과
털은 없음

0507 서울개발나물 *Pterygopleurum neurophyllum*

- 어긋나기, 깃꼴겹잎, 양성화, 겹산형꽃차례
- 들녘 습지에서 자라며 7~8월에 꽃 피는 여러해살이풀
- 작은잎이 선형이고 가장자리가 밋밋하며 열매 능선이 날카로움
- * 멸종된 것으로 알려졌다가 근자에 경남 양산시에서 발견됨

수술은 5개

암술대는 2개

꽃잎은 5개

높이는 80~120cm
곧게 서고 위쪽에서
가지가 갈라짐

소산경은 8~11개
각각 10~30개씩
꽃이 달림

총포엽은 8~11개
소산경 밑에 붙음

줄기잎은
1~2회 3출엽상
깃꼴겹잎

작은잎은 선형

뿌리잎은 2~3회 깃꼴겹잎

치편이 남아 있음

열매는 타원형 분과
털은 없음. 능선이 발달함

0508 파드득나물 *Cryptotaenia japonica*

- 어긋나기, 3출엽, 양성화, 겹산형꽃차례
- 산지 숲 속에서 자라며 6~7월에 꽃 피는 여러해살이풀
- 꽃자루 길이가 제각각 달라서 꽃차례가 불규칙하게 벌어지고 열매가 매끈함

높이는 30~60cm, 곧게 섬

총포엽은 없음

줄기에 털이 없음

수술은 5개

암술대는 2개

꽃잎은 5개, 타원형

꽃자루는 1~4개 길이가 서로 다름

소총포

작은잎은 난형 또는 긴 타원형 날카로운 톱니가 있음

잎은 3출엽

열매는 타원형 분과 털이 없고 매끈함

0509 회향 *Foeniculum vulgare*

- 어긋나기, 홑잎, 양성화, 겹산형꽃차례
- 심거나 들녘에서 자라며 7~8월에 꽃 피는 여러해살이풀. 유럽 원산 외래식물
- 개회향에 비해 노란색 꽃이 피고 대체로 크며 특유한 향이 남

* 재배식물이지만 울릉도나 제주도 또는 서울에서 저절로 자라기도 함

전체에 털이 없고 청록색을 띰

높이는 90~200cm, 곧게 서고 가지가 많이 갈라짐

수술은 5개

암술대는 2개 　　꽃잎은 5개, 노란색

소총포는 없음

소산경은 5~25개 각각 8~20개씩 꽃이 달림 　　총포엽은 없음

잎은 3~4회 깃꼴로 깊고 잘게 갈라짐

갈래조각은 선형

열매는 난상 타원형 분과 희미한 능선이 있고 털은 없음

0510 갯방풍 *Glehnia littoralis*

- 어긋나기, 깃꼴겹잎, 양성화, 겹산형꽃차례
- 바닷가 모래땅에서 자라며 5~7월에 꽃 피는 여러해살이풀
- 3출엽상 깃꼴겹잎이고 꽃줄기에 흰색 털이 밀생
* 전체에서 특유한 한약재 향이 남

잎은 1~2회 3출엽상 깃꼴겹잎

높이는 1~20cm, 옆으로 퍼지듯 자람

두껍고 광택이 있음

수술은 5개, 꽃잎보다 훨씬 김

꽃잎은 5개

암술대는 2개

총포엽은 5개

소총포는 9~15개

소산경은 10개 내외 각각 20~40개씩 꽃이 달림

열매는 둥근 도란형 분과 털이 많고 능선이 있음

배면에 기름관이 여러 개 있음

분과 횡단면은 납작한 오각형

0511 **왜우산풀** *Pleurospermum uralense*

- 어긋나기, 홑잎, 양성화, 겹산형꽃차례
- 깊은 산에서 자라며 6~7월에 꽃 피는 여러해살이풀
- 줄기가 굵으며 위쪽에서 갈라져 우산 모양으로 되며 총포엽이 잘게 갈라짐
- ＊ 특유한 좋지 않은 향이 있음

높이는 50~150cm, 곧게 서고 위쪽에서 가지가 갈라짐

줄기 속은 비어 있고
전체에 털이 없음

수술은 5개
암술대는 2개

꽃잎은 5개

총포엽은 많고
깃꼴로 갈라짐

소산경은 수십 개, 꽃도 수십 개가 달림

잎은 넓은 난상 삼각형, 2~3회 깃꼴로 갈라짐

치편이
남아 있음

열매는 난형 분과
털이 없고 능선이 있음

0512 섬바디 *Dystaenia takesimana*

- 어긋나기, 깃꼴겹잎, 양성화, 겹산형꽃차례
- 울릉도 산과 들에서 자라며 6~11월에 꽃 피는 여러해살이풀
- 열매 날개가 두껍고 분과에 치편이 남아 있음

높이는 100~250cm
곧게 서고
위쪽에서 가지가
갈라짐

줄기에
털은 없음

암술대는 2개

꽃잎은 5개　수술은 5개, 꽃잎보다 약간 긺

총포엽은 없음

소총포는
10~20개

잘라진
소산경

소산경은 20~40개
각각 20~40개씩
꽃이 달림

잎은 2~3회 깃꼴겹잎

작은잎은 넓은 피침형
결각 모양 톱니가 있음

치편이 남아 있음

열매는 타원형 분과
두꺼운 편

0513 **바디나물** *Angelica decursiva*

- 어긋나기, 홑잎, 양성화, 겹산형꽃차례
- 산과 들의 습기 있는 곳에서 자라며 8~9월에 꽃 피는 여러해살이풀
- 꽃이 적자색이고 잎이 3~5갈래 깃꼴로 갈라지며 잎집처럼 넓은 총포엽이 달림

높이는 70~150cm, 곧게 서고 위쪽에서 가지가 갈라짐

소산경은 10~20개 각각 20~30개씩 꽃이 달림

소총포는 5~7개

총포엽은 1~2개 잎집 모양으로 넓고 큼

암술대는 2개

수술은 5개

꽃잎은 5개

잎은 삼각상 넓은 난형 3~5개 깃꼴로 갈라짐

열매는 타원형 분과 능선이 있고 갈색 세로줄이 있음

총포엽

꽃이 흰색인 타입

0514 **흰바디나물** *Angelica cartilaginomarginata* var. *distans*

| 산형과 |

- 어긋나기, 홑잎, 양성화, 겹산형꽃차례
- 산지 숲 가장자리에서 자라며 8~10월에 꽃 피는 여러해살이풀
- 잎 첫 번째 갈래조각이 대개 잎집 근처에 달리고 두 번째 갈래조각과 간격이 넓음
- ＊ 바디나물에 달리는 크고 넓은 총포엽이 달리지는 않음

높이는 50~100cm
곧게 서고 가지가 갈라짐

줄기에 희미한
능선이 있고
털은 없음

꽃잎은 5개
수술은 5개
암술대는 2개

총포엽은
없거나 1개

소총포는
5~6개

소산경은 8~15개
각각 10~20개씩 꽃이 달림

잎은 2~3회 깃꼴로 갈라짐
규칙적인 톱니가 있음

제1쌍 갈래조각과
제2쌍 갈래조각이
달리는 간격이 넓음

대개 제1쌍이 잎집
근처에 달림

열매는 타원형 분과, 갈색 세로줄이 있음

0515 **잔잎바디** *Angelica czernaevia*

- 어긋나기, 깃꼴겹잎, 양성화, 겹산형꽃차례
- 산지 습기 있는 곳에서 자라며 7~9월에 꽃 피는 여러해살이풀
- 바디나물과 달리 잎이 2회 3출엽상 깃꼴겹잎이며 작은잎이 피침형

꽃잎은 5개, 수술은 5개, 암술대는 2개

높이는 80~120cm
곧게 서고 가지가 갈라짐

소산경은 10~30개
각각 20~40개씩
꽃이 달림

소총포는
5~15개

총산경
위쪽에
잔털이 밀생

총포엽은
없거나
1~2개

잎은 2회 3출엽상
깃꼴겹잎

작은잎은 긴 난형 또는
피침형, 톱니가 있음

열매는 난상 구형 분과
날카로운 날개 같은
능선이 있음

분과 횡단면은 둥글고
여러 개 기름관이 있음

0516 **구릿대** *Angelica dahurica*

- 어긋나기, 깃꼴겹잎, 양성화, 겹산형꽃차례
- 습기 있는 곳에서 자라며 6~8월에 꽃 피는 여러해살이풀
- 잎집이 굵고 크며 잎이 3~4회 3출엽상 깃꼴겹잎

높이는 100~250cm
곧게 서고 가지가 갈라짐

잎집이 굵고 큼

줄기는 분백색이 돎

꽃잎은 5개, 수술은 5개, 암술대는 2개

소총포는 여러 개

총포엽은 없음

소산경은 10~30개 각각 20~40개씩 꽃이 달림

작은잎과 갈래조각은 날카로운 톱니가 있음

잎은 3출엽상 3~4회 깃꼴겹잎

열매는 납작한 타원형 분과 얕은 능선이 있음. 가장자리는 날개처럼 됨

0517 **지리강활** *Angelica amurensis*

- 어긋나기, 3출엽, 양성화, 겹산형꽃차례
- 지리산 이북 높은 산에서 자라며 7~8월에 꽃 피는 여러해살이풀
- 참당귀와 달리 꽃이 흰색이고 잎이 갈라지는 엽축 지점에 자줏빛 점이 있음
- *갈라지는 엽축 지점에 생기는 자줏빛 점이 불분명한 경우도 있음*

높이는 100~250cm
곧게 서고
위쪽에서 가지가
갈라짐

줄기는 흔히
짙은 자줏빛을 띰
털은 없음

꽃잎은 5개
수술은 5개
암술대는 2개

소총포는
없음

총포엽은
없거나 1개

소산경은 20여 개
각각 30~40개씩 꽃이 달림

잎은 2~4회
3출엽

엽축 지점에 자줏빛
점이 있음

작은잎은 난형 또는 넓은 난형,
날카로운 톱니가 있음

열매는 타원형 분과,
얕은 능선이 있음

0518 **참당귀** *Angelica gigas*

- 어긋나기, 3출엽, 양성화, 겹산형꽃차례
- 산골짜기나 냇가에서 자라며 8~9월에 꽃 피는 여러해살이풀
- 지리강활과 달리 꽃이 적자색이고 잎이 갈라지는 엽축 지점이 흰색 또는 연한 녹색

* 재배하기도 함

높이는 100~200cm, 곧게 서고 위쪽에서 가지가 갈라짐

줄기는 흔히 자줏빛을 띰 털은 없음

수술은 5개

꽃차례가 구형에 가까움

꽃잎은 5개, 적자색

암술대는 2개

잎집이 타원형이고 큼

작은잎은 다시 또 갈라짐 겹톱니가 있음

잎은 1~2회 3출엽

잎이 갈라지는 엽축 지점이 흰색

열매는 타원형 분과 얕은 능선이 있고 날개가 있음

0519 **갯강활** *Angelica japonica*

- 어긋나기, 깃꼴겹잎, 양성화, 겹산형꽃차례
- 제주도와 거문도 바닷가에서 자라며 6~7월에 꽃 피는 여러해살이풀
- 잎이 두껍고 광택이 있으며 식물체가 큼

높이는 80~200cm, 곧게 서고 위쪽에서 가지가 갈라짐

식물체가 큼

줄기는 굵고 위쪽에 잔털이 있음

총포엽은 5~6개
소총포는 여러 개

꽃잎은 5개
수술은 5개
암술대는 2개

소산경은 30~40개
각각 20~40개씩 꽃이 달림

잎은 넓은 난상 삼각형
1~2회 3출엽상 깃꼴겹잎

작은잎은 난형
또는 난상 타원형
두껍고 톱니가 있음

열매는 납작한 타원형 분과
얕은 능선이 있음

분과 횡단면은 납작한 반원형

0520 **강활** *Angelica reflexa*

- 어긋나기, 깃꼴겹잎, 양성화, 겹산형꽃차례
- 중부 이북 산지에서 자라며 8~9월에 꽃 피는 여러해살이풀
- 묏미나리와 달리 작은잎이 좁고 분과 날개가 좁으며 수술이 길게 나옴

※ 남한에는 존재하지 않는 종으로 보는 견해도 있음

높이는 60~150cm, 곧게 서고 위쪽에서 가지가 갈라짐

전체에 털이 없음

수술은 5개 길게 나옴

암술대는 2개

꽃잎은 5개

작은잎은 피침형 또는 난상 긴 타원형 불규칙한 톱니가 있음

잎은 2회 3출엽상 깃꼴겹잎

잎자루 첫 번째 갈래가 뒤로 꺾이는 형태가 나타남

열매는 타원형 분과 넓은 날개가 있음

0521 신감채 *Ostericum grosseserratum*

- 어긋나기, 깃꼴겹잎, 양성화, 겹산형꽃차례
- 산지 습기 있는 곳에서 자라며 8~9월에 꽃 피는 여러해살이풀
- 식물체가 크고 잎이 3출엽상 깃꼴겹잎이며 정소엽에 불규칙한 톱니가 있음

높이는 60~130cm 곧게 서고 위쪽에서 가지가 갈라짐

줄기에 능선이 있고 털은 없음

수술은 5개

꽃잎은 5개

암술대는 2개

소산경은 11개 내외 각각 10~20개씩 꽃이 달림

총포엽은 없거나 3~4개

소총포는 많음

잎은 2~3회 3출엽상 깃꼴겹잎

정소엽에 결각 모양 톱니가 있음

작은잎은 난형 또는 타원형, 결각상으로 갈라지거나 불규칙한 톱니가 있음

치편이 남아 있음

타원형 분과, 능선이 있고 넓은 날개가 있음

0522 묏미나리 _Ostericum sieboldii_

- 어긋나기, 깃꼴겹잎, 양성화, 겹산형꽃차례
- 습기 있는 곳에서 자라며 8~9월에 꽃 피는 여러해살이풀
- 꽃차례 밑부분에 잎집 2개가 마주나고 작은잎이 난형이며 분과 날개가 좁음

높이는 60~100cm, 곧게 서고 위쪽에서 가지가 갈라짐

줄기에 털은 없음

꽃차례 밑부분에 잎집 2개가 마주남

수술은 5개

암술대는 2개

소총포는 5~6개

꽃잎은 5개

소산경은 5~8개 각각 15~20개씩 꽃이 달림

총포엽은 없거나 1~2개 일찍 떨어짐

잎은 2~3회 3출엽상 깃꼴겹잎

정소엽에는 톱니만 있음

작은잎은 난형

치편이 남아 있음

열매는 타원형 분과 능선이 있고 짧은 날개가 있음

0523 **가는바디** *Ostericum maximowiczii*

- 어긋나기, 깃꼴겹잎, 양성화, 겹산형꽃차례
- 강원 이북 습지에서 자라며 6~9월에 꽃 피는 여러해살이풀
- 잎 최종 갈래조각이 피침형 또는 선형이고 가장자리는 밋밋함

전체에
털이 없음

높이는 60~110cm
곧게 서고 위쪽에서
가지가 갈라짐

암술대는 2개

꽃잎은 5개

수술은 5개

총포엽은
없거나 1~2개

소산경은 8~18개
각각 7~30개 꽃이 달림

소총포는 많음. 선형 꽃자루만큼이나 긺

잎은 2~3회 깃꼴로 갈라짐
갈래조각은 피침형 또는 선형

치편이 남아 있음

열매는 타원형 분과
능선이 있고 넓은 날개가 있음

0524 갯기름나물 *Peucedanum japonicum*

- 어긋나기, 깃꼴겹잎, 양성화, 겹산형꽃차례
- 중부 이남 바닷가 산지나 바위틈에서 자라며 6~8월에 꽃 피는 여러해살이풀
- 기름나물보다 잎이 넓고 두꺼우며 톱니가 굵직함

높이는 60~100cm
곧게 서고 가지가 갈라짐

줄기에
세로줄이 있음

수술은 5개

꽃잎은 5개, 겉면에 털이 있음

암술대는
2개

소총포는
여러 개

소산경은 10~20개
각각 20~30개씩
꽃이 달림

총포엽은 없거나
몇 개가 있음

잎은 1~3회 3출엽상 깃꼴겹잎

작은잎은 도란형, 불규칙한 톱니가 있음
두껍고 분백색이 돎

열매는 타원형 분과
능선이 있고 짧은 털이 있음

0525 **덕우기름나물** *Sillaphyton podagraria*

- 뿌리에서 나기, 깃꼴겹잎, 양성화, 겹산형꽃차례
- 강원도 석회암 지대에서 자라며 8~9월에 꽃 피는 여러해살이풀
- 잎이 대개 뿌리에서 1개가 나오고 작은잎자루가 확실하며 꽃줄기가 잎과 별도로 올라옴

＊ 위의 특징을 근거로 기름나물속과 별개 속으로 분류하려는 추세

꽃줄기와 잎이 따로 나옴

높이는 50~100cm, 곧게 서고 가지가 갈라지기도 함

줄기에 털이 거의 없음

수술은 5개

암술대는 2개

꽃잎은 5개

소산경은 10~15개 각각 7~20개씩 꽃이 달림

소총포는 4~5개

총포엽은 1~2개

잎은 뿌리에서만 나고 3회 깃꼴겹잎

작은잎은 난형 날카로운 톱니가 있음

작은잎자루가 확실함

열매는 타원형 분과, 갈색 세로줄이 있음

치편이 남아 있음

0526 기름나물 *Peucedanum terebinthaceum*

- 어긋나기, 깃꼴겹잎, 양성화, 겹산형꽃차례
- 양지바른 곳에서 자라며 7~9월에 꽃 피는 여러해살이풀
- 잎 갈래조각이 피침형 또는 난상 피침형

높이는 30~90cm, 곧게 서고 가지가 많이 갈라짐

줄기는 털이 없고 매끈한 편

수술은 5개

암술대는 2개

꽃잎은 5개

소산경은 10~15개 각각 20~30개씩 꽃이 달림

소총포는 여러 개

총포엽은 없거나 1~2개

잎은 1~3회 3출엽상 깃꼴겹잎

작은잎은 넓은 난형 또는 삼각형 피침형 또는 난상 피침형으로 다시 갈라짐

열매는 타원형 분과, 갈색 세로줄이 있음

치편이 남아 있음

0527 백운기름나물 *Peucedanum hakuunense*

- 어긋나기, 깃꼴겹잎, 양성화, 겹산형꽃차례
- 남부지방 산지에서 자라며 8~9월에 꽃 피는 여러해살이풀
- 잎 갈래조각이 좀 더 좁고 끝이 둔하며 분과 횡단면이 약간 납작한 반원형

수술은 5개

암술대는 2개

꽃잎은 5개

높이는 30~60cm 곧게 서고 위쪽에서 가지가 갈라짐

소총포는 여러 개

소산경은 15~30개 각각 10~20개씩 꽃이 달림

총포엽은 없거나 1개

잎은 3회 3출엽상으로 갈라짐

갈래조각은 선형

열매는 타원형 분과, 갈색 희미한 능선이 있음

치편이 남아 있음

분과 횡단면이 약간 납작한 반원형인 점이 특징

0528 **털기름나물** *Libanotis coreana*

- 어긋나기, 깃꼴겹잎, 양성화, 겹산형꽃차례
- 한라산과 북부지방 고지대에서 자라며 7~9월에 꽃 피는 여러해살이풀
- 전체에 돌기 같은 털이 있으며 잎이 잘게 갈라지고 갈래조각이 가는 피침형

높이는 30~90cm, 아래쪽에서 가지가 갈라져 퍼지듯 자람

줄기에 능선이 있고 전체에 흰 털이 덮임

암술대는 2개   수술은 5개   꽃잎은 5개

소총포는 여러 개

총포엽은 없거나 1~6개

소산경은 10~20개 각각 5~20개씩 꽃이 달림

최종 갈래조각은 피침형

잎은 2회 깃꼴겹잎

치편이 남아 있음

열매는 난상 구형 분과 털 같은 돌기물이 있음

0529 어수리 *Heracleum moellendorffii*

- 어긋나기, 깃꼴겹잎, 양성화, 겹산형꽃차례
- 산과 들에서 자라며 6~8월에 꽃 피는 여러해살이풀
- 전체에 거친 털이 있고 꽃잎 끝이 2갈래로 깊게 갈라져 V자 모양

* 잎이 3~5개 작은잎으로 된 깃꼴겹잎이고 분과 상반부에 무늬가 있는 점도 특징

높이는 70~150cm
곧게 서고 가지가 갈라짐

전체에 거친
털이 있음

수술은 4~5개

꽃잎은 4~5개
크기가 제각각 다름

암술대는 2개

소산경은 20~30개
각각 15~30개씩 꽃이 달림

소총포는
5~9개

총포엽은
없거나 3~7개

작은잎은 2~3갈래로 갈라짐

잎은 넓은 삼각형
3~5개 작은잎으로 된 깃꼴겹잎

열매는 납작한 도란형 분과
상반부에 갈색 세로줄 무늬가 나타남

표면에 털이 있는 것도 있음

0530 갯당근 *Daucus littoralis*

- 어긋나기, 깃꼴겹잎, 양성화, 겹산형꽃차례
- 남부지방 바닷가 들에서 자라며 7~8월에 꽃 피는 여러해살이풀
- 전체에 가시 같은 털이 있고 총포엽과 소포엽이 창 모양으로 갈라짐

* 재배종 당근이 퍼져나간 것으로 알려졌으나 면밀하게 연구해 볼 필요가 있음

높이는 40~60cm, 곧게 서고 가지가 갈라짐

줄기에
가시 같은
털이 있음

수술은 5개

꽃잎은 5개

암술대는 2개

총산경에도 가시 같은 털이 있음

총포엽과 소포엽은
여러 개, 창 모양으로
깊게 갈라짐

소산경은 여러 개
각각 여러 개
많은 꽃이 달림

잎은 3~4회 깃꼴겹잎

최종 갈래조각은 선형 또는 피침형

열매는 타원형 분과, 능선이 있고
긴 돌기물 같은 털로 덮임

쌍떡잎식물

통꽃아강

0531 **노루발** *Pyrola japonica*

- 모여나기, 홑잎, 양성화, 총상꽃차례
- 숲 속에서 자라며 6~7월에 꽃 피는 상록성 여러해살이풀
- 콩팥노루발과 달리 잎이 타원형이고 꽃받침조각이 피침형

높이는 15~30cm, 흰색 뿌리줄기가 옆으로 벋음

5~12개 꽃이 아래를 향해 핌

꽃줄기는 약간 각이 짐

꽃받침조각은 5개, 피침형

수술은 10개

화관은 종 모양 5갈래로 갈라짐

포엽은 피침형

암술대는 길게 휘어져 나옴

낮은 톱니가 있음. 질이 두껍고 광택이 있음

잎은 타원형 또는 넓은 타원형

아래를 향함

열매는 납작한 구형 삭과 익으면 5갈래로 갈라짐

0532 **콩팥노루발** *Pyrola renifolia*

- 어긋나기, 홑잎, 양성화, 총상꽃차례
- 울릉도 이북 깊은 산 숲 속에서 자라며 5~7월에 꽃 피는 상록성 여러해살이풀
- 노루발과 달리 잎이 신장상 원형이고 꽃받침조각이 넓은 삼각형

높이는 5~20cm, 흰색 뿌리줄기가 옆으로 벋음

포엽은 매우 짧음

아래를 향해 2~4개 꽃이 핌

약간 각이 짐

비늘잎

수술은 10개

화관은 종 모양 5갈래로 갈라짐

암술대는 길게 휘어져 나옴

꽃받침조각은 5개 넓은 삼각형

잎은 신장상 원형, 낮은 톱니가 있음

꽃받침조각

열매는 약간 납작한 구형 삭과 익으면 5갈래로 갈라짐

0533 매화노루발 *Chimaphila japonica*

- 어긋나기, 홑잎, 양성화, 줄기 끝에 1~2개씩 핌
- 산지 숲 속에서 자라며 5~7월에 꽃 피는 상록성 여러해살이풀
- 노루발과 달리 잎이 줄기에도 달리고 넓은 피침형이며 열매가 위를 향함

높이는 5~15cm, 흰색 뿌리줄기가 옆으로 벋음

줄기에도 잎이 달림

꽃대에 털이 있음

비늘잎은 난형으로 줄기를 감쌈

수술은 10개

암술머리는 둥글고 뭉툭함

화관은 종 모양 5갈래로 갈라짐

꽃받침조각은 5개 가장자리가 구불거리거나 불규칙한 톱니가 있음

잎은 넓은 피침형 톱니가 있음 질이 두껍고 앞면에 광택이 있음

위를 향해 달림

열매는 납작한 구형 삭과

0534 **구상난풀** *Monotropa hypopithys*

- 어긋나기, 홑잎, 양성화, 총상꽃차례
- 산지 숲 속에서 자라며 5~9월에 꽃 피는 여러해살이풀. 부생식물
- 수정난풀과 달리 줄기가 연한 황갈색이고 꽃이 총상꽃차례를 이룸

높이는 10~25cm, 곧게 서고 가지가 갈라지지 않음

3~8개
꽃이 달림

퇴화한
비늘잎

잔털이 있음
엽록소가 없어
노란빛 도는 갈색을 띰

맨 위 꽃은 꽃잎이 4개

암술머리는
나팔 모양

수술은
8~10개

나머지 꽃에는 3~4개 꽃잎이 달림

꽃받침조각은 도피침형, 털이 있음

열매는 타원상
구형 삭과

긴 암술대와 함께
흰 털로 덮임

주황색이고 약간 위를 향해 달림

0535 **수정난풀** *Monotropa uniflora*

- 어긋나기, 홑잎, 양성화, 줄기 끝에 1개씩 핌
- 산지 숲 속에서 자라며 9~10월에 꽃 피는 여러해살이풀. 부생식물
- 나도수정초와 달리 꽃이 가을에 피고 암술머리가 흰색이며 열매가 위를 향함

높이는 8~15cm, 덩어리 모양 땅속줄기가 있음

비늘잎

곧게 섬
엽록소가
없어서
흰색을 띔

꽃받침조각은 일찍 떨어짐

꽃잎은 5개
긴 타원형

수술은 10개

암술머리는 흰색

수술대는 긴 털로 덮임

열매는 넓은 타원형 삭과, 위를 향해 익음

열매는 다섯 칸으로
벌어짐

0536 **나도수정초** *Monotropastrum humile*

- 어긋나기, 홑잎, 양성화, 줄기 끝에 1개씩 핌
- 산지 숲 속에서 자라며 5~7월에 꽃 피는 여러해살이풀. 부생식물
- 수정난풀보다 꽃이 일찍 피고 암술머리가 청자색이며 열매가 아래를 향함

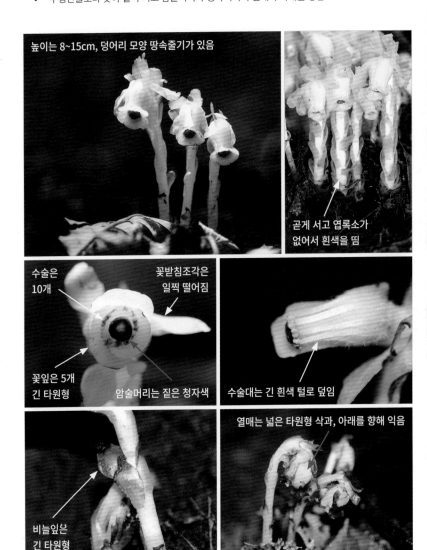

높이는 8~15cm, 덩어리 모양 땅속줄기가 있음

곧게 서고 엽록소가 없어서 흰색을 띰

수술은 10개

꽃받침조각은 일찍 떨어짐

꽃잎은 5개 긴 타원형

암술머리는 짙은 청자색

수술대는 긴 흰색 털로 덮임

비늘잎은 긴 타원형

열매는 넓은 타원형 삭과, 아래를 향해 익음

0537 **뚜껑별꽃** *Anagallis arvensis*

- 마주나기, 홑잎, 양성화, 잎겨드랑이에서 나온 꽃대에 1개씩 핌
- 제주도 바닷가나 저지대 숲 속에서 자라며 3~5월에 꽃 피는 한해살이풀
- 꽃이 보라색이고 잎겨드랑이에 1개씩 달리며 열매가 가로로 열림

높이는 10~30cm, 가지가 갈라지고 비스듬히 섬

줄기는 네모짐

화관은 보라색, 5갈래로 깊게 갈라짐
안쪽에 붉은색 무늬가 있음

수술은 5개, 암술대 주위에 모여 있음
수술대에 털이 많음

암술대는 1개

꽃받침조각은 5개

잎은 난형 또는 좁은 피침형
가장자리는 밋밋함

꽃받침조각

열매는 구형 삭과
익으면 옆으로 갈라져 뚜껑처럼 열림

0538 갯봄맞이 *Lysimachia maritima* var. *obtusifolia*

- 마주나기, 홑잎, 양성화, 잎겨드랑이에 1개씩 핌
- 동해 바닷가에서 무리 지어 자라며 5~9월에 꽃 피는 여러해살이풀
- 화관(꽃잎)이 발달하지 않음

높이는 5~20cm, 곧게 섬

줄기는 털이 없고 약간 분백색이 돎

수술은 5개

암술대는 1개

꽃받침조각은 5개, 꽃잎은 없음

꽃이 흰색인 것도 있음

표면에 파인 점이 있음

잎은 넓은 피침형 또는 도란상 긴 타원형, 양 끝이 둔함

열매는 구형 삭과 털이 없고 암술대가 남음

0539 **참기생꽃** *Trientalis europaea*

- 어긋나기 또는 모여나기, 홑잎, 양성화, 잎겨드랑이에서 나온 꽃대에 1개씩 핌
- 지리산 이북 높은 산에서 드물게 자라며 6~7월에 꽃 피는 여러해살이풀
- 꽃이 꽃대 끝에 1개씩 피고 줄기잎이 모여 남

＊ *기생꽃은 참기생꽃보다 작고 잎이 1.2~3cm로 끝이 약간 둥근 것이라 하나 혼란이 있음*

높이는 5~20cm, 곧게 섬. 옆으로 벋는 뿌리줄기가 있음

꽃받침조각은 대개 7개

꽃줄기에 털이 있음

수술은 5~9개
꽃밥은 노란색

화관은 흰색
5~9갈래로 갈라짐

암술대는 1개, 수술과 길이가 비슷함

잎은 피침형, 5~10개가 모여 남
끝이 둔하고 가장자리는 밋밋함

열매는 구형 삭과, 털이 없고 암술대가 남음

0540 버들까치수염 *Lysimachia thyrsiflora*

- 십자마주나기, 홑잎, 양성화, 총상꽃차례
- 강원 이북 연못이나 습지에서 자라며 6~7월에 꽃 피는 여러해살이풀
- 좁쌀풀과 달리 잎이 마주나게 달리고 꽃차례가 잎겨드랑이에 달림
- ＊ 북부지방에서만 자라는 것으로 알려졌으나 최근에 남한에서도 발견됨

높이는 30~60cm, 곧게 섬

줄기는 약간 능선이 있음
흰색 털로 덮임

꽃차례가 잎겨드랑이에 달림

수술은 5~9개

꽃받침조각은 대개 7개

암술대는 1개

화관은 5~9갈래로 갈라짐

잎은 도피침형 또는 넓은 피침형 양 끝이 좁음. 가장자리는 밋밋함

옆으로 벋는 뿌리줄기가 있음

열매는 구형 삭과 암술대가 길게 남음 붉은 반점이 있음

0541 까치수염 *Lysimachia barystachys*

- 어긋나기, 홑잎, 양성화, 총상꽃차례
- 양지바른 풀밭에서 자라며 6~8월에 꽃 피는 여러해살이풀
- 큰까치수염과 달리 줄기와 잎에 털이 많고 잎이 도피침형으로 좁음

높이는 50~120cm, 곧게 서고 가지가 갈라지기도 함

전체에 털이 많음

화관은 5갈래로 깊게 갈라짐
수술은 5개
암술대는 1개
꽃받침조각은 5개

잎은 도피침형 또는 선상 긴 타원형으로 좁음

뒷면에 털과 샘점이 있음

열매는 구형 삭과 암술대가 남음

0542 큰까치수염 *Lysimachia clethroides*

- 어긋나기, 홑잎, 양성화, 총상꽃차례
- 양지바른 풀밭에서 흔히 자라며 6~8월에 꽃 피는 여러해살이풀
- 까치수염과 달리 줄기와 잎에 털이 거의 없고 잎 폭이 넓음

높이는 50~100cm, 곧게 서고 드물게 가지가 갈라짐

꽃차례가 옆으로 휘어짐

전체에 털이 거의 없음

꽃받침조각은 5개

수술은 5개

화관은 5갈래로 깊게 갈라짐

암술대는 1개

잎은 긴 타원상 피침형 또는 좁은 난형으로 넓은 편

흔히 군락으로 자람

열매는 구형 삭과 암술대가 길게 남음

0543 진퍼리까치수염 *Lysimachia fortunei*

- 어긋나기, 홑잎, 양성화, 총상꽃차례
- 남부지방 습지에서 드물게 자라며 7~8월에 꽃 피는 여러해살이풀
- 큰까치수염과 달리 꽃차례가 곧고 길게 서며 화관 갈래조각이 난형으로 둥근 편

높이는 30~80cm, 곧게 서고 위로 길게 자람

줄기는 털이 거의 없음

꽃받침조각은 5개

수술은 5개

암술대는 1개

화관은 5갈래로 깊게 갈라짐
갈래조각은 난형이고 둥긂

꽃차례는 곧게 서고 계속해서 길게 자라남

잎은 도피침형 또는 도피침상 긴 타원형

열매는 구형 삭과

0544 홍도까치수염 *Lysimachia pentapetala*

- 어긋나기, 홑잎, 양성화, 다소 산방상 총상꽃차례
- 전남 신안군 홍도 풀밭에서 자라며 7~8월에 꽃 피는 한해살이풀
- 가지가 사방으로 갈라지고 잎이 선형으로 가늘며 꽃차례 끝이 다소 산방상임

＊ 내륙 절개지에 비탈면 복구용으로 씨가 뿌려져 자라기도 함

높이는 30~80cm, 곧게 서고 가지가 사방으로 갈라짐

줄기에 짧은 털이 있음

꽃받침조각은 5개

꽃차례 끝은 다소 산방상

화관은 5갈래로 깊게 갈라짐

수술은 5개 암술대는 1개

잎은 좁은 피침형 또는 선형

양 끝이 좁고 가장자리는 밋밋함

가지가 사방으로 퍼져 자람

열매는 구형 삭과 암술대가 길게 남음

0545 물까치수염 *Lysimachia leucantha*

- 어긋나기, 홑잎, 양성화, 총상꽃차례
- 제주도와 남부지방 습지에서 자라며 5~6월에 꽃 피는 여러해살이풀
- 꽃이 듬성듬성 달리며 삭과가 꽃받침보다 짧고 암술대가 길게 남음

높이는 20~40cm, 여러 대가 모여 남

줄기는 능각이 있고 털이 없음

수술은 5개

화관은 5갈래로 깊게 갈라짐 갈래조각은 도란형

암술대는 1개

포엽은 선형

꽃받침조각은 5개 갈래조각은 피침형

잎은 도피침형 또는 넓은 선형

검은 점이 흩어져 있음

암술대가 길게 남음

열매는 구형 삭과, 꽃받침보다 짧음

0546 **갯까치수염** *Lysimachia mauritiana*

- 어긋나기, 홑잎, 양성화, 총상꽃차례
- 충청도와 경상도 이남 바닷가에서 자라며 5~8월에 꽃 피는 두해살이풀
- 꽃이 짧은 총상꽃차례에 달리며 잎이 다육질

높이는 10~40cm 곧게 서고 아래쪽에서 가지가 갈라짐

줄기는 흔히 붉은 자줏빛을 띰 털은 거의 없음

꽃받침조각은 5개

수술은 5개

암술대는 1개

화관은 5갈래로 깊게 갈라짐 갈래조각은 도란형

로제트 모습

잎은 주걱 모양 피침형, 다육질

열매는 구형 삭과, 암술대가 길게 남음

익으면 암술대가 떨어져 나가고 5~6갈래로 벌어짐

0547 **좁쌀풀** *Lysimachia vulgaris* var. *davurica*

- 어긋나기 또는 마주나기 또는 돌려나기, 홑잎, 양성화, 원추꽃차례
- 산과 들 습기 있는 곳에서 자라며 6~8월에 꽃 피는 여러해살이풀
- 참좁쌀풀과 달리 잎자루가 거의 없고 꽃받침조각이 열매보다 길지 않음

높이는 40~100cm
곧게 서고 드물게
가지가 갈라짐

줄기에 능각이 있음
털은 거의 없음

수술은 5개
암술은 1개

꽃받침조각은
5개

화관은 5갈래로 깊게 갈라짐

잎은 피침형
아래쪽에서는 어긋나게 달림

잎자루가
거의 없음

위쪽 잎은 마주나거나
3~4개가 돌려나기도 함

열매는 구형 삭과, 암술대가 길게 남음

꽃받침조각이 열매보다 짧음

0548 **참좁쌀풀** *Lysimachia coreana*

- 마주나기 또는 돌려나기, 홑잎, 양성화, 원추꽃차례
- 깊은 산 습기 있는 곳에서 자라며 6~8월에 꽃 피는 여러해살이풀
- 좁쌀풀과 달리 잎자루가 있고 꽃받침조각이 열매보다 2배 정도 긺
- ＊ 화관 안쪽에 붉은색 무늬가 있고 화관 양면에 샘털이 있는 점도 다름

높이는 30~60cm, 곧게 섬

잎자루가 있음

줄기에 능각이 있고 털은 거의 없음

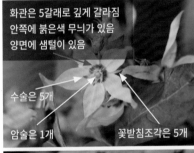

화관은 5갈래로 깊게 갈라짐
안쪽에 붉은색 무늬가 있음
양면에 샘털이 있음

수술은 5개

암술은 1개

꽃받침조각은 5개

꽃차례는 원추꽃차례를 이룸

잎은 넓은 타원형 또는 긴 타원형
털이 있음

열매는 구형 삭과, 암술대가 길게 남음

꽃받침조각이 열매보다 2배 정도 긺

0549 좀가지풀 *Lysimachia japonica*

- 마주나기, 홑잎, 양성화, 잎겨드랑이에서 나온 꽃대에 1개씩 핌
- 남부지방 산과 들의 양지바른 곳에서 자라며 5~8월에 꽃 피는 여러해살이풀
- 바닥을 기듯이 자라며 잎이 난형이고 잎자루가 있음

* 이름에 가지가 들어가지만 가지과 식물이 아니라 앵초과 식물

높이는 5~10cm, 눕거나 비스듬히 섬

전체에 거친 털이 있음

수술은 5개

암술대는 1개

화관은 5갈래로 깊게
갈라짐. 갈래조각은
난형 또는 도란형

꽃받침조각은 5개
선상 피침형

잎은 난형 또는 둥근 난형

암술대가 꽃받침보다
짧게 남음

열매는 구형 삭과

익으면 암술대가
떨어지면서 5갈래로 갈라짐

0550 앵초 *Primula sieboldii*

- 모여나기, 홑잎, 장주화와 단주화, 산형꽃차례
- 제주도 제외 지역 습한 곳에서 자라며 4~5월에 꽃 피는 여러해살이풀
- 큰앵초와 달리 잎이 긴 난형이고 가장자리가 결각상으로 갈라짐

높이는 15~40cm

총포엽은
피침형

꽃받침조각은
5개
피침형

꽃줄기에 굽은
털이 밀생

화관은 통 모양
5갈래로 갈라짐

장주화는
암술대가
수술보다 길

장주화
수술은 짧음. 5개

포엽은 피침형

단주화는 수술이
암술보다 길

단주화는 암술이 짧음

잎은 긴 난형
또는 난상
타원형
결각상
톱니가 있음

양면에 털이 있음
잎맥을 따라 주름이 짐

열매는 반구형 삭과

0551 **큰앵초** *Primula jesoana*

- 모여나기, 홑잎, 장주화와 단주화, 1~4단으로 층층이 돌려서 핌
- 높은 산 습기 있는 숲 속에서 자라며 5~6월에 꽃 피는 여러해살이풀
- 앵초와 달리 잎이 방패 모양으로 크고 꽃이 층층이 달림

높이는 20~40cm

꽃받침조각은 5개

꽃이 층층이 달림

꽃줄기에 털이 밀생

화관은 5갈래로 갈라져 수평으로 펼쳐짐 끝이 오목함

화통 속에 수술 5개와 암술대 1개가 있음

꽃이 흰색인 것도 있음

잎은 둥근 신장형, 7~8갈래로 얕게 갈라짐

열매는 난상 긴 타원형 삭과

0552 설앵초 *Primula farinosa* subsp. *modesta* var. *koreana*

- 모여나기, 홑잎, 장주화와 단주화, 산형꽃차례
- 경남과 제주도 및 북부지방 높은 산에서 자라며 4~6월에 꽃 피는 여러해살이풀
- 앵초와 달리 잎이 주걱형 또는 넓은 난형으로 작음

* 한라산에서 자라는 것은 잎이나 화관에 변이가 나타남

높이는 10~15cm

꽃받침조각은 5개

장주화

화통 속에 수술 5개와 암술 1개가 있음

단주화

화관은 5갈래로 갈라져 수평으로 펼쳐짐

화관 갈래조각은 끝이 파임

잎은 주걱형 또는 넓은 난형
얕은 톱니가 있음

잎밑이 좁아지면서
날개처럼 됨

열매는 원기둥
모양 삭과

0553 **봄맞이** *Androsace umbellata*

- 모여나기, 홑잎, 양성화, 산형꽃차례
- 밭과 들 가장자리에서 자라며 4~5월에 꽃 피는 두해살이풀
- 애기봄맞이보다 꽃이 크고 꽃받침조각이 난형이며 잎이 둥근 난형

＊ 열매가 아래를 향하는 점도 특징

높이는 10~20cm

꽃자루에 잔털이 밀생

총포엽은 난형 또는 피침형

꽃줄기에 잔털이 밀생

짧은 화통 속에 수술 5개와 암술 1개가 있음

화관은 5갈래로 깊게 갈라짐

꽃받침조각은 5개

잎은 반원형 또는 둥근 난형 10~30개가 모여 나와 방석처럼 퍼짐

꽃은 산형꽃차례로 핌

꽃받침조각은 난형

열매는 구형 삭과, 아래를 향해 달림

0554 **애기봄맞이** *Androsace filiformis*

- 모여나기, 홑잎, 양성화, 산형꽃차례
- 습기 있는 논과 밭 가장자리에서 자라며 4~5월에 꽃 피는 한두해살이풀
- 봄맞이보다 꽃이 작고 꽃받침조각이 삼각상 피침형이며 잎이 긴 타원형

＊ 열매가 위를 향하는 점도 특징

높이는 10~20cm

총포엽은
선형

꽃줄기 위쪽에
짧은 털이 있음

화통 속에 수술 5개와 암술 1개가 있음

화관은 5갈래로 깊게 갈라짐

꽃받침과 꽃자루에
짧은 털이 있음

잎은 긴 타원형 또는
난상 타원형
둔한 톱니가 있음

열매는 구형 삭과, 위를 향해 달림

꽃받침조각은 삼각상 피침형

0555 **금강봄맞이** *Androsace cortusifolia*

- 뿌리에서 나기, 홑잎, 양성화, 산형꽃차례
- 설악산과 금강산 바위지대에서 자라며 5~6월에 꽃 피는 여러해살이풀
- 잎 갈래조각에 3~5개 불규칙한 톱니가 있음

＊ 금마타리는 잎 갈래조각에 불규칙한 톱니가 있음

높이는 5~15cm, 뿌리에서 여러 대가 나옴

꽃받침조각은 5개

총포엽은 피침형

꽃줄기에 털이 약간 있음

화관은 5갈래로 깊게 갈라짐 갈래조각은 도란형

화통 속에 수술 5개와 암술 1개가 있음

바위틈에서 자라는 모습

잎은 둥근 신장형, 5~7갈래로 갈라짐

갈래조각 끝은 3~5개 불규칙한 톱니가 있음

열매는 구형 삭과

0556 **갯질경** *Limonium tetragonum*

- 뿌리에서 모여나기, 홑잎, 양성화, 수상꽃차례
- 바닷가 개펄이나 모래땅 또는 바위틈에서 자라며 7~8월에 꽃 피는 두해살이풀
- 잎이 뿌리에서 모여 나고 주걱형

높이는 30~60cm

꽃줄기는 능선이 있음

수술과 암술대는 각각 5개

화관은 5갈래로 깊게 갈라짐. 노란색

화관은 노란색

꽃받침조각은 5개 흰색

포엽은 녹색이고 타원형

잎은 긴 타원상 주걱형, 끝이 둥근 편

열매는 방추형 포과

0557 쓴풀 *Swertia japonica*

- 마주나기, 홑잎, 양성화, 원추꽃차례
- 강원 이남 양지바른 풀밭에서 자라며 8~11월에 꽃 피는 두해살이풀
- 개쓴풀과 달리 꽃받침조각과 잎이 좀 더 가늘고 꿀샘덩이에 난 털이 구불거리지 않고 곧음

화관은 4~5갈래로 깊게 갈라짐
연한 보라색 줄무늬가 있음

암술은 1개

수술은 5개

안쪽에 길고 곧은 털이 달린
꿀샘덩이가 수술마다 2개씩 있음

화관이 4갈래로
갈라지는 것도 있음

꽃받침조각은 5개, 선상 피침형

줄기는 네모지고
털은 없음

잎은 선형 또는
선상 긴 타원형

뿌리잎은 줄기잎보다 짧고
흰색 무늬가 있음

열매는 피침형 삭과

0558 개쓴풀 *Swertia diluta* var. *tosaensis*

- 마주나기, 홑잎, 양성화, 원추꽃차례
- 산과 들의 습기 많은 곳에서 드물게 자라며 9~10월에 꽃 피는 두해살이풀
- 쓴풀과 달리 꽃받침조각과 잎이 조금 넓고 꿀샘덩이에 난 털이 꼬불꼬불함

화관은 4~5갈래로 깊게 갈라짐
안쪽에 연한 보라색 줄무늬가 있음

수술은 5개

암술은 1개

안쪽에 꼬불꼬불한 털이 달린
꿀샘덩이가 수술마다 2개씩 있음

줄기에 능선이 있고
전체에 털이 거의 없음

높이는 5~30cm
곧게 서고
가지가 갈라짐

꽃받침조각은 5개
피침형 또는 넓은 피침형

잎은 긴 타원상 도피침형 또는
도란형으로 약간 넓은 편

열매는 좁은 난형 삭과
익으면 2갈래로 갈라짐

0559 네귀쓴풀 *Swertia tetrapetala*

- 마주나기, 홑잎, 양성화, 원추상 취산꽃차례
- 높은 산 풀밭에서 자라며 7~9월에 꽃 피는 한두해살이풀
- 큰잎쓴풀과 달리 꽃이 흰색이고 작으며 높은 산에서 자람

높이는 10~30cm
곧게 서고 가지가 갈라짐

전체에
털이 없음

화관이 4갈래로 길게 갈라짐
청자색 반점이 많음

수술은 4개

화관 중간
아래에
긴 타원형
꿀샘이 있음

암술은 1개

꽃받침조각은 4개

화관에 청자색 반점이 없는
것도 드물게 있음

잎은 긴 난형 또는 난상 피침형

열매는 난형 삭과
익으면 2갈래로 갈라짐

0560 큰잎쓴풀 *Swertia wilfordii*

- 마주나기, 홑잎, 양성화, 원추상 취산꽃차례
- 강원 이북 양지바른 풀밭이나 바위틈에서 자라며 8~9월에 꽃 피는 두해살이풀
- 네귀쓴풀과 달리 꽃이 보라색이고 화관이 넓음

높이는 20~30cm
곧게 서고 가지가 갈라짐

줄기는
네모짐

수술은 4개

암술은 1개

안쪽에
꿀샘덩이가 있음

화관은 청자색
4갈래로 깊게 갈라짐

꽃받침조각은 4개

화관에 청자색 반점이 있는 변이도 있음

잎밑이 줄기를 감쌈

잎은 긴 난형
3개 잎맥이 있음

열매는 넓은 피침형 삭과
익으면 2갈래로 갈라짐

0561 **자주쓴풀** *Swertia pseudochinensis*

- 마주나기, 홑잎, 양성화, 원추상 취산꽃차례
- 산과 들의 풀밭이나 경사지에서 자라며 9~10월에 꽃 피는 두해살이풀
- 큰잎쓴풀과 달리 화관이 대개 5갈래로 갈라지고 잎이 선상 피침형

높이는 15~40cm
곧게 서고 가지가 갈라짐

줄기는
네모짐

화관은 5갈래로
깊게 갈라짐

안쪽에 꼬불꼬불한
털로 덮인 꿀샘덩이가 있음

수술은 5개

꽃받침조각은 5개

암술은 1개

잎은 피침형 또는 선상 피침형

잎자루는 거의 없음

로제트잎은 난형
뚜렷한 맥이 3개 있음

열매는 넓은
피침형 삭과

0562 대성쓴풀 *Anagallidium dichotomum*

- 마주나기, 홑잎, 양성화, 가지와 줄기 끝이나 잎겨드랑이에 1개씩 핌
- 강원 이북 산지 양지바른 곳에서 자라며 5~6월에 꽃 피는 여러해살이풀
- 화관이 4갈래로 갈라지고 잎이 난형

높이는 7~15cm, 밑에서 가지가 갈라져 비스듬히 자람

꽃받침조각은 4개, 난형

줄기와 꽃대는 네모지고 좁은 날개가 있음

암술은 1개

화관은 4갈래로 갈라짐 점선 같은 무늬가 있음

수술은 4개

둥근 꿀샘이 있음

수술대 밑에 실 같은 털이 있음

뿌리잎은 난형, 맥이 3~5개 있음 끝이 둔함

줄기잎은 작고 위로 갈수록 잎자루가 없어짐

열매는 타원형 삭과

0563 덩굴용담 *Tripterospermum japonicum*

- 마주나기, 홑잎, 양성화, 잎겨드랑이에 1개씩 핌
- 한라산과 울릉도 숲 속에서 자라며 9~10월에 꽃 피는 여러해살이풀
- 좁은잎덩굴용담과 달리 화관이 5갈래로 갈라지고 부화관이 있으며 잎이 둥근 편

* 열매가 붉은색이고 타원형 장과인 점도 다름

길이는 40~80cm, 덩굴져 자람

다른 물체를 휘감고 오름

꽃받침은 통 모양 5갈래로 깊게 갈라짐

수술은 4개

암술머리는 2갈래로 갈라짐

갈래조각 사이에 부화관이 있음

화관은 통 모양 5갈래로 얇게 갈라짐

잎은 긴 난형 또는 난상 피침형, 3맥이 뚜렷함

땅위를 기듯이 자라기도 함

암술대가 남음

열매는 타원형 장과 붉게 익음

0564 **좁은잎덩굴용담** *Pterygocalyx volubilis*

- 마주나기, 홑잎, 양성화, 잎겨드랑이에 1개씩 핌
- 강원도 이북 숲 가장자리에서 드물게 자라며 9~10월에 꽃 피는 여러해살이풀
- 덩굴용담과 달리 화관이 4갈래로 갈라지고 부화관이 없으며 잎이 좁고 가느다람
* 열매가 긴 도란형 삭과인 점도 다름

길이는 30~80cm, 덩굴져 자람

꽃받침은 날개가 4개 있음
끝이 4갈래로 갈라짐

화관은 통 모양
4갈래로 얕게
← 갈라짐

수술은 4개
암술대는 1개

잎은 넓은 피침형 또는 선상 피침형

열매는 긴 도란형 삭과

열매는 익으면 벌어짐
씨는 가장자리에 믹질 날개가 있음

0565 용담 *Gentiana scabra*

- 마주나기, 홑잎, 양성화, 줄기 끝과 잎겨드랑이에 모여 핌
- 산과 들 풀밭에서 자라며 8~10월에 꽃 피는 여러해살이풀
- 과남풀과 달리 꽃받침조각이 수평으로 젖혀지고 잎이 대개 난형

* 화관이 잘 벌어지는 정도 다름

높이는 20~100cm, 곧게 서거나 비스듬히 자람

줄기에 능각이 4개 있고 짧은 털이 있음

수술이 펼쳐진 상태

화관은 5갈래로 얕게 갈라짐

암술은 1개

갈래조각 사이에 부화관이 있음

수술은 5개 모아진 상태

꽃받침조각은 5개 수평으로 젖혀짐

잎은 난형, 맥이 3~5개 있음

가장자리는 밋밋하지만 잔돌기가 있어 까칠까칠함

열매는 좁고 긴 타원형 삭과

0566 **과남풀** *Gentiana triflora* var. *japonica*

- 마주나기, 홑잎, 양성화, 줄기 끝과 잎겨드랑이에 모여 핌
- 산지 풀밭에서 자라며 8~9월에 꽃 피는 여러해살이풀
- 용담과 달리 꽃받침조각이 거의 젖혀지지 않고 잎이 타원상 피침형으로 긺

* 화관이 잘 벌어지지 않는 점도 다름

높이는 50~100cm, 곧게 섬

줄기는 둔하게 각이 짐

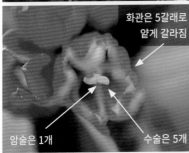

화관은 5갈래로 얕게 갈라짐

암술은 1개

수술은 5개

꽃받침조각은 5개, 대개 뒤로 젖혀지지 않음

화관은 잘 벌어지지 않음

잎은 긴 타원상 피침형 희미한 맥이 3~5개 있음

열매는 타원형 삭과

0567 비로용담 *Gentiana jamesii* / 흰비로용담 *G. jamesii* f. *albiflora*

- 마주나기, 홑잎, 양성화, 가지 끝에 1개씩 핌
- 강원도 대암산 이북 높은 산에서 자라며 6~9월에 꽃 피는 여러해살이풀
- 화관이 좁고 길며 잎이 작고 5~10쌍이 마주남

* 흰비로용담은 꽃이 흰색

높이는 5~12cm, 곧게 서고 가지가 갈라지기도 함

꽃받침조각은 5개 수평으로 펼쳐짐

줄기에 털은 거의 없음

갈래조각 사이에 부화관이 있음

수술은 5개 암술은 1개

화관은 5갈래로 갈라짐

잎은 5~10쌍 넓은 피침형 또는 긴 타원형

열매는 방추형 삭과 익으면 2갈래로 갈라짐

흰비로용담

꽃이 흰색

0568 흰그늘용담 *Gentiana chosenica*

- 마주나기, 홑잎, 양성화, 가지 끝에 1개씩 핌
- 한라산 고지대와 북부지방 높은 산에서 자라며 5~6월에 꽃 피는 두해살이풀
- 전체에 작은 돌기가 많고 화관이 흰색

높이는 5~7cm, 밑에서 가지가 많이 갈라짐

곧게 섬
전체에
잔돌기가 많음

갈래조각 사이에
부화관이 있음

수술은 5개
암술은 1개

화관은 나팔 모양, 흰색
얕게 5갈래로 갈라짐

꽃받침조각은 5개
화통과 길이가 비슷함

포엽

줄기잎은 마주남
작고 끝이
뾰족함

뿌리잎은 난형
비스듬히 퍼짐

열매는 긴 난형 삭과

0569 구슬붕이 *Gentiana squarrosa*

- 마주나기, 홑잎, 양성화, 가지 끝에 1개씩 핌
- 양지바른 풀밭에서 자라며 5~8월에 꽃 피는 두해살이풀
- 큰구슬붕이와 달리 뿌리잎이 방석 모양이고 꽃받침조각이 화통 길이와 비슷함

* 포엽이 대개 뒤로 젖혀지는 점도 다름

높이는 2~10cm, 밑에서 가지가 많이 갈라짐

줄기잎은 난형
또는 좁은 난형
밑부분이 합쳐져
줄기를 감쌈

수술은 5개

화관은 5갈래로
갈라짐

암술은 1개
암술머리는
2갈래로 갈라짐

갈래조각 사이에
부화관이 있음

수술이 펼쳐지고
암술이 드러난 모습

꽃이 흰색인
것도 있음

수술이 모아진 모습

포엽은 대개
뒤로 젖혀짐

꽃받침이 화통과
길이가 비슷함

뿌리잎이
방석처럼
펼쳐짐

열매는 도란상 긴 타원형 삭과
익으면 2갈래로 벌어짐

0570 큰구슬붕이 *Gentiana zollingeri*

- 마주나기, 홑잎, 양성화, 가지 끝에 1개씩 핌
- 산지 숲 속에서 자라며 3~6월에 꽃 피는 두해살이풀
- 구슬붕이와 달리 뿌리잎이 작고 꽃받침조각이 화통 길이보다 짧음

＊ 포엽이 대개 뒤로 젖혀지지 않는 점도 다름

높이는 5~10cm, 줄기는 거의 갈라지지 않음

줄기는 털이 거의 없음

갈래조각 사이에 부화관이 있음

수술은 5개

암술은 1개 암술머리는 2갈래로 갈라짐

화관은 5갈래로 갈라짐

포엽은 대개 젖혀지지 않으나 드물게 젖혀지기도 함

꽃받침조각은 5개 화통보다 짧음

이른 봄에 언 땅에서 일찍 줄기가 올라오는 편

열매는 도란상 긴 타원형 삭과 익으면 2갈래로 벌어짐

0571 **꼬인용담** *Gentianopsis contorta*

- 마주나기, 홑잎, 양성화, 가지 끝에 1개씩 핌
- 강원도 금대봉 숲 가장자리에서 자라며 8~9월에 꽃 피는 한해살이풀
- 구슬붕이보다 뿌리잎이 작고 꽃받침조각이 화통 길이보다 짧음

* 해발 1,300m 지점에 분포해 고산성 식물로 추정함

높이는 3~20cm, 곧게 서고 위쪽에서 가지가 갈라짐

줄기는 털이 있거나 없음

수술은 4개
암술은 1개

화관은 4갈래로 갈라져
수평으로 펼쳐짐

꽃받침조각은 4개

꽃받침은
각이 진 종 모양

줄기잎은 타원형
또는 난상 타원형
잎자루는 없음

뿌리잎은 주걱형

뿌리는 가늘고
옅은 황색

0572 **참닻꽃** *Halenia coreana*

- 마주나기, 홑잎, 양성화, 취산꽃차례
- 한라산과 경기 이북 높은 산이나 고지대 풀밭에서 자라며 6~8월에 꽃 피는 한해살이풀
- 쓴풀속 또는 용담속 식물과 달리 화관에 꿀주머니가 있는 점이 다름

높이는 10~60cm
곧게 서고
가지가 갈라짐

줄기는 네모짐
전체에 털이 없음

꽃받침조각은 4개, 선상 피침형

화관은 4갈래로 중간까지 갈라짐

화관 갈래조각 아래쪽에
꿀주머니가 있음

수술은 4개
암술은 1개

꽃 종단면

잎은 긴 타원형, 3~5개 잎맥이 뚜렷함

열매는 피침형 삭과
익으면 2갈래로 갈라짐

0573 조름나물 *Menyanthes trifoliata*

- 뿌리에서 나기, 3출엽, 양성화, 총상꽃차례
- 경북 이북 습지에서 자라며 4~6월에 꽃 피는 여러해살이풀
- 꽃은 총상꽃차례로 화관 안쪽에 꼬불꼬불한 털이 있으며 잎이 3출엽

높이는 20~40cm

옆으로 길게 벋는
뿌리줄기가 있음

꽃받침조각은 5개

암술은 1개

수술은 5개

화관은 4~6갈래로 갈라짐
안쪽에 꼬불꼬불한 털이 밀생

작은잎은 긴 타원형
또는 난상 타원형

잎은 3출엽

열매는 난상 구형 삭과
암술대가 길게 남음

열매 속에 든 씨

0574 어리연꽃 *Nymphoides indica*

- 뿌리에서 나기, 홑잎, 양성화, 물 밖으로 나온 꽃대에 1개씩 핌
- 중부 이남 연못이나 저수지 또는 강가에서 자라며 8~10월에 꽃 피는 여러해살이풀
- 좀어리연꽃보다 꽃과 잎이 크고 화관 갈래조각에 꼬불꼬불한 털이 있음

높이는 5~10cm

꽃받침조각은 5개

꽃줄기는 가늘고 긺

화관은 지름이 1.5cm, 5~6갈래로 갈라짐

수술은 5개
암술은 1개

갈래조각은 길고 꼬불꼬불한 털이 많음
안쪽에 노란색 무늬가 있음

지름이 7~20cm로 큰 편

잎은 물에 뜨며 둥근 심장형

수염 같은 뿌리가 진흙 속으로 벋음

열매는 긴 타원형 삭과

0575 **좀어리연꽃** *Nymphoides coreana*

- 뿌리에서 나기, 홑잎, 양성화, 물 밖으로 나온 꽃대에 1개씩 핌
- 연못이나 강가에서 드물게 자라며 7~9월에 꽃 피는 여러해살이풀
- 어리연꽃보다 꽃과 잎이 작고 화관 가장자리가 톱니처럼 잘게 갈라짐

높이는 2~5cm

화관 갈래조각 가장자리가
톱니처럼 잘게 갈라짐

화관이 4갈래로
갈라지기도 함

수술은 5개

암술은 1개

화관은 대개
5갈래로 갈라짐

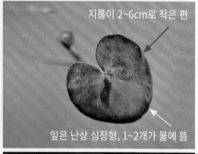

지름이 2~6cm로 작은 편

잎은 난상 심장형, 1~2개가 물에 뜸

열매는
타원형 삭과

꽃받침조각은 5개
피침형

씨는 매끈하고 광택이 있음

0576 **노랑어리연꽃** *Nymphoides peltata*

- 뿌리에서 나기, 홑잎, 양성화, 물 밖으로 나온 긴 꽃줄기에 1개씩 핌
- 제주도 제외 지역 연못이나 강가에서 자라며 7~9월에 꽃 피는 여러해살이풀
- 어리연꽃보다 꽃이 크고 노란색이며 잎 갈라진 부분이 약간 붙는 편

높이는 5~15cm

물 밖으로 긴 꽃줄기가 나옴

암술은 1개   수술은 5개

5갈래로 깊게 갈라짐
갈래조각 가장자리가
실처럼 가늘게 갈라짐

화관은 노란색
지름이 5~10cm로
큰 편

꽃받침조각은 5개
녹색, 끝이 둔함

잎은 원형 또는 난형
지름은 5~10cm

잎밑 갈라진 부분이 약간 붙음

옆으로 벋는 뿌리줄기가 있음

0577 큰벼룩아재비 *Mitrasacme pygmaea*

- 마주나기 또는 모여나기, 홑잎, 양성화, 엉성한 산형꽃차례
- 풀밭에서 자라며 7~9월에 꽃 피는 한해살이풀
- 잎이 난형 또는 긴 난형으로 넓고 3맥이 있으며 꽃이 줄기와 가지 끝에 달림

※ 벼룩아재비는 잎이 피침형이고 1맥이 있으며 꽃이 잎겨드랑이에서도 나옴

높이는 5~20cm, 곧게 섬

총포엽은
피침형

밑에서 가지가
갈라지기도 함

꽃받침조각은
4개
피침형

암술은 1개

화관은 통 모양
4갈래로 갈라져
수평으로 펼쳐짐

수술은 4개

꽃받침조각은 4개
피침형

잎은 난형 또는 긴 타원형으로 넓음
3맥이 있음. 가장자리에 잔털이 있음

열매는 구형 삭과, 암술대가 길게 남음
익으면 2갈래로 갈라짐

0578 **수궁초** *Apocynum cannabinum*

- 마주나기, 홑잎, 양성화, 취산꽃차례
- 습기 있는 풀밭에서 자라며 6~7월에 꽃 피는 여러해살이풀
- 잎이 난상 타원형 또는 난상 피침형이며 꽃이 흰색에 가까운 미색

* 솜아마존을 잘못 동정해서 발표한 종이므로 새 국명을 부여해야 함

높이는 50~150cm, 곧게 서고 위쪽에서 가지가 갈라짐

줄기는 털이 없음

화관은 흰색에 가까운 미색 잘 벌어지지 않고 5갈래로 갈라짐

수술은 5개 암술은 1개

화관 종단면

꽃받침조각은 5개

포엽은 피침형

잎은 난상 타원형 또는 난상 피침형, 분백색이 돎

줄기나 잎을 자르면 흰색 액이 나옴

0579 **정향풀** *Amsonia elliptica*

- 어긋나기, 홑잎, 양성화, 취산꽃차례
- 인천 대청도와 백령도, 전남 섬 풀밭에서 자라며 5~6월에 꽃 피는 여러해살이풀
- 개정향풀보다 화관이 크고 하늘색이며 잎이 피침형이고 잎자루가 거의 없음
- * 꽃에서 향기가 거의 나지 않는 점도 다름. 줄기나 잎을 자르면 하얀 액이 나옴

높이는 40~80cm, 곧게 서고 가지가 갈라지기도 함

줄기에 털은 없고 흔히 갈색 반점이 나타남

화관 안쪽에 긴 털이 있음

수술은 5개

암술은 1개

화관은 연한 하늘색 5갈래로 깊게 갈라짐

꽃받침조각은 5개 매우 짧음

화관 통부 길이는 1cm 내외

잎자루가 거의 없음

열매는 5~6cm 정도 긴 원기둥 모양 대과

줄기나 잎을 자르면 하얀 액이 나옴

잎은 피침형 끝이 뾰족함

0580 개정향풀 *Apocynum lancifolium*

- 어긋나기 또는 마주나기, 홑잎, 양성화, 원추꽃차례
- 충북 이북 산기슭이나 들에서 자라며 5~8월에 꽃 피는 여러해살이풀
- 정향풀보다 화관이 작고 홍자색이며 잎이 타원형이고 잎자루가 있음
- *꽃에서 좋은 향기가 나는 점도 다름. 줄기나 잎을 자르면 하얀 액이 나옴*

높이는 40~120cm
곧게 서고
가지가 갈라짐

줄기나 잎을
자르면 하얀
액이 나옴

줄기는 털이
없고 흔히
분백색이 도는
자줏빛을 띰

화관은 홍자색, 5갈래로 얕게
갈라져 뒤로 살짝 젖혀짐

수술은 5개, 암술은 1개

꽃받침조각은 5개, 짧은 털이 있음

잎은 피침형 또는 타원형

잎지루기 약간 있음

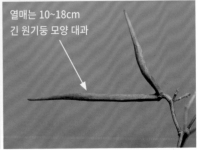

열매는 10~18cm
긴 원기둥 모양 대과

0581 박주가리 *Metaplexis japonica*

- 마주나기, 홑잎, 양성화, 총상꽃차례
- 산기슭이나 들에서 자라며 7~8월에 꽃 피는 여러해살이풀
- 큰조롱과 달리 잎밑이 단순한 심장형이고 꽃이 총상꽃차례를 이룸

* 꽃에서 약하지만 좋은 향기가 남

길이는 100~300cm, 덩굴져 자람

다른 물체를 휘감고 오름
줄기에 털은 없음

암술머리는 화관 밖으로 길게 벋음

꽃은 총상꽃차례에 달림

꽃받침조각은 5개

화관은 종 모양 5갈래로 깊게 갈라짐 안쪽에 긴 털이 밀생

수술은 5개 합쳐서 달림

잎밑은 단순한 심장형

잎은 난상 긴 심장형, 잎맥을 따라 옅은 선이 나타남

열매는 긴 난형 또는 넓은 피침형 골돌과

표면에 사마귀 같은 돌기가 있음

익으면 2갈래로 갈라져 털 달린 씨를 날림

0582 **큰조롱** *Cynanchum wilfordii*

- 마주나기, 홑잎, 양성화, 산형꽃차례
- 산과 들 또는 바닷가 경사지에서 자라며 6~8월에 꽃 피는 여러해살이풀
- 박주가리와 달리 잎밑이 신장상 심장형이고 꽃이 산형꽃차례를 이룸
- * 땅속에 굵은 덩이뿌리가 있고, 잎맥이 5쌍 이내로 적은 점도 다름

길이는 100~300cm, 덩굴져 자람

다른 물체를 휘감고 오름

꽃은 산형꽃차례에 달림

수술은 5개 암술과 합쳐서 달림

꽃받침조각은 5개

부화관은 도란형

화관은 5갈래로 깊게 갈라짐 활짝 벌어지지 않음

잎은 난상 심장형 잎맥을 따라 옅은 선이 나타남

잎밑은 신장상 심장형

땅속에 굵은 덩이뿌리가 있음

열매는 긴 도란형 골돌과 익으면 벌어지면서 털 달린 씨를 날림

0583 솜아마존 *Cynanchum amplexicaule*

- 마주나기, 홑잎, 양성화, 취산꽃차례
- 남부지방 물가에서 자라며 6~8월에 꽃 피는 여러해살이풀
- 백미꽃이나 수궁초와 달리 잎자루가 없고 꽃이 노란색

높이는 50~100cm
곧게 서고 위쪽에서
가지가 갈라짐

전체에
분백색이 돎

꽃받침조각은
5개

화관은 5갈래로
깊게 갈라짐
안쪽에 털이 있음

수술은 5개
암술과 합쳐서 달림

부화관은 반원형

잎자루는 없음

잎은 긴 타원형 또는
도란상 긴 타원형

열매는 좁은 피침형 골돌과
익으면 벌어지면서 털 달린 씨를 날림

꽃이 흑자색인 타입

0584 민백미꽃 *Cynanchum ascyrifolium*

- 마주나기, 홑잎, 양성화, 취산꽃차례
- 산지 숲 속에서 자라며 5~6월에 꽃 피는 여러해살이풀
- 백미꽃과 달리 꽃이 대개 흰색이고 꽃대와 꽃자루가 긺

높이는 30~80cm
곧게 서고 가지가 거의 갈라지지 않음

전체에 가는
털이 있음

꽃받침조각은 5개
매우 작음

화관은 흰색
5갈래로 갈라짐

부화관은 난상 삼각형

수술은 5개
암술과 합쳐서 달림

꽃이 연한 홍자색인 것 등
변이가 나타나기도 함

잎은 타원형 또는 난형

열매는 좁은
피침형 골돌과
익으면 벌어지면서
털 달린 씨를 날림

0585 백미꽃 *Cynanchum atratum*

- 마주나기, 홑잎, 양성화, 산형꽃차례
- 산과 들의 풀밭에서 자라며 5~6월에 꽃 피는 여러해살이풀
- 민백미꽃과 달리 꽃이 흑자색이고 꽃대가 거의 없음

* 솜아마존과는 잎자루가 있는 점이 다름

높이는 40~80cm, 곧게 섬

전체에 잔털이 밀생

화관은 흑자색, 5갈래로 갈라짐
겉면에 털이 있음

부화관은 타원형

수술은 5개
암술과 합쳐서 달림

꽃받침조각은 5개, 매우 짧음
털이 있음

잎은 타원형 또는 둥근 난형
양면에 털이 있음. 두꺼운 편

잎자루가 있음

열매는 넓은 피침형 골돌과
익으면 벌어지면서 털 달린 씨를 날림

0586 선백미꽃 *Cynanchum inamoenum*

- 마주나기, 홑잎, 양성화, 산형꽃차례
- 제주도 제외 지역 산지나 석회암 지대에서 자라며 6~7월에 꽃 피는 여러해살이풀
- 민백미꽃과 달리 꽃이 흰색이 아니며 꽃대가 거의 없음

높이는 30~60cm 곧게 섬

줄기에 짧은 털이 있음

부화관은 넓은 삼각형

화관은 대개 노란색 5갈래로 갈라짐

수술은 5개 암술과 합쳐서 달림

꽃대가 짧음

꽃이 갈색 또는 녹색으로 피는 것도 있음

잎은 난형 또는 넓은 타원형 양면에 털이 있음

열매는 피침형 골돌과 익으면 벌어지면서 털 달린 씨를 날림

0587 덩굴민백미꽃 *Cynanchum japonicum*

- 마주나기, 홑잎, 양성화, 산형꽃차례
- 제주도와 남해안 섬 바닷가 풀밭에서 자라며 5~6월에 꽃 피는 여러해살이풀
- 선백미꽃보다 잎이 두껍고 넓은 편이며 꽃대가 긺

* 덩굴성을 띠는 경우는 드물고 백미꽃과 유사함

높이는 30~80cm, 여러 대가 모여 나고 곧게 섬

거의 전체에 흰색 굽은 털이 있음

화관은 5갈래로 깊게 갈라짐 털은 없음

부화관은 도란상 원형

수술은 5개, 암술과 합쳐서 달림

갈색 또는 적갈색 꽃도 있음

잎은 도란형 또는 타원형 잎맥을 따라 털이 있음

약간 두꺼운 편

열매는 넓은 피침형 또는 긴 난형 골돌과 익으면 벌어지면서 털 달린 씨를 날림

0588 덩굴박주가리 *Cynanchum nipponicum*

- 마주나기, 홑잎, 양성화, 산형꽃차례
- 습기 있는 산과 들에서 자라며 7~8월에 꽃 피는 여러해살이풀
- 흑박주가리와 달리 완전한 덩굴성

길이는 40~100cm, 덩굴져 자람

다른 물체를 휘감고 자람

화관은 흑자색, 5갈래로 깊게 갈라짐
꽃받침조각은 5개
수술은 5개
암술과 합쳐서 달림
부화관은 넓은 삼각형

꽃이 노란색인 것도 있음

잎은 긴 타원상 피침형

열매는 좁은 피침형 골돌과
익으면 벌어지면서 털 달린 씨를 날림

0589 흑박주가리 *Cynanchum nipponicum* var. *glabrum*

- 마주나기, 홑잎, 양성화, 취산꽃차례
- 중부 이남 습기 있는 산과 들에서 자라며 7~8월에 꽃 피는 여러해살이풀
- 덩굴박주가리와 달리 줄기 위쪽만 덩굴성을 띰

높이는 60~100cm, 곧게 섬. 위쪽에서 덩굴처럼 됨

전체에 누운 털이 있음

화관은 흑자색
5갈래로 깊게 갈라짐
털은 없음

부화관은 삼각형

수술은 5개, 암술과 합쳐서 달림

잎은 긴 타원상 피침형

줄기 위쪽
끝이 약간
덩굴성을 띰

열매는 좁은 피침형 골돌과
익으면 벌어지면서 털 달린 씨를 날림

익은 열매는 벌어지면서
털 달린 씨를 날림

0590 산해박 *Cynanchum paniculatum*

- 마주나기, 홑잎, 양성화, 산방꽃차례
- 산과 들 양지바른 풀밭에서 자라며 6~8월에 꽃 피는 여러해살이풀
- 줄기가 갈라지지 않고 꽃대가 긺

높이는 40~70cm
곧게 서지만 연약함

꽃대가 긺

줄기는 마디 사이가
길고 털은 없음

화관은 5갈래로 깊게 갈라짐

부화관은 난형

수술은 5개
암술과 합쳐서 달림

잎은 피침형 또는 선상 피침형
가장자리에 털이 있음

굵은 수염뿌리가 있음

열매는 좁은
피침형 골돌과
익으면 벌어지면서
털 달린 씨를 날림

0591 **세포큰조롱** *Cynanchum volubile*

- 마주나기, 홑잎, 양성화, 산형꽃차례
- 경북과 강원도 일대에서 자라며 7~8월에 꽃 피는 여러해살이풀
- 큰조롱보다 식물체가 작고 잎이 피침형이며 꽃이 흰색

길이는 100~200cm, 덩굴져 자람

줄기는 곱슬곱슬한 털이 있으나 위쪽에서는 없어짐

부화관은 삼각형

수술은 5개 암술과 합쳐서 달림

화관은 흰색 5갈래로 깊게 갈라짐 안쪽에 털이 밀생

잎밑은 얕은 심장형

잎은 피침형 또는 긴 난형, 가장자리는 거칠고 뒷면 맥 위에 털이 약간 있음

열매는 좁은 피침형 골돌과

익으면 벌어지면서 털 달린 씨를 날림

0592 가는털백미 *Cynanchum chinense*

- 마주나기, 홑잎, 양성화, 산형꽃차례
- 경기도와 인천 이북 양지바른 곳에서 자라며 6~8월에 꽃 피는 여러해살이풀
- 백미꽃과 달리 완벽한 덩굴성이고 화관이 비틀리며 흰색

길이는 300~400cm, 덩굴져 자람

전체에 굵은 털이 밀생

부화관은 물결처럼 구불거림
실 모양 긴 부속체가 달림

꽃받침조각은 5개 털이 있음

화관은 5갈래로 깊게 갈라짐
갈래조각은 선상 피침형이고 비틀림

수술은 5개, 암술과 합쳐서 달림

잎은 삼각상 심장형, 잎이나 줄기를 자르면 하얀 액이 나옴

열매는 좁은 피침형 골돌과 익으면 벌어지면서 털 달린 씨를 날림

0593 **왜박주가리** *Tylophora floribunda*

- 마주나기, 홑잎, 양성화, 취산꽃차례
- 양지바른 산과 들에서 자라며 6~7월에 꽃 피는 여러해살이풀
- 덩굴박주가리보다 꽃이 매우 작고 취산꽃차례에 달리며 꽃차례가 잎보다 긺

꽃차례가 잎보다 긺

잎자루에 굽은 털이 있음

길이는 40~100cm 덩굴져 자람

줄기에 짧은 털이 있음

화관은 5갈래로 깊게 갈라짐

꽃 지름이 0.4~0.5cm로 작음

수술은 5개 암술과 합쳐서 달림

잎은 긴 삼각상 피침형

꽃받침조각은 5개 갈래조각은 난상 삼각형

부화관은 곧게 섬

열매는 좁은 피침형 골돌과

익은 열매는 벌어지면서 털 달린 씨를 날림

0594 낚시돌풀 *Leptopetalum coreanum*

- 마주나기, 홑잎, 양성화, 취산꽃차례
- 남부지방 바닷가 바위틈에서 자라며 7~10월에 꽃 피는 여러해살이풀
- 갯까치수염과 달리 잎이 마주나고 주걱형이 아니며 화관이 4갈래로 갈라짐

높이는 5~20cm, 가지가 많이 갈라짐. 옆으로 퍼지듯 자람

줄기는 털이 없음 두툼한 다육질

안쪽에 돌기 모양 털이 있음

화관은 4갈래로 깊게 갈라짐 갈래조각은 난형

꽃받침은 4갈래로 갈라짐 갈래조각은 넓은 삼각형

잎은 긴 타원형

두툼함. 앞면에 광택이 있음

꽃받침조각이 남아 있음

열매는 위쪽이 납작한 구형 삭과

0595 **민탐라풀** *Neanotis hirsuta var. glabra*

- 마주나기, 홑잎, 양성화, 잎겨드랑이에 몇 개씩 핌
- 제주도 산지 나무 그늘에서 자라며 8~10월에 꽃 피는 한해살이풀
- 줄기에 털이 없거나 적고 꽃받침 통부에 털이 없음

* 탐라풀은 한라산 탐라계곡에서 자라며 줄기와 꽃받침 통부에 털이 있는 것으로 알려짐

높이는 10~40cm
밑부분에서 비스듬히 서고
가지가 갈라짐

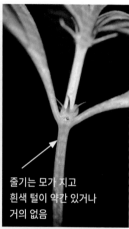

줄기는 모가 지고
흰색 털이 약간 있거나
거의 없음

꽃받침조각은 4~5개
난형, 통부에 털이 없음

수술은 4개
암술대는 1개

화관은 흰색, 4갈래로 깊게 갈라짐

잎은 난형 또는 긴 난형
측맥이 4~5쌍 있음

가는 뿌리가 있음

열매는 납작한 구형 삭과
꽃받침조각이 남아 있음

0596 **백운풀** *Oldenlandia diffusa*

- 마주나기, 홑잎, 양성화, 잎겨드랑이에 몇 개씩 핌
- 남부지방 습지 주변에서 자라며 8~9월에 꽃 피는 한해살이풀
- 잎이 매우 가늘고 꽃자루 길이가 열매보다 2~4배 정도 긺

높이는 10~30cm
밑에서 가지가 갈라져
비스듬히 서거나 곧게 섬

줄기에 짧은
털이 있음

화관은 4갈래로
갈라짐

수술은 4개
암술은 1개

꽃받침조각은 4개
피침형

꽃자루는 긺

잎은 긴 난형
또는 긴 피침형
양 끝이 좁고
톱니는 없지만
깔깔함

열매는 구형 삭과
꽃받침에 싸임

열매자루는 열매보다 2~4배 정도 긺

0597 백령풀 *Diodia teres*

- 마주나기, 홑잎, 양성화, 잎겨드랑이에 1개씩 핌
- 바닷가나 강가 모래땅에서 자라며 7~9월에 꽃 피는 한해살이풀. 북미 원산 외래식물
- 잎자루와 꽃자루는 없음

높이는 10~50cm, 곧게 서고 가지가 많이 갈라짐

줄기에 짧은
털이 있음

수술은 4개   암술은 1개

화관은 4갈래로 갈라짐
갈래조각은 삼각상 난형

잎은 선형 또는 선상 피침형

양면에 털이 있음
특히 뒷면 맥 위에 많음

열매는 도란형 삭과
잔털이 있음

턱잎 위쪽에 여러 개
가시 같은 긴 털이 있음

줄기에 퍼진 긴 털이
밀생하기도 함

0598 큰백령풀 *Diodia virginiana*

- 마주나기, 홑잎, 양성화, 잎겨드랑이에 1~2개씩 핌
- 전남 장성 풀밭에서 자라며 6~8월에 꽃 피는 한해살이풀. 북미 원산 외래식물
- 백령풀보다 식물체가 크고 비스듬히 자라며 꽃이 흰색

높이는 10~60cm, 아래쪽에서 가지가 많이 갈라져 비스듬히 누움

줄기는 네모지고 능선을 따라 아래를 향한 털이 있음

어린 열매

암술대는 2갈래로 실처럼 가늘게 갈라짐

수술은 4개

화관은 흰색, 4갈래로 갈라져 수평으로 펼쳐짐. 털이 있음

꽃봉오리

꽃받침조각은 2개 선형, 털이 있음

잎은 피침형 또는 도피침형 양면에 털이 없음

열매는 난상 타원형 삭과 모서리는 8개 있음. 털로 덮임

0599 호자덩굴 *Mitchella undulata*

- 마주나기, 홑잎, 장주화와 단주화, 줄기 위쪽 잎겨드랑이에 2개씩 핌
- 남부지방과 울릉도 산지 숲 속에서 자라며 6~7월에 꽃 피는 상록성 여러해살이풀
- 줄기가 땅을 기며 꽃이 2개씩 달리고 열매가 장과

높이는 10~30cm, 땅 위를 기듯이 자람

줄기는 털이 없고
마디에서 뿌리를 내림

화관은 통 모양
4갈래로 갈라짐
안쪽에 털이 밀생

장주화는
암술대가 높게
올라옴

줄기 끝에
2개씩 핌

꽃받침은
4갈래로 갈라짐

암술대 끝이
4갈래로 갈라짐

단주화는 암술대보다 수술이 높음
수술은 4개

잎은 삼각상 난형, 가장자리는 물결 모양

약간 가죽질이고 광택이 있음

열매는 구형 장과
2개가 하나로 합쳐져 붉은색으로 익음

0600 큰꼭두서니 *Rubia chinensis*

- 돌려나기, 홑잎, 양성화, 원추꽃차례
- 깊은 산 숲 속에서 자라며 5~6월에 꽃 피는 여러해살이풀
- 꼭두서니와 달리 덩굴성이 아니고 곧게 서며 전체에 가시가 없고 잎이 길쭉함

높이는 30~60cm
곧게 서거나 비스듬히 자람

줄기에 가시가 없고
짧은 털이 있음
미약한 능선이 있음

화관은 대개 5갈래로 갈라짐   수술은 5개

암술은 1개

5~7개 맥이 있음

잎은 4~5개가 돌려남
난형 또는 긴 타원상 난형

뒷면 맥 위에 털이 있음

열매는 구형 장과, 검은색으로 익음

0601 **꼭두서니** *Rubia argyi*

- 돌려나기, 홑잎, 양성화, 원추꽃차례
- 산기슭이나 들에서 자라며 7~8월에 꽃 피는 여러해살이풀
- 갈퀴꼭두서니와 달리 잎이 심장형 또는 난형이고 4개씩 돌려남

길이는 80~100cm, 덩굴져 자라지만 휘감지는 않음

줄기는 네모지고 짧은 가시가 있음

수술은 5개

암술대는 2개

화관은 연한 백록색 4~5갈래로 깊게 갈라짐

잎은 심장형 또는 긴 난형 4개씩 돌려남

가장자리와 뒷면 맥 위에 잔가시가 있음

노란색 뿌리가 많음

열매는 구형 장과, 검은색으로 익음

0602 **갈퀴꼭두서니** *Rubia cordifolia*

- 돌려나기, 홑잎, 양성화, 원추꽃차례
- 산과 들에서 자라며 6~10월에 꽃 피는 여러해살이풀
- 꼭두서니와 달리 잎이 긴 타원상 난형이고 4~10개씩 돌려남

길이는 50~150cm, 덩굴처럼 벋다가 점점 땅으로 누움

줄기 능선에 아래를 향한 잔가시가 있음

수술은 5개

암술대는 2개

화관은 연한 노란색 5~6갈래로 갈라짐

원추꽃차례로 핌

잎은 긴 타원상 난형 끝이 뾰족함. 5~10개씩 돌려남

열매는 구형 장과, 검은색으로 익음

0603 긴잎갈퀴 *Galium boreale*

- 돌려나기, 홑잎, 양성화, 취산꽃차례
- 산과 들에서 자라며 5~7월에 꽃 피는 여러해살이풀
- 잎이 긴 타원상 피침형으로 좁고 4개씩 돌려나며 열매에 털이 있음

높이는 20~60cm
곧게 서고 여러 대가 모여 남

줄기는 네모짐

수술은 4개

암술대는 2개

화관은 4갈래로 갈라짐

씨방에 털이 밀생

잎은 긴 타원상 피침형 또는
좁은 피침형, 4개씩 돌려서 달림

여러 대가 모여 자람

0604 **흰갈퀴** *Galium tokyoense* / **털둥근갈퀴** *G. kamtschaticum* var. *yakusimense*

- 돌려나기, 홑잎, 양성화, 취산꽃차례
- 저지대 습기 있는 풀밭에서 자라며 6~7월에 꽃 피는 여러해살이풀
- 잎이 도피침형이고 끝이 둔하며 대개 6개가 돌려남
- ＊ 털둥근갈퀴는 잎이 넓은 타원형으로 둥글고 3~6개씩 돌려남

수술은 4개

암술대는 2개

화관은 4갈래로 갈라짐

높이는 30~60cm
곧게 서지만 연약한 편

잎은 도피침형, 끝이 둔한 편
대개 6개가 돌려남

털둥근갈퀴

깊은 산
침엽수림에서
자람

잎은 넓은
타원형으로 둥글고
3~6개씩 달림

털둥근갈퀴

화관은
4갈래로
갈라짐

수술은 4개

암술대는 2개

털둥근갈퀴

열매는 구형 분과

갈고리 같은
털이 밀생

0605 **두메갈퀴** *Galium paradoxum*

- 돌려나기, 홑잎, 양성화, 취산꽃차례
- 깊은 산 그늘진 곳에서 자라며 6~7월에 꽃 피는 여러해살이풀
- 잎이 넓은 난형이고 잎자루가 0.4~1.2cm로 긴 편

높이는 10~25cm, 곧게 섬

가지가 거의 갈라지지 않음

화관은 4갈래로 갈라짐

수술은 4개

암술대는 2개

씨방에 가시털이 밀생

잎은 넓은 난형

4~6개씩 돌려남
잎자루가 긴 편

양면에 털이
약간 있음

열매는 구형 분과
긴 갈고리 같은 털이 밀생

0606 개선갈퀴 *Galium trifloriforme*

- 돌려나기, 홑잎, 양성화, 취산꽃차례
- 전라도, 울릉도, 제주도 그늘지고 습한 곳에서 자라며 5~6월에 꽃 피는 여러해살이풀
- 선갈퀴와 달리 잎이 긴 타원형이고 6개가 돌려남

높이는 20~50cm, 곧게 서거나 비스듬히 자람

줄기는 네모짐

수술은 4개

암술대는 2개

화관은 흰색
4갈래로 깊게 갈라짐

잎은 긴 타원형
대개 6개가 돌려남

군락으로 자라는 모습

열매는 구형 분과
가시털이 밀생

0607 갈퀴덩굴 *Galium spurium* var. *echinospermum*

- 돌려나기, 홑잎, 양성화, 취산꽃차례
- 길가나 빈터에서 흔히 자라며 5~6월에 꽃 피는 한두해살이풀
- 참갈퀴덩굴과 달리 줄기에 가시털이 있으며 잎이 6~8개씩 돌려나고 끝이 뾰족함

높이는 40~90cm, 덩굴처럼 비스듬히 서거나 누워 자람

줄기에 아래를 향한 가시털이 있음

수술은 4개

암술대는 2개

화관은 황록색 4갈래로 깊게 갈라짐

잎은 좁은 피침형 또는 넓은 선형 6~8개가 돌려남

끝이 바늘처럼 뾰족함

무리 지어 자라는 모습

열매는 반타원상 원형 분과 갈고리 모양 털이 있음

0608 **참갈퀴덩굴** *Galium koreanum*

- 돌려나기, 홑잎, 양성화, 취산꽃차례
- 남부지방 산과 들에서 자라며 6~8월에 꽃 피는 여러해살이풀
- 갈퀴덩굴과 달리 줄기에 가시털이 없으며 잎이 4~5개씩 돌려나고 뾰족하지 않음
- ＊ 열매에 짧은 가시털이 달리는 점도 다름

높이는 6~15cm, 여러 대가 모여 남

줄기에 능선이 있고 털은 없음

수술은 4개

암술대는 2개

화관은 황록색, 4갈래로 갈라짐

꽃은 취산꽃차례처럼 달림

가장자리에 거칠고 뻣뻣한 털이 있음

맥은 1개

잎은 피침형 또는 도피침형 4개씩 돌려남

열매는 구형 분과 짧은 가시털이 달림

0609 솔나물 *Galium verum* subsp. *asiaticum* / 애기솔나물 *G. verum* var. *hallaensis*

- 돌려나기, 홑잎, 양성화, 원추꽃차례
- 산과 들 풀밭에서 자라며 6~8월에 꽃 피는 여러해살이풀
- 줄기가 대개 곧게 서고 잎이 8~12개씩 돌려남

* 애기솔나물은 한라산 고지대에서 자라며 키가 작고 짧은 잎이 4~6개씩 돌려남

높이는 50~100cm, 대개 곧게 섬

줄기는 네모지고 털이 있음

수술은 4개

암술대는 2개

화관은 노란색, 4갈래로 갈라짐

잎은 선형, 6~12개씩 돌려남 뒷면에 털이 있음

열매는 타원형 분과, 털이 있음

애기솔나물

키가 작고 짧은 잎이 4~6개씩 돌려남

0610 선갈퀴 *Galium odoratum*

- 돌려나기, 홑잎, 양성화, 취산꽃차례
- 산지 그늘진 숲 속에서 자라며 5~6월에 꽃 피는 여러해살이풀
- 잎이 6~10개씩 돌려나고 뚜렷한 맥이 1개 있음

높이는 25~40cm
곧게 섬

줄기는 네모지며 털은 없음

수술은 4개, 화관 밖으로 거의 나오지 않음

암술대는 2개

화관은 흰색, 4갈래로 갈라짐

뚜렷한 맥이 1개 있음

잎은 피침상 긴 타원형, 6~10개씩 돌려남

뿌리줄기가 있어 흔히 군락을 이룸

열매는 구형 분과
갈고리 같은 털이 빌생

0611 **갈퀴아재비** *Asperula lasiantha*

- 돌려나기, 홑잎, 양성화, 취산꽃차례
- 지리산 이북 높은 산에서 자라며 8월에 꽃 피는 여러해살이풀
- 잎이 넓은 피침형 또는 난상 타원형이고 4개씩 돌려나며 화관 겉면에 털이 있음

높이는 40~70cm, 곧게 섬

줄기는 네모지고 능선이 있음

수술은 4개

암술대는 2개

화관은 흰색 대개 4갈래로 갈라짐

화관이 3갈래로 갈라진 것도 많이 나타남

화관 겉면에 긴 털이 밀생

잎은 넓은 피침형 또는 난상 타원형 대개 4개씩 돌려남

열매는 난상 구형 분과 표면에 잔돌기가 있음

0612 아욱메풀 *Dichondra micrantha*

- 어긋나기 또는 모여나기, 홑잎, 양성화, 잎과 마주난 꽃대에 1개씩 핌
- 남부지방 길가나 밭둑에서 자라며 5~6월에 꽃 피는 여러해살이풀
- 메꽃속 식물과는 암술머리가 2개이고 줄기가 덩굴성이 아니며 포복성인 점이 다름
- ✴ 잎이 둥근 신장형이고 분과에 긴 털이 밀생하는 점도 특징

높이는 5~10cm, 땅 위를 기면서 사방으로 퍼지며 마디에서 뿌리를 내림

벋는 줄기에는 잎이 어긋나기로 달림

꽃받침조각은 5개 겉면에 털이 밀생

수술은 5개

화관은 5갈래로 갈라짐 꽃받침조각보다 짧음

암술대는 2개

잎은 둥근 신장형 끝은 둥글거나 오목함

표면에 광택이 있음

줄기는 덩굴성이 아니라 포복성

열매는 구형 분과, 긴 털이 밀생

0613 미국나팔꽃 *Ipomoea hederacea*

- 어긋나기, 홑잎, 양성화, 잎겨드랑이에서 나온 꽃대에 1~2개씩 핌
- 산기슭과 들에서 자라며 6~10월에 꽃 피는 한해살이풀. 열대아메리카 원산 외래식물
- 둥근잎나팔꽃과 달리 꽃받침조각이 피침형이고 뒤로 휘며 잎이 3갈래로 갈라짐

화관은 나팔 모양

길이는 100~150cm
덩굴져 자람

꽃받침조각은 5개
피침형, 거친 털이 많음

양면에 털이 있음

꽃이 흰색인 것도 있음

잎은 난형, 3~5갈래로 깊게 갈라짐

열매는 구형 삭과

잎이 갈라지지 않기도 함

0614 둥근잎나팔꽃 *Ipomoea purpurea*

- 어긋나기, 홑잎, 양성화, 잎겨드랑이에서 나온 꽃대에 1~2개씩 핌
- 산기슭과 들에서 자라며 6~10월에 꽃 피는 한해살이풀. 열대 아메리카 원산 외래식물
- 미국나팔꽃과 달리 꽃받침조각이 긴 타원형이고 휘지 않으며 잎이 갈라지지 않음

줄기에 털이 있음

길이는 100~150cm, 덩굴져 자람

꽃받침조각은 5개
긴 타원형
뒤로 휘지 않음

대개 털이 있으나
거의 없는 것도 있음

잎은 난형
갈라지지 않음

꽃이 홍자색인 것도 있음

꽃이 흰색인 것도 있음

열매는 구형 삭과

0615 애기나팔꽃 *Ipomoea lacunosa*

- 어긋나기, 홑잎, 양성화, 잎겨드랑이에서 나온 꽃대에 1~2개씩 핌
- 산기슭과 들에서 자라며 7~10월에 꽃 피는 한해살이풀. 북미 원산 외래식물
- 별나팔꽃보다 꽃이 1~2개로 적게 달리고 화관 중심부가 흰색
- * 둥근잎나팔꽃과 달리 꽃이 작고 꽃자루에 사마귀 모양 돌기가 있는 점이 다름

길이는 50~150cm, 덩굴져 자람

줄기에 털이 있음

꽃자루에 사마귀
모양 돌기가 있음

화관은 흰색, 나팔 모양
5갈래로 얕게 갈라짐

꽃이 연한 분홍색인 것도 있음

잎은 난형, 끝이 길게 뾰족함

열매는 구형 삭과, 털이 있음

0616 **별나팔꽃** *Ipomoea triloba*

- 어긋나기, 홑잎, 양성화, 잎겨드랑이에서 나온 꽃대에 3~8개씩 핌
- 제주도와 중부지방에서 자라며 7~9월에 꽃 피는 한해살이풀. 열대아메리카 원산 외래식물
- 애기나팔꽃과 달리 꽃이 3~8개로 많이 달리고 화관 중심부가 짙은 홍자색

길이는 50~150cm, 덩굴져 자람

꽃이 3~8개로 많이 달림

다른 물체를
휘감고 오름

화관 중심부가 짙은 홍자색을 띰

화관은 연한 홍자색

꽃받침조각은
긴 타원형
샘털이 있음

꽃자루에
사마귀 모양
돌기가 있음

잎은 넓은 난형
3갈래로 갈라지기도 함

열매는 구형 삭과, 털이 있음

0617 메꽃 *Calystegia pubescens*

- 어긋나기, 홑잎, 양성화, 잎겨드랑이에서 나온 꽃대에 1개씩 핌
- 들이나 길가에서 자라며 6~8월에 꽃 피는 여러해살이풀
- 애기메꽃과 달리 꽃대에 날개가 없고 잎 측면 갈래가 더 갈라지지 않음

길이는 25~100cm, 덩굴져 자람

사방으로 벋는 흰색 뿌리줄기를 '메'라고 함

화관은 나팔 모양 한쪽은 흰색

암술머리는 2갈래로 갈라짐

수술은 5개

꽃받침은 5갈래로 갈라짐

포엽은 2개 난형, 끝이 둔함

꽃대는 원기둥 모양 날개가 없음

잎은 긴 타원상 피침형

대개 측면 갈래가 더 갈라지지는 않음

열매는 둥근 삭과

꽃대에 날개가 없음

0618 애기메꽃 *Calystegia hederacea*

- 어긋나기, 홑잎, 양성화, 잎겨드랑이에서 나온 꽃대에 1개씩 핌
- 들이나 길가에서 자라며 6~8월에 꽃 피는 여러해살이풀
- 메꽃과 달리 꽃대에 날개가 있고 잎 측면 갈래가 2~3쌍 더 갈라짐

길이는 25~100cm, 덩굴져 자람

줄기가 바닥을 기기도 함

수술은 5개

화관은 나팔 모양

암술머리는 2갈래로 갈라짐

포엽은 2개, 난형 끝이 뾰족함

꽃대에 능선 같은 날개가 달림

꽃받침은 5갈래로 갈라짐

측면 갈래가 대개 2~3쌍으로 갈라짐

잎은 피침상 삼각형

열매는 둥근 삭과

꽃대에 능선 같은 날개가 달림

0619 **갯메꽃** *Calystegia soldanella*

- 어긋나기, 홑잎, 양성화, 잎겨드랑이에서 나온 꽃대에 1개씩 핌
- 바닷가 모래땅에서 자라며 5~6월에 꽃 피는 여러해살이풀
- 메꽃과 달리 잎이 신장상 원형이고 줄기나 잎을 자르면 하얀 액이 나옴

길이는 100~200cm, 덩굴져 자람. 주로 땅 위를 김

잎이나 줄기를 자르면
하얀 액이 나옴

화관은 나팔 모양

수술은 5개

암술머리는 2갈래로 갈라짐

꽃받침은
5갈래로 갈라짐

포엽은 2개
넓은 난상 삼각형

꽃대에
능선이 있음

잎은 신장상 원형

질이 두껍고
광택이 있음

열매는 구형 삭과

0620 둥근잎유홍초 *Ipomoea coccinea*

- 어긋나기, 홑잎, 양성화, 취산꽃차례
- 산기슭이나 들에서 자라며 7~10월에 꽃 피는 여러해살이풀. 열대아메리카 원산 외래식물
- 메꽃과 달리 잎이 난형이고 가장자리가 밋밋한 각을 이룸

길이는 200~300cm
덩굴져 자람

다른 물체를 휘감고 오름

암술은 1개   수술은 5개

화관은 주황색
나팔 모양
안쪽은 노란색

꽃받침조각은 5개, 서로 길이가 다름

취산꽃차례에 3~6개 꽃이 달림

잎밑은 심장형

잎은 난형, 가장자리는 밋밋한 각을 이룸

열매는 구형 삭과

0621 **새삼** *Cuscuta japonica*

- 잎은 없거나 퇴화한 비늘잎, 양성화와 암꽃 또는 수꽃, 수상꽃차례
- 산과 들에서 자라며 7~9월에 꽃 피는 한해살이풀. 기생식물
- 미국실새삼과 달리 줄기가 대개 흰색이고 굵으며 꽃이 수상꽃차례에 달림

수상꽃차례를 이룸

길이는 수m, 덩굴져 자람

줄기는
흰빛 또는
자줏빛을 띰

흔히 자갈색
반점이 있음

암꽃만 피기도 함
암꽃은 암술이 1개

화관은 종 모양
5갈래로 갈라짐

꽃받침조각은 5개

양성화는
수술이 5개

암술은 1개

??????

열매는 난형 삭과
익으면 뚜껑처럼 옆으로 갈라짐

씨는 편구형 또는 원반형,
지름은 0.1~0.3cm

0622 미국실새삼 *Cuscuta campestris*

- 양성화, 줄기에 뭉쳐서 핌
- 산과 들에서 자라며 8~9월에 꽃 피는 한해살이풀. 기생식물. 북미 원산 외래식물
- 새삼과 달리 줄기가 연한 주황색이고 가늘며 꽃이 뭉쳐서 달림

＊ 실새삼은 화관 안쪽 비늘조각이 2갈래로 갈라진다고 하나 실제로 보기는 어려움

길이는 수m
덩굴져 자람

줄기는 실처럼
가늘고 연한
주황빛을 띰

꽃이 뭉쳐서
달림

꽃받침조각은 5개

화관은 5갈래로 갈라짐

수술은 5개

안쪽에 5개 비늘조각이 있고
각각 빗살 모양으로 갈라짐

암술대는 2개

흡착판으로 들러붙음

기주식물에 붙은 모습

열매는 구형 삭과

0623 **모래지치** *Argusia sibirica*

- 어긋나기, 홑잎, 양성화, 취산꽃차례
- 바닷가 모래땅에서 자라며 5~6월에 꽃 피는 여러해살이풀
- 뿌리줄기가 옆으로 벋으면서 번식하고, 열매는 분과가 아니라 핵과

높이는 25~40cm, 곧게 서고 가지가 많이 갈라짐

줄기에 잔털이 밀생

뿌리줄기가 옆으로 길게 벋음

화관은 5~7갈래로 갈라짐 안쪽이 노란색을 띰

꽃받침조각은 5개

수술은 5개, 화관 밖으로 나오지 않음 암술대는 짧고 굵음

잎은 도피침형 또는 긴 타원상 피침형 끝이 둔함

질이 두껍고 양면에 털이 많음

열매는 처음에 능선이 4개 있음

어린 열매

흰색 털이 밀생

열매는 둥근 난형 핵과

0624 **당개지치** *Brachybotrys paridiformis*

- 어긋나기, 홑잎, 양성화, 총상꽃차례
- 전북 이북 산지 숲 속에서 자라며 4~6월에 꽃 피는 여러해살이풀
- 잎이 줄기 끝에 5~6개가 촘촘히 달려 돌려난 것처럼 보임

높이는 30~40cm, 곧게 섬

줄기는 네모지고 잔털이 있음

수술은 5개

암술대는 1개 화관보다 길게 나옴

화관은 보라색 5갈래로 갈라짐

꽃받침조각은 5개, 흰색 털이 밀생

꽃은 총상꽃차례를 이룸

잎은 긴 타원형, 양면에 털이 있음

줄기 위쪽에서 5~6개가 돌려난 것처럼 보임

열매는 4개 분과

분과는 삼각상 난형 광택이 있음. 검은색으로 익음

0625 뚝지치 *Hackelia deflexa*

- 어긋나기, 홑잎, 양성화, 총상꽃차례
- 강원 이북 산지에서 자라며 6~8월에 꽃 피는 한두해살이풀
- 열매가 익으면서 꽃받침조각이 뒤로 젖혀짐

높이는 20~80cm, 곧게 서고 가지가 갈라짐

전체에 뻣뻣한 털이 있음

화관은 하늘색
지름은 0.3~0.5cm, 5갈래로 갈라짐

잎은 선상 피침형, 가장자리는 밋밋함

꽃받침조각은 5개
갈래조각은 피침형

열매 가장자리에 한 줄씩 털이 있음

꽃받침조각은 열매가 익으면서 뒤로 젖혀짐

분과는 삼각상 난형 흑갈색으로 익음

열매는 4개 분과

0626 **컴프리** *Symphytum officinale*

- 어긋나기, 홑잎, 양성화, 권산꽃차례
- 들이나 길가에서 자라며 5~8월에 꽃 피는 여러해살이풀. 유럽 원산 외래식물
- 잎자루에 날개가 있고 화관이 종 모양

높이는 60~90cm
곧게 서고 가지가 갈라짐

잎자루에 날개가 있음

전체에 거친
털이 있음

권산꽃차례를 이룸

꽃받침조각은 5개

화관은 종 모양
5갈래로 얕게 갈라짐

줄기에 날개가 있음

수술은 5개
가운데로 모아져 있음

암술대는 1개

잎은 타원상 피침형 또는 난형
두껍고 뻣뻣하며 거친 편

열매는 4개 분과

분과는 삼각상 난형
흑갈색으로 익음

0627 **꽃받이** *Bothriospermum zeylanicum*

- 어긋나기, 홑잎, 양성화, 총상꽃차례
- 들이나 길가 풀밭에서 자라며 5~9월에 꽃 피는 한두해살이풀
- 꽃마리와 달리 꽃차례가 말리지 않고 잎이 거친 편

높이는 10~30cm, 여러 대가 모여 남. 밑부분이 옆으로 누움

전체에 누운 털이 밀생

화관 안쪽에 흰색 돌기가 있음

수술은 5개 화관 통부에 붙음

화관은 5갈래로 갈라짐

꽃받침조각은 5개

줄기잎은 타원형

뿌리잎은 주걱형

열매는 4개 분과 분과는 타원형이고 표면에 혹 같은 돌기가 밀생

열매를 맺을 즈음이면 꽃받침조각이 약간 커짐

0628 **참꽃받이** *Bothriospermum secundum*

- 어긋나기, 홑잎, 양성화, 총상꽃차례
- 산지 볕이 잘 드는 곳에서 자라며 5~9월에 꽃 피는 한두해살이풀
- 꽃받이와 달리 전체에 뻣뻣한 털이 있고 꽃자루가 있음

높이는 10~30cm
곧게 서거나 비스듬히 자람
가지가 갈라짐

전체에 길고
뻣뻣한 털이 있음

화관 안쪽에
흰색 돌기가 있음

수술은 5개
화관 통부에 붙음

화관은 하늘색
지름은 0.3~0.5cm
5갈래로 갈라짐

잎은 선상 피침형

뿌리는 흰색

꽃받침조각은 5개

열매는 4개 분과, 분과는 타원형
갈색으로 익음. 혹 같은 돌기가 밀생

671

0629 지치 *Lithospermum murasaki*

- 어긋나기, 홑잎, 양성화, 총상꽃차례
- 산과 들에서 자라며 5~7월에 꽃 피는 여러해살이풀
- 개지치와 달리 여러해살이풀이고 대체로 크며 열매가 1개로 소견과

높이는 30~70cm, 곧게 섬
위쪽에서 가지가 갈라짐

전체에
털이 많음

화관 안쪽에 돌기가 있음

수술은 5개
화관 통부에 붙음

화관은 백록색 또는 흰색
5갈래로 갈라짐

잎은 피침형 또는
긴 타원상 피침형
거친 털이 많음

굵고 적갈색을 띠는
뿌리가 있음

열매는 난형 소견과
1개씩 달림

회백색으로 익음
광택이 있음

꽃받침조각은 5개, 선형

0630 **개지치** *Lithospermum arvense*

- 어긋나기, 홑잎, 양성화, 잎겨드랑이에 1개씩 핌
- 산기슭이나 들에서 자라며 3~6월에 꽃 피는 두해살이풀
- 지치와 달리 두해살이풀이고 대체로 작으며 열매는 4개로 소견과

높이는 20~40cm, 곧게 서거나 비스듬히 자람. 가지가 갈라짐

전체에 뻣뻣한 털이 있음

수술은 5개, 화관 통부에 붙음

화관은 흰색 또는 분홍색
5갈래로 갈라짐. 지름은 0.3~0.4cm

잎은 좁은 피침형
또는 넓은 선형

맥은 1개 있음
양면에 뻣뻣한 털이 많음

표면이 적갈색인 뿌리가 있음

꽃받침조각은 5개
선형

열매는 4개 소견과

0631 반디지치 *Lithospermum zollingeri*

- 어긋나기, 홑잎, 양성화, 잎겨드랑이에 핌
- 중부 이남 산기슭이나 풀밭에서 자라며 4~5월에 꽃 피는 여러해살이풀
- 대개 바닷가에서 자라고 꽃이 보라색이며 잎 양면에 거센 털이 있음

높이는 15~25cm, 비스듬히 자람

줄기에 퍼진 털이 있음

화관 지름은 1.5cm

안쪽에 흰색 줄무늬가 있음

화관은 파란색 또는 청자색 5갈래로 갈라짐

수술은 5개, 화관 통부에 붙음

잎은 긴 타원형 또는 넓은 도피침형

질이 뻣뻣함. 양면에 거센 털이 있음

꽃받침조각은 5개 좁고 긴 피침형, 털이 있음

열매는 소견과 흰색으로 익음

0632 대청지치 *Thyrocarpus glochidiatus*

- 어긋나기, 홑잎, 양성화, 엉성한 총상꽃차례
- 인천 대청도 양지바른 곳에서 자라며 4~6월에 꽃 피는 한해살이풀
- 전체에 긴 털이 많으며 분과 복면이 편평해지고 작은 돌기가 많음

* 중국에서 자연적으로 유입된 외래식물로 봄

전체에 긴 털이 많음

높이는 10~15cm
밑에서 여러 갈래로 갈라져 사방으로 벋음

화관 안쪽에 흰색 돌기가 있음

꽃받침조각은 5개
긴 타원상 난형

화관은 연한
하늘색 또는 흰색
5갈래로 갈라짐

줄기잎은 긴 타원형
양면에 털이 많음

잎자루는 없음

뿌리잎은 주걱형

암갈색 뿌리가 있음

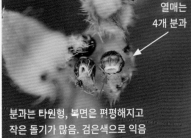

열매는
4개 분과

분과는 타원형, 복면은 편평해지고
작은 돌기가 많음. 검은색으로 익음

0633 **꽃마리** *Trigonotis peduncularis*

- 어긋나기, 홑잎, 양성화, 권산꽃차례
- 길가나 풀밭에서 자라며 4~5월에 꽃 피는 두해살이풀
- 꽃받이와 달리 꽃차례가 말려 있고 잎이 부드러운 편

높이는 10~30cm, 곧게 서거나 비스듬히 자람
아래쪽에서 가지가 갈라짐

전체에
누운 털이 있음

안쪽에 노란색
돌기가 있음

화관은 하늘색
5갈래로 갈라짐

잎은 난형 또는 넓은 난형

태엽처럼 말려 있다가
한쪽으로 풀리는 권산꽃차례

겨울에 방석처럼
펼쳐 자람

열매는 4개 분과

분과는 삼각상 난형
광택이 있음

꽃받침조각은 5개

0634 **참꽃마리** *Trigonotis radicans* var. *sericea* / **거센털꽃마리** *T. radicans*

- 어긋나기, 홑잎, 양성화, 총상꽃차례
- 산지 숲 속에서 자라며 5~6월에 꽃 피는 여러해살이풀
- 꽃이 잎겨드랑이 근처에 달리고 화축에 잎이 달림

＊ 거센털꽃마리는 잎과 줄기에 거센 털이 밀생

높이는 7~20cm, 여러 대가 모여 나고 비스듬히 섬

전체에 눌린 털이 있음

화관 안쪽에 노란색 돌기가 있음

수술은 5개 화관 통부에 붙음

화관은 연한 하늘색 또는 연한 보라색 지름은 0.7~1cm, 5갈래로 깊게 갈라짐

잎은 난형 또는 긴 난형

꽃받침조각은 5개, 난상 피침형

거센털꽃마리

열매는 4개 분과   분과는 뾰족한 삼각형

잎과 줄기에 거센 털이 밀생

0635 마편초 *Verbena officinalis*

- 마주나기, 홑잎, 양성화, 수상꽃차례
- 남부지방 바닷가 풀밭에서 자라며 7~9월에 꽃 피는 여러해살이풀
- 꽃이 수상꽃차례로 피고 전체에서 특유한 향기가 남

높이는 30~80cm, 곧게 서고 가지가 갈라짐

꽃은 수상꽃차례에 달림

수술은 4개, 화관 통부에 붙음

꽃차례에 털과 샘털이 밀생

화관은 연한 홍자색, 5갈래로 중간까지 갈라짐

전체에 잔털이 있음

잎은 난형, 깃꼴로 깊게 갈라짐 결각상 굵은 톱니가 있음

줄기 아래쪽 잎은 갈라지지 않기도 함

열매는 4개 분과 샘털이 밀생

0636 누린내풀 *Tripora divaricata*

- 마주나기, 홑잎, 양성화, 취산꽃차례
- 산지 숲 속에서 자라며 7~9월에 꽃 피는 여러해살이풀
- 꽃이 듬성듬성 달리고 수술과 암술대가 아래로 둥글게 휨

＊ 전체에서 특유한 냄새가 남

꽃이 듬성듬성 달림

높이는 80~150cm
곧게 서고 가지가 갈라짐

줄기는
네모지고
전체에 짧은
털이 있음

화관은 보라색, 입술 모양
5갈래로 깊게 갈라짐

아래쪽
갈래조각에 흰색
무늬가 있음

꽃자루에
샘털이 있음

수술은 4개
암술대와 함께
둥글게 휨

암술대는 1개, 끝이 2갈래로 갈라짐

잎은 난형 또는 넓은 난형, 둔한 톱니가 있음

꽃받침은 통 모양
5갈래로 얕게 갈라짐

분과는 구형
잔털이 있음

열매는 4개 분과

0637 **금창초** *Ajuga decumbens*

- 마주나기, 홑잎, 양성화, 잎겨드랑이에 몇 개씩 모여 핌
- 울릉도와 남부지방 산기슭이나 풀밭에서 자라며 4~6월에 꽃 피는 여러해살이풀
- 조개나물과 달리 줄기가 옆으로 자라고 뿌리잎이 방석처럼 펼쳐짐

높이는 5~15cm, 땅 위를 기면서 자람

전체에 털이 있음

수술은 4개
암술대는 끝이
2갈래로 갈라짐

화관은 입술 모양, 5갈래로 갈라짐

잎은 도피침형 또는 긴 타원형
둔한 물결 모양 톱니가 있음

열매는 4개 분과

분과는 난상 구형

꽃받침조각은 5개

꽃이 분홍색인 것도 있음

0638 조개나물 *Ajuga multiflora*

- 마주나기, 홑잎, 양성화, 잎겨드랑이에 5~10개씩 층층이 돌려 핌
- 양지바른 풀밭에서 자라며 4~5월에 꽃 피는 여러해살이풀
- 금창초와 달리 줄기가 곧게 서고 긴 털이 밀생하며 뿌리잎이 방석 같지 않음

높이는 1~30cm, 곧게 섬

전체에 흰색 긴 털이 밀생하다가 점차 사라짐

수술은 4개 그중 2개가 긺

암술대는 끝이 2갈래로 갈라짐

화관은 긴 통 모양 끝은 입술 모양, 겉면에 털이 있음

꽃이 분홍색인 것도 있음

잎은 난형 또는 긴 타원형 물결 모양 톱니가 있음

꽃받침조각은 5개

열매는 4개 분과

분과는 난상 구형

0639 **자란초** *Ajuga spectabilis*

- 마주나기, 홑잎, 양성화, 총상꽃차례
- 제주도 제외 지역 숲 속에서 자라며 5~6월에 꽃 피는 여러해살이풀
- 잎이 돌려난 것처럼 보이고 톱니가 불규칙하며 꽃이 짧은 총상꽃차례로 핌

높이는 30~50cm, 곧게 섬

잎자루에는
털이 약간 있음

줄기는 네모지고
털은 거의 없음

수술은 4개
그중 2개가 긺

암술대는 끝이
2갈래로 갈라짐

화관은 통 모양
끝은 입술 모양
5갈래로 갈라짐

꽃이 연한 보라색인 것도 있음

앞면과 양면 맥 위에 털이 있음

잎은 넓은 난형
굵고 거친 톱니가 불규칙하게 있음

열매는 소견과

0640 개차즈기 *Amethystea caerulea*

- 마주나기, 홑잎, 양성화, 취산꽃차례
- 들이나 밭에서 자라며 8~9월에 꽃 피는 한해살이풀
- 잎이 3~5갈래로 갈라지고 수술이 2개
- ✻ 전체에서 깻잎 같은 특유한 향기가 남

높이는 30~80cm, 곧게 서고 가지가 많이 갈라짐

줄기는 네모지고 마디에 잔털이 있음

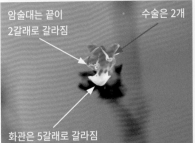

암술대는 끝이 2갈래로 갈라짐

수술은 2개

화관은 5갈래로 갈라짐

꽃받침은 끝이 5갈래로 갈라짐 꽃자루와 함께 샘털이 있음

갈래조각은 피침형 굵은 톱니가 있음

잎은 3~5갈래로 깊게 갈라짐

열매는 4개 분과

분과는 도란형

0641 개곽향 *Teucrium japonicum*

- 마주나기, 홑잎, 양성화, 총상꽃차례
- 산기슭이나 들 습기 있는 곳에서 자라며 7~8월에 꽃 피는 여러해살이풀
- 덩굴곽향과 달리 꽃받침에 샘털이 없고 포엽이 넓은 피침형

높이는 30~70cm, 곧게 섬

줄기는 네모지고 전체에 털이 있거나 거의 없음

화관은 입술 모양 5갈래로 갈라짐

암술대는 끝이 2갈래로 갈라짐

수술은 4개

꽃받침조각은 5개 샘털이 없음

포엽은 넓은 피침형

잎은 긴 타원상 피침형 불규칙한 톱니가 있음

열매는 4개 분과 분과는 도란형

0642 덩굴곽향 *Teucrium viscidum* var. *miquelianum*

- 마주나기, 홑잎, 양성화, 총상꽃차례
- 중부 이남 나무 그늘이나 습기 있는 곳에서 자라며 7~9월에 꽃 피는 여러해살이풀
- 개곽향과 달리 꽃받침에 샘털이 있고 포엽이 넓은 난형
- * 덩굴은 아니지만 옆으로 벋는 땅속줄기로 군락을 형성함

높이는 25~40cm, 곧게 섬

줄기는 네모짐
전체에 털이 있음

수술은 4개
암술대는 끝이
2갈래로 갈라짐

꽃받침은
5갈래로 갈라짐
샘털이 있음

포엽은 넓은 난형

화관은 입술 모양, 윗입술은 2갈래
아랫입술은 3갈래

잎은 넓은 난형, 불규칙한 톱니가 있음

열매는 4개 분과
분과는 도란형

0643 **골무꽃** *Scutellaria indica* / **떡잎골무꽃** *S. indica* var. *tsusimensis*

- 마주나기, 홑잎, 양성화, 총상꽃차례
- 산기슭이나 숲 가장자리에서 자라며 5~6월에 꽃 피는 여러해살이풀
- 잎이 둥글고 얇으며 잎맥 함몰이 거의 없고 줄기 상부와 하부 잎 크기가 비슷함

＊ 떡잎골무꽃은 상부 잎이 하부 잎보다 크고 잎맥이 함몰하는 것으로 구분하기도 함

높이는 20~30cm, 곧게 섬

상부와 하부 잎
크기가 비슷함

줄기는 네모짐
긴 털이 많음

화관은 긴 원통형, 끝은 입술 모양
아랫입술에 반점이 있음

잎은 둥근 심장형, 둔한 톱니가 있음

열매는 4개 분과
꽃받침 안에 들어 있음

떡잎골무꽃

잎이 두껍고 잎맥 함몰이
뚜렷하다고 하나 구별이 어려움

0644 제주골무꽃 *Scutellaria tuberifera* / 연지골무꽃 *S. indica* var. *coccinea*

- 마주나기, 홑잎, 양성화, 위쪽 잎겨드랑이에 1개씩 핌
- 제주도 그늘진 계곡 사면이나 물가 풀밭에서 자라며 4월에 꽃 피는 여러해살이풀
- 골무꽃과 달리 전체에 털이 밀생하고 꽃이 잎겨드랑이에 1개씩 달림
- ＊ 연지골무꽃은 제주도 특정한 오름에서 자라며 키가 작고 화관이 분홍색

높이는 10~30cm, 곧게 섬

전체에 긴 털이 밀생

잎겨드랑이에 1개씩 핌

화관은 입술 모양 줄기와 수직으로 달림

잎은 넓은 난형에 가까운 심장형, 양면에 털이 밀생 4~7쌍 규칙적인 톱니가 있음

열매는 4개 분과, 꽃받침 안에 들어 있음

연지골무꽃

키가 작고 화관이 분홍색

0645 애기골무꽃 *Scutellaria dependens*

- 마주나기, 홑잎, 양성화, 위쪽 잎겨드랑이에 1개씩 핌
- 습지 근처에서 자라며 7~8월에 꽃 피는 여러해살이풀
- 잎이 좁은 난상 삼각형이고 꽃이 연한 보라색

줄기는 네모지고 위로 굽은 잔털이 있음

높이는 10~30cm
비스듬히 서고 가지가 갈라짐

꽃받침 위쪽에 둥근 부속체가 있음

화관은 원통형, 끝은 입술 모양
줄기와 거의 수직으로 달림

잎은 좁은 난상 삼각형
1~2쌍 무딘 톱니가 있음

열매는 4개 분과, 꽃받침 안에 들어 있음

0646 산골무꽃 *Scutellaria pekinensis* var. *transitra*

- 마주나기, 홑잎, 양성화, 총상꽃차례
- 산지 숲 속에서 자라며 5~6월에 꽃 피는 여러해살이풀
- 광릉골무꽃과 달리 잎이 삼각상 넓은 난형

* *전체 크기나 잎 모양에 매우 변이가 다양한 종*

높이는 15~30cm
곧게 서거나 비스듬히 자람

꽃은 한쪽
방향을 향해 핌

줄기는 네모지고
대개 털이 많음
샘털이 있기도 함

화관은 비스듬히
위를 향함
끝은 입술 모양

꽃받침 위쪽에
둥근 부속체가 있음

화관에 털이 있음

잎 모양에 변이가 다양함

잎은 삼각상 넓은 난형, 톱니가 있음
질이 얇음. 양면에 털이 있음

열매는 4개 분과
꽃받침 안에 들어 있음

0647 광릉골무꽃 *Scutellaria insignis*

- 마주나기, 홑잎, 양성화, 총상꽃차례
- 제주도 제외 경기 이남 산지 숲 속에서 자라며 5~6월에 꽃 피는 여러해살이풀
- 산골무꽃과 달리 잎이 긴 타원형으로 길쭉한 편
- ✳ 어느 정도 변이가 나타나는 편

높이는 15~40cm, 곧게 섬

줄기는 네모짐
능선이 있음
잔털이 있음

화관은 밑에서 굽어져
비스듬히 위를 향함. 끝은 입술 모양

연한 홍자색 꽃도 있음

잎은 난상 타원형 또는 긴 타원형

톱니가 듬성듬성 있음
표면에 털이 약간 있음

열매는 4개 분과
꽃받침 안에
들어 있음

0648 참골무꽃 *Scutellaria strigillosa*

- 마주나기, 홑잎, 양성화, 위쪽 잎겨드랑이에 1~2개씩 핌
- 바닷가 모래땅에서 자라며 6~8월에 꽃 피는 여러해살이풀
- 꽃이 줄기 위쪽 잎겨드랑이에 달리며 잎이 타원형 또는 긴 타원형이고 두꺼움
- ＊ 잎과 줄기 털이 적기도 하고 많기도 함

높이는 10~40cm
곧게 서고
가지가 갈라짐

줄기는 네모짐
대개 털이 있으나
많기도 하고 적기도 함

꽃이 위쪽
잎겨드랑이에
달림

수술은 4개
그중 2개가 긺

화관은 끝이 입술 모양

잎은 타원형 또는 긴 타원형

둔한 톱니가 있고 질이 두꺼움

열매는 4개 분과
꽃받침 안에 들어 있음

꽃이 흰색인 것도 있음

0649 황금 *Scutellaria baicalensis*

- 마주나기, 홑잎, 양성화, 총상꽃차례
- 산지 풀밭에서 재배하거나 야생화해서 자라며 7~8월에 꽃 피는 여러해살이풀
- 잎이 좁은 피침형이고 뿌리를 잘라 보면 속이 노란 황금색

* 흔히 속썩은풀이라고 함

높이는 20~60cm, 곧게 서거나 비스듬히 자람

줄기는 네모짐
전체에 털이 있음

화관은 끝이 입술 모양
밑에서 굽어져 비스듬히
위를 향함

꽃받침은 종 모양
2갈래로 갈라짐

노란색 뿌리줄기가 있음
잘라보면 속은 더 짙은 노란색

잎은 좁은 피침형
가장자리에 짧은 털이 있어 깔깔함

열매는 4개 분과
꽃받침 안에 들어 있음

0650 배초향 *Agastache rugosa*

- 마주나기, 홑잎, 양성화, 수상꽃차례
- 산과 들의 양지바른 곳에서 자라며 7~10월에 꽃 피는 여러해살이풀
- 향유나 꽃향유와 달리 꽃이 사방으로 핌

* 전체에서 진한 박하향이 남

높이는 40~150cm
곧게 서고 위쪽에서
가지가 많이 갈라짐

꽃이 사방으로 핌

줄기는
네모지고 짧은
털이 있음

수술은 4개
그중 2개가 길게 나옴

화관은 입술 모양
아랫입술이 긺

잎은 난형 또는 삼각상 난형
둔한 톱니가 있음

꽃받침은 통 모양
끝이 5갈래로
갈라짐

어린싹

열매는 도란상 타원형 분과
꽃받침에 싸여 있음

0651 개박하 *Nepeta cataria*

- 마주나기, 홑잎, 양성화, 원추꽃차례
- 경기도, 전라도, 강원도 풀밭에서 드물게 자라며 6~8월에 꽃 피는 여러해살이풀
- 산박하와 달리 잎밑이 약간 심장형이고 잎자루에 날개가 없음

* *산박하와 달리 특유한 향기가 있음*

높이는 50~100cm, 곧게 서고 위쪽에서 가지가 갈라짐

줄기는 네모짐
흰색 잔털이 밀생

수술은 4개
그중 2개가 긺

화관은 입술 모양
아랫입술에 홍자색
반점과 털이 있음

암술대는 끝이 2갈래로 갈라짐

꽃이 흰색으로 피는 것도 있음

잎은 삼각상 난형
굵은 톱니가 있음

잎밑이 약간 심장형
잎자루에 날개가 없음

열매는 타원형 분과
꽃받침에 싸여 있음

씨

0652 긴병꽃풀 *Glechoma longituba*

- 마주나기, 홑잎, 양성화, 잎겨드랑이에 1~3개씩 핌
- 제주도 제외 지역 숲 가장자리에서 자라며 5월에 꽃 피는 여러해살이풀
- 꽃이 진 다음에 줄기가 누워 자라며 잎이 난형 또는 신장상 원형
- ＊ 전체에서 연필심 같은 향기가 남

높이는 10~20cm, 비스듬히 섬
꽃이 진 다음에는 옆으로 길게 벋음

줄기는 네모짐
퍼진 털이 밀생

암술대는 끝이
2갈래로 갈라짐

화관은
입술 모양
아랫입술 안쪽에 긴 털과
홍자색 반점이 있음

수술은 4개
그중 2개가 긺

꽃받침은 5갈래로 갈라짐
갈래조각은 난상 삼각형
끝이 뾰족함. 털이 있음

잎은 난형 또는 신장상 원형
둥근 톱니가 있음

열매는 타원형 분과
꽃받침에 싸여 있음

0653 **벌깨덩굴** *Meehania urticifolia*

- 마주나기, 홑잎, 양성화, 잎겨드랑이에 층층이 핌
- 산지 숲 속에서 자라며 4~6월에 꽃 피는 여러해살이풀
- 벌깨풀과 달리 꽃이 잎겨드랑이에 달리고 꽃이 진 후 줄기가 덩굴처럼 자람

높이는 15~30cm, 곧게 섬

줄기는 네모짐
잔털이 있음

화관은 입술 모양
꽃받침은 끝이
5갈래로 갈라짐
아랫입술에 긴 수염 같은 털이 있음

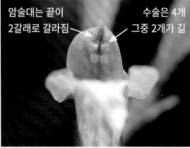

암술대는 끝이
2갈래로 갈라짐
수술은 4개
그중 2개가 긺

꽃이 진 후 줄기가 자라
덩굴처럼 벋음
잎은 삼각상 심장형, 둔한 톱니가 있음

열매는 4개 분과, 분과는 구형
꽃받침에 싸임

0654 **벌깨풀** Dracocephalum rupestre / **용머리** D. argunenseex

- 마주나기, 홑잎, 양성화, 줄기 끝에 층층이 모여 핌
- 강원도 이북 산지 바위틈에서 자라며 6~8월에 꽃 피는 여러해살이풀
- 벌깨덩굴과 달리 꽃이 줄기 끝에 달리고 잎이 심장형
- * 용머리는 잎이 피침형이고 잎자루가 매우 짧음

높이는 20~30cm, 밑에서 여러 대가 나와
곧게 서거나 비스듬히 자람

줄기는 네모짐
아래를 향한 털이 있음

화관은 입술 모양, 잔털이 밀생

암술대는 끝이
2갈래로 갈라짐

수술은 4개,
그중 2개가 김

꽃받침조각은 5개

잎은 심장형, 끝이 둔함
둥근 톱니가 있음

열매는 4개 분과, 꽃받침에 싸임

잎이 피침형이고
잎자루가
매우 짧음

용머리

0655 **꿀풀** *Prunella vulgaris* subsp. *asiatica* / **흰꿀풀** *P. vulgaris* subsp. *asiatica* f. *leucocephala*

- 마주나기, 홑잎, 양성화, 수상꽃차례
- 산과 들의 풀밭에서 자라며 5~7월에 꽃 피는 여러해살이풀
- 꽃이 수상꽃차례로 돌려가며 핌. 꽃 꽁무니를 빨면 단맛이 남
* 흰꿀풀은 꽃이 흰색

높이는 20~40cm, 여러 대가 모여 남. 곧게 섬

줄기는 네모짐, 털이 있으며 양상은 다양함

꽃이 수상꽃차례로 달림

수술은 4개 그중 2개가 긺

꽃받침조각은 5개

화관은 입술 모양, 겉면에 털이 있음

잎은 긴 난형 또는 긴 타원상 피침형 톱니가 약간 있거나 밋밋함

열매는 4개 분과, 꽃받침에 싸임

흰꿀풀

꽃이 흰색

0656 송장풀 *Leonurus macranthus*

- 마주나기, 홑잎, 양성화, 위쪽 잎겨드랑이에 층층이 모여 핌
- 산기슭이나 들에서 자라며 8~9월에 꽃 피는 여러해살이풀
- 익모초보다 꽃이 크고 깊은 결각이 있는 잎이 달리기도 함

높이는 60~120cm, 곧게 섬

줄기는 네모짐
누운 털이 있음

화관은 입술 모양
겉면에
털이 있음

수술은 4개
그중 2개가 긺

꽃이 연한
홍자색인 것도 있음

줄기 위쪽 잎은
잎자루와 톱니가 없음

잎은 난형, 결각이 생기거나 톱니가 있음

꽃받침조각은 5개

열매는 4개 분과
꽃받침에 싸임

0657 익모초 *Leonurus japonicus*

- 마주나기, 홑잎, 양성화, 위쪽 잎겨드랑이에 층층이 돌려 핌
- 들에서 자라며 7~9월에 꽃 피는 두해살이풀
- 송장풀보다 꽃이 작고 잎에 깊은 결각이 생김

높이는 30~150cm, 곧게 서고 가지가 많이 갈라짐

줄기잎은 깃꼴로 갈라짐

전체에 흰색 털이 있음

화관은 입술 모양
윗입술은
모자처럼 덮음
겉면에 털이
있음

수술은 4개
그중 2개가 긺

꽃이 흰색인 것도 있음

뿌리잎은 넓은 난형, 5~7갈래로 갈라짐
갈래조각은 다시 갈라짐

열매는 4개 분과
꽃받침에 싸임

0658 **박하** *Mentha arvensis* var. *piperascens*

- 마주나기, 홑잎, 양성화, 위쪽 잎겨드랑이에 층층이 돌려 핌
- 습기 있는 들에서 자라며 7~10월에 꽃 피는 한해살이풀
- 꽃이 잎겨드랑이에 층층이 빽빽하게 돌려 피고 양면에 기름점이 있음
- ＊ 전체에서 특유한 박하향이 진하게 남

꽃이 층층이 돌려서 핌

높이는 50~100cm
곧게 서고 가지가 갈라짐

줄기는
네모짐
전체에 짧은
털이 있음

화관은 4갈래로 갈라짐　　수술은 4개

잎은 긴 타원형, 끝이 뾰족함
날카로운 톱니가 있음

양면에 박하향이 나는
기름점이 있음

열매는 4개 분과
분과는 타원형, 꽃받침에 싸임

0659 **석잠풀** *Stachys riederi* var. *japonica*

- 마주나기, 홑잎, 양성화, 위쪽 잎겨드랑이에 층층이 돌려 핌
- 산기슭이나 습기 있는 들에서 자라며 6~8월에 꽃 피는 여러해살이풀
- 잎자루가 있고 마디 외에는 털이 없음
- ✱ 지역에 따라 줄기 능선에 가시 같은 털이 나타나기도 함

높이는 40~80cm
곧게 서고 가지가 갈라짐

줄기는
네모지고
마디 외에는
털이 없음

지역에 따라
능선에 털이
있기도 함

꽃받침은
5갈래로 갈라짐
샘털이 있음

화관은 입술 모양
아랫입술에 무늬가 있음

꽃이 짙은 홍자색인 것도 있음

잎은 피침형 또는
긴 타원상 피침형
톱니가 있음

열매는 4개 분과
흑갈색으로 익음. 꽃받침에 싸임

0660 광대수염 *Lamium album* subsp. *barbatum* / **왜광대수염** *L. album* / **섬광대수염** *L. takeshimense*

- 마주나기, 홑잎, 양성화, 위쪽 잎겨드랑이에 층층이 핌
- 산과 들 습기 있는 곳에서 자라며 4~6월에 꽃 피는 여러해살이풀
- 줄기에 털이 약간 있거나 거의 없으며 잎밑이 얕은 심장형

* 왜광대수염은 줄기에 털이 많음. 섬광대수염은 잎밑이 원형

높이는 30~60cm
여러 대가 나고 곧게 섬

잎은 난형
잎밑은 심장형

줄기는
털이 거의 없거나
약간 있음

화관은 입술 모양
윗입술은 모자처럼 덮음

수술은 4개
그중 2개가 긺

꽃받침조각은 5개

열매는 4개 분과, 꽃받침에 싸임

왜광대수염

잎이 긴 난형이고
전체에 털이 많음

울릉도에서
자라고
잎밑이 원형에
가까움

섬광대수염

0661 광대나물 *Lamium amplexicaule*

- 마주나기, 홑잎, 양성화, 잎겨드랑이에 층층이 핌
- 양지바른 풀밭이나 길가에서 자라며 3~5월에 꽃 피는 한두해살이풀
- 잎이 반원형이고 2개가 밑부분이 붙어 줄기를 완전히 둘러쌈

높이는 10~30cm, 여러 대가 모여 나고
곧게 서거나 비스듬히 눕기도 함

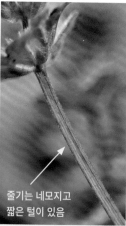

줄기는 네모지고
짧은 털이 있음

화관은 끝이 입술 모양, 겉면에 털이 있음

아랫입술은 3갈래로
갈라지고 홍자색
반점이 있음

아랫입술에 홍자색 반점이 없기도 함

잎은 난상 심장형
굵은 톱니가 있음

밑부분이 붙어
줄기를
완전히 둘러쌈

열매는 4개 분과, 꽃받침에 싸임

꽃받침조각은
5개
잔털이 밀생

줄기잎은 잎자루 없이
줄기를 감쌈

0662 자주광대나물 *Lamium purpureum*

- 마주나기, 홑잎, 양성화, 잎겨드랑이와 가지 끝에 층층이 핌
- 충청 이남 들이나 길가에서 자라며 4~5월에 꽃 피는 한두해살이풀. 유럽 원산 외래식물
- 광대나물과 달리 잎이 자줏빛을 띠고 넓은 난형

높이는 10~25cm, 비스듬히 누워서 가지가 갈라짐

줄기는 네모짐

화관은 입술 모양
겉면은 털로 덮임

아랫입술에 홍자색
무늬가 있음

잎은 넓은 난형

둥근 톱니가 있음

양면에 털이 있음

흔히 군락을 이뤄 자람

0663 **흰꽃광대나물** *Lagopsis supina*

- 마주나기, 홑잎, 양성화, 위쪽 잎겨드랑이에 층층이 핌
- 서울과 경북 안동 들이나 밭에서 자라며 5~7월에 꽃 피는 여러해살이풀
- 익모초와 달리 키가 크지 않고 잎이 3~5갈래로 갈라지며 개화기가 빠름

높이는 20~50cm
아래쪽에서 가지가 많이 갈라져 곧게 섬

줄기는 네모짐
아래로 굽은 털이 많음

윗입술은 길쭉함
안쪽에 자주색
무늬가 있음

화관은 흰색
입술 모양

아랫입술은 3~4갈래로 갈라짐
안쪽에 털이 있음

갈래조각은 긴 타원형
샘점이 있고 털이 있음

잎은 원형 또는 난상 손 모양
3~5갈래로 갈라짐

한강변에서 무리 지어
자라는 모습

꽃받침조각은 5개, 겉면에 털이 있음

열매는 4개 분과, 꽃받침에 싸임

0664 배암차즈기 *Salvia plebeia*

- 마주나기, 홑잎, 양성화, 총상꽃차례
- 도랑이나 논밭에서 자라며 5~7월에 꽃 피는 두해살이풀
- 둥근배암차즈기와 달리 두해살이풀이고 잎에 주름이 있으며 홑잎

높이는 30~70cm, 곧게 섬

줄기는 네모짐 아래를 향한 잔털이 밀생

수술은 4개 그중 2개가 긺

화관은 입술 모양, 겉면에 털이 있음

꽃받침에 털과 샘털이 있음

포엽은 피침형, 털이 있음

잎은 긴 타원형 또는 넓은 피침형

주름이 많고 톱니가 있음

열매는 4개 분과 꽃받침에 싸임

0665 참배암차즈기 *Salvia chanryoenica*

- 마주나기, 홑잎, 양성화, 줄기 끝 마디마다 2~6개씩 층층이 핌
- 고지대 풀밭이나 바위틈에서 자라며 7~9월에 꽃 피는 여러해살이풀
- 둥근배암차즈기와 달리 잎이 넓은 타원형이고 홑잎만 달리며 꽃이 노란색

높이는 40~50cm, 곧게 서고 가지가 갈라지지 않음

전체에 털이 많음

화관은 노란색, 입술 모양 2갈래로 깊게 갈라짐 겉면에 털이 있음

암술은 길게 나오고 끝이 2갈래로 갈라짐

꽃받침은 2갈래로 갈라짐

수술은 2개

화관 안쪽에 흑자색 무늬가 많이 나타나기도 함

잎은 타원형 또는 난상 넓은 타원형 둔한 톱니가 있음

잎밑은 심장형

열매는 4개 분과 꽃받침에 싸임

0666 **둥근배암차즈기** *Salvia japonica*

- 마주나기, 홑잎 또는 3출엽 또는 깃꼴겹잎, 양성화, 줄기 끝에 층층이 핌
- 전남과 경남 산지 풀밭에서 자라며 6~8월에 꽃 피는 여러해살이풀
- 참배암차즈기와 달리 잎이 3출엽 또는 겹잎으로 달리기도 하며 꽃이 연한 보라색

화관은 입술 모양
털과 샘털이 있음

수술은 4개
그중 2개는 헛수술

줄기 위쪽
마디에 꽃이
층층이 달림

잎자루와
뒷면 맥 위에
긴 털이 있음

줄기 위쪽은
둥근 난형
홑잎이 달림

꽃받침은 끝이 얕게 갈라짐. 샘털이 있음

줄기는 네모짐
잔털이 많음

줄기 아래쪽은
깃꼴겹잎처럼 보이는
3출엽 또는 1~2외
깃꼴겹잎이 달림

작은잎은
넓은 난형
톱니가 있음

열매는 4개 분과
꽃받침에 싸임

0667 물꼬리풀 *Pogostemon stellatus*

- 돌려나기, 홑잎, 양성화, 수상꽃차례
- 남부지방 습지에서 자라며 8~10월에 꽃 피는 한해살이풀
- 전주물꼬리풀과 달리 꽃이 매우 작고 잎이 3~6개씩 달림
- ✳ 한해살이풀이고 줄기 밑부분이 옆으로 자라면서 뿌리를 내리는 점도 다름

높이는 10~50cm
밑부분이 옆으로 자람
위쪽에서 가지가 갈라짐

줄기 마디
부분에
털이 있음

꽃은 매우 작음
화관은 입술 모양

수술은 4개
화관 밖으로 나옴

암술대는 끝이
2갈래로 갈라짐

잎은 선형
3~5개씩 돌려남
톱니가 있고 털은 없음

줄기 밑부분이 옆으로
자라면서 뿌리를 내림

열매는
4개 분과
분과는 난형
꽃받침에
싸임

0668 전주물꼬리풀 *Pogostemon yatabeanus*

- 돌려나기, 홑잎, 양성화, 수상꽃차례
- 전북 전주와 제주도 습지에서 드물게 자라며 9~10월에 꽃 피는 여러해살이풀
- 물꼬리풀보다 꽃이 큰 편이고 잎이 3~4개씩 달림
- *여러해살이풀이고 땅속으로 길게 벋는 뿌리줄기가 있는 점도 다름*

높이는 30~50cm
곧게 섬
가지가 거의
갈라지지 않음

줄기 마디에
털이 있음

화관은
입술 모양
4갈래로
갈라짐

수술은 4개
화관 밖으로 나옴
수술대 아래쪽에
퍼진 털이 밀생

잎은 선형
3~4개씩 돌려남
희미한 톱니가 있음

땅속에 가늘고 길게 벋는
뿌리줄기가 있어
흔히 군락을 이룸

열매는 4개 분과
꽃받침에 싸임

0669 들깨풀 *Mosla scabra*

- 마주나기, 홑잎, 양성화, 총상꽃차례
- 들에서 자라며 8~9월에 꽃 피는 한해살이풀
- 쥐깨풀과 달리 줄기에 가는 털이 많으며 잎이 난형이고 톱니가 많음

높이는 20~60cm
곧게 서고 가지가 갈라짐

줄기는
네모짐
전체에 가는
털이 있음

수술은 4개
그중 2개가 긺

화관은 입술 모양
위쪽은 2갈래로 아래쪽은
3갈래로 갈라짐

꽃받침은 위쪽이 3갈래
아래쪽이 2갈래로 갈라짐

포엽은 피침형

잎은 난형 또는 긴 난형
얕은 톱니가 많이 있음

열매는 4개 분과
꽃받침에 싸임

0670 **쥐깨풀** *Mosla dianthera*

- 마주나기, 홑잎, 양성화, 총상꽃차례
- 들에서 자라며 7~9월에 꽃 피는 한해살이풀
- 들깨풀과 달리 줄기에 털이 거의 없으며 잎이 사각상 난형이고 톱니가 적음

높이는 20~60cm
곧게 서고 가지가 갈라짐

줄기는 네모짐
털이 거의 없거나
짧은 털이 약간 있음

수술은 4개
그중 2개가 긺

화관은 입술 모양
윗입술은 2갈래로
아랫입술은 3갈래로 갈라짐

포엽은 피침형

꽃받침은 위쪽이 3갈래
아래쪽이 2갈래로 갈라짐

잎은 난형 또는 사각상 난형
얕은 톱니가 몇 쌍 있음

열매는 4개 분과
꽃받침에 싸임

0671 **산들깨** *Mosla japonica*

- 마주나기, 홑잎, 양성화, 총상꽃차례
- 경기도 및 남부지방 산과 들에서 자라며 7~8월에 꽃 피는 한해살이풀
- 쥐깨풀과 달리 포엽이 난형으로 넓고 줄기에 흰색 털이 많음

높이는 10~40cm
곧게 서고
가지가 갈라짐

포엽은
잎 모양
넓은 난형

줄기는 네모짐
흰색 털이 많음

수술은 4개
그중 2개가 깂

화관은 거의 4갈래로 갈라짐
겉면에 털이 있음

잎은 난형 또는 좁은 난형
몇 개 톱니가 있음

줄기 털이 길고
밀생하는 것도 있음

꽃받침조각은 5개

열매는 4개 분과
꽃받침에 싸임

0672 **가는잎산들깨** *Mosla chinensis*

- 마주나기, 홑잎, 양성화, 총상꽃차례
- 산지 습기 있는 곳에서 자라며 7~8월에 꽃 피는 한해살이풀
- 산들깨와 달리 꽃차례가 짧고 잎이 매우 가늘며 줄기에 잔털이 듬성듬성 있음

높이는 7~30cm, 곧게 서고 가지가 갈라짐

꽃은 짧은
총상꽃차례에 달림

줄기는 가늘고
능선이 둔한 편
잔털이
듬성듬성 있음

꽃받침조각은 5개,
털이 있음

수술은 4개
그중 2개가 긺

화관은 거의
4갈래로 갈라짐
겉면에 털이 있음

포엽은 난형 또는 넓은 난형
꽃받침보다 약간 길고 뾰족함

잎은 넓은 선형 또는 피침형
희미한 톱니가 있음

열매는 4개 분과
꽃받침에 싸임

0673 **섬쥐깨풀** *Mosla japonica* f. *thymolifera*

- 마주나기, 홑잎, 양성화, 총상꽃차례
- 제주도, 추자도, 부산의 산과 들에서 자라며 8~10월에 꽃 피는 한해살이풀
- 쥐깨풀과 달리 줄기와 잎에 퍼진 털이 있고 꽃이 흰색

* *키가 매우 작은 편*

높이는 15~30cm, 곧게 서고 가지가 갈라짐

꽃이 촘촘히 모여 핌

줄기는 네모짐
옆으로 퍼진 흰색 털이 있음

수술은 4개
그중 2개가 긺

화관은 4갈래로 갈라짐. 겉면에 털이 있음

꽃받침조각은 5개, 털이 있음

잎은 넓은 난형 또는 타원형, 둔한 톱니가 있음

양면에 샘점과 털이 있음

분과는 표면이 울퉁불퉁함

열매는 4개 분과, 꽃받침에 싸임

0674 쉽싸리 *Lycopus lucidus*

- 십자마주나기, 홑잎, 장주화와 단주화, 위쪽 잎겨드랑이에 층층이 핌
- 습기 있는 곳에서 자라며 7~10월에 꽃 피는 여러해살이풀
- 애기쉽싸리보다 대체로 크고 줄기가 굵으며 잎이 넓음

높이는 80~120cm, 곧게 서고 가지가 갈라지지 않음

줄기가 굵은 편

네모짐

마디에 털이 있음

장주화는 암술이 길게 나옴

화관은 입술 모양 5갈래로 갈라짐

단주화는 수술 2개가 길게 나옴

잎은 넓은 피침형, 양면에 털은 거의 없음

잎자루는 거의 없음

규칙적인 톱니가 있음

열매는 4개 분과, 꽃받침에 싸임

0675 애기쉽싸리 *Lycopus maackianus*

- 십자마주나기, 홑잎, 장주화와 단주화, 위쪽 잎겨드랑이에 층층이 핌
- 습지 주변에서 자라며 7~9월에 꽃 피는 여러해살이풀
- 쉽싸리보다 대체로 작고 줄기가 가늘며 잎이 좁음

높이는 30~70cm, 곧게 섬

줄기가 가는 편

마디에만 흰색 털이 있음

네모짐

장주화는 암술대가 길게 나옴

화관은 4~5갈래로 갈라짐

단주화는 수술 2개가 길게 나옴

잎은 피침형, 날카로운 톱니가 있음

잎자루는 없음

꽃받침조각은 5개

열매는 4개 분과, 꽃받침에 싸임

0676 개쉽싸리 *Lycopus coreanus*

- 십자마주나기, 홑잎, 양성화, 위쪽 잎겨드랑이에 층층이 핌
- 습지 주변에서 자라며 7~9월에 꽃 피는 여러해살이풀
- 쉽싸리보다 대체로 작고 잎이 넓은 편이며 톱니가 적음

높이는 10~80cm
곧게 서지만 아래쪽에서는
약간 누움

줄기는
네모짐

마디에
털이 있음

수술은 2개   암술대는 1개

화관은 대개 4갈래로 갈라짐

화관이 5갈래로 갈라지기도 함

잎은 마름모 모양 좁은
난형 또는 피침형
톱니가 몇 쌍 있음

꽃받침조각은 5개

열매는 4개 분과
꽃받침에 싸임

0677 **층층이꽃** *Clinopodium chinense* var. *parviflorum*

- 마주나기, 홑잎, 양성화, 위쪽 잎겨드랑이에 층층이 핌
- 산과 들 양지바른 풀밭에서 자라며 6~8월에 꽃 피는 여러해살이풀
- 꽃받침에 털만 있고 샘털이 없으며 포엽이 선형으로 긺

높이는 30~60cm
옆으로 자라다가 곧게 섬

줄기는
네모짐
전체에
잔털이 있음

수술은 4개
그중 2개가 긺

암술은 1개

화관은 입술 모양, 위쪽은 2갈래로 아래쪽은
3갈래로 갈라지고 안쪽에 털이 있음

꽃받침은 통 모양
끝이 5갈래로 갈라짐
털이 있음

포엽은 선형
긴 털이 있음

잎은 난형 또는 난상 타원형,
톱니와 털이 있음

열매는 4개 분과, 꽃받침에 싸임

0678 애기탑꽃 *Clinopodium gracile*

- 마주나기, 홑잎, 양성화, 위쪽 잎겨드랑이에 층층이 핌
- 산지 숲 속이나 들에서 자라며 7~8월에 꽃 피는 여러해살이풀
- 꽃과 잎이 작고 꽃이 연한 홍자색이며 줄기가 연약함

높이는 15~30cm
여러 대가 남. 곧게 섬
가지가 갈라짐

꽃이 작고
연한 홍자색

줄기가 연약함

줄기는
네모지며
잔털이
있음

수술은 4개
그중 2개가 긺

암술은 1개

화관은 입술 모양
윗입술은 2갈래로 아랫입술은
5갈래로 갈라지고 안쪽에 털이 있음

꽃받침은 끝이 5갈래로 갈라짐
털이 있음

포엽은 선형

잎은 난형, 톱니와 털이 있음

열매는 4개 분과, 꽃받침에 싸임

0679 향유 *Elsholtzia ciliata* / **가는잎향유** *Elsholtzia angustifolia*

- 마주나기, 홑잎, 양성화, 수상꽃차례
- 산과 들 풀밭에서 자라며 8~10월에 꽃 피는 한해살이풀
- 꽃향유보다 꽃이 매우 작고 꽃차례가 가늘며 색이 연함

＊ 가는잎향유는 잎이 매우 가는 선형(향유보다 꽃향유와 비슷함)

높이는 30~60cm
곧게 서고 가지가 갈라짐

꽃이 매우 작고
색이 연함

전체에
부드러운
털이 있음

줄기는
네모짐

포엽은
둥근 난형
끝이 뾰족함

화관은 입술 모양
겉면에 털이 있음

수술은 4개
그중 2개가 긺
암술은 1개

꽃받침조각은 5개

열매는 4개 분과
꽃받침에 싸임

잎자루 위쪽에 날개가 있음

잎은 넓은 난형 또는 좁은 난형
톱니가 있음. 양면에 털이 있음

잎이 선형으로
매우 가느다람

가는잎향유

0680 꽃향유 *Elsholtzia splendens* / 한라꽃향유 *E. splendens* var. *hallasanensis*

- 마주나기, 홑잎, 양성화, 수상꽃차례
- 숲 가장자리나 산과 들 풀밭에서 자라며 9~10월에 꽃 피는 한해살이풀
- 향유보다 꽃이 크고 꽃차례가 두툼하며 꽃 색이 짙음

* 한라꽃향유는 꽃향유와 같은 것으로 보는 추세

높이는 30~60cm, 곧게 서고 가지가 갈라짐

꽃차례가 두툼하고
색이 짙음

줄기는
네모짐.
잔털이 있음

수술은 4개, 그중 2개가 긺

꽃받침조각은
5개

화관은 입술 모양,
겉면에 털이 있음

포엽은 신장형
가장자리에 털이 있음
끝이 뾰족함

잎은 난형 또는 좁은 난형
톱니가 있음. 뒷면에 샘점이 있음

꽃이 흰색인
것도 있음

한라꽃향유

줄기가 바닥을
기기도 하며
꽃향유와 같은 것으로
보는 추세

0681 **애기향유** *Elsholtzia serotina* / **좀향유** *E. minima*

- 마주나기, 홑잎, 양성화, 수상꽃차례
- 중부지방 서해안과 북부지방에서 자라며 10월에 꽃 피는 한해살이풀
- 꽃향유보다 잎이 작고 가는 편

* 좀향유는 한라산 고지대에서 자라며 대체로 작고 잎이 두툼함

높이는 10~45cm, 곧게 서고 가지가 갈라짐

줄기는 네모짐
연한 털이 있음

화관은 입술
모양, 겉면에
털이 있음

포엽은
넓은 난형

수술은 4개
그중 2개가 긺

꽃받침조각은 5개

굵은 톱니가 있음
양면에 짧고 부드러운
털이 있음

잎은 난상 피침형 또는 긴 난형

꽃이 흰색인 것도 있음

좀향유

대체로 매우 작고
잎이 도톰함

0682 **변산향유** *Elsholtzia byeonsanensis*

- 마주나기, 홑잎, 양성화, 수상꽃차례
- 전북 변산과 전남 섬 바닷가에서 자라며 10~11월에 꽃 피는 한해살이풀
- 꽃향유와 달리 잎이 가죽질이고 포엽에 털이 없음

높이는 20~35cm, 곧게 서고 가지가 갈라짐

줄기에 굽은 털이 줄로 돋음

꽃받침조각은 5개

포엽은 난형 끝이 뾰족함 털이 없음

수술은 4개 그중 2개가 긺

화관은 입술 모양 겉면에 털이 없음

앞면에 털이 약간 있고 광택이 있음

잎은 난형 또는 넓은 난형 가죽질, 톱니가 있음

뒷면에 샘점이 있음

바위지대에서 가지가 많이 갈라져 자람

0683 **산박하** *Isodon inflexus*

- 마주나기, 홑잎, 양성화, 수상꽃차례처럼 달리는 취산꽃차례
- 산과 들 양지바른 풀밭에서 자라며 7~10월에 꽃 피는 여러해살이풀
- 방아풀과 달리 수술과 암술이 화관 밖으로 나오지 않고 잎이 삼각상 난형
- * 오리방풀과 달리 꽃받침조각이 넓고 짧게 뾰족하며 잎 끝이 짧게 뾰족함

높이는 40~120cm, 곧게 서고 가지가 갈라짐

취산꽃차례가 수상꽃차례처럼 달림

화관은 입술 모양 겉면에 털이 있음

꽃받침조각은 5개, 털이 있음

암술과 수술이 화관 밖으로 나오지 않음

수술은 4개 그중 2개가 김

줄기는 네모짐 능선을 따라 아래를 향한 털이 있음

잎은 삼각상 난형, 둔한 톱니가 있음

양면 맥 위에 털이 약간 있음

잎밑이 잎자루로 흘러 좁은 날개가 됨

꽃받침조각이 넓고 짧게 뾰족함

열매는 4개 분과 꽃받침에 싸임

0684 오리방풀 *Isodon excisus*

- 마주나기, 홑잎, 양성화, 수상꽃차례처럼 보이는 취산꽃차례
- 깊은 산 숲 속에서 자라며 7~9월에 꽃 피는 여러해살이풀
- 산박하와 달리 꽃받침조각이 뾰족하고 잎끝 가운데 갈래가 꼬리처럼 길쭉함

* 잎끝 갈래조각 모양은 변이가 매우 다양함

윗입술은 3갈래로 갈라짐

꽃받침조각은 5개, 퍼진 털이 있음

화관은 입술 모양 겉면에 털이 있음

수술은 4개, 그중 2개가 깁 화관 밖으로 나오지 않음

높이는 40~80cm 곧게 서고 가지가 갈라짐

꽃받침조각은 가늘고 뾰족함

줄기는 네모짐 능선을 따라 아래를 향한 털이 있음

톱니가 있음

잎밑이 잎자루로 흘러서 좁은 날개로 됨

잎은 난상 원형 끝이 3갈래로 갈라짐 가운데 갈래는 꼬리처럼 깁

잎 끝 갈래가 거북꼬리나 풀거북꼬리처럼 깊게 갈라지는 경우도 있음

열매는 4개 분과, 꽃받침에 싸임

0685 방아풀 *Isodon japonicus*

- 마주나기, 홑잎, 양성화, 취산꽃차례가 모여 원추꽃차례를 이룸
- 산기슭이나 들에서 자라며 8~9월에 꽃 피는 여러해살이풀
- 산박하와 달리 잎이 넓은 난형으로 크고 암술과 수술이 화관 밖으로 나옴

높이는 40~80cm
곧게 서고 가지가 갈라짐

줄기는 네모짐
능선을 따라
아래를 향한
털이 있음

꽃받침조각은 5개
털이 있음

화관은 입술 모양
겉면에 털이 있음

수술은 4개, 암술대는 끝이 2갈래로
갈라짐. 모두 화관 밖으로 길게 나옴

취산꽃차례가 모여
전체가 원추꽃차례를 이룸

잎밑은 흘러서 좁은
잎자루로 됨

잎은 넓은 난형 또는 긴 타원형
가장자리에 톱니가 있음

열매는 4개 분과
꽃받침에 싸임

0686 **속단** *Phlomis umbrosa*

- 마주나기, 홑잎, 양성화, 층층이 피어 원추꽃차례를 이룸
- 산지에서 자라며 7~8월에 꽃 피는 여러해살이풀
- 송장풀과 달리 잎이 심장상 난형이고 가지가 갈라짐
* 꽃받침에 날개 같은 능선이 있는 점도 특징

높이는 80~150cm, 곧게 서고 가지가 갈라짐

줄기는 네모짐
전체에 잔털이 있음

꽃받침은
끝이
5갈래로
얕게 갈라짐

화관은 입술 모양
겉면에 털이 밀생
윗입술은 모자처럼 덮임

줄기잎은 심장상 난형
둔한 톱니가 있음

뿌리잎은 넓은 난형, 잎자루가 긺

새싹

날개 같은 능선이 있는
꽃받침

열매는 4개 분과
꽃받침에 싸임

포엽은 피침형

0687 미치광이풀 *Scopolia parviflora*

- 어긋나기, 홑잎, 양성화, 잎겨드랑이에서 나온 꽃대에 1개씩 핌
- 제주도 제외 지역 산지 숲 속에서 자라며 4~5월에 꽃 피는 여러해살이풀
- 독성이 강한 뿌리줄기가 있고 꽃이 아래를 향해 피며 화관이 종 모양

잎은 난형 또는 난상 타원형

높이는 20~60cm
곧게 서고 가지가 갈라짐

꽃받침조각은 5개

꽃은 아래를 향해서 달림

줄기에 털은 없음

화관은 종 모양, 흑자색
5갈래로 얕게 갈라짐

수술은 5개

암술은 1개

새순은 흑자색으로 돋음

굵은 뿌리줄기가 있음

열매는 구형 삭과, 꽃받침에 싸임.
익으면 가로로 열림

꽃받침조각 길이는 개체에
따라 일정하거나 일정치 않음

꽃이 노란색인 것도 있음

0688 배풍등 *Solanum lyratum* / 좁은잎배풍등 *S. japonense*

- 어긋나기, 홑잎, 양성화, 차상으로 갈라진 꽃대에 듬성듬성 핌
- 산과 들 양지바른 곳에서 자라며 8~9월에 꽃 피는 덩굴성 나무
- 화관이 완전히 뒤로 젖혀지고 잎에 1~2쌍 결각이 생김. 나무로 다뤄야 함

* 좁은잎배풍등은 잎이 난상 피침형으로 좁고 꽃이 보라색. 나무로 다뤄야 함

길이는 50~200cm, 덩굴처럼 자람

꽃차례는 차상으로 갈라짐

잎 모양 변이가 다양함

가죽 같은(목본성) 줄기

새로 돋은 가지

화관은 흰색 5갈래로 깊게 갈라져 뒤로 젖혀짐

안쪽에 초록색 무늬가 있음

암술대는 수술보다 김

수술은 5개 암술 주위에 모아짐

앞면과 뒷면 맥 위에 털이 있음

잎은 난형 또는 긴 타원형 1~2쌍 결각이 생기기도 함

열매는 구형 장과 녹색에서 붉은색으로 익음. 맛은 몹시 씀

좁은잎배풍등

잎이 난상 피침형으로 좁고 꽃이 보라색 나무로 봐야 함

0689 까마중 *Solanum nigrum*

- 어긋나기, 홑잎, 양성화, 산형꽃차례
- 길가나 빈터에서 자라며 6~10월에 꽃 피는 한해살이풀
- 도깨비가지와 달리 가시가 없고 꽃이 작으며 잎 톱니가 미약함

＊ 열매가 검은색으로 익는 점도 다름

높이는 20~60cm
곧게 서고 가지가 갈라짐

줄기는 둥근
편이고 털이
약간 있음

화관은 수평으로
퍼지거나 뒤로
젖혀짐

화관은 5갈래로
깊게 갈라짐

꽃받침은 5갈래로
얕게 갈라짐

수술은 5개
암술 주위로
모아짐

암술대는 수술보다 약간 긺

잎은 난형
밋밋하거나 물결 모양
톱니가 있기도 함

열매는 구형 장과
검은색으로 익음

0690 도깨비가지 *Solanum carolinense*

- 어긋나기, 홑잎, 양성화, 총상꽃차례
- 양지바른 곳에서 자라며 5~9월에 꽃 피는 여러해살이풀. 북미 원산 외래식물
- 까마중과 달리 전체에 가시가 있고 꽃이 크며 잎이 결각상으로 갈라짐

* 열매가 노란색으로 익는 점도 다름

높이는 40~70cm, 곧게 서고 가지가 갈라짐

어린 열매

전체에 별 모양 털과 가시가 있음

화관은 5갈래로 갈라져 수평으로 퍼짐 → 암술은 1개 수술보다 약간 깊

수술은 5개 암술 주위에 헐겁게 모아짐

꽃받침조각은 5개

잎자루나 잎 뒷면 맥 위에 가시가 달림

잎은 긴 타원형, 결각상으로 갈라짐

열매는 구형 장과 녹색에서 노란색으로 익음

0691 꽈리 *Physalis alkekengi* / 페루꽈리 *Nicandra physalodes*

- 어긋나기, 홑잎, 양성화, 잎 사이에서 1개씩 핌
- 재배하거나 산지 숲 속에서 자라며 5~9월에 꽃 피는 여러해살이풀
- 땅꽈리와 달리 땅속줄기가 있고 꽃이 크며 열매가 붉은색으로 익음

* 남미 원산 외래식물인 페루꽈리는 재배하던 것이 야생화함

높이는 40~90cm, 곧게 서고 가지가 갈라짐

전체에 짧은 털이 있음

안쪽에 녹색 무늬가 있음

암술대는 수술보다 긺

화관은 흰색, 5각형, 지름은 1.5~2cm

수술은 5개 암술대 주위에 모임

잎은 넓은 난형, 불규칙한 톱니가 있음

열매는 구형 장과, 붉은색 둥글게 부푼 꽃받침에 싸임

페루꽈리

꽃이 연한 하늘색 꽃받침조각 밑부분에 돌기가 있음

0692 **땅꽈리** *Physalis pubescens* / **노란꽃땅꽈리** *P. angulata*

- 어긋나기, 홑잎, 양성화, 잎겨드랑이에 1개씩 핌
- 길가나 빈터에서 자라며 6~9월에 꽃 피는 한해살이풀. 열대 아메리카 원산 외래식물
- 노란꽃땅꽈리와 달리 잎 톱니가 작고 화관 안쪽 무늬가 진한 흑자색
- ＊ 열대아메리카 원산 노란꽃땅꽈리는 꽃 색이 연하고 화관 안쪽 무늬도 옅은 색

높이는 30~40cm, 곧게 서거나 비스듬히 자람
가지가 위쪽에서 많이 갈라짐

줄기에 날개 같은
능선이 있음
털은 거의 없음

안쪽에 흑갈색 무늬가 있음

암술은
수술보다
약간 긺

수술은 5개
암술 주위에
모아짐

화관은 노란색, 오각형
짧은 털이 있음

잎은 난형 또는 타원형
밋밋하거나 굵은 톱니가 있음

열매는 구형 장과
둥글게 부푼 꽃받침에 싸임

잎 톱니가 크고 날카로운 점도 특징

노란꽃땅꽈리

꽃이 연한 노란색
화관 안쪽 무늬가 옅은 색

0693 가시꽈리 *Physaliastrum echinatum*

- 어긋나기, 홑잎, 양성화, 잎겨드랑이에 1~3개씩 핌
- 산과 들 그늘진 곳에서 자라며 6~8월에 꽃 피는 여러해살이풀
- 열매가 철퇴 모양 꽃받침에 싸임

높이는 50~70cm, 곧게 서고 가지가 차상으로 갈라짐

줄기에 짧고 부드러운 털이 있음

수술은 5개, 암술 주위에 모아짐
암술은 1개

화관은 연한 황백색,
5갈래로 얕게 갈라짐. 겉면에 짧은 털이 있음.
안쪽에 초록색 무늬가 있음

잎은 난상 원형, 가장자리는 밋밋함

잎밑이
좁아지면서
잎자루로 됨

땅속에
뿌리줄기가 있음

열매는 구형 장과

가시 같은 돌기가 있는
꽃받침에 싸여 철퇴 모양

0694 **알꽈리** *Tubocapsicum anomalum*

- 어긋나기, 홑잎, 양성화, 잎겨드랑이에 1~5개씩 핌
- 산지 그늘에서 자라며 7~8월에 꽃 피는 여러해살이풀
- 꽃받침이 열매를 싸지 않고 수술이 서로 떨어져 있음

높이는 60~90cm, 곧게 서고 가지가 많이 갈라짐

줄기는 굵고 털은 거의 없음

화관은 연한 노란색, 종 모양
끝이 5갈래로 얕게 갈라짐. 뒤로 말림

수술은 5개 서로 떨어짐

암술은 1개

꽃자루는 길고 아래로 휘어짐

꽃받침은 술 잔 모양, 거의 갈라지지 않음

잎은 타원형 또는 긴 타원형 밋밋하거나 물결 모양 톱니가 있음

꽃받침이 열매를 감싸지 않음

열매는 구형 장과 붉은색으로 익음

0695 **독말풀** *Datura stramonium*

- 어긋나기, 홑잎, 양성화, 잎겨드랑이에 1개씩 핌
- 길가나 빈터에서 자라며 6~8월에 꽃 피는 한해살이풀. 열대 아메리카 원산 외래식물
- 줄기가 흔히 붉은 자줏빛을 띠고 꽃이 연한 보라색

높이는 50~150cm
곧게 서거나 비스듬히 자람

줄기가
흔히 붉은
자줏빛이 돎

화관은 연한 보라색
나팔 모양

수술은 5개

암술은 1개

끝이 얕게 5갈래로 갈라짐
갈래조각 끝이 꼬리처럼 깊

꽃받침은 5개 능선이 있음

잎은 긴 난형
불규칙한 톱니가 있음

익으면 4갈래로 갈라짐

열매는 난형 삭과
표면에 가시가 많음

씨는
검은색으로
익음

덜 익은 열매 씨

0696 **해란초** *Linaria japonica* / **좁은잎해란초** *L. vulgaris*

- 마주나기 또는 3개 이상 돌려나기, 홑잎, 양성화, 총상꽃차례
- 바닷가 모래땅에서 자라며 5~10월에 꽃 피는 여러해살이풀
- 대개 바닥을 기듯이 자라고 잎이 피침형 또는 타원형으로 넓음
- ※ 좁은잎해란초는 잎이 선상 피침형으로 가늘고 줄기에 어긋나거나 3개씩 돌려남

길이는 15~40cm, 대개 모래땅을 기듯이 자람

줄기에 털은 없음

드물게 곧게 서기도 함

윗입술은 곧게 서고 2갈래로 갈라짐

꽃받침조각은 5개

아랫입술은 3갈래로 갈라짐

화관은 입술 모양 끝이 꿀주머니로 됨

잎은 피침형 또는 타원형 약간 다육질, 희미한 3맥이 있음

잎자루는 없음

좁은잎해란초

잎이 선상 피침형으로 가늘고 3개씩 돌려남

0697 **섬현삼** *Scrophularia takesimensis*

- 마주나기, 홑잎, 양성화, 취산꽃차례로 피어 원추꽃차례를 이룸
- 울릉도 바닷가에서 자라며 7~11월에 꽃 피는 여러해살이풀
- 개현삼과 달리 줄기 날개가 거의 발달하지 않고 식물체가 큼

높이는 80~160cm, 곧게 섬

줄기는 네모짐.
능선에 날개가
거의 없음

화관은 입술 모양
윗입술은 2갈래로 아랫입술은
3갈래로 갈라짐
암술은 1개
수술은 4개
그중 2개는 헛수술
꽃받침조각은 5개, 삼각상 난형

꽃대 축과 꽃자루에
샘털이 있음

잎은 난형 또는 넓은 난형
둔한 톱니가 있음
양면에 털이 없음

열매는 넓은 난형 삭과

0698 개현삼 *Scrophularia alata*

- 마주나기, 홑잎, 양성화, 취산꽃차례로 피어 원추꽃차례를 이룸
- 강원 이북 바닷가 산지에서 자라며 6~7월에 꽃 피는 여러해살이풀
- 섬개현삼과 달리 줄기 날개가 확실하게 발달하고 식물체가 작음

높이는 50~100cm, 곧게 섬

줄기는 네모짐. 능선에 날개가 확실히 있음

화관은 입술 모양
윗입술은 2갈래로
아랫입술은 3갈래로 갈라짐

수술은 4개 그중 2개는 헛수술

암술은 1개

꽃받침조각은 5개, 삼각상 난형

꽃대 축과 꽃자루에 샘털이 있음

잎은 난형 또는 넓은 난형
뾰족한 톱니가 있음

열매는 넓은 난형 삭과

0699 큰개현삼 *Scrophularia kakudensis*

- 마주나기, 홑잎, 양성화, 취산꽃차례로 피어 원추꽃차례를 이룸
- 높은 산 숲 속에서 자라며 7~9월에 꽃 피는 여러해살이풀
- 토현삼과 달리 꽃받침조각이 삼각상 난형으로 넓고 끝이 둔함

높이는 60~150cm
곧게 서고 가지가 갈라짐

줄기는
네모짐

화관은 입술 모양
윗입술은 2갈래로 아랫입술은
3갈래로 갈라짐

수술은 4개
그중 2개는 헛수술

암술은 1개

꽃대 축과 꽃자루에
샘털이 있음

꽃받침조각은 5개
삼각상 난형

양면에
털이 있음

잎은 긴 난형 또는 좁은 난형
불규칙한 톱니가 있음

열매는 넓은 난형 삭과

0700 **토현삼** *Scrophularia koraiensis*

- 마주나기, 홑잎, 양성화, 취산꽃차례로 피어 원추꽃차례를 이룸
- 강원도 높은 산 숲 속에서 자라며 8~9월에 꽃 피는 여러해살이풀
- 큰개현삼과 달리 꽃받침조각이 삼각상 피침형으로 길고 뾰족함

높이는 75~140cm, 곧게 서고 가지가 갈라짐

줄기는 네모짐

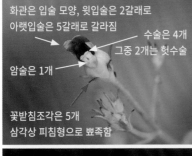

화관은 입술 모양, 윗입술은 2갈래로 아랫입술은 5갈래로 갈라짐

수술은 4개 그중 2개는 헛수술

암술은 1개

꽃받침조각은 5개 삼각상 피침형으로 뾰족함

꽃대 축과 꽃자루에 샘털이 있음

양면에 털이 있음

잎은 난형 또는 긴 난형 둔한 톱니가 있음

열매는 넓은 난형 삭과

0701 물꽈리아재비 *Erythranthe nepalensis* / 애기물꽈리아재비 *E. tenellus*

- 마주나기, 홑잎, 양성화, 위쪽 잎겨드랑이에 1개씩 핌
- 물가 또는 습기 많은 곳에서 자라며 7~8월에 꽃 피는 여러해살이풀
- 꽃자루가 잎보다 길고 잎에 톱니가 적음
- ＊ 애기물꽈리아재비는 꽃자루가 잎보다 짧고 잎에 톱니가 많음

높이는 10~30cm, 곧게 서거나 비스듬히 자람. 가지가 갈라짐

줄기는 네모짐
털은 없음

꽃받침은 5개 능선에 좁은 날개가 있음

수술은 4개

화관은 끝이 입술 모양 5갈래로 갈라짐

꽃자루는 잎보다 긺

잎은 난형 또는 타원형 톱니가 몇 쌍 있음

열매는 긴 타원형 삭과

애기물꽈리아재비

꽃자루가 잎보다 짧고 잎에 톱니가 많음

0702 구와말 *Limnophila sessiliflora* / 민구와말 *L. trichophylla*

- 돌려나기, 홑잎, 양성화, 잎겨드랑이에 1개씩 핌
- 논이나 냇가 습지에서 자라며 8~9월에 꽃 피는 여러해살이풀
- 줄기와 꽃받침에 털이 있고 열매자루가 거의 없음
- * 민구와말은 줄기와 꽃받침에 털이 없고 열매자루가 길어짐

높이는 10~20cm
땅 위를 기듯이 자람

줄기에
잔털이 있음

화관은 통 모양, 5갈래로 갈라짐

수술은 4개
그중 2개가 긺

화관 안쪽에
털이 있음

잎은 깃꼴로 갈라짐
갈래조각은 실처럼 가느다람

꽃받침조각은 5개
털이 있음

열매는 난상
타원형 삭과
꽃받침에 싸임

민구와말

줄기와 꽃받침에
털이 없음

0703 주름잎 *Mazus pumilus*

- 마주나기 또는 어긋나기, 홑잎, 양성화, 총상꽃차례
- 습기 있는 밭이나 빈터에서 자라며 4~10월에 꽃 피는 한해살이풀
- 잎자루와 꽃받침에 샘털이 있고 잎에 물결 모양 톱니가 있음

높이는 5~20cm, 곧게 서는 편

꽃받침과 꽃자루에 샘털이 밀생

줄기에 털이 있음

화관은 입술 모양

꽃받침은 중간까지 5갈래로 갈라짐

수술은 4개 그중 2개가 긺

아랫입술은 3갈래로 갈라짐 안쪽에 샘털과 노란색 반점이 있음

꽃이 흰색인 것도 있음

잎은 도란형 또는 주걱형 물결 모양 둔한 톱니가 있음

잎밑은 잎자루로 흐르고 샘털이 있음

납작한 구형 삭과, 꽃받침에 싸임

0704 **외풀** *Lindernia crustacea* / **미국외풀** *L. dubia*

- 마주나기, 홑잎, 양성화, 잎겨드랑이에서 나온 꽃대에 1개씩 핌
- 남부지방 논밭이나 들에서 자라며 7~10월에 꽃 피는 한해살이풀
- 꽃받침에 능선이 있고 끝이 얕게 갈라지며 잎이 난형
- * 북미 원산 외래식물인 미국외풀은 꽃이 잎보다 짧고 잎에 톱니가 있음

줄기는 모가 짐. 잔털이 있음

미국외풀

꽃은 잎보다 짧음

줄기는 네모짐

외풀 높이는 7~15cm
아래쪽에서 가지가 갈라져 사방으로 퍼짐

높이는 10~30cm
곧게 서고
아래쪽에서 가지가 갈라짐

외풀은 잎이 넓은 난형
둔한 톱니가 있음

미국외풀

잎이 긴 타원형
2~3쌍
톱니가 있음

3~5개 맥이 있음

외풀 열매는 긴 타원형 삭과, 꽃받침에 싸임

미국외풀

열매는 좁은 난형 삭과
잎보다 짧음

꽃받침은 5개 능선이 있음

꽃받침조각은 5개
선형 또는 침형

747

0705 논뚝외풀 *Lindernia micrantha* / **밭뚝외풀** *L. procumbens*

- 마주나기, 홑잎, 양성화, 잎겨드랑이에서 나온 꽃대에 1개씩 핌
- 논밭이나 습기 있는 곳에서 자라며 8~9월에 꽃 피는 한해살이풀
- 잎에 톱니가 있고 열매가 선형으로 긺

* 밭뚝외풀은 잎에 톱니가 거의 없고 열매가 타원형으로 짧음

밭뚝외풀

꽃은 잎보다 긺

줄기에 털은 없음

논뚝외풀 높이는 8~25cm
곧게 서고 아래쪽에서 가지가 갈라짐

줄기에 털은 없음

꽃은 잎보다 긺

높이는 5~20cm
곧게 서고 가지가 갈라짐

논뚝외풀 잎은 긴 타원상 피침형
편평한 톱니가 있음

잎은 긴 타원상 피침형 가장자리는 밋밋한 편

밭뚝외풀

밭뚝외풀

열매는 타원형 짧은 삭과

논뚝외풀 열매는 긴 선형 삭과

0706 **진땅고추풀** *Deinostema violacea* / **등에풀** *Dopatrium junceum*

- 마주나기, 홑잎, 양성화, 잎겨드랑이에서 나온 꽃대에 1개씩 핌
- 습지에서 자라며 8~10월에 꽃 피는 한해살이풀
- 줄기 아래쪽 잎과 위쪽 잎이 선상 피침형으로 거의 비슷하고 열매가 긴 타원형

* 등에풀은 위쪽으로 갈수록 잎이 작아져 비늘조각 모양이 되고 열매가 난형

진땅고추풀 높이는 5~20cm
곧게 서고
가지가 갈라지기도 함

위쪽 잎과 아래쪽 잎
모양이 비슷함

줄기에 털은 거의 없음

높이는
10~30cm
곧게 서고
아래쪽에서
가지가 갈라짐

등에풀

진땅고추풀 꽃받침조각은 5개
선상 피침형, 샘털이 있음

화관은 입술 모양
5갈래로 갈라짐

등에풀

화관은 입술 모양
안쪽에 짙은 색 무늬가 있음

진땅고추풀 열매는
긴 타원형 삭과
꽃받침에 싸임

잎은 선상 피침형
또는 넓은 선형

등에풀

열매는
난형 삭과

0707 꼬리풀 *Pseudolysimachion linariifolium* / 산꼬리풀 *P. rotundum* var. *subintegrum*

- 마주나기, 홑잎, 양성화, 총상꽃차례
- 산과 들 풀밭에서 자라며 7~8월에 꽃 피는 여러해살이풀
- 잎이 피침상 선형으로 가늘고 톱니가 적음

* 산꼬리풀은 잎이 좁은 난형 또는 긴 타원형이며 잎 전체에 톱니가 많음

꼬리풀 높이는 40~70cm
곧게 서고 가지가 갈라짐

산꼬리풀

높이는 40~80cm
곧게 서고 가지가 거의
갈라지지 않음

수술은 2개
꽃받침조각은
4개
암술은 1개
화관은
4갈래로 갈라짐
꼬리풀

산꼬리풀
수술은 2개
꽃받침조각은
4개
암술은 1개
화관은 4갈래로
갈라짐

꼬리풀 잎은 피침상 선형
톱니가 약간 있음

잎은 좁은 난형 또는 긴 타원형
날카로운 톱니가 많음
산꼬리풀

0708 섬꼬리풀 *Pseudolysimachion nakaianum*

- 마주나기, 홑잎, 양성화, 총상꽃차례
- 울릉도 바위틈이나 풀밭에서 자라며 5~7월에 꽃 피는 여러해살이풀
- 줄기에 긴 털이 있고 꽃이 듬성듬성 달림

높이는 20~50cm, 곧게 서고 가지가 갈라짐

꽃이 듬성듬성 달림

전체에 긴 털이 있음

화관은 4갈래로 갈라짐
자주색 줄무늬가 있음

수술은 2개

암술은 1개

꽃이 흰색인 것도 있음

열매는 타원형 삭과, 끝이 약간 오목함

잎은 난형 또는 난상 타원형
가장자리는 깊게 갈라짐

꽃받침조각은 4개
넓은 피침형, 톱니가 있기도 함

0709 구와꼬리풀 *Pseudolysimachion dauricum* / 큰구와꼬리풀 *P. pyrethrinum*

- 마주나기, 홑잎, 양성화, 총상꽃차례
- 산지 풀밭에서 자라며 7~9월에 꽃 피는 여러해살이풀
- 잎이 결각상으로 어느 정도 얕게 갈라짐
- * 큰구와꼬리풀은 잎이 깊게 갈라지고 갈래조각이 다시 결각상으로 갈라짐

전체에 굽은 털이 밀생

높이는 40~50cm, 비스듬히 서고 가지가 갈라짐

암술은 1개 수술은 2개, 화관 밖으로 길게 나옴

화관은 4갈래로 갈라짐

잎은 난형 또는 난상 타원형 결각상 또는 깃꼴로 갈라짐

열매는 도란상 원형 삭과, 끝이 약간 오목함

잎이 깊고 잘게 갈라짐

큰구와꼬리풀

0710 봉래꼬리풀 *Pseudolysimachion kiusianum* subsp. *kiusianum* var. *diamantiacum* / 부산꼬리풀 *P. pusanensis*

- 마주나기, 홑잎, 양성화, 총상꽃차례
- 설악산 이북 높은 산에서 자라며 7~8월에 꽃 피는 여러해살이풀
- 잎 톱니가 불규칙한 겹톱니고 화관 갈래조각이 난형
- * 부산꼬리풀은 줄기가 대개 바닥을 기듯이 자라고 전체에 털이 많음

높이는 15~20cm, 곧게 섬

줄기에 잔털이 있음

꽃받침조각은 4개

수술은 2개

암술은 1개

화관은 4갈래로 갈라짐

잎은 난형 또는 난상 긴 타원형 뾰족한 겹톱니가 있음

열매는 난형 삭과, 끝이 약간 오목함

줄기가 바닥을 기듯이 자라고 전체에 털이 많음

부산꼬리풀

0711 **문모초** *Veronica peregrina*

- 마주나기, 홑잎, 양성화, 잎겨드랑이에 1개씩 핌
- 중부 이남 논밭이나 냇가에서 자라며 4~5월에 꽃 피는 한두해살이풀
- 선개불알풀과 달리 꽃이 흰색이고 잎과 열매에 털이 없음

높이는 5~20cm
아래쪽에서 가지가 갈라짐
비스듬히 섬

줄기는 약간
통통한 다육질
털은 없음

꽃받침조각은 4개
긴 타원형 또는 긴 도란형
수술은 2개
암술은 1개
화관은 흰색
대개 4갈래로 갈라짐

잎은 넓은 선형 또는 좁은 피침형
톱니가 약간 있거나 밋밋함

털은 없음

열매는 납작한
심장형 삭과

익은 열매

0712 **개불알풀** *Veronica polita*

- 마주나기 또는 어긋나기, 홑잎, 양성화, 잎겨드랑이에 1개씩 핌
- 길가나 풀밭에서 자라며 4~6월에 꽃 피는 한두해살이풀. 유럽 원산 외래식물
- 큰개불알풀보다 꽃이 훨씬 작고 연한 홍자색이며 열매가 통통함

높이는 5~15cm, 비스듬히 섬

줄기에 짧고 부드러운 털이 밀생

꽃받침조각은 4개 난형

수술은 2개

화관은 연한 홍자색 4갈래로 갈라짐 홍자색 줄무늬가 있음

암술은 1개

잎은 삼각상 난형 둔한 톱니가 있음. 양면에 털이 있음

아래쪽에서 가지가 갈라짐

열매는 콩팥처럼 가운데가 잘록한 삭과 꽃받침에 싸임

통통하고 잔털로 덮임

0713 큰개불알풀 *Veronica persica*

- 마주나기 또는 어긋나기, 홑잎, 양성화, 잎겨드랑이에 1개씩 핌
- 길가나 풀밭에서 자라며 3~6월에 꽃 피는 두해살이풀. 유럽 원산 외래식물
- 개불알풀보다 꽃이 두 배 이상 크고 청자색이며 열매가 납작함

높이는 10~30cm, 옆으로 벋거나 비스듬히 자람

줄기에 짧고 부드러운 털이 있음

수술은 2개

암술은 1개

화관은 청자색, 4갈래로 갈라짐
짙은 청자색 줄무늬가 있음

꽃자루와 꽃받침에도
짧고 부드러운 털이 있음

잎은 삼각상 난형
둔한 톱니가 있음. 양면에 털이 있음

열매는 콩팥처럼 가운데가 잘록한 삭과
꽃받침에 싸임

약간 납작하고 잔털로 덮임

0714 선개불알풀 *Veronica arvensis*

- 마주나기 또는 어긋나기, 홑잎, 양성화, 잎겨드랑이나 포엽겨드랑이에 1개씩 핌
- 길가나 풀밭에서 자라며 3~9월에 꽃 피는 한두해살이풀. 유럽 원산 외래식물
- 큰개불알풀과 달리 줄기가 곧게 서고 꽃이 훨씬 작으며 꽃자루가 매우 짧음

높이는 10~40cm, 아래쪽에서 가지가 갈라져 곧게 섬

전체에 퍼진 털이 밀생

어린 열매 잔털로 덮임

꽃받침조각은 4개 넓은 피침형

암술은 1개

수술은 2개

꽃자루가 거의 없음

화관은 청자색 4갈래로 갈라짐

위쪽 잎은 피침형 포엽으로 되며 잎자루가 없음

아래쪽 잎은 난형 굵은 톱니가 있음

벌어진 열매 속 씨

0715 눈개불알풀 *Veronica hederifolia*

- 마주나기 또는 어긋나기, 홑잎, 양성화, 잎겨드랑이에 1개씩 핌
- 경기 이남 길가나 풀밭에서 자라며 3~10월에 꽃 피는 두해살이풀. 유럽 원산 외래식물
- 큰개불알풀과 달리 줄기가 눕고 꽃이 작으며 전체에 긴 털이 많음
- ＊ 꽃이 필 때까지 떡잎이 남아 있는 점도 특징

높이는 10~20cm, 바닥을 기면서 끝에서 곧게 섬

전체에 긴 털이 많음

흔히 떡잎이 남아 있음

화관은 연한 청자색 또는 흰색
4갈래로 깊게 갈라짐
청자색 줄무늬가 있음

암술은 1개

수술은 2개

꽃받침조각은 4개
흰 털이 있음

꽃 지름은
0.4~0.5cm로 작음

잎은 넓은 난형
3~5갈래로 갈라짐. 양면에 털이 있음

열매는 구형 삭과, 꽃받침에 싸임

꽃받침 속 열매

0716 **좀개불알풀** *Veronica serpyllifolia*

- 마주나기 또는 어긋나기, 홑잎, 양성화, 총상꽃차례
- 제주도 고지대 풀밭에서 자라며 4~6월에 꽃 피는 여러해살이풀. 유럽 원산 외래식물
- 큰개불알풀과 달리 총상꽃차례를 이루고 잎 가장자리가 밋밋하며 삭과에 샘털이 있음

높이는 10~15cm, 바닥을 기다가 끝에서 곧게 섬

전체에 짧은 털이 있음

수술은 2개

암술은 1개

화관은 4갈래로 갈라짐
흔히 보라색 줄무늬가 있음

꽃받침조각은 4개
난상 피침형

잎은 난상 원형 또는 난상 타원형
얕은 톱니가 있거나 밋밋함

열매는 콩팥처럼
가운데가
잘록한 삭과
가장자리를 따라
샘털이 있음
꽃받침에 싸임

0717 물칭개나물 *Veronica undulata*

- 마주나기, 홑잎, 양성화, 총상꽃차례
- 물가나 습지 주변에서 자라며 5~6월에 꽃 피는 두해살이풀
- 꽃자루에 샘털이 있고 잎이 얇으며 꽃이 흰색에 가깝고 줄무늬가 없음

높이는 30~50cm, 곧게 서고 가지가 갈라짐

줄기는 약간 육질
털은 거의 없음

화관은 흰색, 4갈래로 깊게 갈라짐
서로 겹쳐지지 않음

수술은 2개

꽃받침조각은 4개
난형 또는 긴 타원형   암술은 1개

꽃대와 꽃자루에
샘털이 있음

포엽은 선형
꽃자루와
길이가 비슷함

잎은 피침형 또는 긴 타원상 피침형
잔톱니가 있음

잎자루는 없음

열매는 둥근 삭과
가장자리를 따라 샘털이 있음

0718 큰물칭개나물 *Veronica anagallis-aquatica*

- 마주나기, 홑잎, 양성화, 총상꽃차례
- 습지나 하천에서 자라며 7~9월에 꽃 피는 여러해살이풀
- 물칭개나물과 달리 꽃 색이 진하고 줄무늬가 있으며 줄기가 자줏빛을 띰

높이는 40~80cm
곧게 서고 가지가 갈라짐

줄기는
약간 육질
털은 거의
없음

수술은 2개
암술은 1개
화관은 4갈래로 깊게 갈라짐
서로 겹쳐짐
짙은 색 줄무늬가 있음
꽃받침조각은 4개

잎은 피침형 또는 긴 타원상 피침형
톱니가 있음

잎자루는 없음

열매는 둥근 삭과

0719 **냉초** *Veronicastrum sibiricum*

- 돌려나기, 홑잎, 양성화, 총상꽃차례
- 소백산 이북 높은 산 풀밭에서 자라며 6~8월에 꽃 피는 여러해살이풀
- 잎이 3~9개씩 층층이 돌려남

높이는 80~150cm
여러 대가 모여 나고 곧게 섬

잎은 층층이
돌려 달림

가지가 거의
갈라지지 않음

수술은 2개
암술대와 함께
화관 밖으로 나옴

연한 털이 있음

꽃받침조각은
4개

화관은 4갈래로
갈라짐

잎은 3~9개씩 돌려남
긴 타원형 또는 넓은 선형
날카로운 톱니가 있음

열매는 난형 삭과

0720 **절국대** *Siphonostegia chinensis*

- 마주나기, 홑잎, 양성화, 수상꽃차례
- 산과 들 양지바른 곳에서 자라며 7~9월에 꽃 피는 여러해살이풀. 반기생식물
- 잎이 깃꼴로 깊게 갈라지고 꽃받침 끝이 5갈래로 갈라져 젖혀짐

높이는 30~60cm
곧게 서고 위쪽에서
가지가 갈라짐

줄기는 네모짐
전체에 짧은 털이 있음

화관은 노란색, 입술 모양
겉면에 긴 털이 있음

수술은 4개
그중 2개가 긺

암술은 1개

소포엽

꽃받침은 통 모양
세로줄이 있고
끝이 5갈래로 갈라짐

포엽

잎은 긴 난형, 깃꼴로 깊게 갈라짐
갈래조각은 선상 피침형

열매는 피침형 삭과
꽃받침에 싸임

0721 꽃며느리밥풀 *Melampyrum roseum*

- 마주나기, 홑잎, 양성화, 총상꽃차례
- 산지 숲 가장자리에서 자라며 7~8월에 꽃 피는 한해살이풀
- 알며느리밥풀과 달리 꽃이 엉성하게 달리고 포엽 밑부분에만 가시가 있음

높이는 30~50cm, 곧게 서고 가지가 많이 갈라짐

줄기는 네모짐
능선에 짧은
털이 있음

포엽은 잎 같고 가장자리
밑부분에 가시 같은
돌기가 있음

화관은 입술 모양, 아랫입술에 2개
밥풀처럼 도드라진 부분이 있음

수술은 4개
그중 2개가 긺

꽃받침조각은 4개, 피침형

잎은 좁은 난형 또는
긴 타원상 피침형
양면에 짧은 털이 있음

열매는 난형 삭과

0722 **알며느리밥풀** *Melampyrum roseum var. ovalifolium*

- 마주나기, 홑잎, 양성화, 총상꽃차례
- 산지 숲 가장자리에서 자라며 8~9월에 꽃 피는 한해살이풀
- 꽃며느리밥풀과 달리 꽃이 조밀하게 달리고 포엽 가장자리에 가시가 많음

높이는 30~70cm
곧게 서고 가지가 갈라짐

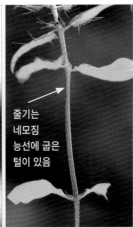

줄기는
네모짐
능선에 굽은
털이 있음

화관은 입술 모양
아랫입술에 2개 밥풀처럼
도드라진 부분이 있음

포엽은 잎 같고
가장자리에
가시 같은
돌기가 많음

수술은 4개
그중 2개가 깂

꽃받침조각은 4개, 피침형

잎은 난형 또는 좁은 난형
잎과 잎자루에 짧은 털이 있음

열매는 난형 삭과

0723 새며느리밥풀 *Melampyrum setaceum var. nakaianum*

- 마주나기, 홑잎, 양성화, 총상꽃차례
- 낮은 산지 소나무 숲에서 대개 무리 지어 자라며 8~9월에 꽃 피는 한해살이풀
- 애기며느리밥풀과 달리 꽃받침조각이 피침형이고 끝이 뾰족하며 잎이 조금 넓은 편

높이는 30~50cm, 곧게 서고 가지가 갈라짐

줄기는 네모짐
굽은 털이 있음

수술은 4개
그중 2개가 긺

꽃받침조각은
4개, 피침형
끝이 뾰족함

화관은 입술 모양
아랫입술에 2개 밥풀처럼
도드라진 부분이 있음

포엽은 난형
가장자리에 가시 같은 돌기가 있음

잎은 피침형 또는 넓은 피침형

열매는 난형 삭과

0724 애기며느리밥풀 *Melampyrum setaceum*

- 마주나기, 홑잎, 양성화, 총상꽃차례
- 낮은 산지 소나무 숲에서 대개 무리 지어 자라며 8~9월에 꽃 피는 한해살이풀
- 새며느리밥풀과 달리 꽃받침조각이 삼각형이고 끝이 둔하며 잎이 더욱 좁은 편

높이는 30~60cm
곧게 서거나 비스듬히 서고 가지가 갈라짐

줄기는 네모짐
잔털이 흩어져 남

화관은 입술 모양
아랫입술에 2개 밥풀처럼
도드라진 부분이 있음

수술은 4개
그중 2개가 긺

꽃받침조각은 4개
삼각형

포엽은 선상 피침형
가장자리에 가시 같은 돌기가 있음

잎은 좁은 피침형 또는 넓은 선형

열매는 난형 삭과

0725 수염며느리밥풀 *Melampyrum roseum* var. *japonicum*

- 마주나기, 홑잎, 양성화, 총상꽃차례
- 남부지방 산기슭에서 자라며 8~9월에 꽃 피는 한해살이풀
- 줄기와 꽃받침에 털이 밀생하고 꽃받침 갈래조각이 길게 뾰족함

높이는 20~50cm
곧게 서고 가지가 갈라짐

줄기는 네모짐. 잔털이 밀생

줄기 털이
퍼진 털인
것도 있음

포엽은 선상 피침형
가장자리에 가시 같은
돌기가 있음

화관은 입술 모양
아랫입술에 2개 밥풀처럼
도드라진 부분이 있음

수술은 4개
그중 2개가 긺

꽃받침조각은 4개, 피침형
길게 뾰족함. 털이 밀생

양면에 잔털이 있음

잎은 난형 또는 넓은 피침형

열매는 난형 삭과

0726 앉은좁쌀풀 *Euphrasia maximowiczii* / 깔끔좁쌀풀 *E. coreana*

- 마주나기, 홑잎, 양성화, 잎겨드랑이에 1개씩 핌
- 높은 지대 풀밭에서 자라며 6~8월에 꽃 피는 한해살이풀
- 꽃이 흰색 또는 분홍색이고 잎 톱니가 짧게 뾰족함

＊ 한라산 고지대에서 자라는 깔끔좁쌀풀은 꽃이 적자색이고 잎 톱니가 길게 뾰족함

높이는 15~30cm
곧게 서고 가지가 갈라지기도 함

줄기에
아래를
향한 짧은
털이 있음

윗입술은
2갈래로 갈라짐
끝은 톱니 모양

수술은 4개
그중 2개가 긺

암술은 1개

아랫입술은 3갈래로 갈라짐
가운데 갈래조각 안쪽에
노란색 반점이 있음

화관은 입술 모양
겉면에 털이 있음

4~7쌍 날카로운
톱니가 있음

잎은 난상 원형
털은 거의 없음

꽃받침조각은 4개

열매는 긴
타원형 삭과

꽃이 적자색이고
잎 톱니가 바늘처럼
길게 뾰족함

깔끔좁쌀풀

0727 우단담배풀 *Verbascum thapsus*

- 어긋나기, 홑잎, 양성화, 수상꽃차례
- 산기슭이나 들에서 자라며 6~9월에 꽃 피는 두해살이풀. 유럽 원산 외래식물
- 전체에 부드러운 털이 밀생하고 꽃이 노란색

높이는 100~200cm
곧게 서고 가지가 갈라지기도 함

줄기에 능선이 있음 전체에 회백색 털이 밀생

수술대는 5개
위쪽 3개는 수술대에 흰색 털이 밀생

암술은 1개

아래쪽 수술 2개는 수술대가 길고 털이 없음 꽃밥이 큼

화관은 5갈래로 갈라짐. 도란형 겉면에 별 모양 털이 많음

잎은 긴 타원형
어린잎일수록 양면에 우단 같은 털이 밀생

방석 모양 잎

열매는 구형 삭과 꽃받침에 싸임

꽃받침은 털로 덮임

0728 **나도송이풀** *Phtheirospermum japonicum*

- 마주나기, 홑잎, 양성화, 위쪽 잎겨드랑이에 1개씩 핌
- 산과 들 양지바른 곳에서 자라며 8~10월에 꽃 피는 한해살이풀. 반기생식물
- 송이풀속 식물과 달리 화관 윗입술이 뒤로 젖혀짐

* 전체에 샘털이 밀생해서 만져보면 끈적거리는 점도 특징

높이는 20~70cm
곧게 서고 가지가 갈라짐

줄기 횡단면은
둥글고 전체에
샘털이 많음

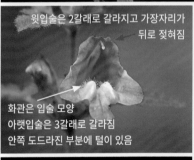

윗입술은 2갈래로 갈라지고 가장자리가
뒤로 젖혀짐

화관은 입술 모양
아랫입술은 3갈래로 갈라짐
안쪽 도드라진 부분에 털이 있음

꽃받침은 통 모양, 끝이 5갈래로 갈라짐
갈래조각에 톱니가 있음

잎은 삼각상 난형
깃꼴로 깊게
갈라짐

열매는 좁은
난형 삭과
샘털이 밀생
한쪽으로 휨

0729 송이풀 *Pedicularis resupinata*

- 마주나기, 홑잎, 양성화, 위쪽에 촘촘히 핌
- 산지 숲 속이나 풀밭에서 자라며 8~9월에 꽃 피는 여러해살이풀
- 나도송이풀과 달리 화관 윗입술이 부리 모양

높이는 30~100cm, 여러 대가 모여 남
곧게 서거나 비스듬히 자람

줄기에
능선이 있음
털이 없거나
약간 있음

화관은 입술 모양
윗입술은 새 부리처럼 휘어짐

아랫입술은
3갈래로 갈라짐

수술은 4개
그중 2개가 깂

잎은 넓은 피침형 또는 좁은 난형
규칙적인 겹톱니가 있음

열매는 긴 난형 삭과

꽃받침은 난형

꽃이 흰색인 것도 있음

0730 애기송이풀 *Pedicularis ishidoyana*

- 뿌리에서 나기, 깃꼴겹잎, 양성화, 꽃대 끝에 1개씩 핌
- 경기도와 강원도와 경북 산지에서 드물게 자라며 4~6월에 꽃 피는 여러해살이풀
- 송이풀과 달리 줄기가 거의 없고 꽃이 훨씬 큼

높이는 5~8cm, 전체에 잔털이 있음

줄기가 없고 꽃은 큼

꽃받침조각은 5개, 피침형 털과 톱니가 있음

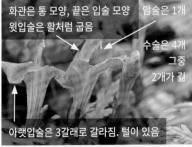

화관은 통 모양, 끝은 입술 모양 윗입술은 활처럼 굽음

암술은 1개

수술은 4개 그중 2개가 김

아랫입술은 3갈래로 갈라짐. 털이 있음

잎은 1회 깃꼴겹잎

작은잎은 긴 타원형 또는 피침형 중간까지 갈라짐. 톱니가 있음

열매는 도란형 삭과 끝이 새 부리처럼 한쪽으로 휨

씨는 검은색 잔돌기 같은 무늬가 있음

0731 만주송이풀 *Pedicularis mandshurica* / 한라송이풀 *P. hallaisanensis*

- 어긋나기, 홑잎, 양성화, 잎겨드랑이에 1개씩 핌
- 설악산 이북 높은 산 능선이나 풀밭에서 자라며 5~7월에 꽃 피는 여러해살이풀
- 잎이 깃꼴로 갈라지고 꽃이 연한 노란색

* 한라송이풀은 꽃이 홍자색이고 줄기에 털이 많은 것이라고 하나 논란이 많은 종

높이는 20~40cm
곧게 섬
가지가 갈라지지 않음

줄기에 능선을
따라 털이 있음

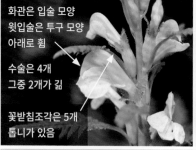

화관은 입술 모양
윗입술은 투구 모양
아래로 휨

수술은 4개
그중 2개가 긺

꽃받침조각은 5개
톱니가 있음

잎은 긴 난형 또는 피침형
깃꼴로 깊게 갈라짐
갈래조각은 피침형
톱니가 있음

위로 갈수록
작아지면서
포엽으로 됨

열매는 긴 난형 삭과, 끝이 새 부리처럼 휨

한라송이풀

줄기와 잎에
부드러운 털이
밀생

가야산 타입은
한라송이풀과 달라 보임

0732 **개종용** *Lathraea japonica*

- 어긋나기, 홑잎, 양성화, 수상꽃차례
- 울릉도 숲 속에서 자라며 4~5월에 꽃 피는 여러해살이풀. 부생식물
- 꽃이 수상꽃차례에 달리고 꽃줄기에 비늘조각잎이 달림

높이는 10~30cm, 곧게 섬

화관이 검게 변한 모습

줄기에 잔털이 밀생

잎은 다육질 넓은 비늘조각

꽃받침은 4갈래로 갈라짐 털이 밀생

수상꽃차례

암술이 먼저 성숙함

화관은 끝이 입술 모양 나중에 검은색으로 변함

수술은 4개 나중에 성숙함

비늘조각이 겹쳐진 모양 뿌리줄기가 있음

열매는 삭과

0733 쥐꼬리망초 *Justicia procumbens*

- 마주나기, 홑잎, 양성화, 수상꽃차례
- 들이나 길가에서 자라며 7~9월에 꽃 피는 한해살이풀
- 꽃이 수상꽃차례에 달리고 잎이 타원상 피침형

높이는 10~40cm
아래쪽에서 가지가
갈라져 곧게 섬

줄기는
네모짐
전체에 짧은
털이 있음

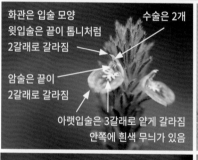

화관은 입술 모양
윗입술은 끝이 톱니처럼
2갈래로 갈라짐

수술은 2개

암술은 끝이
2갈래로 갈라짐

아랫입술은 3갈래로 얇게 갈라짐
안쪽에 흰색 무늬가 있음

꽃받침조각은 5개
피침형, 털이 있음

꽃이 수상꽃차례를 이룸

포엽은 좁은 피침형

잎은 난형 또는 긴 타원상 피침형
가장자리와 앞면과 뒷면 맥 위에
털이 듬성듬성 있음

열매는 선상
타원형 삭과
털이 있음

포엽   꽃받침

0734 입술망초 *Dicliptera japonica*

- 마주나기, 홑잎, 양성화, 가지 끝이나 잎겨드랑이에 2~3개씩 핌
- 전남 산기슭에서 자라며 8~9월에 꽃 피는 여러해살이풀
- 쥐꼬리망초와 달리 꽃이 수상꽃차례를 이루지 않고 잎이 난상 타원형

높이는 20~50cm
곧게 서고 가지가 갈라짐

꽃차례를
이루지 않음

줄기에
능선이 있음
짧은 털이
흩어져 남

화관은 입술 모양
겉면에 연한 털이
흩어져 남

윗입술은 뒤로 젖혀짐
끝이 톱니 모양

수술은 2개
수술대에
털이 있음

암술은 1개

아랫입술은 도란형
또는 주걱형으로 넓음

포엽은 잎처럼 생겼음
2~3개가 달림

양면 맥 위에 짧은 털이 있음

포엽

잎은 좁은 난형 또는 난상 타원형

열매는 납작한 삭과
잔털이 밀생, 포엽에 씨임

0735 물잎풀 *Hygrophila ringens*

- 마주나기, 홑잎, 양성화, 잎겨드랑이에 모여 핌
- 제주도 물가에서 자라며 9~10월에 꽃 피는 여러해살이풀
- 꽃이 잎겨드랑이에 모여 피고 잎이 선상 피침형

높이는 30~60cm
뿌리줄기가 땅속으로 벋으며
많은 뿌리와 줄기가 나와 곧게 섬

줄기는 네모짐
털이 듬성듬성 있고
마디에 많음

수술은 4개
그중 2개는 긺

화관은 입술 모양
윗입술은 2갈래로
아랫입술은 3갈래로 갈라짐
겉면에 털이 있음

꽃받침은 끝이
5갈래로 갈라짐
긴 털이 있음

잎은 피침형 또는 선상 피침형

열매는 선상
피침형 삭과

꽃받침

포엽

0736 **방울꽃** *Strobilanthes oligantha*

- 마주나기, 홑잎, 양성화, 잎겨드랑이에 1개씩 핌
- 제주도 습기 있는 곳이나 물가 그늘에서 자라며 9~10월에 꽃 피는 여러해살이풀
- 꽃이 잎겨드랑이에 1개씩 피고 화관이 넓으며 잎이 넓은 난형

높이는 30~80cm
곧게 서고 듬성듬성
가지가 갈라짐

줄기는 둔하게 네모짐
잔털이 있음

암술은 수술보다 약간 길게 나옴

5갈래로
얕게 갈라짐
겉면에 흰색
털이 있음

화관은 대개 보라색
지름이 2.5~3cm로 큰 편

수술은 4개, 그중 2개가 긺
수술대에 털이 있음

열매는 삭과

잎은 넓은 난형, 둔한 톱니가 있음

0737 **수염마름** *Trapella sinensis* var. *antennifera* / **세수염마름** *T. sinensis*

- 마주나기, 홑잎, 양성화, 잎겨드랑이에서 나온 긴 꽃대에 1개씩 핌
- 중부 이남 물가나 연못에서 자라며 6~7월에 꽃 피는 여러해살이풀
- 열매에 달리는 채찍 같은 부속체가 5개이고 모두 비슷한 길이

* 세수염마름은 열매에 달리는 부속체 5개 중 3개만 깊

높이는 3~10cm, 물에 떠서 자람

물속 잎은 피침형 또는 선상 긴 타원형

물에 뜨는 잎은 신장상 넓은 난형 3맥이 있고 톱니가 있음

암술은 1개

수술은 4개

화관은 통 모양 지름은 2~2.5cm 안쪽은 노란색, 털이 있음

열매는 원기둥 모양 새싹 같은 부속체가 5개 있음

폐쇄화에 달리는 열매는 열매자루가 매우 짧음

세수염마름

채찍 같은 부속채 5개 중 3개가 깊

0738 **야고** *Aeginetia indica* / **가지더부살이** *Phacellanthus tubiflorus*

- 어긋나기, 비늘조각잎, 양성화, 긴 꽃줄기 끝에 1개씩 핌
- 제주도와 전남과 경남 섬 풀밭에서 자라며 8~10월에 꽃 피는 한해살이풀. 기생식물
- 화관이 연한 홍자색이고 꽃받침이 배 모양이며 억새 뿌리에 기생함
- * 가지더부살이는 꽃이 두상꽃차례처럼 달리고 꽃받침이 안쪽과 바깥쪽으로 나뉨

높이는 10~30cm
억새 뿌리에 기생함

꽃받침은 배 모양,
약간 다육질

화관은 통 모양
끝이 5갈래로 갈라짐

꽃줄기는 연한 갈색
또는 연한 노란색

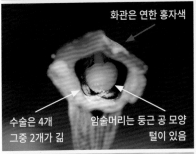

화관은 연한 홍자색

수술은 4개
그중 2개가 깊

암술머리는 둥근 공 모양
털이 있음

줄기는 매우 짧아 땅
위에 거의 나오지 않음

뿌리

열매는 난상 구형 삭과

전체가 흰빛이고
꽃이 두상꽃차례처럼
달림

가지더부살이

0739 **초종용** *Orobanche coerulescens*

- 어긋나기, 비늘조각잎, 양성화, 수상꽃차례
- 바닷가 모래땅에서 자라며 5~7월에 꽃 피는 여러해살이풀. 기생식물
- 백양더부살이보다 꽃받침과 화관이 크다고 하나 선명하게 구분되지는 않음

* 바닷가 사철쑥에만 기생함

높이는 10~30cm
곧게 서고 여러 대가 모여 남

줄기는 갈색을 띰
전체에 희고
부드러운 털이 많음

비늘조각잎은
난상 삼각형

암술머리는
2갈래로 갈라짐

수술은 4개

화관은 입술 모양, 윗입술은 2갈래로
아랫입술은 3갈래로 갈라짐

암술대에 털이 있음

꽃이 흰색인 것도 있음

열매는 타원형 삭과

0740 **백양더부살이** *Orobanche filicicola*

- 어긋나기, 비늘조각잎, 양성화, 수상꽃차례
- 전라도 이남 냇가나 풀밭에서 자라며 5~6월에 꽃 피는 여러해살이풀. 기생식물
- 초종용보다 꽃받침과 화관이 작다고 하나 선명하게 구분되지는 않음

＊ 여러 쑥 종류에 기생함

높이는 10~30cm
곧게 서고 여러 대가 남

전체에 희고
부드러운
털이 많음

암술머리는
2갈래로
갈라짐

수술은 4개

화관은 입술 모양, 윗입술은 2갈래로
아랫입술은 3갈래로 갈라짐

비늘조각잎은
난형 또는 피침형

쑥 종류 뿌리에 기생하는 모습

열매는 타원형 삭과

0741 땅귀개 *Utricularia bifida*

- 모여나기, 홑잎, 양성화, 총상꽃차례
- 중부 이남 습지에서 자라며 6~10월에 꽃 피는 여러해살이풀. 식충식물
- 이삭귀개나 자주땅귀개와 달리 잎이 선형이고 꽃이 노란색

높이는 7~15cm

꽃줄기에 2~9개 꽃이 달림

수술은 2개

화관은 노란색, 입술 모양

소포엽은 2개 선형

꽃받침은 2갈래로 갈라짐

포엽은 난형

아랫입술에 아래를 향한 꿀주머니가 달림

꽃줄기에 막질 비늘잎이 달림

뿌리줄기에 벌레잡이주머니가 달림

열매는 납작한 원형 삭과 꽃받침에 싸임

0742 이삭귀개 *Utricularia caerulea*

- 모여나기, 홑잎, 양성화, 총상꽃차례
- 중부 이남 습지에서 자라며 7~10월에 꽃 피는 여러해살이풀. 식충식물
- 땅귀개나 자주땅귀개와 달리 꽃자루가 매우 짧으며 꿀주머니가 길고 앞을 향함

높이는 10~30cm

소포엽은 2개
선형

포엽은
비늘잎 같음

꽃자루는
없거나
매우 짧음

꽃받침은 2갈래로 갈라짐
넓은 타원형

화관은 보라색, 입술 모양

꿀주머니는 아랫입술보다
2배쯤 길고 곧게 앞쪽을 향함

잎은 타원형 또는 주걱형

뿌리줄기에 벌레잡이주머니가 달림

열매는 구형 삭과
꽃받침에 싸임

0743 자주땅귀개 *Utricularia uliginosa*

- 모여나기, 홑잎, 양성화, 총상꽃차례
- 중부 이남 습지에서 드물게 자라며 7~10월에 꽃 피는 여러해살이풀. 식충식물
- 이삭귀개와 달리 꽃자루가 확실하게 있으며 꿀주머니가 짧고 아래를 향함

높이는 10~30cm

꽃줄기에 비늘잎이 달림

소포엽은 2개 선형

화관은 연한 자주색 입술 모양

수술은 2개

꿀주머니는 짧고 아래를 향함

포엽은 비늘잎 같음

꽃자루가 있음

잎은 주걱형

뿌리줄기에 벌레잡이주머니가 달림

열매는 납작하고 둥근 삭과 꽃받침에 싸임

0744 **들통발** *Utricularia aurea*

- 어긋나기, 홑잎, 양성화, 총상꽃차례
- 연못이나 늪에서 자라며 8~10월에 꽃 피는 한해살이풀. 식충식물
- 참통발과 달리 꽃 꿀주머니에 털이 있고 꽃줄기에 비늘잎이 없음

높이는 8~20cm, 뿌리 없이 물에 떠다님

꽃줄기에 비늘잎이 없음

화관은 입술 모양, 윗입술은 곧게 섬
아랫입술은 부채 모양

꽃받침은 2갈래로 갈라짐

꿀주머니는 원뿔 모양 화관보다 짧고 털이 있음

꽃자루는 0.6~1cm

포엽은 막질, 난형

잎이 부드러워 물 밖으로 꺼내면 서로 말림

잎은 깃꼴로 실처럼 갈라짐
갈래조각에 벌레잡이주머니가 달림

열매는 구형 삭과
끝에 암술대가 길게 달림

0745 통발 *Utricularia japonica*

- 어긋나기, 깃꼴로 갈라지는 홑잎, 양성화, 총상꽃차례
- 강원도 이북 오래된 연못에서 드물게 자라며 7~8월에 꽃 피는 여러해살이풀. 식충식물
- 참통발과 달리 꽃줄기 속이 비어 있고 꿀주머니 길이가 화관과 같거나 약간 긺

* 잎이 뭉쳐진·겨울눈(월동아)이 줄기 끝에 만들어져 물속에 가라앉은 채 겨울을 보냄

높이는 7~20cm, 뿌리 없이 물에 뜨거나 잠김

꽃줄기 속이 비어 있음

화관은 입술 모양, 윗입술은 곧게 섬
아랫입술은 부채 모양

꿀주머니는
원뿔 모양
화관과 같거나
약간 긺

포엽은 난형

꽃받침은 난형

잎은 깃꼴로 실처럼 갈라짐
갈래조각에 벌레잡이주머니가 달림

잎이 뭉쳐진 둥근 겨울눈(월동아)을
줄기 끝에 만들어 물속에서 겨울을 보냄

열매는 구형 삭과
끝에 암술대가 남음

0746 **참통발** *Utricularia tenuicaulis*

- 어긋나기, 깃꼴로 갈라지는 홑잎, 양성화, 총상꽃차례
- 연못이나 습지에서 자라며 6~10월에 꽃 피는 여러해살이풀. 식충식물
- 통발과 달리 꽃줄기 속이 차 있고 꿀주머니 길이가 화관보다 짧음

* 잎이 뭉쳐진 겨울눈(월동아)이 줄기 끝에 만들어져 물속에 가라앉은 채 겨울을 보냄

높이는 10~17cm, 뿌리 없이 물에 뜨거나 잠김

꽃줄기 속이 차 있음

꽃받침은 난형

화관은 입술 모양
윗입술은 곧게 섬
아랫입술은 부채 모양

꿀주머니는
원뿔 모양
화관보다 짧음

포엽은 난형

잎은 깃꼴로 실처럼 갈라짐
갈래조각에 벌레잡이주머니가 달림

잎이 뭉쳐진 둥근 겨울눈(월동아)을
줄기 끝에 만들어 물속에서 겨울을 보냄

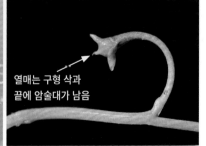

열매는 구형 삭과
끝에 암술대가 남음

0747 **파리풀** *Phryma leptostachya* var. *oblongifolia*

- 마주나기, 홑잎, 양성화, 수상꽃차례
- 그늘진 곳에서 자라며 7~9월에 꽃 피는 여러해살이풀
- 씨방이 한 칸으로 되어 있고 열매가 다른 물체에 잘 달라붙음

높이는 30~80cm
곧게 서고 가지가 갈라짐

줄기는
둔하게 네모짐
잔털이 있음

암술은 1개

수술은 4개
그중 2개가 긺

화관은 입술 모양
윗입술은 2갈래로
아랫입술은 3갈래로 갈라짐

포엽은 피침형

꽃받침은 통 모양, 능선이 있음

둔한 톱니가 있고 양면과
맥 위에 털이 있음

잎은 난형 또는
삼각상 넓은 난형

꽃받침조각이
가시 같아서
다른 물체에
잘 달라붙음

열매는 좁은
타원형 삭과

0748 **질경이** *Plantago asiatica*

- 뿌리에서 모여나기, 홑잎, 양성화, 수상꽃차례
- 산과 들 양지바른 곳에서 자라며 5~9월에 꽃 피는 여러해살이풀
- 개질경이와 달리 털이 거의 없고 열매에 든 씨가 6~8개로 많음

높이는 10~50cm, 바닥에 퍼져 자람

꽃줄기에 털이 있음

암술은 1개 암술대에 털이 있음

화관은 깔때기 모양 4갈래로 갈라짐

수술은 4개

꽃받침조각은 4개

잎은 난형 또는 넓은 난형 물결 모양 톱니가 있음

어린 열매

열매는 난상 타원형 삭과 6~8개 씨가 들어 있음

0749 개질경이 *Plantago camtschatica*

- 뿌리에서 모여나기, 홑잎, 양성화, 수상꽃차례
- 바닷가 양지바른 곳에서 자라며 5~7월에 꽃 피는 여러해살이풀
- 질경이와 달리 전체에 부드러운 털이 밀생하고 열매에 든 씨가 4개로 적음

높이는 15~30cm

전체에 부드러운
흰색 털이 밀생

꽃받침은 4개

수술은 4개
화관 밖으로
길게 나옴

화관은 깔때기 모양
끝이 4갈래로 갈라짐

잎은 긴 타원형, 비스듬히 옆으로 퍼짐
부드러운 흰색 털이 밀생

바닷가 바위틈에서도 잘 자람

꽃차례가 길지 않아
열매차례도 길지 않음

열매는 난상 타원형 삭과
씨는 4개 들어 있음

0750 창질경이 *Plantago lanceolata*

- 뿌리에서 모여나기, 홑잎, 양성화, 수상꽃차례
- 양지바른 들에서 자라며 4~11월에 꽃 피는 두해살이풀. 유럽 원산 외래식물
- 질경이와 달리 잎이 피침형으로 길고 꽃차례가 짧음

꽃줄기가 매우 긺

높이는 30~60cm, 곧게 자람

암술은 1개　　　수술은 4개

암술

꽃차례는 2~10cm로
짧은 편

화관은 막질
4갈래로 갈라짐

양면에 털이 있고 3~5맥이 있음

잎은 긴 타원형 또는 피침형

열매는 긴 타원형
또는 난상 구형 삭과
씨는 1~2개 들어 있음

0751 **연복초** *Adoxa moschatellina*

- 마주나기, 홑잎, 양성화, 두상꽃차례
- 산지 습기 있는 숲 속에서 자라며 4~5월에 꽃 피는 여러해살이풀
- 꽃이 두상꽃차례처럼 모여 달리고 수술이 화관 갈래조각 2배수로 달림

높이는 8~17cm, 곧게 섬

줄기에 → 털은 거의 없음

줄기잎은 1쌍 3갈래로 갈라짐

머리 쪽에 달리는 꽃은 화관이 4갈래로 갈라짐 암술대는 4개 수술은 8개

꽃이 두상꽃차례처럼 모여 달림

주변부에 달리는 꽃은 화관이 5갈래로 갈라짐 암술대는 5개, 수술은 10개

뿌리잎은 1~3회 깃꼴로 갈라짐

가늘고 긴 땅속줄기가 옆으로 벋으면서 번식

열매는 핵과 3~5개가 모여 달림

0752 **마타리** *Patrinia scabiosifoliaex*

- 마주나기, 홑잎, 양성화, 산방꽃차례
- 산과 들 양지바른 곳에서 자라며 7~10월에 꽃 피는 여러해살이풀
- 돌마타리보다 키가 크고 꽃이 필 때 뿌리잎이 거의 없으며 열매에 날개가 거의 없음

높이는 60~150cm, 곧게 서고 위쪽에서 가지가 갈라짐

키가 크고 꽃이 필 때 뿌리잎은 거의 없음

줄기에 털은 없으나 아래쪽에 약간 있기도 함

수술은 4개, 암술은 1개

화관은 노란색, 종 모양, 5갈래로 갈라짐

산방꽃차례를 이룸

줄기잎은 깃꼴로 깊게 갈라짐 갈래조각은 긴 타원형 또는 선형 톱니가 있음

열매는 긴 타원형 건과 미약한 날개가 달림

0753 **돌마타리** *Patrinia rupestris*

- 마주나기, 홑잎, 양성화, 산방꽃차례
- 경북 이북 산지 바위지대에서 자라며 7~9월에 꽃 피는 여러해살이풀
- 마타리보다 키가 작고 꽃이 필 때 뿌리잎이 있으며 열매에 날개가 발달함

높이는 20~60cm, 곧게 서고 모여 남

줄기에 짧은 털이 있음

암술은 1개

수술은 4개

화관은 종 모양 5갈래로 갈라짐

잎은 깃꼴로 깊게 갈라짐 갈래조각은 긴 타원형 또는 피침형 톱니가 있음

뿌리잎은 꽃이 필 때도 남아 있음

열매는 도란형 건과 소포엽이 합쳐진 날개가 발달함

0754 금마타리 *Patrinia saniculifolia*

- 마주나기, 홑잎, 양성화, 산방꽃차례
- 높은 산 바위지대나 숲 속에서 자라며 5~7월에 꽃 피는 여러해살이풀
- 마타리보다 키가 작고 뿌리잎이 손 모양이며 열매에 긴 날개가 발달함

높이는 30~50cm, 곧게 서고 가지는 갈라지지 않음

줄기에 줄로 돋은 털이 있음

수술은 4개 암술은 1개

화관은 종 모양 5갈래로 갈라짐

줄기잎은 마주남. 깃꼴로 깊게 갈라짐 갈래조각에 결각상 톱니가 있음

뿌리잎은 손 모양 5~7갈래로 갈라짐

뿌리잎 갈래조각에 톱니가 있음

열매는 타원형 건과 날개 모양 포엽이 붙어 있음

0755 **뚝갈** *Patrinia villosa* / **긴뚝갈** *P. monandra*

- 마주나기, 홑잎, 양성화, 산방꽃차례
- 산과 들 양지바른 풀밭에서 자라며 7~8월에 꽃 피는 여러해살이풀
- 마타리와 달리 꽃이 흰색이고 열매에 날개가 발달하며 별다른 냄새가 나지 않음

＊ 한때 뚝마타리로 불렸던 것은 긴뚝갈로 새롭게 발표되었음. 뚝갈보다 훨씬 크게 자람

높이는 50~100cm, 곧게 서고 위쪽에서 가지가 갈라짐

전체에 흰색
털이 밀생

수술은 4개
암술은 1개

화관은 흰색
5갈래로 갈라짐

잎은 난형, 톱니가 있음
깃꼴로 갈라지기도 함

열매는 도란형 견과
포엽이 커져서 생긴 둥근 심장형
날개가 발달함

긴뚝갈

흰색과 노란색 꽃이 섞여서 핌

0756 **상치아재비** *Valerianella locusta*

- 마주나기, 홑잎, 양성화, 산방꽃차례
- 남부지방 산과 들에서 자라며 4~5월에 꽃 피는 한해살이풀
- 줄기 위쪽 잎에 톱니가 있고 꽃이 매우 작으며 수술이 3개, 열매가 3실

높이는 10~40cm, 곧게 서고 가지가 많이 갈라짐

줄기에 짧은 털이 있음

화관은 서로 다른 크기로 5갈래로 갈라짐

수술은 3개

암술은 1개
암술머리는 3갈래로 갈라짐

꽃 지름은 0.15cm로 매우 작음

위쪽 잎은 긴 타원형, 잎자루가 없음
3~4쌍 톱니가 있음

가느다란 흰색 뿌리가 있음

열매는 납작한 건과 날개는 없음

0757 쥐오줌풀 *Valeriana fauriei* / 넓은잎쥐오줌풀 *V. dageletiana*

- 마주나기, 깃꼴겹잎, 양성화, 산방꽃차례
- 산지 숲 속에서 자라며 4~7월에 꽃 피는 여러해살이풀
- 작은잎이 선상 피침형으로 좁고 마디 외에도 털이 대개 있음

* 울릉도 이북 숲 속에서 자라는 넓은잎쥐오줌풀은 잎이 넓고 마디 외에 털이 거의 없음

높이는 40~80cm, 곧게 섬

줄기에 털이 있기도 하고 없기도 함

암술은 1개 암술머리는 3갈래로 갈라짐

수술은 3개

화관은 통 모양 5갈래로 갈라짐

잎은 깃꼴겹잎

작은잎은 난형 또는 선상 피침형 둔한 톱니가 듬성듬성 있음

옆으로 벋는 뿌리줄기가 있음

넓은잎쥐오줌풀

잎이 넓고 마디 외에는 털이 없음

0758 솔체꽃 *Scabiosa comosaex* / **구름체꽃** *S. tschiliensis* f. *alpina*

- 마주나기, 깃꼴로 갈라지는 홑잎, 양성화, 두상꽃차례
- 경북 이북 산과 들에서 자라며 7~9월에 꽃 피는 두해살이풀
- 산토끼꽃과 달리 줄기와 포엽에 가시가 없고 두상꽃차례가 납작함
* 구름체꽃은 고산지대에서 자라고 꽃 필 때까지 뿌리잎이 남아 있음

높이는 50~90cm, 곧게 서고 가지가 갈라짐

전체에 굽은 털이 있음

가장자리 꽃은 화관이 5갈래로 갈라짐
수술은 4개 암술은 1개
중앙부 꽃은 관모양꽃 화관이 4갈래로 갈라짐
두상꽃차례가 납작함 지름은 3~5cm

잎은 깃꼴로 깊게 갈라짐 불규칙한 톱니가 있음

꽃받침조각은 선상 피침형
열매는 긴 선형 수과, 여러 개가 모여 있음

구름체꽃

고산지대에서 자라고 꽃이 필 때까지 뿌리잎이 남아 있음

0759 **산토끼꽃** *Dipsacus japonicus*

- 마주나기, 홑잎, 양성화, 두상꽃차례
- 강원도와 전북과 경북 숲 가장자리에서 자라며 7~8월에 꽃 피는 두해살이풀
- 솔체꽃과 달리 줄기와 포엽에 가시가 있고 두상꽃차례가 구형

높이는 80~180cm
곧게 서고 가지가 갈라짐

줄기에 가시 같은
샘털이 달림
위쪽에 능선이 있음

두상꽃차례가 구형

화관은 통 모양
끝이 4갈래로 얕게 갈라짐

수술은 4개
암술은 1개

잎은 3~5개
깃꼴로 갈라지기도 함
톱니가 있음

뻣뻣한 뿌리가 있음

열매는 긴 타원형 수과, 여러 개가 모여 있음
위쪽에 털이 있음

꽃받침은 4갈래로
뾰족하게 갈라짐

0760 **잔대** *Adenophora triphylla* var. *japonica* / **넓은잔대** *A. divaricata*

- 마주나기 또는 어긋나기 또는 돌려나기, 홑잎, 양성화, 원추꽃차례
- 산과 들의 풀밭에서 자라며 7~9월에 꽃 피는 여러해살이풀
- 꽃받침조각이 가늘고 톱니가 있으며 꽃이 원추꽃차례로 핌. 변이가 다양함
- ＊ 꽃받침조각과 잎이 넓은 넓은잔대는 꽃차례가 작은 크기로 달리는 경우도 있음

높이는 40~120cm
곧게 섬

꽃차례는
돌려나되 가지가
갈라지지는 않음

꽃받침조각은 5개
선상 피침형

수술은 5개

암술은 화관
밖으로 나옴 5개

화관은 종 모양, 끝이 5갈래로 갈라짐

넓은잔대

잎은 타원형 또는 난상 타원형
톱니가 있음. 대개 3~5개가 돌려남

꽃차례가 돌려나지 않고
꽃받침조각이 넓으며
잎이 넓은 타원형

0761 층층잔대 *Adenophora triphylla* / 가는층층잔대 *A. verticillata* var. *angustifolia*

- 돌려나기, 홑잎, 양성화, 취산상 원추꽃차례
- 산과 들의 풀밭에서 자라며 7~9월에 꽃 피는 여러해살이풀
- 잔대와 달리 꽃차례 가지가 위쪽에서는 돌려나고 아래쪽에서는 가지를 침

* 가는층층잔대는 잎이 선상 피침형으로 가는 것으로 구분하기도 함

꽃이 층층이
돌려나고
가지가 갈라짐

높이는 50~120cm
곧게 섬

꽃받침조각은 5개, 선형

수술은 5개

암술은 1개
화관 밖으로
길게 나옴

화관은 좁은 원통형
끝이 5갈래로 갈라짐

잎은 긴 타원형
또는 긴 난형
3~5개씩 돌려남
거친 톱니가 있음

가는층층잔대

잎이 선상 피침형으로
가느다람

0762 **수원잔대** *Adenophora polyantha* / **당잔대** *A. stricta*

- 어긋나기, 홑잎, 양성화, 총상꽃차례
- 산과 들의 풀밭에서 자라며 8~9월에 꽃 피는 여러해살이풀
- 꽃이 종 모양이고 위를 향해 피기도 하며 꽃받침에 털이 없고 잎이 피침형

＊ 당잔대는 줄기와 꽃받침에 털이 있고 잎이 난형 또는 긴 타원형

높이는 50~100cm, 곧게 섬
털은 거의 없음

꽃받침조각은 5개
선형 또는 피침형

암술은 1개

수술은 5개

화관은 종 모양
끝이 5갈래로 갈라짐. 위를 향해 피기도 함

잎은 피침형
또는 닌상 피침형
톱니가 있음

당잔대

줄기와 꽃받침에
털이 있음
잎이 난형 또는
긴 타원형

0763 **긴당잔대** *Adenophora stricta* var. *lancifolia*

- 어긋나기, 홑잎, 양성화, 총상꽃차례
- 산과 들의 풀밭에서 자라며 8~9월에 꽃 피는 여러해살이풀
- 잎이 가느다란 선형 또는 피침형이고 톱니가 날카롭게 밖으로 휘어짐

* 잎 폭에 어느 정도 변이가 나타나고 당잔대와 동종으로 보려는 견해도 있음

줄기에 → 털은 없음

높이는 50~100cm, 곧게 섬

꽃받침조각은 5개 좁은 피침형

수술은 5개 암술은 1개

화관은 종 모양 → 끝이 5갈래로 갈라짐

꽃받침조각은 5개 좁은 피침형, 가장자리는 밋밋함

바깥쪽으로 휘어지는 날카로운 톱니가 있음

열매는 삭과 꽃받침에 싸임

잎은 선형 또는 피침형

0764 진퍼리잔대 *Adenophora palustris* / 섬잔대 *A. tashiroi*

- 어긋나기, 홑잎, 양성화, 수상꽃차례
- 습지에서 자라며 8월에 꽃 피는 여러해살이풀
- 줄기가 흔히 적갈색이고 화관이 넓게 벌어지며 꽃자루가 짧고 포엽과 꽃받침조각이 난형

* 섬잔대는 키가 작고 꽃이 옆이나 위를 향해 피며 잎이 도란상 타원형 또는 난형

높이는 60~100cm, 곧게 섬

줄기는 흔히 적갈색을 띰. 털은 없음

드물게 연한 갈색인 것도 있음

꽃자루는 매우 짧음

포엽은 넓은 난형

수술은 5개
암술은 1개

꽃받침조각은 5개, 난형

잎은 타원형 또는 긴 타원형
톱니가 있음. 약간 두꺼움

열매는 사과
꽃받침에 싸임

섬잔대

잎은 난형
또는 긴 타원형

한라산
고지대에서 자라고
키가 작으며 꽃이
옆이나 위를 향함

0765 **가야산잔대** *Adenophora kayasanensis* / **두타산잔대** *A. dutasanensis*

- 어긋나기, 홑잎, 양성화, 수상꽃차례
- 습지에서 자라며 8월에 꽃 피는 여러해살이풀
- 줄기가 흔히 적갈색이고 화관이 넓게 벌어지며 꽃자루가 짧고 포엽과 꽃받침조각이 난형

＊ 두타산잔대는 잎이 피침형이고 4~5개가 돌려나며 꽃차례 가지가 어긋남

높이는 40~80cm
곧게 섬

잎은 선형 또는
넓은 선형
2~4개가 돌려남
톱니가 있음

꽃받침조각은 5개, 털이 있음

수술은 5개
암술은 1개가
화관 밖으로 나옴

화관은 종 모양, 끝이 5갈래로 갈라짐

열매는 삭과, 꽃받침에 싸임

두타산잔대

꽃차례 가지가
어긋남

잎이 피침형
4~5개가 돌려남

0766 **선모시대** *Adenophora erecta*

- 어긋나기, 홑잎, 양성화, 총상꽃차례
- 울릉도 숲 속에서 자라며 8~9월에 꽃 피는 여러해살이풀
- 도라지모시대보다 잎이 두껍고 광택이 있으며 촘촘히 달리고 줄기가 곧게 섬

높이는 30~50cm, 곧게 섬. 가지가 거의 갈라지지 않음

곧게 섬 → 줄기는 굵고 단단함

수술은 5개

암술은 1개
화관 밖으로
나오지 않음

화관은 넓은 종 모양
끝이 5갈래로 갈라짐

포엽은 넓은 피침형

꽃받침조각은 5개
넓은 피침형

두껍고 광택이 있음

잎은 난형, 촘촘히 달림.
날카로운 톱니가 있음

열매는 원추형 삭과
꽃받침에 싸임

0767 모시대 *Adenophora remotiflora*

- 어긋나기, 홑잎, 양성화, 원추꽃차례
- 산지 숲 속에서 자라며 7~9월에 꽃 피는 여러해살이풀
- 도라지모시대보다 꽃이 작고 길며 대개 꽃차례가 갈라지면서 원추꽃차례를 이룸

＊ 잔대 종류와는 잎자루가 있는 점이 다름

꽃차례가 갈라져 원추꽃차례를 이룸

높이는 40~100cm, 곧게 섬

줄기에 드물게 털이 있음

포엽은 피침형, 톱니가 있음

꽃받침조각은 5개 피침형

화관은 종 모양 끝이 5갈래로 갈라짐

수술은 5개 암술은 1개

화관이 흰색이거나 약간 넓은 형태도 있음

잎은 난형 또는 심장형 또는 넓은 피침형 날카로운 톱니가 있음

열매는 삭과 꽃받침에 싸임

0768 도라지모시대 *Adenophora grandiflora*

- 어긋나기, 홑잎, 양성화, 총상꽃차례
- 산지 숲 속에서 자라며 7~8월에 꽃 피는 여러해살이풀
- 모시대보다 꽃이 크고 넓으며 대개 꽃차례가 갈라지지 않아 단독으로 총상꽃차례를 이룸

* 잔대 종류와는 잎자루가 있는 점이 다름

높이는 40~70cm, 곧게 섬

꽃차례가 거의 갈라지지 않는 총상꽃차례

줄기는 털이 없고 흔히 자줏빛을 띰

포엽은 피침형

꽃받침조각은 5개 피침형

화관이 나팔 형태 종 모양 끝이 5갈래로 갈라짐

수술은 5개

암술은 1개 화관과 길이가 비슷하거나 약간 긺

잎은 난형 또는 난상 피침형 날카로운 톱니가 있음

열매는 삭과 꽃받침에 싸임

0769 초롱꽃 *Campanula punctata* / 섬초롱꽃 *C. takesimana*

- 어긋나기, 홑잎, 양성화, 총상꽃차례
- 산과 들에서 자라며 5~8월에 꽃 피는 여러해살이풀
- 금강초롱꽃과 달리 꽃이 흰색이고 화관 양면에 털이 있으며 줄기에 퍼진 털이 밀생

＊ 울릉도에서 자라는 섬초롱꽃은 잎에 광택이 있고 줄기에 털이 없음

높이는 30~80cm
곧게 섬

줄기에 퍼진
털이 밀생

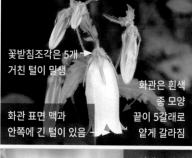

꽃받침조각은 5개
거친 털이 밀생

화관은 흰색
종 모양

화관 표면 맥과
안쪽에 긴 털이 있음

끝이 5갈래로
얕게 갈라짐

줄기잎은 삼각상 난형 또는 피침형
불규칙한 톱니가 있음

양면에 뻣뻣한 털이 있어서 거칢

열매는 삭과
꽃받침에 싸임

잎에 광택이 있고
줄기에 털이
거의 없음

섬초롱꽃

0770 **자주꽃방망이** *Campanula glomerata* subsp. *speciosa*

- 어긋나기, 홑잎, 양성화, 두상꽃차례
- 높은 산 풀밭에서 자라며 8~10월에 꽃 피는 여러해살이풀
- 꽃이 위를 향해 피고 두상꽃차례를 이룸

높이는 40~100cm, 곧게 섬

줄기 위로 갈수록 잔털이 적어짐

잔털이 있음

위를 향해 피고 두상꽃차례를 이룸

수술은 5개
암술은 1개
암술머리는
3갈래로 갈라짐

화관은 5갈래로 깊게 갈라짐
안쪽에 털이 있음

꽃받침은
5갈래로 갈라짐

잎은 난형 또는 난상 피침형, 톱니가 있음
양면에 거친 털이 있음

열매는 삭과
꽃받침에 싸임

0771 금강초롱꽃 *Hanabusaya asiatica*

- 어긋나기, 홑잎, 양성화, 원추꽃차례
- 경기도 이북 높은 산에서 자라며 7~9월에 꽃 피는 여러해살이풀
- 초롱꽃과 달리 꽃이 보라색이고 꽃받침조각이 선형이며 줄기에 털이 거의 없음

높이는 20~70cm, 곧게 섬

줄기에 털이 거의 없음

꽃받침조각은 5개, 선형

꽃이 아래를 향해 핌
화관 양면에 털이 없음

화관은 종 모양
끝이 5갈래로 얕게 갈라짐

잎은 긴 난형 또는 난상 타원형
톱니가 있음

열매는 삭과
꽃받침에 싸임

꽃이 흰색인
것도 있음

0772 홍노도라지 *Peracarpa carnosa*

- 어긋나기, 홑잎, 양성화, 줄기 끝이나 위쪽 잎겨드랑이에서 나온 꽃대에 1개씩 핌
- 제주도 숲 속이나 나무 그늘에서 자라며 4~8월에 꽃 피는 여러해살이풀
- 애기도라지와 달리 잎이 넓은 난형이고 잎자루가 길며 꽃이 흰색

높이는 5~15cm, 연약하게 비스듬히 섬

줄기에 털은 없음

암술은 1개, 암술머리는 3갈래로 갈라짐

수술은 4~5개

화관은 흰색, 대개 5갈래로 깊게 갈라짐
갈래조각에 흔히 홍자색 무늬가 나타남

꽃받침은 끝이 5갈래로 얕게 갈라짐

잎은 난상 원형 또는 넓은 난형
둔한 톱니가 있음

열매는 타원형 삭과, 꽃받침에 싸임

0773 **애기도라지** *Wahlenbergia marginata*

- 어긋나기, 홑잎, 양성화, 줄기나 가지 끝에 1개씩 핌
- 전남과 제주도 저지대 풀밭에서 자라며 5~8월에 꽃 피는 여러해살이풀
- 홍노도라지와 달리 잎이 도란형 또는 도피침형이고 잎자루가 없으며 꽃이 보라색

높이는 20~40cm, 곧게 섬

암술머리가 2갈래로
갈라진 꽃

암술머리가 3갈래로 갈라진 꽃

줄기는 모가 짐
퍼진 털이 있음

수술은 5개

암술은 1개
암술머리는 대개
3갈래로 갈라짐

화관은 보라색, 나팔 모양
대개 5갈래로 깊게 갈라짐

두꺼움. 물결 모양 둔한 톱니가 있음

잎자루는 없음

잎은 도란형
또는 도피침형

굵직한 흰색 뿌리가 있음

열매는 원뿔 모양 삭과
꽃받침에 싸임

0774 도라지 *Platycodon grandiflorus*

- 어긋나기 또는 마주나기 또는 돌려나기, 홑잎, 양성화, 줄기 끝에 몇 개씩 핌
- 심거나 산과 들에서 자라며 7~9월에 꽃 피는 여러해살이풀
- 화관이 크고 중간까지 갈라지며 갈래조각이 삼각상 넓은 난형

높이는 40~100cm, 곧게 섬. 위쪽에서 가지가 갈라짐

줄기에 → 털은 없음

수술이 성숙한 꽃

암술이 성숙한 꽃

화관은 5갈래로 중간까지 갈라짐
갈래조각은 삼각상 넓은 난형

잎은 긴 난형 또는 넓은 피침형
톱니가 있음

잎자루는 없음

굵은 뿌리가 있음

열매는 난형 삭과
익으면 끝이
5갈래로 갈라짐

0775 영아자 *Asyneuma japonicum*

- 어긋나기, 홑잎, 양성화, 총상꽃차례
- 낮은 산자락에서 자라며 7~9월에 꽃 피는 여러해살이풀
- 화관이 깊게 갈라지고 갈래조각이 선형

높이는 50~100cm
곧게 섬

잎은 긴 타원형 또는 넓은 타원형
톱니가 있음. 양면에 털이 약간 있음

줄기에
능선이 있음
전체에
털이 있음

수술은 5개
수술대 아래쪽에
털이 있음

꽃받침조각은
5개, 선형

잎을 자르면 하얀 액이 나옴

암술은 1개
수술보다
나중에 성숙함

화관은 5갈래로 깊게 갈라짐
갈래조각은 선형, 뒤로 말림

뿌리잎 모양은 변이가 심함

열매는 약간
납작한 구형 삭과

0776 **만삼** *Codonopsis pilosula*

- 어긋나기 또는 마주나기, 홑잎, 양성화, 잎겨드랑이에서 나온 꽃대에 1개씩 핌
- 지리산 이북 산지에서 자라며 7~9월에 꽃 피는 여러해살이풀
- 화관 안쪽에 반점이 없으며 뿌리가 가늘고 길쭉함

길이는 100~200cm
덩굴져 자람

가늘고 긴 뿌리가 있음

꽃받침조각은 5개
긴 난형

화관은 종 모양
끝이 5갈래로 얕게 갈라짐

화관 안쪽에
반점 무늬는 없음

수술은 5개

암술은 암술머리가
3갈래로 갈라짐

잎은 난형 또는 난상 타원형

둔한 톱니가
있거나 밋밋한 편.
양면에 털이 있음

열매는 납작한 오각형 삭과

0777 더덕 *Codonopsis lanceolata*

- 어긋나기, 홑잎, 양성화, 짧은 가지 끝에 1개씩 핌
- 산지 숲 속에서 자라며 8~9월에 꽃 피는 여러해살이풀
- 소경불알보다 꽃이 크고 화관 안쪽에 자줏빛 반점이 넓게 흩어져 있으며 뿌리가 굵음

＊ 씨 한쪽에 넓은 날개가 있는 점도 다름

길이는 200~300cm, 덩굴져 자람

굵은 뿌리가 있음

화관은 종 모양, 끝이 5갈래로 얕게 갈라짐

암술은 1개
암술머리는
3갈래로 갈라짐

수술은 5개

화관 안쪽에 자줏빛 반점이 흩어져 있음

짧은 가지
끝에서는
4개가 돌려난
것처럼 보임

잎은 타원형 또는 긴 타원형
뒷면은 분백색을 띰

열매는 납작한 오각형 삭과

씨는 한쪽에 넓은 날개가 있음

0778 소경불알 *Codonopsis ussuriensis*

- 어긋나기, 홑잎, 양성화, 짧은 가지 끝에 1개씩 핌
- 산지 숲 속에서 자라며 8~9월에 꽃 피는 여러해살이풀
- 더덕보다 꽃이 작고 화관 안쪽에 자줏빛 테가 있으며 둥근 덩이뿌리가 있음
- ✱ 씨에 날개가 거의 없는 점도 다름

길이는 100~200cm
덩굴져 자람

둥근 덩이뿌리가 있음

꽃받침조각은 5개,
긴 난형

화관은 종 모양
끝이 5갈래로
얇게 갈라짐

수술은 5개

암술은 1개
암술머리는
3갈래로 갈라짐

화관 안쪽에
자줏빛 테가 있음

잎 뒷면에
대개 털이 없음

열매는 납작한 오각형 삭과

씨에 날개가 거의 없음

0779 수염가래꽃 *Lobelia chinensis*

- 어긋나기, 홑잎, 양성화, 잎겨드랑이에 1~2개씩 핌
- 논둑이나 습지에서 자라며 6~9월에 꽃 피는 여러해살이풀
- 바닥을 기듯이 자라고 꽃이 1~2개가 달리며 화관 아랫입술이 깊게 갈라짐

높이는 5~15cm
바닥을 기면서 옆으로 벋음

전체에
털이 없음

화관은 입술 모양
윗입술은 2갈래로 갈라짐

아랫입술은 3갈래로
깊게 갈라짐

암술이
나온 상태

암술이 나오지 않은 상태

잎은 피침형, 둔한 톱니가 있음

잎자루는 없음

열매는 삭과, 꽃받침에 싸임

0780 숫잔대 *Lobelia sessilifolia*

- 어긋나기, 홑잎, 양성화, 총상꽃차례
- 습지에서 자라며 7~9월에 꽃 피는 여러해살이풀
- 곧게 서서 자라고 총상꽃차례를 이루며 화관 아랫입술이 얕게 갈라짐

높이는 40~150cm, 곧게 섬. 가지가 갈라지지 않음

꽃은 총상꽃차례로 핌

줄기에 털이 없음

수술은 5개

화관은 입술 모양, 윗입술은 2갈래로 깊게 갈라짐

아랫입술은 3갈래로 얕게 갈라짐. 안쪽에 흰색 무늬가 있음

암술이 수술 사이로 나온 상태

꽃받침조각은 5개, 피침형

포엽은 피침형

잎은 피침형, 얕은 톱니가 있음 위로 갈수록 포엽으로 됨

열매는 난상 구형 삭과, 꽃받침에 싸임

0781 **떡쑥** *Pseudognaphalium affine*

- 어긋나기, 홑잎, 양성화와 암꽃, 두상꽃차례가 모여 산방꽃차례를 이룸
- 길가나 밭둑에서 자라며 5~6월에 꽃 피는 두해살이풀
- 총포가 누르스름한 빛을 띠고 꽃차례가 잎 속에 묻히지 않음

높이는 15~40cm, 곧게 섬

전체가 흰 솜털로 덮임

양성화

두상꽃차례는 황록색

양성화 주변에 암꽃이 달림

줄기잎은 주걱형, 양면이 솜털로 덮임

뿌리잎은 타원형, 꽃 필 무렵이면 시듦

열매는 수과, 황갈색 갓털이 달림

0782 풀솜나물 *Euchiton japonicus* / 선풀솜나물 *Gamochaeta calviceps*

- 어긋나기, 홑잎, 양성화, 두상꽃차례
- 충남 이남 양지바른 풀밭에서 자라며 5~7월에 꽃 피는 여러해살이풀
- 두상꽃차례가 모여 달리고 꽃이 필 때까지 뿌리잎이 남아 있으며 가지가 갈라지지 않음
- *북미 원산 외래식물인 선풀솜나물은 꽃줄기가 갈라지지 않고 곧게 서며 수상꽃차례

높이는 8~20cm
여러 대가 나와 곧게 섬

밑부분에서 옆으로 벋는
가지가 나와 번식함

꽃 필 때까지
뿌리잎이 있음

총포는 종 모양
3줄로 붙음

두상꽃차례는
모두 관모양꽃

열매는 수과, 흰색 갓털이 달림

선풀솜나물

꽃줄기가
갈라지지 않음

끊어지듯 이어지는
수상꽃차례를 이룸

0783 산솜다리 *Leontopodium leiolepis*

- 어긋나기, 홑잎, 양성화와 암꽃, 두상꽃차례
- 설악산 이북 높은 산 양지바른 곳에서 드물게 자라며 5~7월에 꽃 피는 여러해살이풀
- 포엽 크기가 일정하고 두상꽃차례가 조밀해서 포엽이 거의 정형화된 별 모양을 이룸

높이는 7~20cm, 여러 대가 모여 남

전체에 흰 솜털이 덮임

줄기잎은 넓은 선형 또는 피침형

포엽은 6~9개, 흰색 털로 덮임 서로 크기가 비슷해서 별 모양을 이룸

두상꽃차례는 양성화만 피거나 양성화와 암꽃이 섞여 핌

총포는 3줄로 붙음

뿌리잎은 주걱형 또는 도피침형 양면이 솜털로 덮임

열매는 긴 타원형 수과 표면에 털이 있음 흰색 갓털이 달림

0784 솜다리 *Leontopodium coreanum*

- 어긋나기, 홑잎, 양성화와 암꽃, 두상꽃차례
- 소백산 이북 산지 양지바른 곳에서 자라며 8~9월에 꽃 피는 여러해살이풀
- 산솜다리와 달리 포엽이 듬성듬성 달리고 꽃차례가 갈라짐

높이는 30~60cm, 여러 대가 모여 나고 곧게 섬

줄기잎은 피침형 또는 긴타원형

전체에 흰 솜털이 있음 ◀

포엽은 듬성듬성 달림. 흰색 털이 있음

두상꽃차례는 모두 관모양꽃

양성화

총포는 3줄로 붙음

양성화

암꽃

꽃차례가 갈라짐   양성화와 암꽃이 섞여 핌

뿌리잎은 선상 도피침형

열매는 타원형 수과, 흰색 갓털이 달림

0785 다북떡쑥 *Anaphalis sinica*

- 어긋나기, 홑잎, 암수딴포기, 두상꽃차례가 모여 산방꽃차례처럼 달림
- 중부 이북 산지에서 드물게 자라며 7~8월에 꽃 피는 여러해살이풀
- 구름떡쑥보다 키가 크고 잎이 얇으며 바깥 총포조각 끝이 둔함
- * 줄기에 날개가 발달하는 점도 다름

높이는 20~50cm, 여러 대가 모여 나고 곧게 섬

줄기에 털이 있고 날개가 발달함

두상꽃차례는 모두 관모양꽃

암꽃

총포는 흰색 5열로 붙음

끝이 둔함

잎은 넓은 피침형 앞면에는 희고 긴 털이 있음

뒷면은 황갈색 샘털이 섞여 있음

키가 큰 편

0786 **구름떡쑥** *Anaphalis sinica* var. *morii*

- 어긋나기, 홑잎, 수꽃과 잡성화(암꽃과 양성화), 두상꽃차례
- 한라산 고지대 건조한 풀밭에서 자라며 8~9월에 꽃 피는 여러해살이풀
- 다북떡쑥보다 키가 작고 잎이 두꺼우며 바깥 총포조각 끝이 뾰족함
- ＊ 줄기에 날개가 발달하지 않는 점도 다름

높이는 5~20cm, 여러 대가 모여 나고 곧게 섬

전체에 솜털이 덮임

양성화와 암꽃이 달리거나
수꽃만 피는 수포기가 있음

두상꽃차례는
모두 관모양꽃

총포는 종 모양, 끝이 뾰족함

잎은 피침형
촘촘히 달림
두꺼움
흰 털도 덮임

어린 싹

0787 금불초 *Inula japonica*

- 어긋나기, 홑잎, 양성화와 암꽃, 두상꽃차례
- 산과 들에서 자라며 7~10월에 꽃 피는 여러해살이풀
- 버들금불초와 달리 잎 뒷면 맥이 돌출하지 않고 잎이 듬성듬성 달림

높이는 30~100cm, 곧게 서고 가지가 갈라짐

줄기에 누운 털이 대개 있음

두상꽃차례 지름은 3~4cm

중앙부에 관모양꽃

주변부에 혀모양꽃

총포는 반구형, 5줄로 붙음 가장자리에 털이 있음

잎은 넓은 피침형 양면에 누운 털이 있거나 없음

잎이 듬성듬성 달림

열매는 긴 타원형 수과

0788 버들금불초 *Inula salicina* / 가는금불초 *I. linariifolia*

- 어긋나기, 홑잎, 양성화와 암꽃, 두상꽃차례
- 바닷가 산지와 들에서 자라며 7~10월에 꽃 피는 여러해살이풀
- 금불초와 달리 잎 뒷면 맥이 돌출하고 잎이 버들잎 모양이며 촘촘히 달림
- * 가는금불초는 잎이 선상 피침형

높이는 30~100cm
곧게 서고 가지가 드물게 갈라짐

잎이 비교적 촘촘히 달림

중앙부에 관모양꽃

주변부에 혀모양꽃

잎은 비들잎 모양 넓은 피침형
뒷면 맥이 돌출형, 샘털이 있기도 함

가는금불초

잎이 선상 피침형으로
가느다람

0789 뚱딴지 *Helianthus tuberosus*

- 어긋나기, 홑잎, 양성화와 암꽃, 두상꽃차례
- 밭에서 재배하거나 들에서 자라며 9~10월에 꽃 피는 여러해살이풀. 북미 원산 외래식물
- 해바라기보다 두상꽃차례가 작은 편이고 땅속에 돼지감자라 불리는 덩이줄기가 생김

전체에 거친
털이 있음

높이는 150~300cm, 곧게 서고 가지가 갈라짐

두상꽃차례 지름은 8cm

관모양꽃은 화관이 5갈래로 갈라짐

주변부에 혀모양꽃

중앙부에
관모양꽃

잎은 긴 타원형, 톱니가 있음
양면에 뻣뻣한 털이 있어 거칢

뿌리줄기 끝에
덩이줄기가 달림

0790 담배풀 *Carpesium abrotanoides*

- 어긋나기, 홑잎, 양성화, 두상꽃차례가 모여 수상꽃차례를 이룸
- 산과 들에서 자라며 8~9월에 꽃 피는 두해살이풀
- 긴담배풀과 달리 두상꽃차례가 자루 없이 줄기에 바로 붙음

높이는 50~100cm, 비스듬히 서고 가지가 갈라짐

줄기에 짧은 털이 밀생

총포조각은 3줄로 붙음

두상꽃차례는 모두 관모양꽃

자루 없이 줄기에 바로 붙음

잎은 넓은 타원형 또는 긴 타원형 불규칙한 톱니가 있음

뒷면에 샘점이 있음

뿌리잎는 꽃 필 무렵이면 시듦

열매는 끝이 부리 모양인 수과 샘털이 있어 잘 달라붙음

0791 긴담배풀 *Carpesium divaricatum*

- 어긋나기, 홑잎, 양성화, 두상꽃차례
- 산지 숲 속에서 자라며 8~10월에 꽃 피는 여러해살이풀
- 두메담배풀과 달리 줄기 아래쪽 잎이 난형에 가깝고 잎자루에 날개가 없음

높이는 25~150cm
곧게 서고 위쪽에서
가지가 갈라짐

줄기에
부드러운
털이 밀생

포엽은 2~4개, 피침형
두상꽃차례보다 긺

두상꽃차례는
모두 관모양꽃

총포조각은
4줄로 붙음

양면에 부드러운 털이 있음
뒷면에 샘점이 있음

잎은 난형 또는 긴 타원형,
톱니가 있음

뿌리잎

열매는 수과, 샘털이 있어 잘 달라붙음

0792 **두메담배풀** *Carpesium triste*

- 어긋나기, 홑잎, 양성화, 두상꽃차례
- 제주도 제외 지역 산지 숲 속에서 자라며 7~9월에 꽃 피는 여러해살이풀
- 긴담배풀과 달리 잎자루에 날개가 있음

높이는 40~100cm
곧게 서고 위쪽에서 가지가 갈라짐

전체에 짧은
털이 많음

총포는 종 모양

포엽은 선상 피침형
여러 개가 달림

두상꽃차례는 지름이 1cm, 모두 관모양꽃

총포조각은 끝이 둥긂

밑부분은 급히 좁아져 날개처럼
되면서 잎자루로 흐름

잎은 난상 긴 타원형 또는 피침형
불규칙한 톱니가 있음. 양면에 털이 있음

열매는 끝에 부리 모양 돌기가 있는 수과
돌기에 샘털이 있어 잘 달라붙음

0793 **천일담배풀** *Carpesium glossophyllum*

- 어긋나기, 홑잎, 양성화, 두상꽃차례
- 산지 건조한 숲 속이나 풀밭에서 자라며 8월에 꽃 피는 여러해살이풀
- 포엽이 총포엽보다 약간 길며 꽃이 필 때까지 뿌리잎이 있고 가장자리 톱니가 거의 없음

포엽은 총포보다 약간 긺

높이는 25~50cm
곧게 서고 가지가
적게 갈라짐

뿌리잎은 도피침상 주걱형
방석 모양으로 퍼짐
꽃 필 때까지 남음

총포조각은
5줄로 붙음

두상꽃차례는 지름이 0.8~1.5cm, 아래를 향해 핌

두상꽃차례는 백록색

전체에 퍼진
털이 밀생

물결 모양이거나
잔톱니가 있음

줄기잎은 긴 타원상 피침형
또는 선상 피침형

열매는 수과, 샘점이 있어 잘 달라붙음

0794 좀담배풀 *Carpesium cernuum*

- 어긋나기, 홑잎, 양성화, 두상꽃차례
- 산지 숲 속에서 자라며 8~9월에 꽃 피는 여러해살이풀
- 두메담배풀과 달리 잎밑이 점차 가늘어지고 포엽이 넓음

높이는 30~100cm
곧게 서고 가지가 갈라짐

전체에
부드러운
털이 덮임

포엽은 난상 피침형

두상화는 모두 관모양꽃
옆이나 아래를 향해 달림
지름은 0.8~1.5cm

총포는 밑부분이
둥근 깍정이 모양

잎밑이 점차 가늘어짐

잎은 주걱형 긴 타원형, 불규칙한 겹톱니
또는 물결 모양 톱니가 있음

열매는 선형 수과
부리에 샘점이 있어 잘 달라붙음

0795 **여우오줌** *Carpesium macrocephalum*

- 어긋나기, 홑잎, 양성화와 암꽃, 두상꽃차례
- 중부 이북 산지에서 자라며 8~10월에 꽃 피는 여러해살이풀
- 국내 자생 담배풀속 식물 중 두상꽃차례가 가장 큼

높이는 80~150cm, 곧게 서고 가지가 갈라짐

줄기잎은 도란상 긴 타원형
위로 갈수록 피침형으로 됨

줄기는
굵직하고
곱슬곱슬한
털이 있음

암꽃과 양성화로 핌

총포는 반구형

포엽은 피침형

두상꽃차례는 모두 관모양꽃
지름이 2.5~3.5cm로 큼

잎은 난형
불규칙한 치아 모양 겹톱니가 있음

뿌리잎은 길이가 30~40cm로 넓고 큼

열매는 선형 수과
부리에 샘점이 있어 잘 달라붙음

0796 솜나물 *Leibnitzia anandria*

- 모여나기, 홑잎, 양성화와 암꽃, 두상꽃차례
- 산과 들 양지바른 곳에서 자라며 3~5월에 꽃 피는 여러해살이풀
- 혀모양꽃 끝이 2갈래로 갈라지고 가을형 폐쇄화에서만 열매를 맺음

높이는 10~60cm

봄형은 키가 작고 개방화
열매는 맺지 못함

비늘잎이 달림

전체에
거미줄 같은
털이 많음

중앙부에 관모양꽃

두상꽃차례는
지름이 1.5cm

주변부에 혀모양꽃, 끝이 2갈래로 갈라짐

잎은 넓은 피침형
거미줄 같은 털로
덮였다가 점차 사라짐

가을형은 폐쇄화
꽃줄기가
30~60cm로 긺

가을형 폐쇄화에서 열매를 맺음

열매는 방추형 수과
갈색 갓털이 달림

0797 **단풍취** *Ainsliaea acerifolia*

- 어긋나기, 홑잎, 양성화, 두상꽃차례가 모여 수상꽃차례처럼 달림
- 산지 숲 속에서 자라며 8~9월에 꽃 피는 여러해살이풀
- 좀딱취와 달리 잎이 줄기 가운데에 달리고 잎몸 중간까지 갈라짐

높이는 30~80cm, 곧게 섬. 가지가 갈라지지 않음

줄기에 연한 갈색 털이 있거나 거의 없음

화관은 깊게 갈라짐 한쪽으로 휨

총포는 통 모양 붉은빛

수술 사이로 암술이 돋음

두상꽃차례는 3개 관모양꽃으로 됨

4~7개가 줄기 가운데에 빽빽이 달림

잎은 손 모양 중간까지 7갈래로 갈라짐

새순은 털로 뒤덮임

열매는 수과 갈색 갓털이 달림

0798 **좀딱취** *Ainsliaea apiculata*

- 어긋나기, 홑잎, 양성화, 두상꽃차례가 모여 총상꽃차례를 이룸
- 남부지방 숲 속에서 자라며 9~11월에 꽃 피는 여러해살이풀
- 단풍취와 달리 잎이 얕게 갈라지고 줄기 아래쪽에 달림

높이는 8~30cm 곧게 섬. 꽃줄기가 갈라지기도 함

비늘잎이 달림

꽃줄기에 갈색 털이 많음

화관은 5갈래로 갈라짐 끝이 갈고리처럼 휨

두상꽃차례는 3개 관모양꽃으로 됨

수술 사이로 암술이 돋음

암술

수술

총포조각은 5줄로 붙음

잎은 난형 또는 심장형, 5각상으로 얕게 갈라짐. 줄기 아래쪽에 5~11개가 달림

앞면에 광택이 있고 양면에 털이 있음

열매는 피침형 수과 표면에 털이 밀생

갈색 긴 갓털이 달림

0799 **도꼬마리** *Xanthium strumarium*

- 어긋나기, 홑잎, 암수한포기, 두상꽃차례가 모여 원추꽃차례를 이룸
- 들에서 자라며 8~9월에 꽃 피는 한해살이풀
- 큰도꼬마리와 달리 열매에 갈고리 모양 가시가 듬성듬성 있고 표면에 털이 있음

높이는 20~100cm
곧게 서고 가지가 많이 갈라짐

전체에 짧은
털이 있음

수꽃은 둥근
두상꽃차례로 핌

수꽃

암꽃은 수꽃차례
아래쪽에 달림

잎은 난상 삼각형, 3~5갈래로 얕게 갈라짐

불규칙한 톱니가 있음
양면에 거친 털이 있음

갈고리 모양 가시가 듬성듬성 있음

뿔 모양 돌기

표면에 털이 있음

열매는 둥근 타원형 수과, 총포에 싸임

0800 큰도꼬마리 *Xanthium orientale*

- 어긋나기, 홑잎, 암수한포기, 두상꽃차례가 모여 원추꽃차례를 이룸
- 들에서 자라며 8~10월에 꽃 피는 한해살이풀. 북미 원산 외래식물
- 도꼬마리와 달리 열매에 갈고리 모양 가시가 촘촘하고 표면에 사마귀 모양 샘점이 있음

높이는 50~200cm
곧게 서고 가지가 많이 갈라짐

전체에 짧은 털이 있음

수꽃은 둥근 두상꽃차례에 달림

암꽃

암꽃은 수꽃 아래쪽에 달림

수꽃차례

잎은 넓은 난형, 3~5갈래로 얕게 갈라짐

불규칙한 톱니가 있음
양면에 거친 털이 있음

열매는 둥근 타원형 수과, 총포에 싸임

뿔 모양 돌기

갈고리 모양
가시가 솜솜이 있음

표면에 사마귀 모양 샘점이 밀생

0801 **가시도꼬마리** *Xanthium italicum*

- 어긋나기, 홑잎, 암수한포기, 두상꽃차례가 모여 원추꽃차례를 이룸
- 들에서 자라며 8~9월에 꽃 피는 한해살이풀. 미대륙 및 유럽 원산 외래식물
- 큰도꼬마리와 달리 열매 가시에 비늘조각 모양 작은 가시가 밀생

높이는 40~120cm, 곧게 서고 가지가 많이 갈라짐

전체에 짧은 털이 있음
흑자색 반점이 있음

수꽃은 둥근
두상꽃차례에 달림

암꽃은 수꽃 아래쪽에 달림

수꽃

얕은 톱니가 있음
양면에 거친 털이 있음

잎은 넓은 난형, 3~5갈래로 갈라짐

열매는 둥근 타원형 수과
총포에 싸임

뿔 모양 돌기

갈고리 모양
긴 가시가 촘촘함

가시에 비늘조각 모양
작은 가시가 있음

0802 물머위 *Adenostemma lavenia*

- 마주나기, 홑잎, 양성화, 두상꽃차례가 모여 취산꽃차례처럼 달림
- 제주도 도랑이나 습기 있는 곳에서 자라며 9~10월에 꽃 피는 여러해살이풀
- 두상꽃차례가 모여 취산꽃차례처럼 달리고 수과에 갓털이 달리지 않음

높이는 30~100cm, 밑부분에서 휘어지고 다소 가지가 갈라짐

줄기에 잔털이 있음

물에 닿는 곳마다 뿌리를 내림

두상꽃차례는 관모양꽃, 모두 양성화 아래쪽에 샘털이 있음

암술대는 길게 나옴　취산꽃차례처럼 달림

총포조각은 2줄로 달림. 긴 타원형

잎은 난형 또는 난상 타원형 굵직한 톱니가 있음 양면에 털이 있음

열매는 도피침형 수과 돌기물 같은 짧은 털과 샘점이 있음

0803 **돼지풀** *Ambrosia artemisiifolia*

- 어긋나기, 홑잎, 암수한포기, 두상꽃차례(수꽃)가 모여 총상꽃차례를 이룸
- 길가나 빈터에서 자라며 8~9월에 꽃 피는 한해살이풀. 북미 원산 외래식물
- 단풍잎돼지풀보다 대체로 작고 잎이 깃꼴로 갈라짐

높이는 30~180cm
곧게 서고 가지가 많이 갈라짐

수꽃차례

전체에
부드러운
털이 많음

총포는 반구형, 둔한 톱니가 있음

수꽃 두상꽃차례
(10~15개 관모양꽃으로 됨)가
모여 원추꽃차례를 이룸
관모양꽃은 수술이 5개

암꽃은 수꽃차례
아래쪽에 달림
화관은 없음
총포에 싸임
암술대는 2개

잎은 2~3회 깃꼴로
깊고 가늘게 갈라짐

열매는 수과

0804 단풍잎돼지풀 *Ambrosia trifida*

- 어긋나기, 홑잎, 암수한포기, 두상꽃차례(수꽃)가 모여 총상꽃차례를 이룸
- 길가나 빈터에서 자라며 7~10월에 꽃 피는 한해살이풀. 북미 원산 외래식물
- 돼지풀보다 대체로 크고 잎이 손 모양으로 갈라짐

높이는 100~250cm, 곧게 서고 가지가 많이 갈라짐

전체에 거센 털이 많음

총포는 접시 모양

수꽃 두상꽃차례 (16개 내외 관모양꽃으로 됨)가 모여 총상꽃차례를 이룸

암꽃은 수꽃 아래쪽에 달림 화관은 없음 총포조각에 싸임 암술대는 2개

잔톱니가 있음 양면에 거친 털이 있음

잎은 난형 또는 넓은 난형 3~5갈래로 길라짐

열매는 난형 수과

0805 등골나물 *Eupatorium makinoi* var. *oppositifolium*

- 마주나기, 홑잎, 양성화, 두상꽃차례가 모여 산방꽃차례를 이룸
- 산과 들 풀밭이나 숲 가장자리에서 자라며 7~10월에 꽃 피는 여러해살이풀
- 벌등골나물과 달리 뿌리줄기가 짧고 잎 뒷면에 샘점이 있으며 잎이 거의 갈라지지 않음

높이는 100~200cm, 곧게 섬

줄기에 짧은 털이 밀생 흔히 자줏빛 반점이 있음

두상꽃차례는 흰색 또는 연한 홍색 관모양꽃이 5개씩 달림

총포는 원통형, 총포조각은 2줄로 붙음

잎은 난상 긴 타원형 또는 타원형 날카로운 톱니가 있음 양면에 털이 있음

뒷면에 샘점이 있음

열매는 원통형 수과 흰색 갓털이 달림

0806 벌등골나물 *Eupatorium japonicum* / 골등골나물 *Eupatorium lindleyanum*

- 마주나기, 홑잎, 양성화, 두상꽃차례가 모여 산방꽃차례를 이룸
- 습기 있는 풀밭에서 자라며 8~9월에 꽃 피는 여러해살이풀
- 등골나물과 달리 뿌리줄기가 옆으로 길게 벋고 잎이 3갈래로 깊게 갈라짐

* 골등골나물은 잎자루가 없고 3갈래로 깊게 갈라지기도 하며 3개 맥이 있음

높이는 100~150cm
곧게 섬

줄기 아래쪽에
털이 없음

잎은 흔히 3갈래로 깊게 갈라짐

갈래조각은 긴 타원형
또는 피침상 긴 타원형
날카로운 톱니가 있음

열매는 원통형 수과, 흰색 갓털이 달림

골등골나물

잎자루가 없음
3개 잎맥이 있음
3갈래로 깊게 갈라지기도 함

0807 **서양등골나물** *Ageratina altissima*

- 마주나기, 홑잎, 양성화, 두상꽃차례가 모여 산방꽃차례를 이룸
- 수도권 숲 가장자리와 숲 속에서 자라며 8~10월에 꽃 피는 여러해살이풀
- 두상꽃차례가 순백색이고 15~25개로 많이 달리며 잎이 난형이고 갈라지지 않음

줄기에 짧은 털이 있음

높이는 30~130cm
곧게 서고 가지가 많이 갈라짐

두상꽃차례는 순백색
15~25개 관모양꽃이 달림

총포조각은 1줄로 붙음

화관은 끝이 5갈래로 갈라짐

암술머리는 실처럼 2갈래로 갈라짐

잎은 난형, 끝이 뾰족함
거친 톱니가 있음

열매는 원뿔모양 수과, 검은색
광택이 있음. 흰색 갓털이 달림

0808 추분취 *Rhynchospermum verticillatum*

- 어긋나기, 홑잎, 양성화와 암꽃, 두상꽃차례
- 제주도 숲 속 그늘진 곳에서 자라며 8~10월에 꽃 피는 여러해살이풀
- 줄기가 대개 위쪽에서 둘로 갈라지고 수과에 갓털이 달리지 않음

높이는 50~100cm, 곧게 서거나 비스듬히 섬

총포조각은 3줄로 붙음

가지가 곧잘 2갈래로 갈라짐
잔털로 덮임

잎은 도피침형 또는
긴 타원상 도피침형

물결 모양 톱니가 있음
양면에 털이 있음

중앙부에 양성화
꽃덮개가 5갈래로 갈라짐

두상꽃차례는 백록색
관모양꽃으로 됨. 지름은 0.4~0.5cm

주변부에 암꽃

열매는 납작한 타원형 수과
돌기처럼 보이는 샘점이 있음

0809 **미역취** *Solidago virgaurea* subsp. *asiatica* / **울릉미역취** *Solidago virgaurea* subsp. *gigantea*

- 어긋나기, 홑잎, 양성화와 암꽃, 두상꽃차례가 모여 수상꽃차례처럼 달림
- 산과 들에서 자라며 7~10월에 꽃 피는 여러해살이풀
- 미국미역취와 달리 혀모양꽃이 긴 타원형으로 넓은 편

＊ 울릉도에서 자라는 울릉미역취는 줄기가 굵고 잎이 크며 두상꽃차례가 밀생

총포조각은 4줄로 붙음

줄기에 잔털이 있음

높이는 30~80cm, 곧게 서고 가지가 갈라지기도 함

중앙부는 관모양꽃

두상꽃차례 지름은 0.5~1cm

주변부는 혀모양꽃 긴 타원형으로 넓음

뿌리잎은 난형 또는 긴 타원형, 꽃 필 때면 시듦

열매는 원통형 수과 흰색 갓털이 달림

울릉미역취

줄기가 굵고 잎이 크며 두상꽃차례가 밀생

0810 미국미역취 *Solidago gigantea*

- 어긋나기, 홑잎, 양성화와 암꽃, 두상꽃차례가 모여 총상꽃차례를 이룸
- 길가나 빈터에서 자라며 7~8월에 꽃 피는 여러해살이풀. 북미 원산 외래식물
- 양미역취보다 키가 작은 편이고 줄기에 털이 거의 없으며 꽃이 여름에 핌

높이는 50~150cm
곧게 서고 단단함

줄기에 대개
털이 없음

중앙부에 관모양꽃이 달림

주변부에 7~15개 혀모양꽃이 달림

총포조각은 긴 타원형, 3줄로 붙음

화축에 털이 있음

잎은 피침형 또는 도피침형
상반부에 톱니가 있음

열매는 도원추형 수과
털이 있음. 흰색 갓털이 달림

0811 **양미역취** *Solidago altissima*

- 어긋나기, 홑잎, 양성화와 암꽃, 두상꽃차례가 모여 총상꽃차례를 이룸
- 길가나 빈터에서 자라며 9~10월에 꽃 피는 여러해살이풀. 북미 원산 외래식물
- 미국미역취보다 키가 크고 줄기에 털이 있으며 꽃이 가을에 핌

높이는 100~250cm, 곧게 서고 단단함

잎이 촘촘히 달림

줄기에 잔털이 있음

중앙부에 달리는 관모양꽃은 양성화

주변부에 달리는 혀모양꽃은 암꽃

총포조각은 긴 타원형, 3줄로 붙음

잎은 피침형
상반부에 톱니가 있음

흔히 군락을 이루며
중부지방까지 올라와 자람

0812 쑥부쟁이 *Aster yomena*

- 어긋나기, 홑잎, 양성화와 암꽃, 두상꽃차례가 모여 산방꽃차례를 이룸
- 산과 들 습기 있는 곳에서 자라며 8~10월에 꽃 피는 여러해살이풀
- 개쑥부쟁이와 달리 여러해살이풀이고 잎 톱니가 확실히 있으며 수과 갓털이 매우 짧음

높이는 30~100cm, 곧게 서고 위쪽에서 가지가 갈라짐

줄기에 털이 거의 없음

두상꽃차례는 연한 보라색 또는 흰색, 지름은 2.5cm

주변부는 혀모양꽃   중앙부는 관모양꽃

총포조각은 3줄로 붙음

굵은 톱니가 있음

줄기잎은 피침형 또는 긴 타원상 피침형

열매는 난형 수과 매우 짧은 갓털이 달림

0813 **개쑥부쟁이** *Aster meyendorffii* / **눈갯쑥부쟁이** *A. hayatae*

- 어긋나기, 홑잎, 양성화와 암꽃, 두상꽃차례가 모여 산방꽃차례를 이룸
- 산과 들 건조한 곳에서 자라며 8~10월에 꽃 피는 두해살이풀
- 쑥부쟁이와 달리 두해살이풀이고 잎 톱니가 거의 없으며 수과 갓털이 긴 편
- * 눈갯쑥부쟁이는 한라산 고지대에서 누워 자람

높이는 30~100cm, 곧게 서고 가지가 갈라짐

줄기에 희미한 능선과 짧은 털이 있음

주변부는 혀모양꽃

두상꽃차례는 연한 보라색 또는 흰색, 지름은 3~5cm

중앙부는 관모양꽃

잎은 선형 또는 피침형 또는 타원상 도피침형 밋밋하거나 얕은 톱니가 있음

갈색 긴 갓털이 달림

열매는 난형 수과 표면에 털이 있음

눈갯쑥부쟁이

한라산 고지대에서 누워 자람

0814 갯쑥부쟁이 *Aster hispidus* / 왕갯쑥부쟁이 *A. magnus*

- 어긋나기, 홑잎, 양성화와 암꽃, 두상꽃차례
- 충청 이남 바닷가 산과 들에서 자라며 8~11월에 꽃 피는 두해살이풀
- 잎이 두껍고 양면에 짧은 털이 있음

* 왕갯쑥부쟁이는 제주도 바닷가에서 자라고 줄기가 목질화하며 여러해살이풀

높이는 30~100cm
아래쪽에서 가지가 갈라져 비스듬히 섬

줄기잎은 선형
또는 피침형

줄기는
털이 없거나
약간 있음

중앙부는 관모양꽃

주변부는
혀모양꽃

두상꽃차례는 연한 보라색, 지름은 3~5cm

뿌리잎은 주걱형
두껍고 양면에 짧은 털이 있음

열매는 납작한 도란형 수과
저갈색 갓털이 달림

왕갯쑥부쟁이

줄기가 목질화하고
여러해살이풀

0815 단양쑥부쟁이 *Aster danyangensis*

- 어긋나기, 홑잎, 양성화와 암꽃, 두상꽃차례
- 경기도와 충북 강가 모래땅이나 자갈밭에서 자라며 8~10월에 꽃 피는 두해살이풀
- 개쑥부쟁이와 달리 잎이 선형으로 가느다람

높이는 30~100cm 곧게 서고 위쪽에서 가지가 많이 갈라짐

꽃줄기에 선형 잎이 많이 달림

줄기에 털이 약간 있음

중앙부는 관모양꽃

두상꽃차례는 연한 보라색 지름은 4cm 내외

주변부는 혀모양꽃

줄기잎은 선형, 털이 약간 있음

뿌리잎은 선형

열매는 납작한 도란형 수과 표면에 털이 있음. 적갈색 갓털이 달림

0816 **미국쑥부쟁이** *Symphyotrichum pilosum*

- 어긋나기, 홑잎, 양성화와 암꽃, 두상꽃차례가 모여 총상꽃차례를 이룸
- 길가나 빈터에서 자라며 8~10월에 꽃 피는 여러해살이풀
- 꽃이 총상꽃차례를 이루고 줄기잎이 선형이며 전체에 거친 털이 있음

전체에 거친 털이 있음 아래쪽은 목질화함

높이는 40~120cm 곧게 서고 가지가 많이 갈라짐

두상꽃차례는 흰색 지름은 1~2cm
중앙부는 관모양꽃
주변부는 혀모양꽃

총포조각은 3줄로 붙음 끝이 뾰족함

줄기잎은 좁은 선형 또는 피침형, 털이 있음

연한 갈색 갓털이 달림

열매는 도란형 수과, 표면에 털이 있음

0817 옹굿나물 *Aster fastigiatus*

- 어긋나기, 홑잎, 양성화와 암꽃, 두상꽃차례가 모여 산방꽃차례를 이룸
- 습기 있는 풀밭에서 자라며 8~10월에 꽃 피는 여러해살이풀
- 두상꽃차례 지름이 매우 작고 산방꽃차례를 이룸

산방꽃차례를 이룸

높이는 30~100cm
곧게 서고 위쪽에서
가지가 갈라짐

줄기에
잔털이 밀생

주변부는 혀모양꽃 중앙부는
관모양꽃

두상꽃차례는 흰색, 지름은 0.7~0.9cm

총포조각은 도피침형, 4줄로 붙음

줄기잎은 선상 피침형
톱니가 듬성듬성 있음
뒷면에 잔털이 있음

열매는 수과, 잔털과 샘점이 있음
연한 갈색 갓털이 달림

0818 까실쑥부쟁이 *Aster ageratoides*

- 어긋나기, 홑잎, 양성화와 암꽃, 두상꽃차례가 모여 산방꽃차례를 이룸
- 산과 들에서 자라며 8~10월에 꽃 피는 여러해살이풀
- 두상꽃차례 지름이 작은 편이고 엉성한 산방꽃차례를 이루며 잎이 까끌까끌함

높이는 50~120cm 곧게 서고 위쪽에서 가지가 갈라짐

줄기에 짧은 털이 약간 있거나 거의 없음

두상꽃차례는 흰색 또는 연한 보라색 지름은 0.6~2cm

중앙부는 관모양꽃

주변부는 혀모양꽃

총포조각은 3줄로 붙음

잎은 피침형 또는 타원상 피침형 3~9쌍 톱니가 있음

앞면에 짧고 뻣뻣한 털이 있어서 깔깔함

자갈색 갓털이 달림

열매는 납작한 도란형 수과, 표면에 털이 있음

0819 **섬쑥부쟁이** *Aster pseudoglehnii* / **추산쑥부쟁이** *A. × chusanensis*

- 어긋나기, 홑잎, 양성화와 암꽃, 두상꽃차례가 모여 산방꽃차례를 이룸
- 포항과 울릉도 산과 들에서 자라며 8~10월에 꽃 피는 여러해살이풀
- 두상꽃차례가 흰색이고 완전한 산방꽃차례를 이루며 줄기에 털이 없음

* 울릉도에서 자라는 추산쑥부쟁이는 섬쑥부쟁이와 해국 자연교잡종

높이는 40~100cm, 곧게 서고 위쪽에서 가지가 갈라짐

완전한
산방꽃차례

줄기에
털은 없음

두상꽃차례는 흰색
지름은 1.5cm 내외

중앙부는
관모양꽃

주변부는 10~13개 혀모양꽃

총포조각은
2~3줄로 붙음

잎은 타원형 또는 긴 타원형

양면에 잔털이 있고
뒷면에 샘점이 있음

추산쑥부쟁이

두상꽃차례 지름이
섬쑥부쟁이보다 크고 해국보다는 작음

0820 해국 *Aster spathulifolius*

- 어긋나기, 홑잎, 양성화와 암꽃, 두상꽃차례
- 중부 이남 바닷가 바위틈이나 모래땅에서 자라며 7~11월에 꽃 피는 여러해살이풀
- 잎이 넓은 주걱형이고 두꺼우며 잔털이 밀생
- ＊ 울릉도에 자라는 것은 잎이 넓고 얇으며 샘털이 적고 총포가 큰 점으로 구분하기도 함

높이는 30~60cm
비스듬히 자라고 아래쪽에서
가지가 많이 갈라짐

줄기잎은 주걱형
또는 도란형

전체에 부드러운
털이 많음
샘털도 있음

두상꽃차례는
지름이 3.5~4cm

중앙부는
관모양꽃

주변부는
혀모양꽃

흰색 꽃도 있음

뿌리잎은 방석처럼 퍼짐

울릉도의 것은
잎이 넓고 얇으며 샘털이 적음

0821 개미취 *Aster tataricus*

- 어긋나기, 홑잎, 양성화와 암꽃, 두상꽃차례가 모여 엉성한 산방꽃차례를 이룸
- 산지 숲 속에서 자라며 8~10월에 꽃 피는 여러해살이풀
- 쑥부쟁이보다 꽃과 잎이 크고 대체로 큼

엉성한 산방꽃차례를 이룸

높이는 100~150cm
곧게 서고 위쪽에서 가지가 갈라짐

줄기에 짧고
뻣뻣한
털이 있어
거칠거칠함

두상꽃차례는 연한 보라색
지름은 2.5~3.5cm

중앙부는
관모양꽃

주변부는 혀모양꽃

줄기잎은 난형 또는 긴 타원형
잔톱니가 있음

뿌리잎은 크고 굵은 톱니가 있음

열매는 도란상 긴 타원형 수과
표면에 털이 있고 갈색 갓털이 달림

0822 벌개미취 *Aster koraiensis*

- 어긋나기, 홑잎, 양성화와 암꽃, 두상꽃차례가 1개씩 핌
- 강원도 이남 산과 들에서 드물게 자라며 7~10월에 꽃 피는 여러해살이풀
- 개미취와 달리 전체에 털이 거의 없고 두상꽃차례가 좀 더 크며 수과에 갓털이 없음

높이는 50~100cm, 곧게 섬

1개씩 달림

줄기에 파진 홈이 있음 털은 거의 없음

두상꽃차례는 보라색 지름은 4~5cm

중앙부는 관모양꽃

주변부는 혀모양꽃

주변부 혀모양꽃은 암꽃

총포조각은 4줄로 붙음 가장자리에 털이 있음

줄기잎은 피침형, 얕은 톱니가 있음

열매는 도피침상 긴 타원형 수과 털이 없고 갓털이 달리지 않음

0823 갯개미취 *Aster tripolium*

- 어긋나기, 홑잎, 양성화와 암꽃, 두상꽃차례가 모여 산방꽃차례를 이룸
- 남해안과 서해안을 비롯해 북부지방 바닷가에서 자라며 9~10월에 꽃 피는 두해살이풀
- 비짜루국화보다 두상꽃차례 지름이 크고 전체에 털이 없으며 약간 다육질

높이는 30~100cm
곧게 서고 위쪽에서 가지가 갈라짐

전체에
털이 없음

두상꽃차례는 연한 보라색
지름은 1.6~2.2cm

중앙부는
관모양꽃

주변부는 혀모양꽃

총포조각은 3줄로 붙음. 끝이 둔함

잎밑이 줄기를 반쯤 감쌈

잎은 선상 피침형 또는 선형
가장자리는 밋밋함

흰색 갓털이 달림

열매는 긴 타원형 수과, 표면에 털이 약간 있음

0824 **좀개미취** *Aster maackii*

- 어긋나기, 홑잎, 양성화와 암꽃, 두상꽃차례가 모여 산방꽃차례를 이룸
- 강원도 이북 계곡에서 자라며 8~10월에 꽃 피는 여러해살이풀
- 개미취보다 전체가 작고 두상꽃차례가 적게 달리며 잎이 가늘고 톱니가 적음

높이는 40~90cm
곧게 서고 가지가 갈라짐

줄기에 짧은
털이 있음

두상꽃차례는 연한 보라색, 지름은 4cm 내외

중앙부는
관모양꽃

주변부는 혀모양꽃

총포조각은 3줄로 붙음
끝이 자줏빛을 띰

잎은 피침형, 톱니가 듬성듬성 있음

양면에 잔털이 있음

연한 갈색 갓털이 달림

열매는 도란형 수과
거친 털이 밀생

0825 비짜루국화 *Symphyotrichum subulatum*

- 어긋나기, 홑잎, 양성화와 암꽃, 두상꽃차례가 모여 원추꽃차례를 이룸
- 제주도와 경기도 바닷가에서 자라며 8~10월에 꽃 피는 한해살이풀. 북미 원산 외래식물
- 큰비짜루국화보다 두상꽃차례 지름이 작고 꽃이 진 후 갓털이 총포 밖으로 나옴

* 큰비짜루국화보다 비교적 드문 편

높이는 50~120cm
곧게 서고 가지가
많이 갈라짐

줄기에
짧은 털이
드물게 있음

두상꽃차례는 흰색 또는 연한 보라색
지름이 0.5~0.6cm

중앙부는 관모양꽃

주변부는 혀모양꽃

꽃이 진 후 갓털이 자라 총포 밖으로 나옴

총포조각은 3~4줄로 붙음

뿌리잎은 주걱형

줄기잎은 선형
가장자리는 밋밋함

연한 갈색 갓털이 달림

열매는 수과, 표면에 털이 있음

0826 큰비짜루국화 *Symphyotrichum expansum*

- 어긋나기, 홑잎, 양성화와 암꽃, 두상꽃차례가 모여 원추꽃차례를 이룸
- 길가나 빈터에서 자라며 8~10월에 꽃 피는 한해살이풀. 북미 원산 외래식물
- 비짜루국화보다 두상꽃차례 지름이 크고 꽃이 진 후 갓털이 총포 밖으로 나오지 않음

※ 주변에 흔히 자라는 건 대개 큰비짜루국화

높이는 50~120cm
곧게 서고 가지가
많이 갈라짐

줄기에
짧은 털이
약간 있음

두상꽃차례는 흰색 또는
연한 보라색, 지름은
1cm

중앙부는
관모양꽃

주변부는 혀모양꽃

꽃이 진 후 총포 밖으로 갓털이 나오지 않음

총포조각은 3~4줄로 붙음

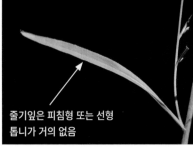

줄기잎은 피침형 또는 선형
톱니가 거의 없음

연한 갈색
갓털이 달림

열매는 수과, 표면에 털이 있음

0827 **참취** *Aster scaber*

- 어긋나기, 홑잎, 양성화와 암꽃, 두상꽃차례가 모여 산방꽃차례를 이룸
- 산과 들에서 자라며 8~10월에 꽃 피는 여러해살이풀
- 두상꽃차례가 산방꽃차례를 이루고 뿌리 쪽 잎이 심장형

산방꽃차례를 이룸

높이는 100~150cm
곧게 서고 위쪽에서
가지가 갈라짐

전체에 거친
털이 있으나
위쪽 줄기에는
없음

중앙부는
관모양꽃

두상꽃차례는 흰색
지름은 1.8~2.4cm

주변부는 혀모양꽃

톱니가 있고 양면이 거칠거칠함

줄기잎은 심장형이고 위로
갈수록 피침형으로 됨

줄기 아래쪽 잎은 심장형
꽃이 필 때까지 남

열매는 도피침형 수과
연한 갈색 갓털이 달림

0828 **망초** *Erigeron canadensis* / **큰망초** *E. sumatrensis*

- 어긋나기, 홑잎, 양성화와 암꽃, 두상꽃차례가 모여 원추꽃차례를 이룸
- 길가나 빈터에서 자라며 7~9월에 꽃 피는 두해살이풀. 북미 원산 외래식물
- 개망초와 달리 잎이 좁고 촘촘히 붙으며 두상화 지름이 매우 작음
- * 남미 원산 외래식물인 큰망초는 혀모양꽃이 매우 작고 꽃이 줄기 위쪽에 많이 달림

높이는 50~150cm, 곧게 서고 중간에서 가지가 많이 갈라짐

전체에 퍼진
털이 많음

중앙부는 관모양꽃

두상꽃차례는 흰색
지름은 0.3cm

주변부는 혀모양꽃

잎밑이 좁아지면서 잎자루처럼 됨

줄기잎은 도피침형
위로 갈수록 선형으로 됨
2~4쌍 톱니가 있고
퍼진 털이 있음

열매는 수과
갈색 갓털이 달림

큰망초

혀모양꽃이 매우 작고
꽃이 줄기 위쪽에
많이 달림

0829 개망초 *Erigeron annuus* / 실망초 *E. bonariensis*

- 어긋나기, 홑잎, 양성화와 암꽃, 두상꽃차례가 모여 산방꽃차례를 이룸
- 길가나 빈터에서 자라며 5~10월에 꽃 피는 두해살이풀. 북미 원산 외래식물
- 주걱개망초와 달리 잎이 피침형이고 톱니가 있음

＊ 남미 원산 외래식물인 실망초는 두상꽃차례와 열매차례가 크고 잎이 뒤틀림

높이는 30~100cm, 곧게 서고 위쪽에서 가지가 갈라짐

전체에 퍼진 털이 있음

중앙부는 관모양꽃

두상꽃차례는 흰색 지름은 2cm 내외

주변부는 혀모양꽃

줄기잎은 피침형 톱니가 몇 쌍 있음 양면에 털이 있음

연한 갈색 갓털이 달림

열매는 수과, 표면에 털이 있음

실망초

두상꽃차례가 크고 열매도 크게 부풀며 잎이 뒤틀림

0830 **봄망초** *Erigeron philadelphicus* / **주걱개망초** *E. strigosus*

- 어긋나기, 홑잎, 양성화와 암꽃, 두상꽃차례가 모여 산방꽃차례를 이룸
- 길가나 빈터에서 자라며 4~6월에 꽃 피는 여러해살이풀. 북미 원산 외래식물
- 개망초와 달리 줄기 속이 비어 있으며 두상꽃차례 혀모양꽃이 가늘고 매우 많음

※ 유럽 원산 외래식물인 주걱개망초는 모든 잎이 주걱형이고 톱니가 거의 없음

높이는 30~80cm
곧게 서고
위쪽에서 가지가
갈라짐

줄기 속은 비어 있음
연한 털이 있음

두상꽃차례는 흰색 또는 연한 분홍색
지름은 2~2.5cm

중앙부는 관모양꽃

주변부 혀모양꽃은
300~400개 정도로 많음

잎밑이 줄기를 감쌈

줄기잎은 주걱형 또는 넓은 피침형
톱니가 듬성듬성 있음

줄기 속은 비어 있음

주걱개망초

모든 잎이 주걱형
톱니가 거의 없음

0831 **털머위** *Farfugium japonicum*

- 뿌리에서 모여나기, 홑잎, 양성화와 암꽃, 두상꽃차례가 모여 산방꽃차례를 이룸
- 울릉도와 남부지방 바닷가에서 자라며 9~11월에 꽃 피는 상록성 여러해살이풀
- 어린잎이 안으로 말리고 양면에 거미줄 같은 털이 많으며 수과 표면에 털이 밀생

높이는 30~70cm

잎은 신장형 또는 원형 → 치아 모양 톱니가 있음

줄기에 거미줄 같은 갈색 털이 있음

두상꽃차례는 노란색, 지름은 4~6cm

주변부는 혀모양꽃 중앙부는 관모양꽃

혀모양꽃 암술 관모양꽃 수술

어린잎은 안으로 말림 양면에 거미줄 같은 털이 밀생하다 점차 떨어짐

열매는 수과, 표면에 털이 밀생

흰색 갓털이 달림

0832 머위 *Petasites japonicus*

- 어긋나기, 홑잎, 양성화와 암꽃, 두상꽃차례가 모여 산방꽃차례를 이룸
- 습기가 있는 곳에서 자라며 3~4월에 꽃 피는 여러해살이풀
- 털머위와 달리 줄기잎이 달리고 두상꽃차례가 흰색

높이는 5~50cm
곧게 섬

줄기는 굵직하고 털이 있음

두상꽃차례가 모여
산방꽃차례를 이룸

양성화

두상꽃차례는 흰색
관모양꽃으로 됨

암꽃

양성화는 화관이
5갈래로 갈라짐

잎은 신장상 원형
불규칙한 톱니가 있음

열매는 원통형 수과
흰색 갓털이 달림

0833 곰취 *Ligularia fischeri*

- 어긋나기, 홑잎, 양성화와 암꽃, 두상꽃차례가 모여 총상꽃차례를 이룸
- 깊은 산 냇가나 높은 산에서 자라며 7~10월에 꽃 피는 여러해살이풀
- 잎이 신장상 심장형

높이는 50~200cm, 곧게 섬

줄기 위쪽에 털이 있음

두상화 지름은 4~5cm

주변부 혀모양꽃은 5~9개

중앙부는 관모양꽃

총포조각은 8~9개 1줄로 붙음

뿌리잎은 신장상 심장형, 톱니가 있음

한라산 윗세오름 곰취 군락

0834 갯취 *Ligularia mongolica*

- 어긋나기, 홑잎, 양성화와 암꽃, 두상꽃차례가 모여 총상꽃차례를 이룸
- 제주도와 거제도 양지바른 풀밭에서 자라며 6~7월에 꽃 피는 여러해살이풀
- 뿌리잎이 넓은 타원형으로 크고 회청색

가지가 갈라지지 않음 분백색을 띰

줄기잎은 줄기를 감쌈

높이는 80~150cm, 곧게 섬

중앙부는 관모양꽃

두상꽃차례 지름은 3~4cm

주변부 혀모양꽃은 2~5개

총포조각은 5개

포엽은 피침형

뿌리잎은 넓은 타원형, 회청색을 띰

갈색 갓털이 달림

열매는 원추형 수과 털이 없음

0835 쑥방망이 *Senecio argunensis* / 국화방망이 *Tephroseris koreana*

- 어긋나기, 홑잎, 양성화와 암꽃, 두상꽃차례가 모여 산방꽃차례를 이룸
- 산과 들 양지바른 곳에서 자라며 9~10월에 꽃 피는 여러해살이풀
- 국화방망이와 달리 잎이 깃꼴로 갈라짐

* 국화방망이는 잎이 난상 삼각형이고 가장자리에 바늘 모양 톱니가 있음

높이는 60~150cm
곧게 서고 가지가 많이 갈라짐

줄기에
거미줄 같은
털이 있다가
없어짐

중앙부는 관모양꽃

두상꽃차례는
지름이 2~3cm

주변부는 혀모양꽃

총포조각은 긴 타원형
1줄로 붙음

줄기잎은 난상 긴타원형, 깃꼴로 깊게 갈라짐

국화방망이

잎이 난상 삼각형이고
바늘 모양 톱니가
있음

0836 금방망이 _Senecio nemorensis_

- 어긋나기, 홑잎, 양성화와 암꽃, 두상꽃차례가 모여 산방꽃차례를 이룸
- 한라산 이북 높은 산과 서해안 섬에서 자라며 7~9월에 꽃 피는 여러해살이풀
- 잎이 넓은 피침형 또는 타원형이고 날카로운 톱니가 있음
- * 서해안 섬에서 자라는 것은 한라산 것보다 잎이 넓고 듬성듬성 달림

높이는 50~100cm, 곧게 서고 위쪽에서 가지가 갈라짐

줄기는 능선이 있고 털은 없음

두상꽃차례는 지름이 1.7~2.5cm

중앙부는 관모양꽃

주변부는 혀모양꽃

줄기잎은 넓은 피침형 또는 타원형 날카로운 톱니가 있음

서해안에서 자라는 것은 잎이 넓고 듬성듬성 달림

열매는 원추형 수과 털은 없음

흰색 갓털이 달림

0837 개쑥갓 *Senecio vulgaris*

- 어긋나기, 홑잎, 양성화, 두상꽃차례가 모여 산방꽃차례를 이룸
- 길가나 빈터에서 자라며 3~11월에 꽃 피는 한두해살이풀. 유럽 원산 외래식물
- 두상꽃차례가 관모양꽃만 있고 잎이 깃꼴로 중간까지 갈라짐

높이는 15~40cm
곧게 서고 가지가 갈라짐

줄기는
거미줄 같은
털이 있다가
없어짐

두상꽃차례는 관모양꽃으로 됨

화관은 5갈래로 갈라짐

총포조각은 피침형, 끝이 자갈색

잎은 깃꼴로 중간까지 갈라짐
물결 모양 톱니가 있음

열매는 원기둥 모양 수과
표면에 털이 있음

흰색 갓털이
달림

0838 바위솜나물 *Tephroseris phaeantha*

- 어긋나기, 홑잎, 양성화와 암꽃, 두상꽃차례가 1~3개 달림
- 강원 이북 높은 산 바위지대나 풀밭에서 자라며 6~8월에 꽃 피는 여러해살이풀
- 솜방망이와 달리 뿌리잎이 줄기잎보다 작고 적게 달리며 고지대에서 자람

높이는 15~30cm
곧게 섬

줄기는
능선이 있고
거의 전체에
거미줄 같은
털이 있음

두상꽃차례는 지름이 1.5~3cm

중앙부는
관모양꽃

주변부는 혀모양꽃

뿌리잎은 긴 타원형, 줄기 아래쪽 잎보다 작음
톱니가 있고 잎자루가 있음

줄기 아래쪽
잎은 4~6개
긴 타원형
잎자루가 없음

뿌리잎

흰색 갓털이 달림

열매는 원추형 수과, 능선이 없음

0839 **솜방망이** *Tephroseris kirilowii*

- 어긋나기, 홑잎, 양성화와 암꽃, 두상꽃차례가 모여 산방꽃차례를 이룸
- 산기슭이나 들녘 풀밭에서 자라며 4~5월에 꽃 피는 여러해살이풀
- 바위솜나물과 달리 뿌리잎이 줄기잎보다 크고 여러 개가 달리며 저지대에서 자람

높이는 20~70cm, 곧게 섬

전체에 거미줄 같은 털이 많음

두상꽃차례는 지름이 3~4cm

중앙부는 관모양꽃

주변부는 혀모양꽃

총포는 통 모양

포엽은 피침형

뿌리잎은 타원형, 방석처럼 펼쳐짐

흰색 갓털이 달림

열매는 원통형 수과 털이 많음

0840 솜쑥방망이 *Tephroseris pierotii*

- 어긋나기, 홑잎, 양성화와 암꽃, 두상꽃차례가 모여 산방꽃차례를 이룸
- 비교적 낮은 지대의 습기 있는 곳에서 자라며 5~6월에 꽃 피는 여러해살이풀
- 꽃차례가 둥글게 달리고 뿌리잎이 좁은 주걱형 또는 피침형

높이는 50~70cm
곧게 섬

줄기에 능선이 있음

두상꽃차례는
노란색

중앙부는
관모양꽃

주변부는 혀모양꽃

줄기 속은 비어 있음

줄기는 처음에
기미줄 같은
털이 있다가
점차 없어짐

줄기잎은 선형
또는 피침형

뿌리잎은 좁은 주걱형 또는 피침형
밋밋하거나 얕은 톱니가 있음

0841 산솜방망이 *Tephroseris flammea*

- 어긋나기, 홑잎, 양성화와 암꽃, 두상꽃차례가 모여 산방꽃차례를 이룸
- 제주도 한라산과 강원도 이북 높은 산 풀밭에서 자라며 7~9월에 꽃 피는 여러해살이풀
- 혀모양꽃이 적황색이고 흔히 아래로 젖혀짐

혀모양꽃이 흔히 아래로 젖혀짐

줄기에 능선이 있음
잔털과 거미줄 같은
털로 덮임

높이는 15~50cm
곧게 섬

주변부는 혀모양꽃

두상꽃차례는 적황색
지름은 2.5~3.5cm

중앙부는 관모양꽃

혀모양꽃은 점차 아래로 젖혀짐

총포는 잔 모양

양면에 거미줄 같은 털이 있음

줄기잎은 도피침상 긴 타원형
불규칙한 톱니가 있음

열매는 긴 타원형 수과, 흰색 갓털이 달림

0842 우산나물 *Syneilesis palmata*

- 뿌리에서 나기, 홑잎, 양성화, 두상꽃차례가 모여 원추꽃차례를 이룸
- 산지 숲 속에서 자라며 7~9월에 꽃 피는 여러해살이풀
- 두상꽃차례가 모여 원추꽃차례를 이루고 잎이 손 모양으로 5~9갈래로 깊게 갈라짐

높이는 70~120cm, 곧게 섬

줄기잎

줄기는 회청색이 돌고 딱딱한 털이 있다가 없어짐

두상꽃차례는 지름이 0.8~1cm 7~13개 관모양꽃으로 됨

암술 수술 총포조각은 5개 긴 타원상 피침형

포엽은 1~2개 피침형

잎은 손 모양으로 5~9갈래로 깊게 갈라짐 갈래조각은 다시 갈라지고 톱니가 있음

처음에는 뽀얀 털로 덮임

흰색 갓털이 달림 열매는 수과

0843 민박쥐나물 *Parasenecio hastatus* subsp. *orientalis* / 나래박쥐나물 *P. auriculatus* var. *kamtschaticus*

- 어긋나기, 홑잎, 양성화, 두상꽃차례가 모여 원추꽃차례를 이룸
- 깊은 산 골짜기에서 자라며 7~9월에 꽃 피는 여러해살이풀
- 잎자루 밑부분이 귓불처럼 되지 않고 잎자루에 톱니가 없음
- ＊ 나래박쥐나물은 잎자루 밑부분이 귓불 모양으로 줄기를 감쌈

높이는 100~200cm, 곧게 서고 위쪽에서 가지가 갈라짐

줄기에 짧은 털이 있음

총포조각은 5~8개

두상꽃차례는 6~9개 관모양꽃으로 됨

잎자루에 날개가 있으나 톱니는 없음

잎밑이 줄기를 감싸지 않음

잎은 삼각상 창 모양, 불규칙한 톱니가 있음

열매는 선형 수과 세로줄이 있고 털은 없음

흰색 갓털이 달림

잎밑이 귓불 모양으로 되어 줄기를 감쌈

나래박쥐나물

0844 게박쥐나물 *Parasenecio adenostyloides*

- 어긋나기, 홑잎, 양성화, 두상꽃차례가 모여 원추꽃차례를 이룸
- 높은 산에서 자라며 7~9월에 꽃 피는 여러해살이풀
- 잎 가장자리에 불규칙한 톱니가 있고 총포조각이 5~6개

높이는 60~100cm, 곧게 섬

전체에 털이 거의 없음

총포조각은
5~6개

두상꽃차례는
4~7개 관모양꽃

잎은 삼각상 다각형
불규칙한 톱니가 있음

열매는 수과, 흰색 갓털이 달림

잎이 신장형이고
총포조각이 3개인 것도 있음

0845 톱풀 *Achillea alpina*

- 어긋나기, 홑잎, 양성화, 두상꽃차례가 모여 산방꽃차례를 이룸
- 산과 들 풀밭에서 자라며 7~10월에 꽃 피는 여러해살이풀
- 서양톱풀과 달리 잎이 1회 깃꼴로 갈라지고 잎자루가 없음

높이는 50~120cm 곧게 서고 위쪽에서 가지가 갈라짐

줄기 위쪽에 털이 있음

중앙부는 관모양꽃

두상꽃차례는 지름이 0.7~0.9cm

주변부는 혀모양꽃 길이는 0.35~0.45cm

총포조각은 거의 2줄로 붙음

1회 깃꼴로 깊게 갈라짐 날카로운 톱니가 있음

잎은 넓은 선형

열매는 수과, 털이 없음

0846 산톱풀 *Achillea alpina* var. *discoidea*

- 어긋나기, 홑잎, 양성화, 두상꽃차례가 모여 산방꽃차례를 이룸
- 높은 산이나 깊은 산 풀밭에서 자라며 7~10월에 꽃 피는 여러해살이풀
- 톱풀보다 두상꽃차례 지름이 0.4cm로 작고 혀모양꽃이 0.3cm 이하로 매우 작음

높이는 30~100cm
곧게 섬

줄기에
능선이 있음.
위쪽에 털이 많음

깃꼴로 깊게 갈라짐
갈래조각에 톱니가 거의 없음

잎은 넓은 선형 또는 피침형

중앙부는
관모양꽃

주변부 혀모양꽃은
0.3cm 이하로
매우 작음

두상꽃차례는
지름이 0.4cm로 작음

총포조각은
거의 3줄로 붙음

0847 서양톱풀 *Achillea millefolium*

- 어긋나기, 홑잎, 양성화, 두상꽃차례가 모여 산방꽃차례를 이룸
- 길가나 빈터에서 자라며 6~9월에 꽃 피는 여러해살이풀. 유럽 원산 외래식물
- 톱풀과 달리 잎이 2~3회 깃꼴로 갈라지고 전체에 연한 털이 많음
- * 아킬레아라고 부르는 여러 원예품종이 있음

높이는 30~100cm, 곧게 섬

줄기에 능선이 있음
전체에 연한 털이 있음

중앙부는
관모양꽃

주변부는
혀모양꽃

두상꽃차례는
지름이
0.7~1cm

잎은 피침상 긴 타원형 또는 피침형

2~3회 깃꼴로 갈라짐
갈래조각은 선형

열매는 긴 타원형 수과

아킬레아

아킬레아라고 부르는 여러 품종을 심음

0848 중대가리풀 *Centipeda minima* / 유럽단추쑥 *Cotula australis*

- 어긋나기, 홑잎, 양성화, 두상꽃차례
- 길가나 빈터 또는 밭에서 자라며 7~8월에 꽃 피는 한해살이풀
- 두상꽃차례가 매우 작고 잎겨드랑이에 달리며 관모양꽃으로만 되어 있음
- * 제주도에서 자라는 호주 원산 외래식물인 유럽단추쑥은 단추 모양 두상꽃차례가 달림

높이는 5~10cm
밑에서 가지가 갈라져
땅 위를 기듯이 자람

두상꽃차례가
잎겨드랑이에 달림

줄기에 짧은
털이 있음

중앙부에 양성화가 10개 정도 달림
화관은 4갈래로 갈라짐

주변부에 암꽃이   두상꽃차례는 관모양꽃
여러 개 달림   지름이 0.3~0.4cm

잎은 주걱형
위쪽에 톱니가 약간 있음

뒷면에 샘점이 있음

열매는 수과, 가늘고 거친 털이 있음
능선이 5개 있음

유럽단추쑥

단추 모양
두상꽃차례가 달림

0849 개꽃아재비 *Anthemis cotula* / 개꽃 *Matricaria limosa*

- 어긋나기, 홑잎, 양성화와 중성화, 두상꽃차례
- 길가나 빈터에서 자라며 6~9월에 꽃 피는 한해살이풀. 유럽 원산 외래식물
- 잎 갈래조각이 선형이고 혀모양꽃이 암술이나 수술이 없는 중성화

* 개꽃은 잎 갈래조각이 실 모양 선형이고 혀모양꽃 화관이 0.45cm로 짧음

높이는 20~40cm, 곧게 서고 위쪽에서 가지가 갈라짐

줄기에 짧은
털이 있음

두상꽃차례는 지름이
1.5~2.5cm

중앙부
관모양꽃은
양성화

주변부 혀모양꽃은 중성화

잎은 긴 타원형
1~3회 깃꼴로 깊게 갈라짐
갈래조각은 선형

열매는 수과
10개 능선이 있고
주름이 있음

잎 갈래조각이
실모양 선형

혀모양꽃 화관이
0.45cm로 짧음

개꽃

0850 족제비쑥 *Matricaria matricarioides*

- 어긋나기, 홑잎, 양성화, 두상꽃차례
- 길가나 빈터에서 자라며 5~10월에 꽃 피는 한해살이풀. 동아시아 원산 외래식물
- 특유한 향기가 있고 두상꽃차례가 구형에 가까우며 혀모양꽃이 없음

* 현재 설악산 한계령휴게소 계단에서도 무리 지어 자람

높이는 5~30cm, 곧게 서거나 옆으로 퍼져 자람
아래쪽에서 가지가 많이 갈라짐

줄기에 희미한 능선이 있음
털이 있음

두상꽃차례는 지름이 0.6~0.9cm
고봉밥처럼 볼록함

관모양꽃으로 됨

총포조각은 긴 타원형, 녹색
가장자리에 흰색 넓은 막질이 있음

잎은 주걱형
2~3회 깃꼴로 깊고 가늘게 갈라짐

설악산 한계령휴게소에 자라는 군락

0851 산국 *Chrysanthemum boreale*

- 어긋나기, 홑잎, 양성화와 암꽃, 두상꽃차례가 산방꽃차례처럼 달림
- 산과 들 양지바른 곳에서 자라며 9~11월에 꽃 피는 여러해살이풀
- 감국과 달리 산지에서 자라고 두상꽃차례가 작으며 향기가 진하고 잎이 얇음

높이는 100~150cm, 곧게 서고 위쪽에서 가지가 갈라짐

줄기에 흰색 털이 있음 →

두상꽃차례 지름은 대개
1.5cm 내외
많이 달림

중앙부는
관모양꽃

주변부는 혀모양꽃

총포조각은 3~4줄로 붙음

잎은 넓은 난형, 5갈래로 갈라짐
톱니가 있음. 양면에 짧은 털이 있음

질이 얇은 편

열매는 수과

0852 감국 *Chrysanthemum indicum*

- 어긋나기, 홑잎, 양성화와 암꽃, 두상꽃차례가 산방꽃차례를 이룸
- 대개 바닷가 양지바른 곳에서 자라며 10~12월에 꽃 피는 여러해살이풀
- 산국과 달리 바닷가에서 자라고 두상꽃차례가 크며 향기가 연하고 잎이 두꺼움

높이는 30~80cm, 여러 대가 모여 나고 곧게 서거나 비스듬히 자람

줄기에 잔털이 있음 아래쪽은 목질화함

두상꽃차례는 지름 2~3cm

총포조각은 4줄로 붙음

주변부는 혀모양꽃

중앙부는 관모양꽃

두상꽃차례는 약간 적게 달림

잎은 난상 원형, 깃꼴로 얕게 갈라짐 톱니가 있고 양면에 짧은 털이 있음

질이 두꺼운 편

열매는 수과

0853 구절초 *Dendranthema zawadskii* var. *latiloba*

- 어긋나기, 홑잎, 양성화와 암꽃, 두상꽃차례
- 산과 들에서 자라며 8~10월에 꽃 피는 여러해살이풀
- 산구절초보다 키가 크고 잎 갈라짐이 얕은 편

* 석회암지대에서 자라는 왜성종은 마키노국화로 보기보다 구절초의 변이 정도로 보임

높이는 30~100cm, 곧게 서고 가지가 갈라짐

줄기에 짧은 털이 있음

두상꽃차례는 지름이 대개 4~8cm

중앙부는 관모양꽃

주변부는 혀모양꽃

분홍색 꽃도 있음

결각 모양으로 얕게 갈라짐. 톱니가 있음

잎은 난형 또는 넓은 난형

석회암지대에서 자라는 왜성종은 두상꽃차례 지름이 2cm 정도로 작지만 구절초와 같은 것으로 보임

0854 산구절초 *Dendranthema zawadskii*

- 어긋나기, 홑잎, 양성화와 암꽃, 두상꽃차례
- 높은 산에서 자라며 8~9월에 꽃 피는 여러해살이풀
- 구절초보다 키가 작으며 잎이 깊고 가늘게 갈라짐
- ** 잎이 조금 얕고 넓게 갈라지는 형태도 있음*

높이는 10~60cm
곧게 서고 가지가 갈라짐

줄기에 누운
털이 있음

두상꽃차례는 지름이 3~6cm

분홍색 꽃도 있음

주변부는 혀모양꽃

중앙부는
관모양꽃

잎이 가늘고 깊게
갈라지는 형태

잎이 얕고 넓게
갈라지는 형태

0855 **바위구절초** *Dendranthema oreastrum* / **한라구절초** *D. coreanum*

- 어긋나기, 홑잎, 양성화와 암꽃, 두상꽃차례
- 강원도 이북 높은 지대에서 자라며 7~10월에 꽃 피는 여러해살이풀
- 산구절초보다 키가 더 작고 두상꽃차례가 2~4cm로 작으며 잎이 더 잘게 갈라짐
- *한라산에서 자라는 한라구절초는 잎이 두껍고 갈래조각이 짧으나 바위구절초와 유사함*

높이는 15~25cm
곧게 서고
가지가 갈라짐

전체에
털이 밀생

두상꽃차례는 지름이 2~4cm로 작음

중앙부는
관모양꽃

주변부는 혀모양꽃

백두산 천지 주변에 핀 것

잎은 피침형으로
완전히 갈라짐

한라구절초

바위구절초와
유사성이 많음

0856 남구절초 *Dendranthema zawadskii* var. *yezoense* / 울릉국화 *D. zawadskii* var. *lucida*

| 국화과 |

- 어긋나기, 홑잎, 양성화와 암꽃, 두상꽃차례
- 남부지방 바닷가 산지에서 자라며 9~11월에 꽃 피는 여러해살이풀
- 잎이 두껍고 줄기 아래쪽 잎이 돌려서 달린 것처럼 보임
* 울릉도에서 자라는 울릉국화는 잎이 두껍고 광택이 있으며 잎 갈래조각이 비교적 넓음

높이는 20~50cm
곧게 서고 가지가 갈라지기도 함

줄기에 털이 있음

줄기 아래쪽
잎은 돌려난
것처럼 보임

두상꽃차례는 지름이 5~6cm

주변부는
혀모양꽃

중앙부는
관모양꽃

잎은 넓은 난형, 두꺼운 편
끝이 잘게 톱니처럼 갈라짐

울릉국화

잎이 두껍고
앞면에 광택이 있음 ➞

울릉국화

잎은 갈래조각이
넓은 편

0857 **포천구절초** *Dendranthema zawadskii* var. *tenuisectum*

- 어긋나기, 홑잎, 양성화와 암꽃, 두상꽃차례
- 경기도와 강원도 강가 바위틈에서 자라며 9~10월에 꽃 피는 여러해살이풀
- 구절초와 달리 잎 갈래조각이 선형으로 가느다람

높이는 30~50cm
곧게 섬

줄기에 털은
거의 없음

두상꽃차례는
지름이 5~6cm

중앙부는
관모양꽃

주변부는 혀모양꽃

분홍색 꽃도 있음

잎은 깃꼴로 완전히 갈라짐
갈래조각은 선형

열매는 긴 난형 수과, 능선이 있음

0858 키큰산국 *Leucanthemella linearis*

- 어긋나기, 홑잎, 양성화와 암꽃, 두상꽃차례
- 경기도와 부산 및 북부지방 습지에서 자라며 8~11월에 꽃 피는 여러해살이풀
- 구절초와 달리 잎이 대개 3갈래로 갈라진 삼지창 모양이고 갈래조각이 피침형

높이는 30~180cm
모여 나고 곧게 섬

줄기에
능선이 있음
위쪽에 털이
약간 있음

두상꽃차례는 지름이 3~6cm

중앙부는
관모양꽃

주변부는 혀모양꽃

총포조각은
3줄로 붙음

표면은 거칠고
뒷면에 샘점이 있음

쪽기잎은 1~2쌍
깃꼴로 깊게 갈라짐

열매는 원주형 수과

0859 붉은서나물 *Erechtites hieraciifolius*

- 어긋나기, 홑잎, 양성화, 두상꽃차례
- 길가나 빈터에서 자라며 9~10월에 꽃 피는 한해살이풀. 북미 원산 외래식물
- 주홍서나물보다 식물체가 크고 두상꽃차례 끝이 주홍색이 아니라 황록색

높이는 30~150cm
곧게 서고 가지가 갈라짐

줄기에 세로줄이 있음
짧은 털이 약간 있음

두상꽃차례는 원통형, 관모양꽃으로 됨
폭은 0.5cm

안쪽 총포조각

두상꽃차례 끝이
황록색

바깥 총포조각

길이는 1.5cm

흔히 총포조각이
자줏빛을 띰

포엽은 선형

잎은 선형 또는 피침형
불규칙한 톱니가 있음. 결각이 생기기도 함

순백색 갓털이 달림

열매는 긴
타원형 수과
10개 정도
능선이 있음

0860 주홍서나물 *Crassocephalum crepidioides*

- 어긋나기, 홑잎, 양성화, 두상꽃차례
- 길가나 산기슭에서 자라며 7~10월에 꽃 피는 한해살이풀. 아프리카 원산 외래식물
- 붉은서나물과 달리 식물체가 크지 않고 두상꽃차례가 대개 아래를 향하며 끝이 주홍색

높이는 30~100cm
곧게 서고 가지가 갈라짐

줄기에 짧은
털이 있음

총포에도
털이 있음

끝이 부풀고 주홍색

두상꽃차례는 원통형, 모두 관모양꽃

바깥 총포조각

포엽

안쪽 총포조각은
1줄로 붙음

두상꽃차례는
대개 아래를 향함

불규칙한 톱니가 있음
양면에 털이 있음

잎은 난형 또는 긴 타원형
깃꼴로 불규칙하게 갈라짐

흰색 갓털이 달림

열매는 수과

0861 개똥쑥 *Artemisia annua*

- 어긋나기, 홑잎, 양성화, 두상꽃차례가 모여 원추꽃차례를 이룸
- 길가나 빈터에서 자라며 6~8월에 꽃 피는 한해살이풀
- 잎이 3회 깃꼴로 깊게 갈라지고 중축 가장자리가 밋밋하며 두상꽃차례가 매우 작음

높이는 100~150cm
곧게 서고
가지가 많이 갈라짐

줄기에
능선이 있고
털은 없음

두상꽃차례는 지름이 0.15cm
모두 관모양꽃

총포조각은 2~3줄로
붙고 털은 없음

표면에 가루 같은
잔털과 샘털이 있음

잎은 난형
3회 깃꼴로 잘게 갈라짐

열매는 수과

0862 **사철쑥** *Artemisia capillaris*

- 어긋나기, 홑잎, 양성화, 두상꽃차례가 모여 원추꽃차례를 이룸
- 강가나 바닷가 모래땅이나 바위틈에서 자라며 8~9월에 꽃 피는 여러해살이풀
- 제비쑥과 달리 줄기 밑부분이 목질화하고 잎이 2회 깃꼴로 완전히 갈라져 실처럼 됨

* *시기마다 잎 모양이 달라서 다른 식물로 오인하기 쉬움*

높이는 30~100cm
가지가 많이 갈라짐

줄기에
명주실 같은
털이 있음
밑부분은
목질화함

두상꽃차례 지름은
0.15~0.2cm
모두 관모양꽃

잎은 2회 깃꼴로
완전히 갈라짐

꽃이 피는 가지 잎은 2회 깃꼴로 갈라짐
갈래조각은 실처럼 가느다람

바닷가 모래땅에서 자라는 모습

0863 쑥 *Artemisia indica*

- 어긋나기, 홑잎, 양성화, 두상꽃차례가 모여 총상꽃차례를 이룸
- 산과 들에서 자라며 7~10월에 꽃 피는 여러해살이풀
- 줄기잎이 타원형이고 깃꼴로 깊게 갈라짐

전체에
털이 있음

높이는 50~120cm
모여 나고 곧게 서며 가지가 갈라짐

두상꽃차례 지름은 0.15cm
모두 관모양꽃

총포조각은 4줄로 붙음

잎은 타원형
깃꼴로 깊게 갈라짐

갈래조각은 2~4쌍
톱니가 있음

뒷면은 솜털이 밀생해서
회백색으로 보임

0864 뺑쑥 *Artemisia lancea*

- 어긋나기, 홑잎, 양성화, 두상꽃차례가 모여 원추꽃차례를 이룸
- 산과 들에서 자라며 8~9월에 꽃 피는 여러해살이풀
- 줄기가 흔히 자줏빛을 띠며 잎 갈래조각이 선상 피침형이고 가장자리가 밋밋함

높이는 100~120cm
가지가 많이 갈라짐

줄기에 거미줄
같은 털이 있음
흔히 자줏빛을 띰

두상꽃차례는
매우 작음
모두 관모양꽃
지름은 0.1cm

줄기잎은 깃꼴로 깊게 갈라짐
갈래조각은 선형이고 밋밋함

뒷면은 흰색
솜털이 있음

헛턱잎

0865 넓은잎외잎쑥 *Artemisia stolonifera*

- 어긋나기, 홑잎, 양성화, 두상꽃차례가 모여 원추꽃차례를 이룸
- 산지에서 자라며 8~9월에 꽃 피는 여러해살이풀
- 쑥보다 잎이 넓고 중간까지 갈라짐

높이는 50~100cm 곧게 서고 위쪽에서 가지가 갈라짐

줄기에 거미줄 같은 털이 있다가 점차 사라짐

두상꽃차례는 황갈색 모두 관모양꽃

총포조각은 3줄로 붙음

줄기잎은 난형 또는 난상 긴 타원형

중간까지 갈라지기도 함

뒷면은 흰털과 샘털이 있어서 회백색을 띰

0866 제비쑥 *Artemisia japonica*

- 어긋나기, 홑잎, 양성화, 두상꽃차례가 모여 원추꽃차례를 이룸
- 산지에서 자라며 7~9월에 꽃 피는 여러해살이풀
- 사철쑥과 달리 잎이 주걱형이고 끝이 톱니처럼 잘게 갈라짐

두상꽃차례는 매우 작음

높이는 30~140cm 곧게 서거나 비스듬히 자람

전체에 털이 거의 없음

끝은 톱니가 있거나 잘게 갈라짐

줄기잎은 주걱형

잎밑이 턱잎 모양으로 줄기를 감쌈

양면에 명주실 같은 털이 듬성듬성 있음

여러 대가 모여 남

총포조각은 4줄로 붙음

열매는 긴 타원형 수과

0867 **비쑥** *Artemisia scoparia*

- 어긋나기, 홑잎, 양성화, 두상꽃차례가 모여 원추꽃차례를 이룸
- 바닷가 모래땅이나 개펄에서 자라며 8~9월에 꽃 피는 여러해살이풀
- 큰비쑥보다 두상꽃차례 지름이 작고 잎이 1~3회로 많이 갈라짐

높이는 60~90cm
곧게 서거나 비스듬히
휘어져 자람

총포조각은
털이 없고
3줄로 붙음

두상꽃차례는
지름이 0.1~0.2cm

줄기잎은 1~3회 깃꼴로 갈라짐
갈래조각은 실처럼 가느다람

줄기 아래쪽
잎은 꽃 필
무렵이면 시듦

0868 큰비쑥 *Artemisia fukudo*

- 어긋나기, 홑잎, 양성화, 두상꽃차례가 모여 원추꽃차례를 이룸
- 바닷가 모래땅이나 개펄에서 자라며 9~10월에 꽃 피는 두해살이풀
- 비쑥보다 두상꽃차례 지름이 2배 이상 크고 잎이 1~2회로 적게 갈라짐

높이는 30~90cm, 곧게 서거나 비스듬히 자람

줄기에 거미줄 같은 털이 있다가 점차 사라짐

총포조각은 3~4줄로 붙음

두상꽃차례는 지름이 0.5~1cm 모두 관모양꽃

줄기잎은 위로 갈수록 갈라짐이 적어짐

줄기잎은 1~2회 깃꼴로 갈라짐 갈래조각은 실처럼 가느다람

열매는 수과

0869 맑은대쑥 *Artemisia keiskeana*

- 어긋나기, 홑잎, 양성화, 두상꽃차례가 모여 원추꽃차례를 이룸
- 산지에서 자라며 7~9월에 꽃 피는 여러해살이풀
- 잎이 넓은 주걱형이고 끝에 결각상 톱니가 있음

줄기는 흔히 자줏빛이 돎

높이는 30~80cm
곧게 서거나 비스듬히 자람

줄기에 명주실 같은
털이 있기도 함

두상꽃차례는
지름이 0.3~0.4cm, 모두 관모양꽃

총포조각은 3~4줄로 붙음

줄기잎은 주걱형 또는 도란형
톱니가 있음

어린잎과 줄기는 흔히
명주실 같은 털로 덮임

0870 멸가치 *Adenocaulon himalaicum*

- 어긋나기, 홑잎, 양성화와 암꽃, 두상꽃차례가 모여 원추꽃차례를 이룸
- 산지 숲 가장자리에서 자라며 8~10월에 꽃 피는 여러해살이풀
- 열매에 샘털이 있고 갓털은 없음

＊ 암꽃만 결실하고 양성화는 결실하지 않음

높이는 50~100cm
곧게 서고
위쪽에서 가지가
갈라짐

줄기는
거미줄 같은
털로 덮임

중앙부는
양성화
7~18개

두상꽃차례는 모두 관모양꽃

주변부는 암꽃 7~11개

잎자루에
날개가 있음

줄기잎은 신장형 또는 삼각상 심장형
치아 모양 톱니가 있음

어린잎은 거미줄 같은 털로 덮임

방사상으로 배열되고
샘털이 있음

열매는 도란형 수과
녹색에서 흑갈색으로 익음

0871 **진득찰** *Sigesbeckia glabrescens* / **제주진득찰** *S. orientalis*

- 마주나기, 홑잎, 양성화와 암꽃, 두상꽃차례가 모여 산방꽃차례를 이룸
- 들이나 길가에서 자라며 8~9월에 꽃 피는 한해살이풀
- 털진득찰과 달리 줄기에 짧은 털이 있으며 꽃대에 잔털만 있고 샘털은 없음

* 제주도 남부 섬에서 자라는 제주진득찰은 잎 톱니가 적거나 거의 없음

높이는 40~100cm
곧게 서고 가지가
마주나게 갈라짐

줄기는 짧은
털로 덮임

두상꽃차례 주변부는 혀모양꽃
화관 끝이 3갈래로 갈라짐

중앙부는
관모양꽃

총포조각은 5개
주걱형, 샘털이 있음

잎은 난상 삼각형, 불규칙한 톱니가 있음

잎밑이 잎자루로
흘러 날개처럼 됨

열매는 도란형 수과
능선이 4개 있음

제주진득찰

잎 톱니가 적거나 거의 없음

0872 털진득찰 *Sigesbeckia orientalis* subsp. *pubescens*

- 마주나기, 홑잎, 양성화와 암꽃, 두상꽃차례가 모여 산방꽃차례를 이룸
- 들이나 길가에서 자라며 8~9월에 꽃 피는 한해살이풀
- 진득찰과 달리 줄기에 흰색 긴 털이 많고 꽃대에 샘털이 있음

높이는 60~120cm 곧게 서고 가지가 마주나게 갈라짐

줄기에 흰색 긴 털이 밀생

두상꽃차례 주변부는 혀모양꽃 화관 끝이 3갈래로 갈라짐

중앙부는 관모양꽃

총포조각은 5개, 주걱형 샘털이 많음

꽃대에 긴 털과 함께 샘털이 많음

잎밑이 잎자루로 흘러 날개처럼 됨

잎은 난형 또는 난상 삼각형 불규칙한 톱니가 있음

열매는 도란형 수과 능선이 4개 있음

0873 **별꽃아재비** *Galinsoga parviflora*

- 마주나기, 홑잎, 양성화와 암꽃, 두상꽃차례
- 길가나 빈터에서 자라며 5~8월에 꽃 피는 한해살이풀
- 털별꽃아재비보다 전체에 털이 적고 혀모양꽃이 매우 작으며 관모양꽃에만 갓털이 달림

높이는 10~40cm, 곧게 서고 위쪽에서 가지가 갈라짐

줄기에
털이 있음

두상꽃차례는 지름이 0.5cm

주변부는 혀모양꽃
5~7개가 달리고 매우 작음
갓털이 달리지 않음

중앙부는
관모양꽃
갓털이 달림

혀모양꽃은 암꽃

관모양꽃은 양성화

샘털

총포조각은 넓은 타원형

잎은 난형
얕은 톱니가 있음

양면에 털이 듬성듬성 있음

0874 **털별꽃아재비** *Galinsoga quadriradiata*

- 마주나기, 홑잎, 양성화와 암꽃, 두상꽃차례
- 길가나 빈터에서 자라며 6~9월에 꽃 피는 한해살이풀
- 별꽃아재비보다 전체에 털이 많고 혀모양꽃이 큰 편이며 모든 꽃에 갓털이 달림

높이는 15~50cm
곧게 서고 가지가 갈라짐

거의 전체에
털이 많음

주변부는 혀모양꽃
크기가 큰 편이고
갓털이 달림

두상꽃차례는
지름이 0.6~0.7cm

중앙부는 관모양꽃, 갓털이 달림

총포조각은 5개
샘털이 있음

샘털

잎은 난형
불규칙한 톱니가 있음

양면에 털이 있음

잎 뒷면에도 털이 있음

0875 도깨비바늘 *Bidens bipinnata* / 털도깨비바늘 *B. biternata*

- 마주나기, 홑잎, 양성화와 암꽃, 두상꽃차례
- 산과 들 빈터에서 자라며 8~9월에 꽃 피는 한해살이풀
- 울산도깨비바늘과 달리 혀모양꽃이 있고 총포조각이 선형

* 털도깨비바늘은 잎에 털이 많음

두상꽃차례는 지름이 0.6~1cm

중앙부는 관모양꽃

주변부에 1~3개
혀모양꽃이 달림
결실하지 않음

총포조각은 5~7개
선상 긴 타원형, 털이 있음

높이는 30~100cm
곧게 서고 가지가 갈라짐

줄기는
네모짐
털이 약간
있음

잎은 2~3회 깃꼴로 깊게 갈라짐
톱니가 있음. 양면에 털이 약간 있음

갈래조각이 다시 잘게 갈라진 잎

갓털이 변한 까락이
3~4개가 달림

열매는 선형 수과
3~4개 능선이 있음

털도깨비바늘

혀모양꽃 수가
0~5개인 점으로
구별하기도 하나
정확하지 않음

잎에 털이 많음

0876 울산도깨비바늘 *Bidens pilosa*

- 마주나기, 홑잎, 양성화, 두상꽃차례
- 바닷가 길가나 들 빈터에서 자라며 6~9월에 꽃 피는 한해살이풀
- 도깨비바늘과 달리 혀모양꽃이 없고 총포조각이 주걱형

높이는 50~100cm
곧게 서고 가지가 갈라짐

줄기는 네모짐
털이 약간 있음

두상꽃차례는 지름이 1cm 내외

혀모양꽃은 없고 관모양꽃만 있음

총포조각은 주걱형, 털이 있음

잎은 깃꼴겹잎

작은잎은 난형 또는 긴 난형, 톱니가 있음

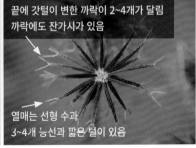

끝에 갓털이 변한 까락이 2~4개가 달림
까락에도 잔가시가 있음

열매는 선형 수과
3~4개 능선과 짧은 털이 있음

0877 **한련초** *Eclipta thermalis*

- 마주나기, 홑잎, 양성화, 두상꽃차례
- 논둑이나 습지에서 자라며 8~9월에 꽃 피는 한해살이풀
- 혀모양꽃이 흰색이고 총포조각이 2줄로 붙음

* 줄기를 자르면 액이 나와 검게 변함

높이는 10~60cm
곧게 서거나 가지가 갈라져
비스듬히 자람

전체에 위를
향한 거친
털이 있음

두상꽃차례는 지름이 1cm 내외

중앙부는
관모양꽃

주변부는 혀모양꽃, 흰색

잎은 피침형, 잔톱니가 있음

잎자루는 거의 없음

총포조각은 2줄로 붙음

열매는 수과
녹색에서 검은색으로 익음

관모양꽃에서 생긴 열매에
능각이 4개 있음

0878 까치발 *Bidens parviflora*

- 마주나기, 홑잎, 양성화, 두상꽃차례
- 길가나 빈터에서 자라며 8~9월에 꽃 피는 한해살이풀
- 도깨비바늘과 달리 혀모양꽃이 없고 갓털이 변한 까락이 2개

높이는 20~70cm
곧게 서고
가지가 갈라짐

줄기에
짧은 털이 있음
흔히 자줏빛이 돎

두상꽃차례는 지름이
0.6~1cm

관모양꽃은 화관 끝이   혀모양꽃은 없고
4갈래로 갈라짐   관모양꽃만 있음

안쪽 총포조각은 약간 막질

바깥 총포조각은 4~5개
피침형, 양면에 털이 있음

잎은 2~3회 깃꼴로 깊게 갈라짐
표면과 뒷면 맥 위에 털이 있음

갈래조각은 매우 가느다림

갓털이 변한 까락이 2개가 달림
까락에도 잔가시가 있음

열매는 선형 수과
4개 능선과 짧은 털이 있음

0879 가막사리 *Bidens tripartita*

- 마주나기, 홑잎, 양성화, 두상꽃차례
- 습지나 물가에서 자라며 8~10월에 꽃 피는 한해살이풀
- 미국가막사리와 달리 잎자루에 날개가 있고 총포조각이 길지 않음

높이는 20~150cm
곧게 서고
가지가 갈라짐

줄기는 약간 모가 지고
흔히 자줏빛이 돎 털은
거의 없음

두상꽃차례는 지름이 2.5~3.5cm

허모양꽃 없이
모두 관모양꽃

총포조각은 5~10개
도피침형, 표면에 털이 있음
가장자리에 가시 같은 털이 있음

잎은 긴 타원상 피침형
3~5갈래로 갈라짐. 톱니가 있음

잎자루에 미약한 날개가 있음

열매는 도피침형 수과
갓털이 변한 가시가 2개 있음
불완전한 가시가 1~2개 더 달리기도 함

0880 미국가막사리 *Bidens frondosa*

- 마주나기, 홑잎, 양성화, 두상꽃차례
- 습기 있는 곳에서 자라며 6~9월에 꽃 피는 한해살이풀. 북미 원산 외래식물
- 가막사리와 달리 잎자루에 날개가 없고 총포조각이 긺

높이는 50~150cm
곧게 서고 가지가 많이 갈라짐

줄기는 흔히
자줏빛이 돎
털이 있음

두상꽃차례는 지름이
2~3cm

바깥 총포조각은
6~12개, 도피침형
잎 모양으로 긺

혀모양꽃은 없거나 흔적만
남아 있고 모두 관모양꽃

안쪽 총포조각

바깥 총포조각

잎은 3~5개
작은잎으로 된
깃꼴겹잎

갓털이 변한
가시가 2개 있음
아래를 향한
가시털이 있음

작은잎은 피침형
톱니가 있음

잎자루는 길고
날개는 없음

열매는
도피침형 수과

0881 **삽주** *Atractylodes ovata*

- 어긋나기, 홑잎, 암수딴포기, 두상꽃차례
- 산지 건조한 곳에서 자라며 7~10월에 꽃 피는 여러해살이풀
- 잎과 꽃이 뻣뻣해서 만져보면 조화 같고 꽃이 암수딴포기로 핌

높이는 30~100cm, 곧게 서고 가지가 갈라짐

포엽은 2열로 붙음
2회 깃꼴로 갈라짐

줄기에 털은
거의 없음

암꽃은 암술머리가 대개 2개로 갈라짐

두상꽃차례는 지름이
1.5~2cm, 관모양꽃만 있음

수꽃은 화관이 5갈래로 갈라짐

잎은 긴 타원형
3~5갈래로 깊게 갈라짐
가장자리에 바늘 모양
가시가 있어 깔깔함

연한 갈색 갓털이 달림

열매는 선형 수과
갈색 털이 밀생

0882 지느러미엉겅퀴 *Carduus crispus*

- 어긋나기, 홑잎, 양성화, 두상꽃차례
- 들이나 길가에서 자라며 5~8월에 꽃 피는 두해살이풀. 유라시아 원산 외래식물
- 엉겅퀴와 달리 줄기에 지느러미 같은 날개가 있음

높이는 70~120cm, 곧게 서고 가지가 갈라짐

줄기에 세로로 지느러미 모양 능선이 날개처럼 발달함

날카로운 가시가 있음

총포조각은 7~8줄로 붙음 끝에 가시가 있음

두상꽃차례는 지름이 1.5~3cm 모두 관모양꽃

흰색에 가까운 연한 분홍색 꽃도 있음

흰색 갓털이 달림

잎은 넓은 피침형 또는 긴 타원형 불규칙한 톱니와 딱딱한 가시가 있음

열매는 수과

0883 엉겅퀴 *Cirsium japonicum* var. *maackii*

- 어긋나기, 홑잎, 양성화, 두상꽃차례
- 산기슭이나 들에서 자라며 6~8월에 꽃 피는 여러해살이풀
- 지느러미엉겅퀴와 달리 줄기에 날개가 없음

뿌리잎은 도란상 긴 타원형
6~7쌍 깃꼴로 갈라짐

높이는 50~100cm
곧게 서고 가지가 갈라짐

줄기에 흰색
털과 함께
거미줄 같은
털이 있음

총포조각은
7~8줄로 붙음
점액질이 있어
끈끈함

두상꽃차례는 지름이
2.5~3.5cm, 모두 관모양꽃

흰색 꽃도 있음

줄기잎은 깃꼴로 깊게 갈라짐
끝에 가시가 있음

열매는 수과

연한 갈색
갓털이 달림

0884 **큰엉겅퀴** *Cirsium pendulumex*

- 어긋나기, 홑잎, 양성화, 두상꽃차례
- 산기슭이나 들에서 자라며 7~10월에 꽃 피는 여러해살이풀
- 엉겅퀴와 달리 두상꽃차례가 아래를 향해 달리고 총포조각이 8줄로 붙음

높이는 100~200cm
곧게 서고
위쪽에서 가지가
많이 갈라짐

줄기에
거미줄 같은
털이 있음

총포조각은
8줄로 붙음
끝이 가시처럼
되고 뒤로
젖혀짐

두상꽃차례는
아래를 향해 달림

지름이 3~4cm
모두 관모양꽃

줄기잎은 좁은 타원형
깃꼴로 갈라지고 가시가 있음

뿌리잎은 타원형
깃꼴로 갈라짐

열매는 긴 타원형 수과
연한 갈색 갓털이 달림

927

0885 물엉겅퀴 *Cirsium nipponicum*

- 어긋나기, 홑잎, 양성화, 두상꽃차례
- 울릉도 산과 들에서 자라고 심기도 하며 8~11월에 꽃 피는 여러해살이풀
- 큰엉겅퀴와 달리 줄기잎이 거의 갈라지지 않고 꽃이 위를 향해 핌

높이는 100~200cm
곧게 서고 가지가 많이 갈라짐

꽃이 위를 향해 핌

줄기에 능선이 있고
거미줄 같은 털이 있기도 함

두상꽃차례는
지름이 2.5~3cm
모두 관모양꽃

총포조각은
7줄로 붙음
끝이 가시처럼 됨

줄기잎은 타원형, 갈라지지 않음

날카로운 톱니와 가시가 있음

뿌리잎은 깃꼴로
깊게 갈라짐

열매는 수과, 연한 갈색 갓털이 달림

0886 **가시엉겅퀴** *Cirsium japonicum* var. *spinossimum* / **바늘엉겅퀴** *C. rhinoceros*

- 어긋나기, 홑잎, 양성화, 두상꽃차례
- 산기슭이나 들에서 자라며 6~8월에 꽃 피는 여러해살이풀
- 엉겅퀴와 달리 줄기잎에 가시가 많이 달리고 줄기에 털이 많음

* 바늘엉겅퀴는 바깥 총포조각이 길게 퍼짐

높이는 50~100cm
곧게 서고 가지가 갈라짐

줄기에 흰색 털과
거미줄 같은 털이 밀생

두상꽃차례는 지름이 3~5cm, 모두 관모양꽃

줄기잎은 좁은
피침상 타원형
깃꼴로 갈라짐
톱니와 가시가 있음

총포조각은 7~8줄

연한 갈색
갓털이 달림

긴 타원형 수과

꽃이 흰색인 것도 있음

바늘엉겅퀴

한라산에서 자라며
바깥 총포조각이
옆으로 길게 서짐

0887 고려엉겅퀴 *Cirsium setidens* / 흰잎고려엉겅퀴 *C. setidens* var. *niveo-araneum*

- 어긋나기, 홑잎, 양성화, 두상꽃차례
- 전남 이북 높은 산에서 자라거나 심어 기르며 8~10월에 꽃 피는 여러해살이풀
- 줄기잎이 긴 타원형 또는 넓은 피침형으로 거의 갈라지지 않음

＊ 흰잎고려엉겅퀴는 잎 뒷면에 흰 털이 밀생

높이는 60~120cm, 곧게 서고 가지가 갈라짐

줄기에
털이 있거나
거의 없기도
하는 등 다양함

총포조각은 7줄로 붙음
끝이 뾰족함

두상꽃차례는
지름이 3~4cm, 모두 관모양꽃

줄기잎은 긴 타원형 또는 넓은 피침형
가장자리에 가시 같은 털이 많음

뒷면은 대개
털이 없음

꽃이 흰색인
것도 있음

잎 뒷면에 흰색 거미줄 같은
털이 밀생

흰잎고려엉겅퀴

0888 버들잎엉겅퀴 *Cirsium lineare*

- 어긋나기, 홑잎, 양성화, 두상꽃차례
- 경기도와 경북 습한 산기슭에서 자라며 9~10월에 꽃 피는 여러해살이풀
- 잎이 선형 또는 좁은 피침형으로 가늘고 길며 가시 같은 톱니가 있어서 깔깔함

높이는 50~100cm
곧게 서고 가지가 갈라짐

줄기에 털은
거의 없음

두상꽃차례는 지름이 2~2.5cm
모두 관모양꽃

총포조각은 6~7줄로 붙음

줄기잎은 선형 또는 좁은 피침형
가시 같은 톱니가 있어 깔깔함

뒷면은 거미줄 같은 털이 있음

줄기 아래쪽 잎도
줄기잎과 비슷함

연한 갈색
갓털이 달림

열매는 긴
타원형 수과

0889 조뱅이 *Breea segetum*

- 어긋나기, 홑잎, 암수딴포기, 두상꽃차례
- 밭이나 길가에서 자라며 5~8월에 꽃 피는 두해살이풀
- 줄기잎이 긴 타원상 피침형으로 갈라지지 않고 가시 같은 털이 있어 거칠거칠함

총포조각은 8줄로 붙음

높이는 20~50cm
곧게 서고 가지가 갈라짐

줄기는
솜털로 덮임

암꽃

두상꽃차례는 지름이 3cm, 모두 관모양꽃

수꽃은 화관이
5갈래로 갈라짐

열매는 수과, 연한 갈색 갓털이 달림

줄기잎은 긴 타원상 피침형,
딱딱한 가시 같은 털이 있음

0890 **지칭개** *Hemisteptia lyrata*

- 어긋나기, 홑잎, 양성화, 두상꽃차례
- 중부 이남 들이나 길가에서 자라며 5~9월에 꽃 피는 두해살이풀
- 총포조각에 돌기가 있고 갓털이 1줄로 달림

높이는 60~90cm
곧게 서고 가지가 갈라짐

줄기에 세로로
여러 개
홈이 있음

두상꽃차례는 지름이 2~3cm
모두 관모양꽃

총포조각은
8줄로 붙음
돌기가 있음

뒷면에 흰색 솜털이 밀생

줄기잎은 도피침형 또는 타원형
4~8쌍 깃꼴로 깊게 갈라짐

뿌리잎은 방석처럼 펼쳐짐

흰색 갓털이 달림

열매는 수과

0891 당분취 *Saussurea tanakae*

- 어긋나기, 홑잎, 양성화, 두상꽃차례가 모여 산방꽃차례처럼 달림
- 설악산 이남 깊은 산에서 자라며 8~9월에 꽃 피는 여러해살이풀
- 줄기에 넓은 날개가 있음

줄기에 능선과 넓은 날개가 있음

높이는 50~100cm 곧게 섬

아래쪽에 털이 있음

화관은 4~5갈래로 갈라짐

두상꽃차례는 지름이 1.5cm 모두 관모양꽃

총포조각은 5~6줄로 붙음

줄기 아래쪽 잎은 난상 삼각형 불규칙한 치아 모양 톱니가 있음 양면에 털이 있음

열매는 수과, 털이 있음

0892 서덜취 *Saussurea grandifolia* / **각시서덜취** *S. macrolepis*

- 어긋나기, 홑잎, 양성화, 두상꽃차례가 모여 총상꽃차례처럼 달림
- 산지 숲 속에서 자라며 8~9월에 꽃 피는 여러해살이풀
- 총포조각이 난형이고 7~10줄로 붙음
- * 각시서덜취는 총포조각이 피침형이고 6~7줄로 붙음

높이는 30~120cm, 곧게 서고 위쪽에서 가지가 갈라짐

줄기에 능선이 있고 굽은 털이 밀생

두상꽃차례는 지름이 1~2cm

총포조각은 난형 7~10줄로 붙음

양면에 털이 있고 뒷면은 약간 회백색이 돎

줄기잎은 난형 또는 난상 삼각형 날카로운 톱니가 있음

각시서덜취

총포조각이 피침형이고 6~7줄로 붙음

0893 **빗살서덜취** *Saussurea odontolepis*

- 어긋나기, 홑잎, 양성화, 두상꽃차례가 모여 산방꽃차례처럼 달림
- 제주도 제외 지역 산지 숲 속에서 자라며 9~10월에 꽃 피는 여러해살이풀
- 서덜취와 달리 잎이 깃꼴로 갈라지고 총포조각 가장자리가 빗살처럼 갈라짐

높이는 60~100cm
곧게 서고 위쪽에서
가지가 갈라짐

두상꽃차례가 모여
산방꽃차례를 이룸

두상꽃차례는
지름이 1~1.5cm

총포조각은 5줄로 붙음
가장자리가 빗살처럼 갈라지고
끝이 가시처럼 뾰족함

잎은 난상 삼각형
깃꼴로 갈라지거나 결각이 생김
가장자리에 톱니가 있음

끝이 가시처럼 뾰족함

능선이 있고
거미줄 같은
털이 있음

0894 분취 *Saussurea seoulensis*

- 어긋나기, 홑잎, 양성화, 두상꽃차례가 1~3개 달림
- 서울과 경기도 약간 높은 산지에서 자라며 7~9월에 꽃 피는 여러해살이풀
- 잎 뒷면에 거미줄 같은 털이 있다가 점차 떨어짐

높이는 20~80cm
곧게 서고 위쪽에서
가지가 갈라짐

두상꽃차례는 지름이 2.8~3cm
모두 관모양꽃

총포조각은 6줄로 붙음
흰색 털로 덮임

뿌리잎은 긴 삼각형 또는
타원상 난형, 방석처럼 퍼짐

전체에 솜털이 있음

줄기잎은
작고 피침형

잎 뒷면에 기미줄 같은 털이
밀생하다가 점차 떨어짐

0895 은분취 *Saussurea gracilis*

- 어긋나기, 홑잎, 양성화, 두상꽃차례가 모여 산방꽃차례처럼 달림
- 산지 양지바른 풀밭에서 자라며 8~10월에 꽃 피는 여러해살이풀
- 총포조각이 대개 8~11줄이고 잎 뒷면에 흰 털이 밀생

높이는 1~30cm, 곧게 섬

줄기에 거미줄 같은 털이 있다가 없어짐

두상꽃차례는 지름이 1.5~2cm
모두 관모양꽃

총포조각은
대개 8~11줄

뒷면은 흰 털이 빽빽함

뿌리잎은 긴 삼각형 또는
삼각형, 치아 모양 톱니가 있음

가야산 타입

총포조각이 6줄

0896 **함백취** *Saussurea albifolia*

- 어긋나기, 홑잎, 양성화, 두상꽃차례가 1~3개 달림
- 높은 산 풀밭에서 자라며 7~9월에 꽃 피는 여러해살이풀
- 잎이 넓은 난형이고 두상꽃차례가 1~3개

높이는 15~75cm, 곧게 섬

줄기에 홈이 파진 능선이 있음 전체에 털이 있음

줄기잎은 작고 피침형으로 됨

두상꽃차례는 지름이 1.5~2cm, 모두 관모양꽃

총포조각은 7줄로 붙음 끝이 흑자색이 돎

두상꽃차례는 1~3개 정도 달림

잎밑은 심장형

앞면에 거미줄 같은 털이 있음

잎은 넓은 난형 톱니가 있음

잎 뒷면은 흰색 털이 밀생

0897 **각시취** *Saussurea pulchella* / **흰각시취** *S. pulchella* f. *albiflora*

- 어긋나기, 홑잎, 양성화, 두상꽃차례가 모여 산방꽃차례를 이룸
- 제주도 제외 지역 산과 들 양지바른 곳에서 자라며 8~10월에 꽃 피는 두해살이풀
- 두상꽃차례가 모여 산방꽃차례를 이룸

* 흰각시취는 꽃이 흰색

줄기잎은 난상 피침형으로 됨

높이는 30~150cm 곧게 서고 위쪽에서 가지가 많이 갈라짐

줄기에 날개가 있거나 없고, 능선과 잔털이 있음

두상꽃차례는 지름이 1.2~1.6cm 모두 관모양꽃

두상꽃차례가 모여 산방꽃차례를 이룸

총포조각은 6~7줄로 붙음

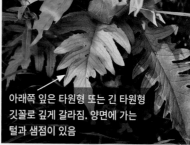

아래쪽 잎은 타원형 또는 긴 타원형 깃꼴로 깊게 갈라짐. 양면에 가는 털과 샘점이 있음

흰색 갓털이 달림

열매는 수과, 털이 있음

흰각시취

꽃이 흰색

0898 버들분취 *Saussurea maximowiczii*

- 어긋나기, 홑잎, 양성화, 두상꽃차례가 모여 산방꽃차례를 이룸
- 산지 볕이 잘 드는 습지에서 자라며 7~9월에 꽃 피는 여러해살이풀
- 줄기 아래쪽 잎이 크고 깃꼴로 깊게 갈라짐

높이는 50~150cm
곧게 서고
가지가 갈라짐

줄기에 짧은 털과
샘점이 있음

줄기잎은 위로 갈수록
피침형으로 됨

열매는 수과, 갈색 갓털이 달림

두상꽃차례는 지름이 1cm, 모두 관모양꽃

총포조각은 8줄로 붙음

아래쪽 잎은 긴 타원형
길이는 11~30cm
깃꼴로 깊게 갈라짐
양면에 잔털이 있음
뒷면에 샘점이 있음

0899 **사창분취** *Saussurea calcicola*

- 어긋나기, 홑잎, 양성화, 두상꽃차례가 모여 산방꽃차례를 이룸
- 강원도 이북 석회암지대에서 자라며 9~10월에 꽃 피는 여러해살이풀
- 뿌리잎이 난형이고 잎자루에 바늘 같은 짧은 돌기물이 있음

높이는 80~120cm
곧게 섬

줄기잎은 선상
피침형

줄기에 거미줄
같은 털이 있음

잎자루에
날개가 있음

바늘 같은 짧은 돌기물이 달림

두상꽃차례는 지름이 1~1.5cm
모두 관모양꽃

총포는 단지 모양
총포조각은 6줄로 붙으며
뒤로 젖혀짐

뿌리잎은 난형, 잔톱니가 있음
양면이 거미줄 같은 털로 덮임

0900 **북분취** *Saussurea mongolica*

- 어긋나기, 홑잎, 양성화, 두상꽃차례가 모여 산방꽃차례처럼 달림
- 강원도 이북 산지에서 자라며 7~8월에 꽃 피는 여러해살이풀
- 자병취와 달리 잎이 긴 타원상 난형이고 결각이 생기기도 함

높이는 50~100cm
곧게 서고 가지가 거의 갈라지지 않음

줄기에 잔털이 있음

가시 같은 톱니가 달림

줄기잎은 긴 타원형
양면과 가장자리와 뒷면
맥 위에 짧은 털이 있음

아래쪽 잎은 난형
톱니가 있고
결각상으로
갈라지기도 함

두상꽃차례는 지름이 1~2cm
모두 관모양꽃, 화관은 5갈래로 갈라짐

총포조각은 5줄로
붙으며 끝이 뒤로 젖혀짐. 털이 있음

0901 **자병취** *Saussurea chabyoungsanica*

- 어긋나기, 홑잎, 양성화, 두상꽃차례가 모여 산방꽃차례처럼 달림
- 강원도 이북 석회암지대에서 자라며 8~9월에 꽃 피는 여러해살이풀
- 북분취와 달리 잎이 긴 타원형이고 결각이 전혀 없음

높이는 50~70cm 곧게 서거나 비스듬히 자람

줄기에 긴 털이 밀생

두상꽃차례는 지름이 1~1.5cm 모두 관모양꽃

총포조각은 8줄로 붙음 끝이 바늘처럼 뾰족함

날카로운 톱니가 있음

줄기잎은 타원형 또는 피침형 전혀 갈라지지 않음

열매는 수과, 흰색 갓털이 달림

0902 **수리취** *Synurus deltoides*

- 어긋나기, 홑잎, 양성화, 두상꽃차례
- 건조한 풀밭에서 자라며 8~10월에 꽃 피는 여러해살이풀
- 산비장이와 달리 총포조각이 벌어지고 잎이 갈라지지 않음

높이는 50~100cm
곧게 서고 위쪽에서
가지가 갈라짐

줄기에
거미줄 같은
털이 밀생

두상꽃차례는 지름이
4~5cm, 모두 관모양꽃

화관은 5갈래로
갈라짐

총포조각은 10줄로 붙음
거미줄 같은 털이 많음

줄기잎은 난형 또는 난상 심장형
불규칙한 톱니가 약간 있음

열매는 수과, 갈색 갓털이 달림

0903 산비장이 *Serratula coronata* subsp. *insularis*

- 어긋나기, 홑잎, 양성화, 두상꽃차례
- 산과 들 풀밭에서 자라며 8~10월에 꽃 피는 여러해살이풀
- 수리취에 비해 총포조각이 벌어지지 않고 잎이 깃꼴로 갈라짐

높이는 30~150cm
곧게 서고
위쪽에서 가지가
갈라짐

줄기에
짧은 털과
세로줄이 있음

두상꽃차례는 지름이 3~4cm, 모두 관모양꽃

총포조각은 6~7줄로 붙음
거미줄 같은 털이 약간 있음

줄기잎은 난상 타원형
4~7쌍 깃꼴로 깊게 갈라짐
큰 톱니가 있음. 양면에 털이 있음

갈색 갓털이 달림

열매는 원통형 수과

0904 **절굿대** *Synurus deltoides*

- 어긋나기, 홑잎, 양성화, 두상꽃차례
- 산지 풀밭에서 자라며 8~9월에 꽃 피는 여러해살이풀
- 두상꽃차례가 구형으로 달리고 잎 가장자리에 잔가시가 달림

높이는 80~150cm, 곧게 서고 가지가 갈라짐

줄기에 홈이 있고 전체에 흰색 솜털이 많음

두상꽃차례는 지름이 5~6cm 모두 관모양꽃

화관은 5갈래로 갈라짐

총포조각은 16~18개, 끝이 가시처럼 됨

톱니와 잔가시가 달림

줄기잎은 5~6쌍 깃꼴로 깊게 갈라짐

잎 뒷면은 흰색 솜털로 덮임

열매는 원통형 수과 털이 많음

0905 갯금불초 *Wollastonia dentata*

- 마주나기, 홑잎, 양성화와 암꽃, 두상꽃차례
- 제주도 바닷가 모래땅이나 바위지대에서 자라며 7~10월에 꽃 피는 여러해살이풀
- 전체에 거친 털이 있고 줄기가 땅 위를 기듯이 자람

높이는 5~15cm, 땅 위를 기듯이 자람. 가지가 갈라짐

전체에 거친 털이 있음

중앙부는 관모양꽃 양성화

두상꽃차례는 지름이 1.5~2.5cm

주변부는 혀모양꽃, 암꽃

총포조각은 난형 1줄로 붙음 털이 있음

꽃대에 털이 있음

질은 두껍고 양면에 거친 털이 있음

잎은 긴 타원형 또는 피침형, 톱니가 있음

열매는 수과 짧은 털이 있음

0906 뻐꾹채 *Leuzea uniflora*

- 어긋나기, 홑잎, 양성화, 두상꽃차례
- 중부 이북 건조한 산과 들에서 자라며 5~7월에 꽃 피는 여러해살이풀
- 산비장이보다 두상꽃차례 지름이 두 배 이상 큼

높이는 30~70cm
곧게 섬

전체에 흰색
털이 밀생

두상꽃차례는 지름이
6~9cm로 큰 편. 모두 관모양꽃

총포조각은 6줄로 붙음

잎은 6~8쌍 깃꼴로 깊게 갈라짐
불규칙한 톱니가 있음

열매는 긴 타원형 수과
연한 갈색 갓털이 달림

0907 나래가막사리 *Verbesina alternifolia*

- 어긋나기, 홑잎, 양성화와 암꽃, 두상꽃차례가 모여 산방상 원추꽃차례를 이룸
- 밀원용으로 심거나 풀밭에서 자라며 8~9월에 꽃 피는 여러해살이풀. 북미 원산 외래식물
- 줄기에 날개가 있고 혀모양꽃 화관 크기가 제각각 다름

높이는 100~250cm
곧게 서고 가지가 갈라짐

줄기에 거친
털이 있고
좁은 날개가 달림

두상꽃차례는
지름이
2.5~5cm

주변부는 2~10개 혀모양꽃
제각각 크기가 다름

중앙부는
관모양꽃

두상꽃차례가 산방상 원추꽃차례를 이룸

갓털이 변한 까락이 2개 있음

잎은 긴 타원형
잔톱니가 있고 양면에 털이 있음

열매는 수과
넓은 날개가 달림

0908 큰금계국 *Coreopsis lanceolata*

- 마주나기, 홑잎, 양성화와 암꽃, 두상꽃차례
- 관상용으로 심거나 길가에서 자라며 5~8월에 꽃 피는 여러해살이풀. 북미 원산 외래식물
- 기생초와 달리 잎 갈래조각이 피침형이고 혀모양꽃이 등황색

높이는 30~100cm
곧게 서고 가지가 갈라짐

줄기에 짧은
털이 있음

두상꽃차례는 지름이 5~7cm

중앙부는
관모양꽃

주변부는 등황색 혀모양꽃

총포조각은 피침형

뿌리잎은 주걱형
깃꼴로 좁게 갈라지기도 함
양면에 털이 있음

열매는 납작한 수과
검은색이고 광택이 있음

0909 **기생초** *Coreopsis tinctoria* / **코스모스** *Cosmos bipinnatus*

- 마주나기, 홑잎, 양성화와 암꽃, 두상꽃차례
- 관상용으로 심거나 길가에서 자라며 6~9월에 꽃 피는 여러해살이풀. 북미 원산 외래식물
- 큰금계국과 달리 잎 갈래조각이 선형이고 혀모양꽃 안쪽이 적자색

* 코스모스는 주로 심어 기르지만 멕시코 원산 외래식물로 보는 견해도 있음

높이는 60~120cm, 곧게 서거나 비스듬히 자람
위쪽에서 가지가 많이 갈라짐

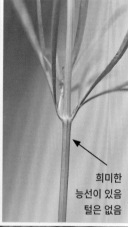

희미한
능선이 있음
털은 없음

두상꽃차례는 지름이 3~4cm

중앙부는
관모양꽃

주변부에 6~10개 혀모양꽃이 달림
안쪽에 흑자색 무늬가 있음

혀모양꽃이 완전히 붉은색인 꽃도 있음

잎은 난형
1~2회 깃꼴로
깊게 갈라짐

갈래조각은 선형, 광택이 있음

코스모스

외래식물로
보기도 함

0910 만수국아재비 *Tagetes minuta*

- 마주나기, 홑잎, 양성화와 암꽃, 두상꽃차례가 모여 산방꽃차례를 이룸
- 길가나 빈터에서 자라며 8~10월에 꽃 피는 한해살이풀. 남미 원산 외래식물
- 키가 크고 잎 갈래조각이 좁고 길며 두상꽃차례가 모여 산방꽃차례를 이룸

높이는 20~150cm
곧게 서고 위쪽에서 가지가 갈라짐

줄기에 희미한
세로줄이 있음
털은 없음

두상꽃차례가
산방꽃차례를 이룸

중앙부는
관모양꽃

두상꽃차례
주변부는 2~3개
혀모양꽃

총포는 긴 통 모양
갈색 긴 샘점이 흩어져 있음

반투명한 샘점이 있음

잎은 1회 깃꼴로
깊게 갈라짐

갈래조각은 5~15개
선상 피침형, 톱니가 있음

열매는 선형 수과

0911 **쇠채** *Scorzonera albicaulis* / **멱쇠채** *S. austriaca*

- 어긋나기, 홑잎, 양성화, 두상꽃차례
- 산기슭 양지바른 곳이나 바닷가 풀밭에서 자라며 5~8월에 꽃 피는 여러해살이풀
- 두상꽃차례가 여러 개 달리고 가지가 갈라지며 잎 폭이 좁음
- * 멱쇠채는 키가 작고 두상꽃차례가 1개씩만 달리며 가지가 갈라지지 않음

높이는 25~100cm
곧게 서고 가지가 갈라짐

줄기잎은
선상 피침형

전체에
흰 털이 덮임

화관 끝이 톱니처럼 잘게 갈라짐

두상꽃차례는 지름이 3~4cm
모두 혀모양꽃

뿌리잎은
좁은 피침형

갈색 긴 갓털이 달림

열매는 선형 수과

멱쇠채

키가 작고
가지가 갈라지지 않음

0912 쇠채아재비 *Tragopogon dubius*

- 어긋나기, 홑잎, 양성화, 두상꽃차례
- 양지바른 곳에서 자라며 5~8월에 꽃 피는 한두해살이풀. 유럽 원산 외래식물
- 쇠채와 달리 총포조각이 혀모양꽃보다 길고 1줄로 붙으며 모양이 서로 비슷함

＊ 두상꽃차례 밑 자루 부분이 넓적한 점도 다름

높이는 30~100cm, 곧게 섬

줄기에 털은
거의 없고
속은 비어 있음

두상꽃차례는 지름이 4~6cm, 모두 혀모양꽃

총포조각은 8~13개
피침형, 1줄로 붙음
혀모양꽃 보다 길게 나옴

두상꽃차례
밑부분은
넓적하게 자람

줄기잎은 도피침형
위로 갈수록
선상 피침형으로 됨

잎밑은 줄기를
반쯤 감쌈

열매는 가는 선형 수과

갈색 긴 갓털이 달림

0913 쇠서나물 *Picris hieracioides* subsp. *japonica*

- 어긋나기, 홑잎, 양성화, 두상꽃차례
- 산과 들 풀밭에서 자라며 7~10월에 꽃 피는 두해살이풀
- 조밥나물과 달리 전체에 거친 적갈색 털이 있어서 깔깔하고 총포조각이 2줄로 붙음

높이는 60~100cm 곧게 서고 가지가 갈라짐

전체에 적갈색 털이 있음

줄기에 세로줄이 있음

두상꽃차례는 지름이 2.5~3cm, 모두 허모양꽃

총포는 종 모양 총포조각은 2줄로 붙음

날카로운 톱니가 있음

줄기잎은 피침형 또는 도피침형 위로 갈수록 선상 피침형으로 됨

연한 갈색 갓털이 달림

열매는 수과 능선이 6개 있음

0914 서양금혼초 *Hypochaeris radicata*

- 뿌리에서 모여나기, 홑잎, 양성화, 두상꽃차례
- 충남 이남 볕이 잘 드는 풀밭에서 자라며 5~6월에 꽃 피는 여러해살이풀. 유럽 원산 외래식물
- 잎이 뿌리에서 나고 양면에 거친 털이 밀생하며 줄기나 잎을 자르면 주황색 액이 나옴

높이는 30~50cm 여러 대가 뭉쳐서 남

줄기에 매우 짧은 털이 있음

두상꽃차례는 지름이 3cm 모두 혀모양꽃

총포조각은 넓은 피침형 3줄로 붙음

잎은 도피침형, 4~8쌍으로 얕게 갈라짐 거친 털이 밀생

연한 갈색 갓털이 달림

열매는 수과, 가시 모양 돌기가 밀생

0915 그늘보리뺑이 *Lapsanastrum humile*

- 어긋나기, 홑잎, 양성화, 두상꽃차례가 모여 엉성한 산방꽃차례를 이룸
- 제주도 그늘진 곳에서 자라며 5~7월에 꽃 피는 두해살이풀
- 뿌리뺑이와 달리 줄기가 기듯이 옆으로 자라고 열매에 갓털이 없음

높이는 9~50cm, 밑에서 모여 남

줄기에 털이 있다가 점차 사라짐

두상꽃차례는 지름이 0.5~1cm, 모두 혀모양꽃

안쪽 총포조각은 8개 꽃이 핀 다음 두꺼워짐

바깥 총포조각은 짧음

잎은 도피침상 긴 타원형 결각이 생김

열매에 갓털이 없음

옆으로 기듯이 자라다가 비스듬히 섬

0916 **뿌리뱅이** *Youngia japonica*

- 어긋나기, 홑잎, 양성화, 두상꽃차례
- 길가나 들녘 조금 그늘진 곳에서 자라며 5~6월에 꽃 피는 한두해살이풀
- 그늘보리뱅이와 달리 줄기가 곧게 서고 전체에 잔털이 있으며 수과에 갓털이 달림

높이는 15~100cm
곧게 서고
가지가 갈라지기도 함

전체에 →
잔털이 있음

두상꽃차례는
지름이 0.7~0.8cm, 모두 혀모양꽃

바깥 총포조각은 →
짧음

안쪽 총포조각은 8개, 피침형

뿌리잎은 도피침형, 방석처럼 퍼짐
깃꼴로 갈라짐

흰색 갓털이 달림

열매는 긴 난형 수과
세로 능선이 있음

0917 조밥나물 *Hieracium umbellatum*

- 어긋나기, 홑잎, 양성화, 두상꽃차례가 모여 산방꽃차례처럼 달림
- 산과 들 풀밭에서 자라며 8~10월에 꽃 피는 여러해살이풀
- 두상꽃차례가 여러 개가 달리고 잎에 톱니가 적음

높이는 30~120cm
곧게 서고 가지가 갈라짐

줄기 위쪽에
짧은 털과
별 모양
털이 있음

두상꽃차례는
지름이
2.5~3cm
모두
혀모양꽃

총포조각은 3~4줄로 붙음

포엽은 선형

짧은 가시 같은
톱니가 듬성듬성 있음

줄기잎은 선형 또는 긴 타원상 피침형

갈색 갓털이 달림

열매는 흑갈색 수과
능선이 10개 있음

0918 께묵 *Hololeion maximowiczii*

- 어긋나기, 홑잎, 양성화, 두상꽃차례가 모여 산방꽃차례처럼 달림
- 습지나 물가에서 자라며 8~10월에 꽃 피는 여러해살이풀
- 왕고들빼기와 달리 잎이 선형이고 갈라지지 않으며 혀모양꽃 수가 적음

높이는 50~100cm
곧게 서고
가지가 갈라짐

줄기에
털은 없음

혀모양꽃만 13개 이하로 달림

두상꽃차례는 지름이 2~3cm

총포조각은 2줄로 붙음

줄기잎은 선상 피침형
위로 올라갈수록 선형으로 됨

갈색 갓털이 달림

열매는 선형 수과

0919 고들빼기 *Crepidiastrum sonchifolium*

- 어긋나기, 홑잎, 양성화, 두상꽃차례가 모여 산방꽃차례처럼 달림
- 산과 들에서 자라며 5~9월에 꽃 피는 여러해살이풀
- 씀바귀와 달리 혀모양꽃이 여러 개이고 잎밑이 줄기를 감쌈

높이는 10~80cm, 곧게 서고 가지가 많이 갈라짐

줄기는 흔히
자줏빛이 돎
털은 없음

두상꽃차례는
지름이 1.5~2.5cm, 모두 혀모양꽃

잎밑이 귓불처럼
넓어지면서
줄기를 감쌈

줄기잎은 난형 또는 난상 긴 타원형
불규칙한 결각상 톱니가 있음

뿌리잎은 긴 타원형
빗살처럼 갈라짐. 양면에 털이 있음

흰색 갓털이 달림

열매는 납작한
원추형 수과

0920 까치고들빼기 *Crepidiastrum chelidoniifolium* / 지리고들빼기 *C. koidzumianum*

- 어긋나기, 홑잎, 양성화, 두상꽃차례가 모여 산방꽃차례처럼 달림
- 산지 숲 속이나 바위 주변에서 자라며 8~10월에 꽃 피는 한두해살이풀
- 잎이 깃꼴로 완전히 갈라지고 엽축에 날개가 없음
- * 지리고들빼기는 주로 남부지방에서 자라고 엽축에 날개가 있음

높이는 15~50cm, 곧게 서고 아래쪽에서 가지가 많이 갈라짐

전체에 → 털은 없음

두상꽃차례는 지름이 1cm, 모두 혀모양꽃

잎은 3~6쌍 깃꼴로 완전히 갈라짐

엽축에 날개가 거의 없음

갈래조각에는 톱니가 듬성듬성 있음

흰색 갓털이 달림 ←

열매는 수과, 잔털이 있음

지리고들빼기

엽축에 날개가 있음

0921 **이고들빼기** *Crepidiastrum denticulatum*

- 어긋나기, 홑잎, 양성화, 두상꽃차례가 모여 산방꽃차례처럼 달림
- 산지에서 자라며 8~10월에 꽃 피는 한두해살이풀
- 줄기잎이 주걱형이고 잎밑이 줄기를 감싸거나 감싸지 않는 등 변이가 심함

높이는 30~120cm
곧게 서고
가지가 많이
갈라짐

줄기에 털은
거의 없음

두상꽃차례는 지름이 1.5cm 내외
모두 혀모양꽃

총포는
좁은 통 모양

잎밑이 줄기를 감싸지 않는 형태

줄기잎은 주걱형
불규칙한 치아 모양 톱니가 있음

잎밑이 줄기를 감싸는 형태

열매는 흑갈색 수과

흰색 갓털이 달림

0922 갯고들빼기 *Crepidiastrum lanceolatum*

- 어긋나기, 홑잎, 양성화, 두상꽃차례가 모여 산방꽃차례처럼 달림
- 남부지방 바닷가 바위지대에서 자라며 10~11월에 꽃 피는 여러해살이풀
- 줄기 밑부분이 단단하고 뿌리잎이 모여 남

높이는 10~30cm
곧게 서고 밑부분이 단단함

줄기에
털은 없음

종포조각은
7~8개

두상꽃차례는 지름이
1.5~2.5cm, 모두 혀모양꽃

줄기잎은
주걱형 또는 난형

흰색 갓털이 달림

줄기 아래쪽 잎은 모여 남. 긴 타원형
결각 모양 톱니가 나타나기도 함

열매는 흑갈색 수과, 능선이 10개 정도 있음

0923 씀바귀 *Ixeridium dentatum* / 흰씀바귀 *I. dentatum* f. *albiflora*

- 어긋나기, 홑잎, 양성화, 두상꽃차례가 모여 산방꽃차례처럼 달림
- 산과 들 풀밭에서 자라며 5~7월에 꽃 피는 여러해살이풀
- 줄기잎 잎밑이 줄기를 감싸고 혀모양꽃 수가 5~11개로 적음

＊ 흰씀바귀는 꽃이 흰색

높이는 20~50cm
곧게 서고
위쪽에서 가지가
갈라짐

줄기에 털은
거의 없음

혀모양꽃은 5~11개로 적게 달림

두상꽃차례는
지름이 1.5~2cm, 모두 혀모양꽃

뿌리잎은 도피침상 긴 타원형

잎밑이 줄기를 감쌈

줄기잎은 피침형
2~3개가 달림

흰색 갓털이 달림

열매는 난형 수과, 흑갈색

흰씀바귀

꽃이 흰색

0924 **좀씀바귀** *Ixeris stolonifera*

- 어긋나기, 홑잎, 양성화, 두상꽃차례
- 산과 들 양지바른 곳에서 자라며 5~6월에 꽃 피는 여러해살이풀
- 잎이 작고 둥글며 가지가 갈라져 땅을 기면서 자람

높이는 8~15cm, 가지가 갈라짐

땅 위를 기고 마디에서 뿌리를 내림

두상꽃차례는 지름이 2~2.5cm, 모두 혀모양꽃

총포는 통 모양 안쪽 총포조각은 9~10개   바깥 총포조각

잎은 넓은 난형 또는 난상 원형, 톱니가 없음

흰색 갓털이 달림

열매는 좁은 방추형 수과

0925 벋음씀바귀 *Ixeris japonica*

- 어긋나기, 홑잎, 양성화, 두상꽃차례
- 논밭이나 빈터 습기 있는 곳에서 자라며 4~7월에 꽃 피는 여러해살이풀
- 좀씀바귀보다 대체로 크고 잎이 도피침형으로 길쭉함

높이는 10~30cm
기는줄기가 나와 사방으로 퍼짐

줄기에 털은 없음

두상꽃차례는
지름이 2.5~3cm
모두 혀모양꽃

바깥 총포조각

총포조각은 통 모양
안쪽 총포조각은 9~10개

뿌리잎은 도피침형 또는 주걱상 타원형
밋밋하거나 하반부에 톱니가 있음

흰색 갓털이 달림

열매는 선형 수과, 깊은 홈이 있음

0926 **벌씀바귀** *Ixeris polycephala*

- 어긋나기, 홑잎, 양성화, 두상꽃차례가 모여 산방꽃차례처럼 달림
- 길가나 들녘에서 자라며 4~6월에 꽃 피는 여러해살이풀
- 씀바귀속 식물 중에서 두상꽃차례가 가장 작고 잎이 피침형으로 길쭉함

높이는 10~40cm
곧게 섬

줄기에 털이
거의 없음

두상꽃차례는 지름이
0.8cm 내외로 작음. 모두 혀모양꽃

총포는 통 모양
안쪽 총포조각은
8개

바깥 총포조각은 난형

잎밑이 화살촉 모양으로 줄기를 감쌈

흰색 갓털이 달림

줄기잎은 피침형으로 길쭉함

열매는 선형 수과, 깊은 홈이 있음

0927 **선씀바귀** *Ixeris strigosa* / **노랑선씀바귀** *I. chinensis*

- 어긋나기, 홑잎, 양성화, 두상꽃차례가 모여 산방꽃차례처럼 달림
- 양지바른 곳에서 자라며 4~5월에 꽃 피는 여러해살이풀
- 흰씀바귀보다 혀모양꽃이 20~30개로 많음

* 노랑선씀바귀는 꽃이 노란색이며 뿌리잎이 깃꼴로 깊게 갈라짐

높이는 20~40cm
곧게 섬

줄기에 털은 없음

뿌리잎

두상꽃차례는 지름이 2~2.5cm, 모두 혀모양꽃

줄기잎은 피침형, 1~2개

총포조각은 2줄로 붙음

잎밑은 줄기를 살짝 감쌈

흰색 갓털이 달림

노랑선씀바귀

열매는 능선이 있는 수과, 갈색

꽃이 노란색

0928 갯씀바귀 *Ixeris repens*

- 어긋나기, 홑잎, 양성화, 두상꽃차례
- 바닷가 모래땅에서 자라며 5~10월에 꽃 피는 여러해살이풀
- 줄기가 땅속으로 벋고 잎이 손 모양으로 갈라짐

높이는 3~15cm
뿌리줄기가 옆으로 길게 벋음

줄기에 털은 없음

두상꽃차례는 지름이 2.5~3cm
모두 혀모양꽃

바깥 총포조각

총포조각은 통 모양
안쪽 총포조각은 6~8개

잎은 손 모양, 3~5갈래로 깊게 갈라짐
질은 두꺼움

잎자루는 대개 모래에 파묻힘

흰색 갓털이 달림

열매는
긴 타원형 수과
세로로 홈이 있음

0929 **왕씀배** *Prenanthes ochroleuca*

- 어긋나기, 홑잎, 양성화, 두상꽃차례가 모여 원추꽃차례를 이룸
- 한라산과 경기도 및 충남 안면도 숲 속에서 자라며 9~10월에 꽃 피는 여러해살이풀
- 산씀바귀와 달리 줄기 아래쪽 잎이 화살 모양이고 줄기에 거친 적갈색 털이 있음

두상꽃차례는 지름이 2~3cm, 모두 혀모양꽃

높이는 50~200cm
곧게 서고 가지가 갈라짐

총포는 통 모양
총포조각은 3줄로 붙음

줄기, 꽃자루, 총포 등에
적갈색 거친 털이 있음

줄기잎은 위로 갈수록
도피침형으로 되면서 작아짐

줄기 아래쪽 잎은 3갈래로 갈라져
화살 모양이 됨. 톱니가 듬성듬성 있음

흰색 갓털이 달림

열매는 타원형 수과

0930 산씀바귀 *Lactuca raddeana*

- 어긋나기, 홑잎, 양성화, 두상꽃차례가 모여 원추꽃차례를 이룸
- 산지 습기 있는 곳에서 자라며 8~10월에 꽃 피는 한두해살이풀
- 두메고들빼기와 달리 잎밑이 줄기를 감싸지 않고 수과에 능선이 4~5개 있음

높이는 60~150cm
곧게 서고
위쪽에서 가지가
갈라짐

줄기에 갈색 털이 있음

두상꽃차례는 지름이 1.5~2cm
모두 혀모양꽃

혀모양꽃은 11개
이하로 적음

줄기잎은 삼각상 난형
위로 갈수록
피침형으로 됨

잎밑은 날개가 있으나
줄기를 감싸지는 않음

아래쪽 잎은 깃꼴로 갈라짐
치아 모양 톱니가 있음

흰색 갓털이 달림

열매는 타원형 수과
능선이 4~5개 있음

0931 두메고들빼기 *Lactuca triangulata*

- 어긋나기, 홑잎, 양성화, 두상꽃차례가 모여 원추꽃차례를 이룸
- 깊은 산 숲 속이나 능선에서 자라며 7~8월에 꽃 피는 두해살이풀
- 산씀바귀와 달리 잎밑이 대개 줄기를 감싸고 수과 한쪽에 주름이 1개 있음

두상꽃차례는 지름이 1~2cm, 모두 혀모양꽃

혀모양꽃은 10~15개

높이는 60~130cm
곧게 서고
간혹 가지가
갈라짐

총포는 원주형
안쪽 총포조각은 8개

줄기에 털이
듬성듬성 있음

줄기 아래쪽 잎밑은 귓불처럼
되어 줄기를 감쌈

줄기잎은 삼각상 도피침형, 톱니가 있음

흰색 갓털이
달림

열매는 납작한 타원형 수과
흑갈색, 주름이 1개 있음

0932 왕고들빼기 *Lactuca indica* / **가는잎왕고들빼기** *L.* var. *laciniata* f. *indivisa*

- 어긋나기, 홑잎, 양성화, 두상꽃차례가 모여 원추꽃차례를 이룸
- 산과 들에서 자라며 8~10월에 꽃 피는 한두해살이풀
- 두메고들빼기와 달리 잎이 길고 깃꼴로 갈라짐

  * 가는잎왕고들빼기는 잎이 전혀 갈라지지 않음

높이는 80~150cm 곧게 서고 위쪽에서 가지가 갈라짐

줄기 아래쪽 잎은 깃꼴로 잘게 갈라짐

꽃 필 무렵이면 뿌리잎은 시듦

두상꽃차례는 지름이 2cm 내외 21~27개 혀모양꽃으로 됨

전체에 털이 없음

총포는 원주형 안쪽 총포조각은 8개

뿌리잎은 깃꼴로 심하게 갈라짐

열매는 검은색 수과 짧은 부리가 있음

흰색 갓털이 달림

가는잎왕고들빼기

잎이 전혀 갈라지지 않음

0933 한라고들빼기 *Crepidiastrum hallaisanense*

- 어긋나기, 홑잎, 양성화, 두상꽃차례
- 한라산 고지대 양지바른 곳에서 자라며 8~10월에 꽃 피는 한해살이풀
- 한라산 고지대에만 분포하며 키가 작고 땅 위를 기듯이 자람

높이는 3~10cm, 밑에서 여러 대로 갈라져 눕듯이 자람

줄기에 돌기 같은 털이 있기도 하나 대개 전체에 ←털이 없음

두상꽃차례는 지름이 1~1.5cm, 혀모양꽃만 13개 이하

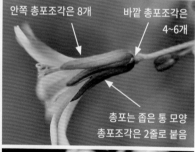

안쪽 총포조각은 8개

바깥 총포조각은 4~6개

총포는 좁은 통 모양 총포조각은 2줄로 붙음

잎은 피침형 또는 도란형 등 다양함 불규칙하게 갈라짐. 날카로운 톱니가 있음

열매는 검은색 수과 능선이 10개 있음

흰색 갓털이 달림

0934 가시상추 *Lactuca serriola*

- 어긋나기, 홑잎, 양성화, 두상꽃차례가 모여 원추꽃차례를 이룸
- 길가나 풀밭에서 자라며 7~9월에 꽃 피는 한두해살이풀. 유럽 원산 외래식물
- 왕고들빼기와 달리 두상꽃차례가 1~1.2cm로 작고 잎 톱니가 가시 모양

* 잎 뒷면 맥 위에도 가시 모양 톱니가 많음

높이는 20~150cm
곧게 서고 위쪽에서 가지가 많이 갈라짐

줄기에 털은 거의 없는 편

두상꽃차례는 지름이 1~1.2cm 모두 혀모양꽃

총포는 원통 모양

잎은 긴 타원형 대개 깃꼴로 갈라짐

가장자리와 뒷면 맥 위에 가시 모양 톱니가 있음

흰색 갓털이 달림

열매는 도란형 수과 부리 모양 돌기가 있음

0935 방가지똥 *Sonchus oleraceus*

- 어긋나기, 홑잎, 양성화, 두상꽃차례
- 길가나 빈터에서 자라며 5~9월에 꽃 피는 한해살이풀. 유럽 원산 외래식물
- 큰방가지똥과 달리 잎끝에 큰 결각이 생기고 톱니가 적으며 잎밑이 줄기를 약간만 감쌈

높이는 50~100cm
곧게 섬

줄기에 털은 없음
속은 비어 있음

총포조각은 피침형, 샘털이 약간 있음

두상꽃차례는 지름이 2cm, 모두 혀모양꽃

2~3쌍 결각이 생김

잎은 깃꼴로 갈라짐
뾰족한 톱니가 있음

잎밑은 귓불 모양이
되어 줄기를 약간 감쌈

흰색 갓털이 달림

열매는 도란형 수과
세로로 주름이 짐

0936 큰방가지똥 *Sonchus asper*

- 어긋나기, 홑잎, 양성화, 두상꽃차례
- 길가나 빈터에서 자라며 5~10월에 꽃 피는 한해살이풀. 유럽 원산 외래식물
- 방가지똥과 달리 잎끝에 큰 결각이 없고 톱니가 많으며 잎밑이 줄기를 한 바퀴 정도 감쌈

높이는 50~100cm
곧게 섬

줄기에
털은 없음 →
속은 비어 있음

잎밑이 귓불 모양이 되어
줄기를 한 바퀴 가까이 감쌈

두상꽃차례는 지름이 2cm, 모두 혀모양꽃

총포조각은 피침형, 샘털이 약간 있음

잎은 깃꼴로
갈라짐
불규칙한 →
가시 모양
톱니가 많음
결각은 거의
없음

열매는 도란형 수과, 세로로 주름이 짐
흰색 갓털이 달림

0937 사데풀 *Sonchus brachyotus*

- 어긋나기, 홑잎, 양성화, 두상꽃차례가 모여 산형꽃차례처럼 달림
- 양지바른 곳에서 자라며 8~10월에 꽃 피는 여러해살이풀
- 방가지똥과 달리 잎에 얕은 결각이 생기기도 하며 두상꽃차례가 큰 편

높이는 50~100cm, 곧게 서고 가지가 갈라짐

줄기 속은 비어 있음 희미한 능선이 있음

두상꽃차례는 지름이 3~4cm 모두 허모양꽃

총포는 넓은 통 모양 총포조각은 4~5줄로 붙음

줄기잎은 긴 타원형 얕은 결각이 생기기도 함. 톱니가 있음

흰색 갓털이 달림

열매는 수과, 능선이 5개 있음

0938 산민들레 *Taraxacum ohwianum*

- 뿌리에서 모여나기, 홑잎, 양성화, 두상꽃차례
- 제주도 제외 지역 산지 척박한 곳에서 자라며 4~6월에 꽃 피는 여러해살이풀
- 털민들레와 달리 바깥 총포조각 끝에 삼각상 돌기가 거의 없음

높이는 10~20cm
방석처럼 땅바닥에 붙어 퍼져 자람

줄기에 거미줄 같은 털이 있음

두상꽃차례는 지름이 2~3cm, 모두 혀모양꽃

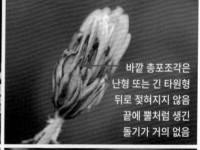

바깥 총포조각은 난형 또는 긴 타원형 뒤로 젖혀지지 않음 끝에 뿔처럼 생긴 돌기가 거의 없음

잎은 깃꼴 또는 결각상으로 깊게 갈라짐 톱니가 있고 양면에 털이 있음

열매는 긴 타원형 수과 갈색, 톱니 모양 돌기가 많음

흰색 갓털이 달림

0939 **털민들레** *Taraxacum mongolicum* / **흰털민들레** *T. platypecidum*

- 뿌리에서 모여나기, 홑잎, 양성화, 두상꽃차례
- 산과 들 양지바른 곳에서 자라며 3~5월에 꽃 피는 여러해살이풀
- 서양민들레와 달리 바깥 총포조각이 뒤로 젖혀지지 않고 끝에 삼각상 돌기가 있음

＊ 흰털민들레는 꽃이 흰색

높이는 10~15cm
방석처럼 바닥에 붙어 퍼져 자람

줄기에 거미줄 모양
털이 있음

두상꽃차례는 지름이
3~4.5cm, 모두 혀모양꽃

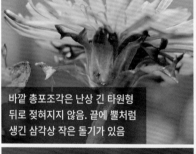

바깥 총포조각은 난상 긴 타원형
뒤로 젖혀지지 않음. 끝에 뿔처럼
생긴 삼각상 작은 돌기가 있음

잎은 깃꼴 또는 결각상으로 깊게 갈라짐
톱니가 있음

흰색 갓털이 달림

열매는 긴 타원형 수과, 갈색
톱니 모양 돌기가 많음

흰털민들레

꽃이 흰색

0940 서양민들레 *Taraxacum officinale* / 붉은씨서양민들레 *T. erythrospermum*

- 뿌리에서 모여나기, 홑잎, 양성화, 두상꽃차례
- 산과 들 양지바른 곳에서 자라며 3~5월에 꽃 피는 여러해살이풀. 유럽 원산 외래식물
- 털민들레와 달리 바깥 총포조각이 뒤로 젖혀지고 끝에 삼각상 돌기가 거의 없음

* 붉은씨서양민들레는 수과가 붉은색

높이는 10~20cm
방석처럼 땅바닥에 붙어 퍼져 자람

두상꽃차례는 지름이
3~5cm, 모두 혀모양꽃

줄기에
거미줄 같은
털이 있음

바깥 총포조각은 난상 긴 타원형
뒤로 젖혀지고 끝에 돌기가 거의 없음

잎은 깃꼴 또는 결각상으로 깊게 갈라짐
톱니가 있음

흰색 갓털이 달림

열매는 긴 타원형 수과, 갈색
톱니 모양 돌기가 많음

붉은씨서양민들레

수과가 붉은색

외떡잎식물

0941 **택사** *Alisma canaliculatum* / **질경이택사** *A. plantago-aquatica* subsp. *orientale*

- 뿌리에서 모여나기, 홑잎, 양성화, 원추꽃차례
- 충북 제외 지역 논과 연못 또는 습지에서 자라며 7월에 꽃 피는 여러해살이풀
- 잎이 피침형 또는 피침상 긴 타원형이고 수과 등 쪽에 깊은 골이 1개 있음

 ＊ 질경이택사는 잎밑이 둥글고 자루와 구분이 명확하며 수과에 골이 2개 있음

높이는 40~130cm
짧은 뿌리줄기가 있고
많은 수염뿌리가 달림

꽃줄기는
잎 사이에
길게 자라남
가지는 3개씩
돌려남

암술은 많음

꽃은 층층이 피어
전체가 원추꽃차례를 이룸

수술은 6개
꽃밥은 연한 녹색

꽃잎과 꽃받침조각은
각각 3개씩 달림

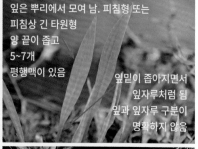

잎은 뿌리에서 모여 남. 피침형 또는
피침상 긴 타원형
양 끝이 좁고
5~7개
평행맥이 있음

잎밑이 좁아지면서
잎자루처럼 됨
잎과 잎자루 구분이
명확하지 않음

열매는 수과, 여러 개가 고리
모양으로 달리고 약간 납작함

등 쪽에 깊은 골이 1개 있음

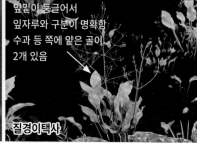

잎밑이 둥글어서
잎자루와 구분이 명확함
수과 등 쪽에 얕은 골이
2개 있음

질경이택사

0942 둥근잎택사 *Caldesia parnassifolia*

- 뿌리에서 모여나기, 홑잎, 양성화, 원추꽃차례
- 제주도 얕게 고인 물에서 자라며 7~8월에 꽃 피는 한해살이풀
- 질경이택사와 달리 잎이 난상 원형 또는 신장형이고 잎밑이 심장형이며 수과가 타원형

높이는 50~70cm, 짧은 뿌리줄기가 있고 많은 수염뿌리가 달림

어릴 때는 물에 뜨다가 잎자루가 곧게 서면서 물 밖으로 벋음

물에 뜬 잎

잎은 뿌리에서 모여 남 난상 원형 또는 신장형

물 밖으로 벋은 잎

끝이 둥글고 잎밑은 심장형 세로맥이 여러 개 있음

꽃은 꽃줄기에 3개씩 돌려난 가지마다 층층이 피어 원추꽃차례를 이룸

암술은 6~11개

꽃받침조각은 3개

수술은 6개

꽃잎은 3개, 난형 가장자리에 톱니가 있음

열매는 타원형 수과 여러 개가 모여 달림

씨껍질이 단단함

0943 벗풀 *Sagittaria trifolia* / 보풀 *S. aginashi*

- 뿌리에서 모여나기, 홑잎, 암수한포기, 층층이 돌려 핌
- 논이나 습지에서 자라며 7~8월에 꽃 피는 여러해살이풀
- 옆으로 벋는 뿌리줄기 끝에 덩이줄기가 달림

* 보풀은 옆으로 벋는 뿌리줄기가 없고 잎겨드랑이에 작은 살눈이 생김

높이는 20~80cm

어린잎은 선형이다가 점차 화살 모양으로 갈라지며 가장자리는 밋밋함

수꽃은 위쪽에 달림

암꽃은 아래쪽에 층층이 3개씩 달림

꽃잎과 꽃받침조각은 각각 3개씩 달림

꽃잎과 꽃받침조각은 각각 3개씩 달림

수꽃은 위쪽에 달림

옆으로 벋는 뿌리줄기 끝에 작은 덩이줄기가 달림

열매는 도란형 수과

옆으로 벋는 뿌리줄기가 없고 잎겨드랑이에 작은 살눈이 달림

보풀

0944 **검정말** *Hydrilla verticillata*

- 돌려나기 또는 마주나기, 홑잎, 암수딴포기, 잎겨드랑이에서 핌
- 연못이나 수로에서 자라며 8~9월에 꽃 피는 여러해살이풀
- 잎이 대개 돌려서 달리고 수꽃이 포엽에 싸이며 겨울눈으로 월동함

길이는 30~60cm
줄기 하부 마디에서 뿌리를 내림

줄기는 물에 뜸

암꽃
꽃받침조각은 3개
꽃잎은 3개
암술머리는 3개로 갈라지고 각각 다시 2갈래로 갈라짐

잎은 3~6개씩 돌려 달리거나 드물게 마주남 선형이고 1개 맥이 있음

수꽃은 잎겨드랑이에서 나옴 원형 포엽에 싸여 있다가 성숙하면 떨어져 늘에 뜸

암꽃은 잎겨드랑이에 1개씩 달림 가늘고 긴 포엽에 들어 있다가 씨방이 자루 모양으로 벋어 수면으로 나와 핌

열매는 선형
2~3개 실 같은 것이 붙어 있음

작은 가지 끝에 잎이 모여 만들어진 겨울눈으로 월동함

0945 **자라풀** *Hydrocharis dubia*

- 뿌리에서 나기, 홑잎, 암수한포기, 꽃줄기 끝에 1개씩 핌
- 남부지방과 중부 서해안 섬 연못이나 저수지에서 자라며 8~10월에 꽃 피는 여러해살이풀
- 물질경이와 달리 꽃이 단성화로 피고 잎이 심장형

높이는 5~10cm

물 위 잎은 둥근 심장형
지름은 5~6cm

옆으로 길게
벋으면서 자람
땅에 닿는 마디에서
뿌리를 내림

물 밖으로 나온 꽃줄기 끝에
1개씩 꽃이 핌

수꽃은 1개 포엽에
2~3개가 핌

수술은 6~12개

꽃받침조각과 꽃잎은
각각 3개씩 달림

암꽃은 1개 포엽에 2개가 생겨
그중 1개가 성숙함

헛수술은
3개 있음
암술대는 6개
각각 2갈래로
갈라짐

꽃받침조각과 꽃잎은
각각 3개씩 달림

잎 뒷면에 해면질 공기주머니가 있어
물에 잘 뜸. 거북등처럼 생긴 그물눈이 있음

열매는 난형 또는
긴 타원형 장과

0946 올챙이솔 *Blyxa japonica*

- 어긋나기, 홑잎, 양성화, 꽃줄기 끝에 1개씩 핌
- 경기, 강원, 충남, 전남 논과 도랑에서 자라며 7~8월에 꽃 피는 한해살이풀
- 줄기가 분명하고 길게 자라며 잎이 어긋나기로 달리고 잎 길이가 4~5cm로 짧음

높이는 5~25cm
기는줄기가 있고 수염뿌리가 있음

꽃줄기는
잎겨드랑이에서
나옴

수술은 3개
암술대는 3갈래로
갈라짐

꽃은 1개씩 핌
꽃잎은 3개이고
선형

꽃받침조각은 3개
도피침형

잎자루는
없음

잎은 선형
끝이 점차 좁아짐

잎 가장자리에
잔톱니가 있음

0947 **나사말** *Vallisneria natans*

- 모여나기, 홑잎, 암수딴포기, 수꽃은 기포처럼 떠오르고 암꽃은 긴 꽃대 끝에 1개씩 핌
- 연못이나 느린 강가에서 자라며 8~9월에 꽃 피는 여러해살이풀
- 올챙이자리와 달리 꽃이 단성화로 피며 꽃줄기가 가늘고 나사처럼 꼬임

길이는 30~70cm
기는줄기가 있음

어린 열매

꽃이 지면
나사처럼
꼬인 꽃줄기가
물속으로 들어감

암꽃 꽃봉오리

꽃받침조각은 3개이고 타원형
꽃잎은 없음

수꽃은 물속에서 기포처럼 떠올라 물 위에서
벌어져 떠다니다가 암꽃과 만남

암꽃

암술대는 3개이고
각각 2갈래씩 갈라짐

느린 강 가장자리에서
군락을 이루기도 함

열매는 선형
길이는 12cm

씨는 원기둥 모양 방추형

0948 물질경이 *Ottelia alismoides*

- 모여나기, 홑잎, 양성화, 꽃줄기 끝에 1개씩 핌
- 연못이나 논에서 자라며 8~10월에 꽃 피는 한해살이풀
- 자라풀과 달리 기는줄기가 없고 잎이 넓은 난형이며 양성화가 핌

높이는 10~20cm, 수염뿌리가 있음

잎자루는 긺

가장자리에 주름과 톱니가 있음

잎은 뿌리에서 모여 남 넓은 난형 또는 난상 심장형 맥이 5~9개 있음

포엽은 통처럼 되며 구불구불한 날개가 달림

수술은 6~15개

암술대는 3개 끝이 각각 2갈래로 갈라짐

꽃잎은 3개 넓은 도란형

꽃받침조각은 3개 피침형

열매는 긴 타원형 장과

잎이 가느다란 타입

0949 가래 *Potamogeton distinctus* / 애기가래 *P. octandrus* / 대가래 *P. wrightii*

- 어긋나기, 홑잎, 양성화, 수상꽃차례
- 연못이나 흐르는 물에 떠서 자라며 6~8월에 꽃 피는 여러해살이풀
- 물속 잎이 선형이고 잎자루가 긺

* 애기가래는 잎이 작고, 대가래는 잎이 선상 긴 타원형이고 주름이 있음

높이는 4~5cm
땅속줄기가 진흙 속으로 벋음

물에 잠긴 잎은 피침형

물에 뜨는 잎은 긴 타원형

꽃은 물 밖으로 나온 꽃줄기에 2.5~5cm 수상꽃차례로 핌

꽃덮개는 없음
수술은 4개
심피는 1~4개

열매는 넓은 난형 수과
등 쪽에 좁은 날개가 있음

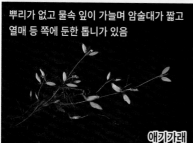

뿌리가 없고 물속 잎이 가늘며 암술대가 짧고
열매 등 쪽에 둔한 톱니가 있음

애기가래

대가래

잎이 선상 긴 타원형이고
물결 모양 주름이 있음

0950 **말즘** *Potamogeton crispus* / **실말** *P. pusillus*

- 어긋나기, 홑잎, 양성화, 수상꽃차례
- 연못이나 흐르는 물에서 자라며 6~9월에 꽃 피는 여러해살이풀
- 잎 가장자리에 주름과 톱니가 있고 조금 넓은 편이며 잎밑이 때때로 줄기를 감쌈
- * 실말은 잎 폭이 좁고 끝이 뾰족하며 열매 길이가 짧고 땅속줄기가 없음

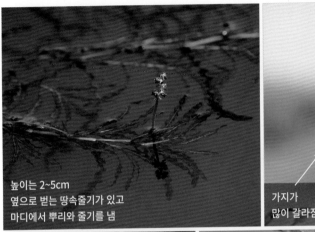

높이는 2~5cm
옆으로 벋는 땅속줄기가 있고
마디에서 뿌리와 줄기를 냄

가지가
많이 갈라짐

꽃덮개는 없고
수술과 암술이
각각 4개씩
달림

잎은 넓은 선형
3개 평행맥이
있음

가장자리는 물결 모양
잔톱니가 있음
잎밑이 줄기를 감싸기도 함

가지 끝에
겨울눈이 생김

잎 폭이 좁고 끝이 뾰족하며
열매 길이가 짧고 땅속줄기가 없음

실말

0951 지채 *Triglochin maritima*

- 모여나기, 홑잎, 양성화, 수상꽃차례
- 바닷물이 드나드는 곳에서 무리 지어 자라며 8~9월에 꽃 피는 여러해살이풀
- 바닷가에서 자라고 꽃이 여러 개 모여 피며 암술머리 6개가 합쳐서 달림

높이는 10~57cm
짧고 굵은 뿌리가 많음

꽃줄기는 잎 사이에서 올라옴

꽃덮개조각은 6개
타원형

수술은 6개
암술머리는 6개이고
솔처럼 자잘하게 갈라짐

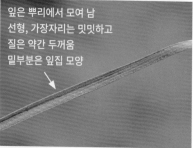

잎은 뿌리에서 모여 남
선형, 가장자리는 밋밋하고
질은 약간 두꺼움
밑부분은 잎집 모양

바닷물이 드나드는 개펄에서
흔히 무리 지어 자람

열매는 긴 타원형 또는 난상 긴 타원형 삭과
익으면 6갈래로 갈라지면서
씨를 떨어뜨림

0952 제주실꽃풀 *Chamaelirium japonicum* subsp. *yakusimense* var. *koreanum*

- 모여나기와 어긋나기, 홑잎, 양성화, 수상꽃차례
- 제주도 산지 숲 속에서 자라며 5~7월에 꽃 피는 여러해살이풀
- 뿌리잎이 방석처럼 펼쳐지고 꽃이 좌우대칭

높이는 15~50cm
짧은 뿌리줄기가 있음

줄기는
약간 모가 지고
털은 없음

4~20cm 꽃차례에 양성화와 수꽃이
촘촘하게 핌

암술대는
3갈래로
갈라짐

수술은
6개

꽃덮개조각은 6개, 그중 3개는 암술 위쪽에
있고 큼. 나머지 3개는 배 쪽에 있고 작음

줄기잎은
선형 또는 피침형

뿌리잎은 방석처럼
옆으로 펼쳐지고
도피침형 또는 긴 타원형
끝이 약간 둔함

열매는
타원형 삭과

0953 꽃장포 *Tofieldia yoshiiana* var. *koreana*

- 모여나기와 어긋나기, 홑잎, 양성화, 총상꽃차례
- 경기도와 강원도 산지 습기 있는 바위틈에서 자라며 7~8월에 꽃 피는 여러해살이풀
- 숙은꽃장포와 달리 잎 가장자리에 돌기가 없고 밋밋하며 꽃자루가 비스듬히 또는 곧게 섬

높이는 10~30cm
짧은 뿌리줄기가 있고
실 같은 기는줄기를
내기도 함

줄기잎은
피침형

곧게 서거나
옆으로 휨

꽃덮개는 6갈래로 깊게 갈라짐
갈래조각은 선상 긴 타원형

수술은 6개

암술대는 3갈래로 갈라짐

포엽은 피침형

뿌리잎은 굽은 선형
2줄로 배열되며 좌우로 편평함
3~7개 맥이 있음

가장자리에
돌기가 없음

열매는 난형 삭과

0954 **숙은꽃장포** *Tofieldia coccinea* / **한라꽃장포** *T. coccinea* var. *fauriei*

- 모여나기와 어긋나기, 홑잎, 양성화, 총상꽃차례
- 경남 가야산과 북부지방 고지대에서 드물게 자라며 6~7월에 꽃 피는 여러해살이풀
- 꽃장포나 한라꽃장포보다 꽃차례와 꽃자루가 짧고 꽃이 촘촘하게 달림
- * 한라산에서 자라는 한라꽃장포는 꽃차례와 꽃자루가 긴 편이어서 꽃이 약간 엉성하게 달림

높이는 5~15cm
짧은 뿌리줄기가 있음

줄기잎은 선형 1~2개가 달림

곧게 섬

꽃차례는 0.7~3cm로 짧음
꽃자루도 짧아서 꽃이 촘촘하게 달림

수술은 6개

꽃덮개는 6개 도피침형 또는 타원형

암술대는 3개 수술보다 약간 짧음

뿌리잎은 납작한 선형, 2줄로 배열됨
한쪽으로 휘고 끝이 약간 뾰족함

가장자리에 잔돌기가 있어서 거칢

열매는 구형 삭과 끝에 암술머리가 남음

한라산에서 자라고 꽃차례와 꽃자루가 긴 편이어서 꽃차례가 엉성하며 잎맥이 8~9개로 많음

한라꽃장포

0955 **칠보치마** *Metanarthecium luteoviride*

- 모여나기, 홑잎, 양성화, 총상꽃차례
- 경기도와 경남 산지 양지바른 풀밭에서 자라며 6~7월에 꽃 피는 여러해살이풀
- 처녀치마와 달리 꽃줄기에 잎이 거의 달리지 않으며 꽃차례가 길고 꽃이 황록색

높이는 15~55cm
곧은 뿌리줄기가 있음

줄기잎은 없거나
드물게 1개가 있음
선상 피침형

줄기는
매끈한 편

꽃덮개는 녹백색 또는 황백색

꽃덮개조각은 6개
피침형
뒤로 약간
젖혀짐

암술은
1개

수술은 6개,
꽃덮개보다 짧음.
꽃밥은 주황색

뿌리잎은 10여 개가 나와 사방으로 퍼짐
도피침형, 가장자리는 밋밋함

평행맥이
10개 정도 있음

열매는
난형 삭과

0956 **처녀치마** *Heloniopsis koreana* / **숙은처녀치마** *H. tubiflora*

- 모여나기, 홑잎, 양성화, 총상꽃차례
- 산지 경사진 계곡에서 자라며 4~5월에 꽃 피는 여러해살이풀
- 잎 가장자리에 치아 모양 잔톱니가 있음

* 숙은처녀치마는 고산지대에서 자라고 잎 가장자리에 잔톱니가 없음

높이는 10~30cm
짧은 뿌리줄기가 있고
수염뿌리가 많음

꽃줄기는
곧게 섬
비늘잎이
달림

총상꽃차례에 보라색 꽃이
3~10개 달림

꽃덮개조각은
6개
보라색

수술은
6개

암술대는 수술보다 길고
암술머리에 돌기가 3개 있음

뿌리잎은 방석처럼
펼쳐짐. 도피침형
치아 모양
잔톱니가 있음

열매는
삭과, 꽃줄기가
자라면서
위를 향함

익으면
3개 능선을 따라
갈라짐

고산지대에서 자라며
잎 가장자리에
톱니가 없음

숙은처녀치마

0957 뻐꾹나리 *Tricyrtis macropoda*

- 어긋나기, 홑잎, 양성화, 산방꽃차례
- 산지 숲 속에서 자라며 8~9월에 꽃 피는 여러해살이풀
- 잎이 넓은 난형이고 암술대가 두 차례 갈라지는 꽃이 핌

높이는 40~100cm
연한 갈색 뿌리줄기가 있고
기는줄기를 벋기도 함

줄기는
곧게 서고
가지가 갈라짐
아래를 향한
털이 있음

암술대는 3갈래로 갈라지고
다시 2갈래로 갈라짐

수술은 6개
아래로
살짝 처짐

꽃덮개는 6개
2줄로 붙으며
아래로 처짐

꽃이 흰색인 것도 있음

잎은 넓은 타원형
또는 넓은 난형
끝은 뾰족함

잎자루는 없거나 짧고
잎밑이 줄기를 감쌈

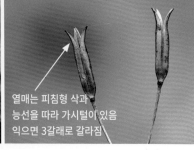

열매는 피침형 삭과
능선을 따라 가시털이 있음
익으면 3갈래로 갈라짐

0958 여로 *Veratrum maackii* var. *japonicum* / 흰여로 *V. versicolor*

- 어긋나기, 홑잎, 수꽃과 양성화, 원추꽃차례
- 산지 풀밭에서 자라며 7~8월에 꽃 피는 여러해살이풀
- 잎이 좁고 꽃자루가 짧으며 꽃이 흑자색

＊ 흰여로는 꽃이 흰색

높이는 40~60cm
곧게 섬

줄기에
돌기 같은
털이 밀생

아래쪽에는 수꽃
위쪽에는 양성화가 달림

꽃덮개조각은
6개
흑자색

암술머리는
3갈래로 갈라져
젖혀짐

수술은 6개

꽃 지름은 1cm 내외

잎은 좁은 피침형

잎밑이
잎집으로 되면서
줄기를
완전히 감쌈

암술대가
곧게 달림

열매는
3개 줄이 있는
타원형 삭과

흰색 꽃이 핌

흰여로

0959 박새 *Veratrum oxysepalum*

- 어긋나기, 홑잎, 양성화, 원추꽃차례
- 깊은 산 숲 속에서 자라며 6~8월에 꽃 피는 여러해살이풀
- 여로와 달리 잎이 줄기 위쪽에 많이 달리고 넓은 편

높이는 60~150cm
곧게 섬

꽃차례 쪽에
꼬불꼬불한 털이
밀생

꽃덮개조각은 6개
녹백색

수술은 6개

암술은
황록색
털이 있음

포엽은 난형

세로로 주름이 많음

잎은 넓은 타원형
또는 긴 타원형

어린잎은
뭉쳐서 나옴

열매는
난상 타원형 삭과
털이 밀생

0960 나도여로 *Anticlea sibirica*

- 어긋나기, 홑잎, 양성화, 총상꽃차례
- 강원도 이북 높은 산에서 자라며 7~8월에 꽃 피는 여러해살이풀
- 여로와 달리 꽃줄기가 가는 편이고 꽃이 연한 노란색

높이는 17~30cm
곧게 서고
가지가 갈라지기도 함

줄기에
털은 없음

꽃덮개조각은 6개
연한 노란색

암술대는
3갈래로 갈라짐

수술은
6개

꽃덮개조각 밑부분에
녹황색 꿀샘덩이가 있음

꽃덮개조각 뒷면에
연한 녹색 줄무늬가 있음

잎은 좁은 피침형
잎밑은 잎집으로 됨

열매는
원추형 삭과

0961 비비추 *Hosta longipes* / 좀비비추 *H. minor*

- 모여나기, 홑잎, 양성화, 총상꽃차례
- 주로 산지 강가에서 자라며 7~8월에 꽃 피는 여러해살이풀
- 잎밑이 얕은 심장형이거나 끊어진 듯한 모양이고 수술이 화관 밖으로 길게 나옴

✳ 좀비비추는 대체로 작고 꽃줄기에 세로능선이 있음

높이는 30~60cm
짧은 뿌리줄기가 있음

꽃은
총상꽃차례에
달림

잎은 뿌리에서
모여 남
난상 심장형
또는 타원상 난형
잎맥은 7~8쌍
있음

포엽은 얇은 막질

수술은 6개
화관 밖으로
나옴

화관은 종 모양
끝이 6갈래로
갈라짐

암술은 1개
수술보다 약간 길게 나옴

열매는
긴 타원형
삭과
익으면
벌어지면서
검은색 씨를 드러냄

좀비비추

대체로 작고
잎밑이
심장형이 아니라
짧게 뾰족함

0962 **주걱비비추** *Hosta clausa*

- 모여나기, 홑잎, 양성화, 수상꽃차례
- 산지에서 자라며 7~8월에 꽃 피는 여러해살이풀
- 비비추보다 키가 작고 잎이 긴 타원형이며 잎밑이 잎자루로 흐르면서 좁은 날개처럼 됨

높이는 20~50cm
짧은 뿌리줄기가 있음

연한 보라색 꽃
10~20개가
한쪽 방향을 향해 핌

화관은 갑자기 넓어지는
종 모양
끝이 6갈래로
갈라져
뒤로 약간
젖혀짐

수술 6개와 암술 1개가 화관 밖으로 나옴

총상꽃차례보다
수상꽃차례처럼 달림

포엽은 난형
끝이 뾰족하고
뚜렷한 맥이
있음

잎은 뿌리에서 모여 남
긴 타원형
끝이 뾰족함
잎맥은
4~7쌍

잎밑은
잎자루로 흐르면서
좁은 날개로 됨

0963 흑산도비비추 *Hosta yingeri*

- 모여나기, 홑잎, 양성화, 수상꽃차례
- 전남 신안군 섬 산지에서 자라며 6~8월에 꽃 피는 여러해살이풀
- 비비추보다 잎이 넓적하고 잎맥이 4~5쌍으로 적으며 광택이 있고 상록성

높이는 20~30cm
곧게 섬

꽃줄기에
포엽 또는
비늘잎 같은 잎이
달림

수술은 6개
그중 3개가
김

화관은 종 모양
끝이 6갈래로
갈라져
뒤로 약간
젖혀짐

암술은 1개, 수술보다 김

포엽은 선상 피침형

잎은 뿌리에서 모여 남.
타원형 또는
넓은 난형

질이 두껍고
광택이 있으며
상록성. 잎맥은 4~5쌍

열매는 타원형 삭과
갈색으로 익으면 벌어지면서
검은 씨를 드러냄

0964 **일월비비추** *Hosta capitata*

- 모여나기, 홑잎, 양성화, 두상꽃차례
- 산지 숲 속에서 자라며 6~8월에 꽃 피는 여러해살이풀
- 잎밑이 심장형이고 꽃이 두상꽃차례로 달리며 수술이 화관 밖으로 거의 나오지 않음

높이는 30~70cm

꽃줄기에 희미한 능선이 있음

꽃이 두상꽃차례로 핌

수술은 6개

암술은 1개

화관은 종 모양 끝이 6갈래로 갈라져 뒤로 젖혀짐

잎밑은 심장 모양

잎은 뿌리에서 모여 남 넓은 난형

열매는 긴 타원형 삭과, 갈색으로 익으면 벌어지면서 검은색 씨를 드러냄

꽃이 흰색인 것도 있음

0965 백운산원추리 *Hemerocallis hakuunensis* / 큰원추리 *H. middendorffii*

- 2줄로 마주나기, 홑잎, 양성화, 총상꽃차례
- 산과 들에서 자라며 7~8월에 꽃 피는 여러해살이풀
- 태안원추리와 달리 꽃줄기가 5cm 이상 깊게 갈라지고 잎 폭이 1.8~2cm로 넓음
- * 큰원추리는 꽃줄기가 갈라지지 않으며 포엽이 난형이고 두꺼움

높이는 80~120cm
방추형 덩이줄기가 있음

잎 폭은 1.8~2cm로
넓은 편

줄기는
곧게 서고
털은 없음

잎은 2줄로
마주나게 달림
선형

꽃덮개조각은 6개
진한 노란색
낮에 핌

수술은 6개
꽃덮개조각보다
짧음

암술은 1개

꽃줄기는 5cm 이상
깊게 갈라짐

꽃은 꽃줄기 끝에
6~8개씩 달림

포엽은 난형
또는 피침형

열매는
타원형 삭과

큰원추리

꽃줄기가 갈라지지 않으며
포엽이 난형이고 두꺼움

0966 노랑원추리 *Hemerocallis thunbergii*

- 2줄로 마주나기, 홑잎, 양성화, 총상꽃차례
- 산과 들에서 자라며 6~7월에 꽃 피는 여러해살이풀
- 백운산원추리와 달리 꽃이 연한 노란색이고 꽃자루가 5cm 이상 길며 화통이 좁고 긺
- * 저녁부터 다음날 낮까지 꽃이 피며 향기가 있음

높이는 100~150cm

포엽은 선상 피침형

줄기는 곧게 서고 털이 없음

꽃자루가 5cm 이상 긺

꽃덮개조각은 6개 연한 노란색

암술은 1개

수술은 6개 꽃덮개조각보다 짧음

화통은 좁고 긺

꽃은 저녁부터 다음날 낮까지 피며 향기가 있음

잎은 2줄로 마주나게 달림. 선형

열매는 타원형 삭과

0967 태안원추리 *Hemerocallis taeanensis*

- 2줄로 마주나기, 홑잎, 양성화, 총상꽃차례
- 충남 태안반도 산과 들에서 자라며 5~7월에 꽃 피는 여러해살이풀
- 백운산원추리와 달리 꽃줄기가 2~4cm로 얕게 갈라지고 잎 폭이 0.7~1.1cm로 좁음

높이는 30~65cm
곧게 서거나 약간 비스듬히 자람

포엽은 난형 또는 피침형

꽃자루는 5cm 미만으로 짧고 1~2회 얕게 갈라짐

꽃덮개조각은 6개 진한 노란색

낮에 피며 향기는 거의 없음

수술은 6개 꽃덮개보다 짧음

암술은 1개

잎은 2줄로 마주나게 달림 선형, 폭은 0.7~1.1cm로 좁은 편

방추형 덩이줄기가 있음

열매는 타원형 삭과 능선이 3개 있음

0968 중의무릇 *Gagea nakaiana* / 애기중의무릇 *G. hiensis*

- 뿌리에서 1개가 남. 홑잎, 양성화, 엉성한 산형꽃차례
- 산지 숲 속에서 자라며 3~5월에 꽃 피는 여러해살이풀
- 애기중의무릇보다 잎 폭이 넓고 꽃이 여러 개 달리며 꽃덮개조각이 깊

* 애기중의무릇은 잎 폭이 실처럼 가늘고 꽃이 적게 달리며 꽃덮개조각이 짧음

잎은 뿌리에서 1개가 남
선형, 폭은 0.5~1cm로 넓음
부드러운 털이 있다가
없어짐

높이는 15~20cm

꽃은 여러 개가
달림

전체에
분백색이 돎

수술은 5~6개
꽃덮개보다
짧음

꽃덮개조각은
6개
선상 피침형

암술머리는 3갈래로 갈라짐

비늘줄기는
황백색이고
난형이며
지름이
1~1.5cm

열매는 난형 또는
도란형 삭과
능선이 3개 있음

꽃덮개조각

애기중의무릇

잎 폭이 0.1~0.2cm로
가늘고
꽃이 적게
달리며
비늘줄기가
흑갈색

0969 **달래** *Allium monanthum*

- 1~2개가 남. 홑잎, 암수딴포기, 1~3개가 달림
- 산지 숲 속에서 자라며 3~5월에 꽃 피는 여러해살이풀
- 산달래보다 대체로 작고 잎은 꽃줄기보다 길며 암수딴포기이고 살눈이 생기지 않음

높이는 5~12cm
연약함

수꽃은 수술이 6개

꽃덮개조각은 6개
긴 타원형

꽃은 1~3개가 달림

암꽃은 암술대가 짧고
끝이 3갈래로 갈라짐

잎은 1~2개, 선형
끝은 뾰족하고
9~13개 맥이 있음
횡단면은 초승달 모양

밑부분은
잎집이 되어
꽃줄기를
둘러쌈

잎이 꽃줄기보다 김

비늘줄기는 난형이고
지름이 1cm 내외

총포는 난형
막질

열매는 구형 삭과

970 산달래 *Allium macrostemon*

- 어긋나기, 홑잎, 양성화, 산형꽃차례
- 산과 들 풀밭에서 자라며 5~6월에 꽃 피는 여러해살이풀
- 달래보다 대체로 크고 잎은 꽃줄기보다 짧으며 살눈이 생김

높이는 40~60cm
곧게 섬

꽃차례 지름은
3.5~4cm

꽃덮개조각은 6개
홍자색 줄무늬가
있음

암술대는 1개

수술은 6개, 꽃덮개 밖으로 나옴

대개 꽃 일부가
살눈으로 변함

포엽은 넓은 난형
끝이 뾰족함

드물게 살눈이 달리지 않는
개체도 있음

비늘줄기는 난형
또는 원형이고
지름이 1.5~2cm

0971 두메부추 *Allium dumebuchum*

- 뿌리에서 나기, 홑잎, 양성화, 산형꽃차례
- 울릉도와 경남 및 강원 이북 산지에서 자라며 9~10월에 꽃 피는 여러해살이풀
- 꽃이 연한 분홍색이고 꽃줄기 위쪽에 날개가 약간 있으며 잎 횡단면이 반타원형

높이는 30~50cm

꽃줄기는 위쪽이 납작하고 양쪽에 좁은 날개가 있음

꽃자루 길이는 1~2.2cm
암술대는 1개
수술은 6개 꽃덮개보다 길게 나옴
꽃덮개조각은 6개 난상 피침형

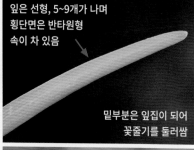
잎은 선형, 5~9개가 나며 횡단면은 반타원형 속이 차 있음
밑부분은 잎집이 되어 꽃줄기를 둘러쌈

비늘줄기는 난상 타원형이고 길이는 2.5~4.1cm

열매는 삼각상 삭과 익으면 갈라지면서 검은색 씨를 드러냄

0972 한라부추 *Allium taquetii*

- 뿌리에서 나기, 홑잎, 양성화, 산형꽃차례
- 한라산, 월악산, 지리산, 덕유산 이북 높은 산에서 자라며 9~10월에 꽃 피는 여러해살이풀
- 둥근산부추보다 조금 작고 꽃덮개조각이 타원형

* 한라산에 자라는 것만을 한라부추로 보는 견해도 있음

높이는 15~35cm
곧게 서거나
약간 비스듬히 자람

꽃줄기가
잎보다 깊

대체로 작은 편

꽃덮개조각은 6개
타원형
뒷면에
녹색 줄이
있음

수술은 6개
꽃덮개보다 길게 나옴

암술대는 1개

잎은 선형
2~6개가 남

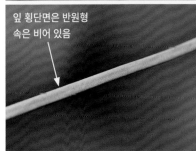

잎 횡단면은 반원형
속은 비어 있음

열매는 삼각상 삭과
익으면 갈라지면서 검은색 씨를 드러냄

0973 **산부추** *Allium thunbergii* / **갯부추** *A. pseudojaponicum*

- 뿌리에서 나기, 홑잎, 양성화, 산형꽃차례
- 산지에서 자라며 9~11월에 꽃 피는 여러해살이풀
- 한라부추와 달리 잎 횡단면이 삼각형이고 속이 차 있음
- ＊ 갯부추는 남부지방 섬에서 자라고 광택 있는 상록성 잎을 가짐

높이는 15~100cm
곧게 서거나 비스듬히 자람

비늘줄기는 좁은 난형이고 2~3cm
겉면이 회백색을 띔

꽃줄기는
곧게 서는 편이고
잎보다 긺

총포는 2개
막질

꽃자루 길이는
0.6~1.3cm

수술은 6개
꽃덮개보다
길게 나옴
암술대는 1개

꽃덮개조각은 6개, 타원형
뒷면에 녹색 줄이 있음

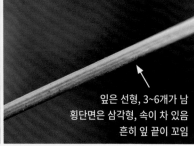

잎은 선형, 3~6개가 남
횡단면은 삼각형, 속이 차 있음
흔히 잎 끝이 꼬임

열매는 삼각상 삭과
익으면 갈라지면서 검은색 씨를 드러냄

갯부추

광택 있는
상록성 잎을 가짐

0974 둥근산부추 *Allium thunbergii var. teretifolium* / **부추** *Allium tuberosum*

- 뿌리에서 나기, 홑잎, 양성화, 산형꽃차례
- 높은 산의 바위지대에서 자라며 9~10월에 꽃 피는 여러해살이풀
- 산부추와 달리 잎 횡단면이 원통형이고 속이 비어 있음

* 부추는 꽃이 흰색이고 잎 단면이 납작함. 심어 기르던 것이 야생화함

높이는 15~50cm

비늘줄기는 원통상 난형
지름은 0.6~1.1cm

잎은 선형
길이는 18~46cm

수술은 6개
꽃덮개보다 길게 나옴
암술대는 1개

꽃자루 길이는
0.8~1.5cm

꽃덮개조각은 6개 난상 타원형

잎 횡단면은 원통형
속이 비어 있음

열매는 삼각상 삭과
익으면 갈라지면서 검은색 씨를 드러냄

부추

꽃이 흰색이고
잎 단면이 납작함
심어 기르던 것이
야생화함

0975 산마늘 *Allium microdictyon* / 울릉산마늘 *A. ulleungense*

- 2~3개가 밑에서 붙음. 홑잎, 양성화, 산형꽃차례
- 지리산 이북 높은 산에서 자라며 6~7월에 꽃 피는 여러해살이풀
- 울릉산마늘보다 잎이 좁고 꽃덮개가 황백색

* 울릉도에서 자라는 울릉산마늘은 잎이 넓고 꽃덮개가 흰색. 명이나물이라고도 함

높이는 25~80cm

비늘줄기는 한쪽으로 약간 휨
길이는 3~6cm

꽃줄기는
길고
연약한 편

꽃덮개는 황백색
6개, 긴 타원형

암술대는 1개

수술은 6개
꽃덮개보다 긺

잎은 타원형 또는 도피침형
2~3개가 밑에서 붙음

열매는 삼각상 도란형 삭과
익으면 갈라지면서
검은색 씨를
드러냄

울릉산마늘

잎이 넓고
꽃덮개가 흰색

0976 솔나리 *Lilium cernuum*

- 어긋나기, 홑잎, 양성화, 원추꽃차례
- 덕유산과 가야산 이북 높은 산에서 자라며 7~8월에 꽃 피는 여러해살이풀
- 꽃이 홍자색이고 꽃덮개가 좁은 피침형이며 잎이 솔잎처럼 가느다람

높이는 30~80cm
곧게 섬

꽃은 1~11개
아래를 향해 핌

줄기에
털이
거의 없음

꽃덮개조각은 6개
좁은 피침형
뒤로 활짝 젖혀짐
안쪽에 짙은 색
반점이 있음

암술대는 1개

수술은 6개
꽃덮개
밖으로
길게 나옴

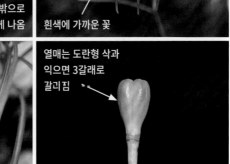

흰색에 가까운 꽃

잎은 가는 선형
털은 없음
폭은 0.1~0.3cm

열매는 도란형 삭과
익으면 3갈래로
갈리짐

0977 **참나리** *Lilium lancifolium*

- 어긋나기, 홑잎, 양성화, 원추꽃차례
- 산과 들에서 자라며 7~8월에 꽃 피는 여러해살이풀
- 털중나리와 달리 잎겨드랑이에 생기는 살눈으로 번식하고 잎에 털이 거의 없음

높이는 100~200cm 곧게 섬

꽃은 4~20개 약간 아래를 향해 핌

잎겨드랑이에 짙은 갈색 둥근 살눈이 달림

어릴 때는 흰색 솜털로 덮임

수술은 6개 꽃덮개 밖으로 길게 나옴

꽃덮개조각은 6개 뒤로 활짝 젖혀지며 안쪽에 검붉은 반점이 많음

암술대는 1개

잎은 피침형 촘촘히 달림 양면에 털이 없음

비늘줄기는 구형 지름은 5~8cm

열매는 긴 난형 삭과 표면이 매끈함

0978 **털중나리** *Lilium amabile* / **중나리** *L. leichtlinii* subsp. *maximowiczii*

- 어긋나기, 홑잎, 양성화, 원추꽃차례
- 산과 들에서 자라며 6~8월에 꽃 피는 여러해살이풀
- 참나리와 달리 잎겨드랑이에 살눈이 달리지 않고 줄기와 잎에 털이 많음
- ＊ 중나리는 키가 크고 줄기와 잎에 털이 거의 없으며 꽃이 좀 더 크고 옅은 황적색

높이는 30~90cm
곧게 섬

비늘줄기는 난상 타원형
지름은 1.3~3cm

줄기와 꽃차례에
잔털이 밀생

수술은 6개, 꽃덮개 밖으로 길게 나옴

꽃덮개조각은 6개
짙은 황적색, 피침형
뒤로 완전히 말림
안쪽에 검붉은 반점이 있음

암술대는 1개

잎은 선형 또는 피침형
양면에 잔털이 많음

열매는 도란형 삭과
표면이 매끈함

중나리

키가 크고
줄기와 잎에
털이 거의 없음
꽃이 좀 더 크고
옅은 황적색

0979 말나리 *Lilium distichum* / 섬말나리 *Lilium hansonii*

- 돌려나기와 어긋나기, 홑잎, 양성화, 옆을 향해 핌
- 높은 산 숲 속에서 자라며 6~8월에 꽃 피는 여러해살이풀
- 줄기에 돌려나는 잎이 있고 하늘말나리와 달리 꽃이 옆을 향해 피며 잎이 약간 넓음

* 울릉도에서 자라는 섬말나리는 잎이 대개 2층 이상 돌려나고 꽃이 등황색

높이는 60~100cm
곧게 섬

꽃은 황적색으로
1~8개가 옆을 향해 핌

줄기잎은 몇 개가
피침형으로 달림

줄기잎은
달리지 않기도 함

꽃덮개조각은 6개
피침형
뒤로 약간
젖혀짐
안쪽에 검붉은
반점이 있음

수술은 6개
꽃덮개보다 짧은 편

암술은 1개

잎은 넓은 피침형 또는 좁은 난형
5~15개가 돌려서 달림
3~7개 맥이 있음

열매는 도란형 삭과
능선이 3개 있고
짧은 날개가 있음

섬말나리

울릉도에서 자라며
꽃이 등황색이고
잎이 대개 2층 이상
돌려서 달리고
도피침형
또는 긴 타원형

0980 하늘말나리 *Lilium tsingtauense*

- 돌려나기와 어긋나기, 홑잎, 양성화, 위를 향해 핌
- 산지 숲 속에서 자라며 6~8월에 꽃 피는 여러해살이풀
- 말나리와 달리 꽃이 위를 향하고 잎이 피침형 또는 도란상 타원형으로 약간 넓음

높이는 50~130cm
곧게 섬

꽃은 황적색으로 1~6개가 위를 향해 핌

줄기잎은 피침형

수술은 6개 꽃덮개보다 짧음

꽃덮개조각은 6개 피침형 뒤로 약간 젖혀짐 안쪽에 검붉은 반점이 있음

암술대는 1개

잎은 피침형 또는 도란상 타원형 6~15개가 돌려서 달림

열매는 긴 도란형 삭과 익으면 3갈래로 갈라짐

꽃이 짙은 노란색인 것도 있음

0981 하늘나리 *Lilium concolor* var. *partheneion* / 날개하늘나리 *L. pensylvanicum*

- 어긋나기, 홑잎, 양성화, 위를 향해 핌
- 산과 들에서 자라며 6~7월에 꽃 피는 여러해살이풀
- 꽃덮개조각이 피침형이고 꽃이 짙은 홍색 또는 주황색이며 잎이 선형 또는 넓은 선형
- ※ 날개하늘나리는 꽃덮개조각이 넓고 줄기에 날개가 발달함

높이는 30~80cm
곧게 섬

줄기는 가늘고 매끈함
(날개가 없음)

꽃덮개조각은 6개, 짙은 홍색, 피침형
뒤로 약간 젖혀짐
안쪽에 검붉은
반점이 있음

암술대는 1개

수술은 6개
꽃덮개보다 매우 짧음

잎은 선형
또는 넓은 선형
가장자리에
잔돌기가 있음
양면에
털이 없음

열매는 긴 난형 삭과

날개하늘나리

꽃덮개조각이 넓고
줄기에 날개가 발달함

0982 땅나리 *Lilium callosum* / 노랑땅나리 *L. callosum* var. *flaviflorum*

- 어긋나기, 홑잎, 양성화, 원추꽃차례
- 중부 이남 산과 들에서 드물게 자라며 6~8월에 꽃 피는 여러해살이풀
- 꽃이 작고 아래를 향해 피며 꽃덮개 반점이 불분명함

* 노랑땅나리는 꽃이 노란색

높이는 30~80cm
곧게 섬

꽃은
1~9개 달림

줄기에
매우 짧은 털이
있음

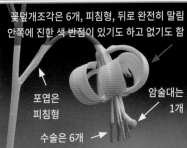

꽃덮개조각은 6개, 피침형, 뒤로 완전히 말림
안쪽에 진한 색 반점이 있기도 하고 없기도 함

포엽은
피침형

암술대는
1개

수술은 6개

잎은 선형 또는 넓은 선형
양면에 털이 없음

열매는 긴 난형 삭과
표면이 매끈함

노랑땅나리

꽃이 노란색

0983 얼레지 *Erythronium japonicum*

- 1~2개가 남. 홑잎, 양성화, 줄기 끝에 1개씩 아래를 향해 핌
- 제주도 제외 지역 산지 비옥한 숲 속에서 자라며 3~4월에 꽃 피는 여러해살이풀
- 꽃과 잎에 얼룩덜룩한 무늬가 있음

높이는 10~25cm
곧게 서지만 가늘고 연약함

꽃덮개조각은 6개
뒤로 활짝 젖혀짐
안쪽에 W자 모양
자주색 무늬가 있음

암술머리는
3갈래로 갈라짐

수술은
6개
꽃밥은
자주색

꽃은 아래를 향해 핌

잎은 긴 타원형 또는 좁은 난형
앞면에 자갈색 무늬나 반점이 있음

25cm 이상 들어간 뿌리줄기 끝에
길쭉한 흰색 비늘줄기가 있음

열매는 타원형 삭과, 능선이 3개 있음
안에 선형 씨가 들어 있음

꽃이 흰색이고
꽃밥이 노란색인
것도 있음

0984 나도개감채 *Lloydia triflora*

- 어긋나기, 홑잎, 양성화, 줄기 끝에 2~6개가 핌
- 제주도 제외 지역 산지 숲 속에서 자라며 4~5월에 꽃 피는 여러해살이풀
- 백두산에서 자라는 개감채와 달리 꽃이 흰색이고 여러 개 달리며 비늘줄기가 넓은 난형

높이는 15~30cm
곧게 섬

줄기는 가늘고 연약하며
털은 거의 없음

수술은 6개, 꽃덮개보다 짧음

암술머리는
얕게 3갈래로
갈라짐

꽃덮개조각은 6개, 흰색, 선형 또는
도피침형, 뒷면에 녹색 줄이 있음

줄기잎은 1~4개, 좁은 피침형

뿌리잎은 대개 1~2개
좁은 선형 또는 세모진 선형

비늘줄기는 넓은 난형
길이는 0.6~1cm

열매는 삼각상 도란형 삭과

0985 산자고 *Tulipa edulis*

- 2개가 남. 홑잎, 양성화, 줄기 끝에 1개씩 핌
- 산지 양지바른 곳에서 자라며 3~4월에 꽃 피는 여러해살이풀
- 꽃이 흰색이고 지름이 4~6cm로 큰 편이며 꽃덮개 겉면에 짙은 자주색 줄무늬가 있음

높이는 15~30cm
자라면서 비스듬히 누움

꽃덮개 겉면에 짙은 자주색
줄무늬가 있음

줄기잎이
달림

꽃줄기는 흔히 자줏빛을
띠며 매끈함

수술은 6개
그중 3개가 긺

암술대는 1개

꽃덮개조각은 6개
흰색, 끝이 뾰족한 피침형

뿌리잎은 2개, 선형
양면에 털이 없고
분백색을 띰

비늘줄기는 넓은 난형, 흑갈색
길이는 3~4cm

열매는 삼각상 삭과
끝에 암술대가 뾰족하게 남음

0986 무릇 *Barnardia japonica*

- 2~3개가 남. 홑잎, 양성화, 총상꽃차례
- 산과 들 풀밭에서 자라며 7~9월에 꽃 피는 여러해살이풀
- 꽃차례가 길고 꽃줄기에 잎이 달리지 않음

높이는 10~50cm, 곧게 섬

꽃은 아래에서 위로 피어 올라감

꽃줄기에 잎이 달리지 않음

수술은 6개 꽃덮개와 길이가 같음

암술대는 1개

꽃덮개조각은 6개 도란형 또는 타원형

잎은 선형 비늘줄기에서 2개(드물게 3개)가 달림 털은 없고 표면은 오목하게 들어감

비늘줄기는 난형 길이는 2~3cm 겉껍질은 흑갈색

열매는 난형 삭과

익으면 3갈래로 갈라지면서 검은색 씨를 드러냄

0987 비짜루 *Asparagus schoberioides*

- 3~7개 엽상지가 모여 남. 홑잎, 암수딴포기, 엽상지 겨드랑이에 1개씩 핌
- 산과 들 또는 해안가에서 자라며 5~7월에 꽃 피는 여러해살이풀
- 방울비짜루와 달리 꽃이 흰색이고 길이가 0.2~0.3cm로 짧으며 꽃자루도 0.1~0.2cm로 짧음

＊ 해안가에서 자라는 것일수록 바닥에 엎드리는 편

높이는 50~100cm
곧게 서거나
비스듬히 휘어져 자람
바닷가에서는
엎드려 자라기도 하며
덩굴성을 띠기도 함

줄기에 능선이 있고
위쪽에서 가지가
갈라짐

굵은 가지 엽상지는
매우 짧음

수꽃
수술은 6개
꽃밥은 주황색

꽃덮개조각은
6개, 흰색
뒤로 젖혀지지 않음

꽃자루는 0.1~0.2cm로
매우 짧음
관절이 1개 있음

암꽃
꽃덮개조각은 6개
뒤로 젖혀지지는 않음

퇴화한 수술이
6개 있음

암술머리는
3갈래로 갈라짐

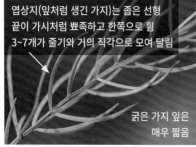

엽상지(잎처럼 생긴 가지)는 좁은 선형
끝이 가시처럼 뾰족하고 한쪽으로 휨
3~7개가 줄기와 거의 직각으로 모여 달림

굵은 가지 잎은
매우 짧음

열매자루가 짧거나
거의 없음

열매는 구형 장과
지름이 0.5~0.6cm이고 붉은색으로 익음

0988 방울비짜루 *Asparagus oligoclonos*

- 1~8개 엽상지가 모여 남. 홑잎, 암수딴포기, 엽상지 겨드랑이에 1개씩 핌
- 산지 풀밭이나 바닷가 모래땅에서 자라며 5~6월에 꽃 피는 여러해살이풀
- 비짜루와 달리 꽃이 황록색이고 길이가 0.6~0.9cm로 짧으며 꽃자루가 0.7~3cm로 긴 편

* 해안가에서 자라는 것일수록 바닥에 엎드리는 편이고 꽃자루가 짧음

높이는 50~100cm
곧게 서고 가지가 많이 갈라짐
드물게 덩굴성을 보이기도 하고
바닷가에서는 엎어져
자라기도 함

줄기 아래쪽은
목질화함

굵은 가지 엽상지는
가시처럼 생겼으나
연약해서 만지면 부서짐

수꽃 수술은 6개, 꽃밥은 연한 주황색

꽃덮개조각은 6개
황록색, 뒤로 젖혀짐

꽃자루는 0.7~3cm
관절은 1개이고
위치는 개체에 따라 다름

암꽃

꽃덮개는 6개

암술머리는
3갈래로 갈라짐

엽상지(잎처럼 생긴 가지)는 선형
1~8개씩 달림, 길이는 1~3cm

열매자루가
긴 편

열매자루
관절

열매는 구형 장과
지름은 0.7~0.9cm, 붉은색으로 익음

0989 천문동 *Asparagus cochinchinensis*

- 1~3개 엽상지가 모여 남. 홑잎, 암수딴포기, 엽상지 겨드랑이에 1개씩 핌
- 바닷가 산기슭에서 자라며 5~6월에 꽃 피는 여러해살이풀
- 완벽한 덩굴성이고 줄기 아래쪽 가시가 매우 딱딱하며 꽃덮개가 벌어져 수평으로 펼쳐짐

* 땅속에 방추형 덩이뿌리가 있고, 열매가 흰색에서 반투명한 색으로 익는 점도 다름

높이는 100~200cm
덩굴져 자람

줄기 아래쪽은
흔히 목질화함

굵은 가지 잎은 가시 모양
아래쪽 것일수록
딱딱해서 찔리면 아픔

수꽃
꽃덮개조각은 6개, 타원형
수평으로 펼쳐짐
수술은 6개

엽상지(잎처럼 생긴 가지)는 선형
세모지며 활처럼 휨
1~3개씩 모여 달림

암꽃
암술대는 3갈래로
갈라짐

꽃자루에 관절이 1개 달림
위치는 개체마다 다름

짧은 뿌리줄기가 있고
방추형 덩이뿌리가 함께 달림

열매는 구형 장과
흰색에서 점점 반투명해지면서 익음
단맛이 남

0990 진황정 *Polygonatum falcatum*

- 어긋나기, 홑잎, 양성화, 산방꽃차례
- 제주도와 남부지방 산기슭이나 숲 속에서 자라며 5~6월에 꽃 피는 여러해살이풀
- 줄기 횡단면이 원형이고 능선이 없으며 포엽이 흔적으로 남아 있고 뿌리줄기가 염주 모양

잎은 7~19개가
2줄로 달림
피침형 또는 좁은 피침형

높이는 40~100cm
곧게 서다가 위쪽에서 비스듬히 휘어짐

줄기는
횡단면이 원형
능선은 없음

꽃자루에
포엽이 흔적으로
남아 있음

수술은 6개
화관 중앙부에
붙음

암술은
1개
수술보다
약간 김

화관은 통 모양
끝이 6갈래로 갈라짐

뿌리줄기는 통통하며
마디 사이가 짧아서
염주 모양

열매는 구형 장과
흑자색으로 익음
단맛이 남

0991 각시둥굴레 *Polygonatum humile*

- 어긋나기, 홑잎, 양성화, 잎겨드랑이에 달리는 꽃대에 1~2개씩 핌
- 충남 이북 산과 들에서 자라며 5~6월에 꽃 피는 여러해살이풀
- 죽대와 달리 줄기가 곧게 서고 잎 뒷면 맥 위와 가장자리에 잔돌기가 있음

줄기에
능선이 있고
짧은 털이
있음

곧게 자람

꽃은 백록색
1~2개가 달림

높이는 15~30cm
곧게 섬

화관은 항아리 모양
끝이 6갈래로 갈라져
수평으로 펼쳐짐

수술은 6개
화관 중앙부에 붙음
수술대에 짧은 돌기가 밀생

암술대는
1개
수술보다
김

잎은 긴 타원형으로
7~11개가
2줄로 달림

뿌리줄기는
가늘고 길게 옆으로 벋음

열매는
구형 장과
검은색으로 익음
단맛이 남

0992 퉁둥굴레 *Polygonatum inflatum*

- 어긋나기, 홑잎, 양성화, 산방꽃차례
- 산지 숲 속에서 자라며 5~6월에 꽃 피는 여러해살이풀
- 용둥굴레와 달리 포엽이 피침형이고 꽃을 감싸지 못하며 대개 떨어짐

높이는 27~70cm
위쪽에서 비스듬히 휘어짐

줄기는
횡단면이 원형
능선은 없음

포엽은 2~7개
피침형
꽃을 감싸지 못함

수술은 6개, 화관 위쪽에서 아래쪽까지
넓게 붙음. 수술대에 털이 많음

암술은 수술과
길이가 비슷함

화관은 끝이
6갈래로 갈라짐
갈래조각은
완전히 뒤로 젖혀짐

잎은 5~9개가
2줄로 달림
긴 타원형 또는
넓은 타원형
뒷면에 털이 없음

열매는 구형 장과
흑자색으로 익음. 단맛이 남

0993 용둥굴레 *Polygonatum involucratum* / 안면용둥굴레 *P. × desoulavyi*

- 어긋나기, 홑잎, 양성화, 잎겨드랑이에 달리는 꽃대에 대개 1~2개씩 핌
- 산지 숲 속에서 자라며 5~6월에 꽃 피는 여러해살이풀
- 퉁둥굴레와 달리 포엽이 난형이고 꽃을 거의 감싸며 열매 맺을 때까지 남아 있음

* 포엽이 꽃자루 중부나 상부에 달리는 안면용둥굴레는 포엽 변이가 다양함

높이는 17~55cm
곧게 서다가
위쪽에서 비스듬히 휘어짐

줄기는
대개 능선이 있음

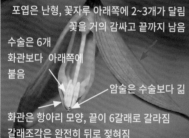

포엽은 난형, 꽃자루 아래쪽에 2~3개가 달림
꽃을 거의 감싸고 끝까지 남음
수술은 6개
화관보다 아래쪽에
붙음
암술은 수술보다 긺
화관은 항아리 모양, 끝이 6갈래로 갈라짐
갈래조각은 완전히 뒤로 젖혀짐

잎은 4~7개가 2줄로 달림
좁은 난형 또는 난상 타원형
뒷면에 털이 없음

옆으로 벋는 뿌리줄기가 있음

안면용둥굴레

포엽이 피침형이고
꽃자루 중간 이상에 달리는 종인데
실제로는 포엽 모양이나 위치가 다양함

0994 목포용둥굴레 *Polygonatum cryptanthum*

- 어긋나기, 홑잎, 양성화, 잎겨드랑이에 달리는 짧은 꽃대에 2~6개씩 꽃이 핌
- 남해안과 남부 서해안 초지나 산록에서 자라며 5~6월에 꽃 피는 여러해살이풀
- 대개 잎과 포엽에 돌기물 같은 뻣뻣한 털이 있으나 없는 것도 있는 등 변이가 다양함

* 안면용둥굴레와 변이 폭이 겹치는 것으로 보임

줄기에 미약한 능선이 있음

높이는 14~46cm
위쪽에서 비스듬히 휘어짐

포엽과 줄기에
돌기물 같은 뻣뻣한 털이
대개 있음

포엽은 난형 또는 삼각상
난형, 꽃 수만큼 달림
꽃을 완전히 감싸고
끝까지 남음

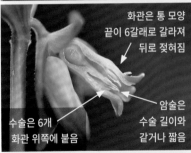

화관은 통 모양
끝이 6갈래로 갈라져
뒤로 젖혀짐

수술은 6개
화관 위쪽에 붙음

암술은
수술 길이와
같거나 짧음

잎은 4~7개가 2줄로 달림, 타원형
두꺼운 편이고 앞면에 광택이 있음

흔히 뒷면 맥 위에도
돌기물 같은 뻣뻣한 털이 있음

옆으로 벋는 뿌리줄기가 있음

열매는 구형 장과
검은색으로 익음. 단맛이 남

0995 **죽대** *Polygonatum lasianthum*

- 어긋나기, 홑잎, 양성화, 잎겨드랑이에 달리는 꽃대에 1~2개(드물게 3~4개)씩 꽃이 핌
- 산지 숲 속에서 자라며 5~7월에 꽃 피는 여러해살이풀
- 뿌리줄기가 원주형으로 마디가 생기고 잎 뒷면에 돌기가 없으며 꽃대가 길고 좌우로 달림

높이는 30~70cm
곧게 서다가
위쪽에서 비스듬히 휘어짐

긴 꽃대는 길이 3~5cm로 1~2개(드물게 3~4개)씩
녹백색 꽃이 달림

잎 뒷면에 짧은 털이 있으나
돌기물은 없음

포엽이 흔적으로
남아 있기도 함

수술은 6개
화관 위쪽에 붙음
수술대에
털과 돌기가 밀생

화관은 통 모양
끝이 6갈래로 갈라짐

암술은
수술보다 긺

잎은 7~15개가 2줄로 달림
긴 타원형 또는 넓은 타원형

뿌리줄기는 원주형
마디가 생겨서 2~4개로
나뉜 것처럼 보임

열매는 구형 장과
검은색으로 익음
단맛이 남

0996 둥굴레 *Polygonatum odoratum* var. *pluriflorum*

- 어긋나기, 홑잎, 양성화, 잎겨드랑이에 달리는 꽃대에 1~2개씩 꽃이 핌
- 양지바른 곳에서 자라며 5~7월에 꽃 피는 여러해살이풀
- 화관이 대개 통 모양이고 포엽이 달리지 않으며 줄기 위쪽에 능선이 있음

* 드물게 포엽이 달리거나 겹꽃으로 피는 것이 발견되기도 함

높이는 30~60cm
곧게 서다가
위쪽에서 비스듬히 휘어짐

녹백색 꽃이
1~2개씩 달림

줄기는 능선이 있음

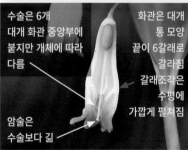

수술은 6개
대개 화관 중앙부에
붙지만 개체에 따라
다름

화관은 대개
통 모양
끝이 6갈래로
갈라짐
갈래조각은
수평에
가깝게 펼쳐짐

암술은
수술보다 긺

잎은 5~15개가
2줄로 달림
좁은 타원형
뒷면에 털이나
돌기물이 없음

옆으로 벋는 뿌리줄기가 있음

열매는 구형 장과
검은색으로 익음. 단맛이 남

0997 산둥굴레 *Polygonatum thunbergii*

- 어긋나기, 홑잎, 양성화, 산방꽃차례
- 산기슭에서 자라며 5월에 꽃 피는 여러해살이풀
- 수술대에 털이 없고 상부에만 돌기가 듬성듬성 있으며 줄기가 중간부터 휘어지는 편

* 풍도에서 자라고 늦둥굴레로 발표되었던 종은 산둥굴레의 지역적 변이로 보임

높이는 46~87cm
약간 비스듬히 섬

줄기에
능선이
미약하게 나타남

꽃대 길이는 1~5cm로
1~4개 녹황색 꽃이 달림

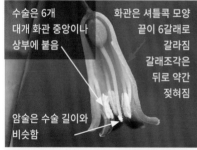

수술은 6개
대개 화관 중앙이나
상부에 붙음

화관은 셔틀콕 모양
끝이 6갈래로
갈라짐
갈래조각은
뒤로 약간
젖혀짐

암술은 수술 길이와
비슷함

잎은 9~10개가
2줄로 달림
좁은 타원형

옆으로 벋는
뿌리줄기가 있음

열매는 구형 장과
검은색으로 익음
단맛이 남

0998 층층둥굴레 *Polygonatum stenophyllum* / 층층갈고리둥굴레 *P. sibiricum*

- 돌려나기, 홑잎, 양성화, 짧은 꽃대에 2개씩 핌
- 충북과 강원도 산과 들에서 자라며 6~7월에 꽃 피는 여러해살이풀
- 층층갈고리둥굴레와 달리 잎이 선형으로 가늘고 꽃대와 꽃자루가 짧음

* 층층갈고리둥굴레 자생지가 최근에 남한에서도 발견됨

높이는 30~100cm
곧게 섬

줄기에 미약한
능선이 있고
전체에
털이 없음

짧은 꽃대에
2개씩 꽃이 핌

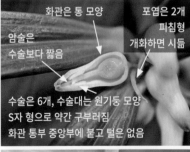

화관은 통 모양

암술은
수술보다 짧음

포엽은 2개
피침형
개화하면 시듦

수술은 6개, 수술대는 원기둥 모양
S자 형으로 약간 구부러짐
화관 통부 중앙부에 붙고 털은 없음

잎은 좁은 피침형 또는 선형
3~5개씩 층층이 돌려서 달림

열매는 구형 장과
검은색으로 익음
단맛이 남

층층갈고리둥굴레

잎이 넓은 선형
꽃대와 꽃자루가 긺.
최근에 남한에서도 자생지가 발견됨

0999 금강애기나리 *Streptopus ovalis*

- 어긋나기, 홑잎, 양성화, 잎겨드랑이에 1~4개씩 핌
- 높은 산이나 약간 높은 지대에서 자라며 5~6월에 꽃 피는 여러해살이풀
- 꽃덮개 갈래조각이 뒤로 젖혀지며 열매는 붉은색으로 익고 삼각 능선이 있음

높이는 10~30cm
위쪽에서 비스듬히 휘어짐

옆으로 길게 벋는 뿌리줄기가 있음

수술은 6개
꽃덮개보다 짧음

암술머리는
3갈래로 갈라짐

꽃덮개조각은 6개
황갈색, 피침형, 끝이 길게
뾰족함. 뒤로 젖혀짐
대개 자주색 반점이 있음

연한 미색 꽃도 있음

꽃은 줄기 끝 잎겨드랑이에
1~4개가 달림. 꽃자루는 2cm 내외

어린 열매는
삼각상 날개가 뚜렷이 보이다가
익어가면서 점차 사라짐

열매는 구형 장과
붉은색으로 익음

1000 나도옥잠화 *Clintonia udensis*

- 모여나기, 홑잎, 양성화, 총상꽃차례
- 높은 산 숲 속에서 자라며 5~7월에 꽃 피는 여러해살이풀
- 풀솜대와 달리 잎이 모두 뿌리에서 모여 남

꽃줄기에 포엽처럼 생긴 피침형 잎이 달리기도 함

높이는 10~30cm

꽃줄기는 70cm까지 길어지며 부드러운 털이 밀생

수술은 6개

꽃덮개조각은 6개 흰색, 긴 타원형

암술은 수술보다 길고 암술머리는 3갈래로 갈라짐

잎은 뿌리에서 2~5개가 모여 남 도란상 긴 타원형

열매는 타원형 장과 짙은 파란색으로 익음 약간 아린 맛이 남

씨는 일그러진 반달 모양 갈색이고 광택이 있음

1001 풀솜대 *Maianthemum japonicum*

- 어긋나기, 홑잎, 양성화, 겹총상꽃차례
- 산지 숲 속에서 자라며 4~6월에 꽃 피는 여러해살이풀
- 잎에 털이 있고 잎자루가 있으며 꽃덮개가 흰색

높이는 20~40cm
곧게 서다가 위쪽에서 비스듬히 휘어짐

줄기 위쪽에 털이 많음
아래쪽은 막질 초상엽으로 싸임

잎자루가 있음

잎은 5~7개가 2줄로 달림, 긴 타원형
뚜렷한 평행맥이 있음
양면에 털이 있음
폭은 2~6cm

수술은 6개
꽃덮개보다 짧음

암술은 1개

꽃덮개조각은 6개
흰색, 긴 타원형

뿌리줄기는 옆으로 벋고
마디에서 굵직한 뿌리를
많이 내림

열매는 구형 장과, 붉은색으로 익음

잎이 큰 타입

잎 길이가 15cm
폭은 6~10cm로 풀솜대보다 2배 정도 큼

1002 **자주솜대** *Maianthemum bicolor*

- 어긋나기, 홑잎, 양성화, 총상꽃차례
- 지리산 이북 높은 산 숲 속에서 자라며 5~6월에 꽃 피는 여러해살이풀
- 풀솜대와 달리 전체에 털이 거의 없고 꽃이 황록색 또는 적갈색

높이는 30~45cm
곧게 서거나 비스듬히 자람

꽃은 처음에 녹색
또는 황록색으로 핌

꽃차례 길이는
4~5cm
밑에서 가지가
갈라짐

줄기에 털은 거의 없음

꽃은 점점 적갈색으로 변함

암술은 1개
암술머리는 뭉툭함

수술은 6개
꽃덮개보다
짧음

꽃덮개조각은 6개
타원형

잎은 5~9개가 2줄로 달림
넓은 타원형, 양면에 털은 거의 없음
뒷면 맥 위에 잔돌기가 있음

열매는 구형 장과, 다갈색으로 익음

어린 열매

1003 두루미꽃 *Maianthemum bifolium* / 큰두루미꽃 *M. dilatatum*

- 어긋나기, 홑잎, 양성화, 총상꽃차례
- 높은 산 고지대 숲 속에서 자라며 5~6월에 꽃 피는 여러해살이풀
- 잎이 심장형이고 2~3개가 어긋나게 달림
* 울릉도에서 자라고 식물체가 큰 편인 큰두루미꽃은 두루미꽃과 같은 것으로 보는 추세

높이는 8~24cm
곧게 섬

꽃차례 길이는
2~3cm
꽃자루 길이는
0.3~0.8cm

줄기 위쪽에
돌기 같은 짧은 털이 있음

암술머리는
얕게 2갈래로
갈라짐

꽃덮개조각은 4개
타원형, 흰색

수술은 4개

잎은 2~3개가 달림
심장형, 끝이 뾰족함

열매는 구형 장과
붉은색으로 익음

큰두루미꽃

울릉도에서 자라며
대체로 큰 편이나 변이 폭이
두루미꽃과 겹치므로 구분하기 어려움

1004 윤판나물 *Disporum uniflorum* / 윤판나물아재비 *D. sessile*

- 어긋나기, 홑잎, 양성화, 줄기와 가지 끝에 2~3개씩 핌
- 산과 들에서 자라며 4~5월에 꽃 피는 여러해살이풀
- 윤판나물아재비와 달리 꽃이 진한 노란색이고 줄기가 진한 흑갈색

* 꽃이 황백색이고 줄기가 녹색인 윤판나물아재비는 울릉도와 남부 섬에 분포함

높이는 30~50cm
곧게 서고
위쪽에서 가지가
갈라짐

꽃은
아래를 향해 핌

줄기는 짙은 흑갈색

줄기 위쪽은
모가 지고
아래쪽은
날개 같은
미약한
능선이 있음

줄기잎은
줄기를 반쯤
감쌈

암술은 1개
암술머리는
3갈래로
갈라짐

꽃덮개조각은 6개
주걱형, 노란색

수술은 6개

잎은 긴 난형 또는 긴 타원형, 줄기나 잎을
자르면 양파 냄새가 남

잎자루는 거의 없음

열매는 타원형 장과
흑자색으로 익음

윤판나물아재비

꽃이 황백색이고
줄기가 녹색이며 일정 지역에만
분포함(울릉도, 가거도, 제주도)

1005 애기나리 *Disporum smilacinum* / **큰애기나리** *D. viridescens*

- 어긋나기, 홑잎, 양성화, 줄기와 가지 끝에 1개(드물게 2개)씩 핌
- 산지 숲 속에서 자라며 5~6월에 꽃 피는 여러해살이풀
- 가지가 거의 갈라지지 않고 꽃이 대개 1개씩 달리며 꽃밥보다 수술대 길이가 긺
- ＊ 큰애기나리는 가지가 갈라지고 꽃이 여러 개이며 꽃밥과 수술대 길이가 비슷함

높이는 15~35cm
곧게 서다가 위쪽에서 비스듬히 휘어짐

꽃은 대개 1개 달리며
아래를 향해 핌

줄기에 약간
능선이 있음

꽃덮개조각은 6개
흰색, 피침형
또는 넓은 피침형

수술은 6개
수술대는 꽃밥보다
2배 정도 긺

암술머리는
3갈래로 갈라짐
씨방에 비해 암술대가 긺

잎은 긴 타원형 또는 타원형
양면에 털이 없음

가장자리는
밋밋하고
미세한 털 같은 돌기가 있음

열매는 구형 장과
검은색으로 익음

큰애기나리

가지가 갈라지고
꽃이 여러 개 달림

꽃밥과 수술대 길이가 비슷하고
씨방과 암술대 길이가 비슷함

1006 은방울꽃 *Convallaria keiskei*

- 어긋나기, 홑잎, 양성화, 총상꽃차례
- 산지 숲 속에서 자라며 4~6월에 꽃 피는 여러해살이풀
- 둥굴레나 풀솜대와 달리 잎이 2~3개씩만 달리고 꽃이 총상꽃차례를 이룸

높이는 20~30cm

꽃줄기는
비스듬히 서고
매끈함

포엽은 넓은 선형 또는 피침형
꽃자루보다 짧거나 같음

흰색 꽃 5~20개가
아래를 향해 핌
매우 좋은 향기가 남

수술은 6개

암술은 1개

화관은 넓은 종 모양
끝이 6갈래로 얕게 갈라짐
갈래조각은 뒤로 약간 말림

잎은 2~3개가 아래쪽에서 나고
긴 타원형 또는
넓은 타원형

열매는 구형 장과
붉은색으로 익음

1007 맥문동 *Liriope muscari* / 개맥문동 *L. spicata*

- 모여나기, 홑잎, 양성화, 총상꽃차례
- 중부 이남 산지 숲 속에서 자라며 6~8월에 꽃 피는 상록성 여러해살이풀
- 개맥문동과 달리 기는줄기가 없고 꽃이 촘촘히 달리며 잎이 넓고 잎맥이 11개 이상
- * 개맥문동은 기는줄기가 있고 꽃이 듬성듬성 달리며 잎이 좁고 잎맥이 11개 이하

높이는 30~50cm
짧은 뿌리줄기가 있음
기는줄기를 내지는 않음

꽃이 촘촘히 달림

꽃은 아래에서
위로 피어 올라감
꽃차례 길이는 8~12cm
꽃자루 길이는 0.2~0.5cm

꽃덮개는 6개
난형

수술은 6개
수술대는 구부러짐

암술은 1개
구부러짐

수염뿌리 끝에
땅콩 모양 덩이뿌리가 달림

열매는 구형 장과
검은색으로 익음

잎은 뿌리에서 모여 남
납작한 선형
잎맥은 11~15개 있음

개맥문동

기는줄기가 있고
꽃이 듬성듬성 달리며 잎이 좁고
잎맥이 11개 이하

1008 **소엽맥문동** *Ophiopogon japonicus* / **맥문아재비** *O. jaburan*

- 모여나기, 홑잎, 양성화, 총상꽃차례
- 충남, 전라, 울릉도, 제주도 숲 속에서 자라며 7~8월에 꽃 피는 상록성 여러해살이풀
- 잎이 좁고 가장자리에 잔톱니가 있으며 열매가 파란색

* 맥문아재비는 소엽맥문동보다 크고 기는줄기가 없으며 잎이 넓음

높이는 15~30cm
뿌리줄기가 옆으로 길게 벋음

꽃덮개는 6개, 난형
흰색 또는 연한 자주색

수술은 6개, 암술은 1개

꽃자루는 0.2~0.6cm이고
중앙 또는 위쪽에 마디가 있음

잎은 뿌리에서
모여 남
납작한 선형
잎맥은 7~8개 있음

가장자리에
잔톱니가 있음

수염뿌리 끝에
짧은 타원형 덩이뿌리가 달림

열매는 구형 장과
광택 있는 파란색으로 익음

잎이 넓고
꽃차례가 잎보다
높게 달림

맥문아재비

1009 쥐꼬리풀 *Aletris spicata*

- 어긋나기와 모여나기, 홑잎, 양성화, 수상꽃차례
- 충남과 전남 양지바른 풀밭에서 자라며 5~6월에 꽃 피는 여러해살이풀
- 여우꼬리풀과 달리 잎이 좁고 꽃줄기에 털이 있음

높이는 20~50cm
곧게 서고
가지가 갈라지지 않음

줄기잎은 피침형

줄기는
꼬불꼬불한
흰색 털과
샘털로 덮임

암술대는 가느다람

수술은 6개
꽃덮개보다 짧음
꽃밥은 주황색

꽃덮개는 항아리 모양
겉면에
털이 있음

포엽은 1~2개
좁은 피침형

뿌리잎은 여러 개가 모여 남
선형으로 좁고 잎맥이 3개 있음

열매는 타원형 삭과
흰색 털과 샘털이 밀생
적갈색으로 익음

1010 **여우꼬리풀** *A. glabra*

- 어긋나기와 모여나기, 홑잎, 양성화, 수상꽃차례
- 경남과 강원도 산지 양지바른 곳에서 자라며 6~7월에 꽃 피는 여러해살이풀
- 쥐꼬리풀과 달리 잎이 넓은 편이고 꽃줄기와 꽃덮개에 샘점이 있어 끈적거림

높이는 35~40cm
곧게 서고 전체에 털이 있다가
점차 사라짐

수술은 6개
꽃덮개보다 짧음
꽃밥은 주황색

꽃덮개는 종 모양
끝이 6갈래로 갈라짐
표면에 샘점이 있음

줄기잎은 작고 잎자루가 없음
위로 가면서 포엽으로 됨

꽃줄기에도
끈적거리는 부분이 있음

뿌리잎은
피침형 또는 도피침상 선형
잎맥이 9~10개 있음

열매는 난형 삭과
익으면 3갈래로
갈라짐

1011 **연영초** *Trillium camschatcense* / **큰연영초** *T. tschonoskii*

- 돌려나기, 홑잎, 양성화, 꽃대 끝에 1개씩 핌
- 중부 이북 깊은 산에서 자라며 4~6월에 꽃 피는 여러해살이풀
- 큰연영초보다 꽃밥 길이가 길고 씨방이 황백색이며 열매가 녹색

* 울릉도와 강원 이북 높은 산에서 자라는 큰연영초는 씨방과 열매가 흑자색

높이는 20~40cm

줄기는 곧게 서고
대개 2개가 모여 남

씨방은
황백색
암술은 3갈래로
갈라짐

꽃받침은 3갈래로 갈라짐
갈래조각은 넓은 피침형

꽃잎은 3개
흰색, 난형
또는 타원형

수술은 6개, 꽃밥 길이가
수술대보다 2배 정도 긺

잎은 3개가 줄기 끝에 돌려남
넓은 난형, 3~5개 맥과 그물맥이 있음

열매는 난형 장과
능선이 6개 있음. 녹색

큰연영초

꽃밥 길이가 짧은 편이고
씨방과 열매가 흑자색

1012 삿갓나물 *Paris verticillata*

- 돌려나기, 홑잎, 양성화, 줄기 끝에 1개씩 핌
- 산지 숲 속에서 자라며 4~6월에 꽃 피는 여러해살이풀
- 안쪽 꽃덮개가 바깥 꽃덮개보다 작고, 잎이 4개 이상 돌려 달림

높이는 20~40cm, 곧게 섬

잎은 6~8개가 돌려 달림
도피침형 또는 좁은 도란형
잎자루는 거의 없음

줄기는 털이 없고,
횡단면은 둥근 편

수술은 8개
실처럼 가늘고
비스듬히 섬

바깥 꽃덮개는 4개

암술대는 4개
씨방은 검은색

안쪽 꽃덮개는 4개
실처럼 가늘고 아래로 휘어져 처짐

새로 돋은 어린잎

열매는 구형 장과, 검은색으로 익음

1013 밀나물 *Smilax riparia*

- 어긋나기, 홑잎, 암수딴포기, 산형꽃차례
- 산과 들에서 자라며 5~7월에 꽃 피는 여러해살이풀
- 덩굴성이고 가지가 갈라지며 덩굴손이 있고 위쪽 잎일수록 잎자루가 짧음

줄기에 털이 있고 능선이 있음

잎자루 밑부분에 턱잎이 변한 덩굴손이 있음

길이는 200~300cm 가지가 갈라지고 덩굴져 자람

수꽃
수술은 6개
꽃덮개조각은 6개
선상 긴 타원형, 뒤로 젖혀짐

암꽃
암술대는 3개
꽃덮개조각은 6개
긴 타원형, 뒤로 젖혀짐

잎은 난형 또는 난상 긴 타원형
잎밑은 심장형이거나 둥근 편
위쪽 잎일수록 잎자루가 짧음
가장자리는 구불거림

열매는 구형 장과
검은색으로 익음

1014 **선밀나물** *Smilax nipponica*

- 어긋나기, 홑잎, 암수딴포기, 산형꽃차례
- 산과 들에서 자라며 5~6월에 꽃 피는 여러해살이풀
- 덩굴성이 아니고 가지가 갈라지지 않으며 덩굴손이 없고 위쪽 잎도 잎자루가 긺

높이는 50~100cm
곧게 섬

위쪽 잎도
잎자루가 긺

덩굴성이 아니고
나무 같음

수꽃

꽃덮개조각은 6~8개
넓은 피침형
뒤로 젖혀짐

수술은 6~9개

꽃은 15~30개 달림

암꽃

꽃덮개조각은 6~8개
주걱형, 뒤로 젖혀짐

암술대는 3~4개

잎은 넓은 난형 또는 난상 타원형
잎맥은 5~7개 있음

잎밑은 심장형

앞면은 대개
광택이 있으며
자줏빛 반점이 나타나기도 함

열매는 구형 장과
검은색으로 익음

1015 노란별수선 *Hypoxis aurea*

- 모여나기, 홑잎, 양성화, 꽃줄기 끝에 1~3개 핌
- 제주도와 전남 섬 풀밭에서 자라며 5~8월에 꽃 피는 여러해살이풀
- 꽃이 매우 작고 땅속에 덩이줄기가 달리며 열매에 긴 털이 있음

※ 1935년 일본 학자가 채집한 후 70여 년 만에 다시 발견되어 기록된 식물

높이는 5~50cm

꽃줄기는 가늘고 1~4개가 나오며 노란색 꽃이 각각 1~3개 핌

긴 털이 있음

포엽은 2개 선형

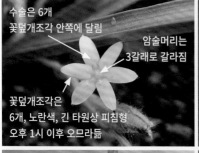

수술은 6개 꽃덮개조각 안쪽에 달림

암술머리는 3갈래로 갈라짐

꽃덮개조각은 6개, 노란색, 긴 타원상 피침형 오후 1시 이후 오므라듦

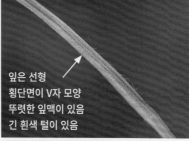

잎은 선형 횡단면이 V자 모양 뚜렷한 잎맥이 있음 긴 흰색 털이 있음

구형 또는 두꺼운 원통형 덩이줄기가 있고 그 위에 방사상으로 벋은 뿌리와 수염뿌리가 덮임

열매는 긴 타원형 삭과 긴 털이 있음

1016 문주란 *Crinum asiaticum var. japonicum*

- 모여나기, 홑잎, 양성화, 산형꽃차례
- 제주도 토끼섬 모래땅에서 자라며 7~9월에 꽃 피는 상록성 여러해살이풀
- 자생 수선화과 식물 중 가장 크고 잎과 꽃이 함께 피며 꽃덮개가 가느다람

높이는 70~100cm
비늘줄기는 원기둥 모양으로 지름 3~7cm

꽃에서 매우 좋은 향기가 남

포엽은 2개

줄기는 매끈한 편

수술은 6개
수술대는 붉은색

꽃덮개는 6개
흰색, 가늘고 길이는 8cm 내외

잎은 비늘줄기에서 여러 개 나와 사방으로 퍼짐 선상 피침형
앞면에 광택이 있고 질어 두꺼움

씨는 원형, 둔한 능선이 있음
표면이 해면질이라 바닷물에 뜸

열매는 구형 삭과
둔한 능선이 있음
익으면 땅 위에 누움

1017 진노랑상사화 Lycoris chinensis var. sinuolata / 붉노랑상사화 L. flavescens

- 모여나기, 홑잎, 양성화, 산형꽃차례
- 전라도 숲 속에서 자라며 8월에 꽃 피는 여러해살이풀
- 붉노랑상사화와 달리 꽃이 주황색에 가까운 짙은 노란색이고 꽃덮개조각 끝이 뒤로 말림

* 붉노랑상사화는 꽃이 대개 노란색이고 꽃덮개조각 가장자리에 주름만 약간 있음

높이는 40~70cm
비늘줄기는 난형

꽃덮개조각은 6개, 도피침형, 가장자리가
물결 모양으로 주름지고 끝이 뒤로 말림

수술은 6개, 꽃덮개 밖으로 길게 나옴

총포는 피침형

꽃은 주황색에 가까운 노란색으로 4~7개가
산형꽃차례처럼 모여 핌

잎은 비늘줄기에서 모여 남
넓은 선형, 봄에 새로 나지만
꽃이 피기 전에 말라 없어짐

붉노랑상사화

꽃이 대개 노란색이고
꽃덮개조각 가장자리에 주름만 있으며
뒤로 활짝 젖혀지지 않고 약간만 젖혀짐

1018 백양꽃 *Lycoris sanguinea var. koreana* / 제주상사화 *Lycoris × chejuensis*

- 모여나기, 홑잎, 양성화, 산형꽃차례처럼 핌
- 내장산, 백암산, 거제도, 경주 등지에서 드물게 자라며 8~9월에 꽃 피는 여러해살이풀
- 석산과 달리 꽃이 황적색이고 꽃덮개 가장자리에 주름이 없으며 봄에 새잎이 돋음
- * 제주도에서 자라는 제주상사화는 꽃덮개조각이 황적색이고 주름이 없으며 뒤로 말리지 않음

높이는 20~40cm

꽃은 황적색으로 4~6개가 옆이나 약간 위를 향해 핌

포엽은 2개 피침형

수술은 6개

꽃덮개조각은 6개 선상 도피침형으로 주름이 거의 없고 뒤로 약간 말림

잎은 비늘줄기에서 모여 남 선형, 봄에 새로 돋지만 꽃이 피기 전에 말라 없어짐

비늘줄기는 난형 지름은 3~4cm

열매는 구형 삭과

제주상사화

백양꽃보다 연한 주황빛이 많이 도는 꽃이 핌

1019 석산 *Lycoris radiata*

- 모여나기, 홑잎, 양성화, 산형꽃차례
- 중부 이남 사찰 주변에 심어 기르며 9~10월에 꽃 피는 여러해살이풀. 중국 원산
- 백양꽃과 달리 꽃이 붉은색이고 꽃덮개 가장자리에 주름이 있으며 가을에 새잎이 돋음

＊ 열매 같은 것이 달리나 거의 성숙하지 못함

높이는 30~50cm

꽃 지름은 10~15cm로 큰 편

곧게 자람

수술은 6개
꽃덮개 밖으로
길게 나와
위를 향함

암술은 1개

포엽은 막질
넓은 선형
또는 피침형

꽃덮개조각은 6개,
도피침형
가장자리에
주름이 있고 뒤로 말림

잎은 선형, 꽃이 진 후 돋아난 잎으로
겨울을 보냄

비늘줄기는
넓은 타원형 또는 난형
지름은 2.5~3.5cm

겉껍질은 흑갈색
속은 흰색 또는
연한 갈색

열매는 난상 구형 삭과
거의 맺지 않는 편

1020 **위도상사화** *Lycoris uydoensis* / **상사화** *L. squamigera*

- 모여나기, 홑잎, 양성화, 산형꽃차례
- 전북 위도와 서남해안 섬에서 드물게 자라며 8~9월에 꽃 피는 여러해살이풀
- 붉노랑상사화나 진노랑상사화와 달리 꽃이 노란빛이 도는 흰색
- ＊ 심어 기르는 상사화는 꽃이 분홍색이고 크며 수술이 꽃덮개 길이와 비슷함

높이는 40~70cm

연한 노란색이 도는 흰색 꽃이 5~8개 핌
곧게 자람

꽃덮개조각은 6개, 흰색, 가장자리에 주름이 있거나 없으며 뒤로 약간 말림

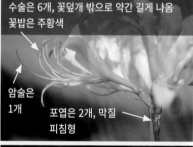
수술은 6개, 꽃덮개 밖으로 약간 길게 나옴
꽃밥은 주황색
암술은 1개
포엽은 2개, 막질 피침형

열매는 난상 구형 삭과 거의 맺지 않는 편

상사화
꽃이 분홍색이고 꽃이 큰 편이며 수술이 꽃덮개 길이와 비슷함

1021 마 *Dioscorea polystachya* / 참마 *D. japonica*

- 마주나기, 홑잎, 암수딴포기, 수상꽃차례
- 산과 들에서 자라며 6~7월에 꽃 피는 여러해살이풀
- 줄기와 잎자루가 흔히 적갈색이고 잎이 심장상 난형
* 참마는 줄기와 잎자루가 녹색이고 잎이 삼각상 피침형

길이는 200~300cm
덩굴져 자람
땅속에 육질 덩이뿌리가 있음

잎은 심장상 난형

수꽃차례는
곧게 서고
꽃자루가 없음
수술은 6개

암꽃차례는 아래로 처짐
암꽃이 몇 개 달림
꽃덮개조각은 6개

잎겨드랑이에
살눈이 달림
먹을 수 있음
마와 비슷한 맛이 남

열매는
도란상 원형 삭과
날개가 3개 있음

씨는 납작한 원형
가장자리에 날개가 있음

참마

잎이 삼각상 피침형

1022 **단풍마** *Dioscorea quinquelobata* / **부채마** *D. nipponica*

- 어긋나기, 홑잎, 암수딴포기, 수상꽃차례
- 산과 들에서 자라며 6~7월에 꽃 피는 여러해살이풀
- 꽃이 진한 노란색이고 잎자루 밑부분에 돌기가 있음
- * 부채마는 잎이 얕게 갈라지고 수꽃차례가 곧게 서거나 비스듬히 섬

길이는 200~300cm, 덩굴져 자람

잎겨드랑이에
작은 돌기가 1쌍 있음

수꽃차례 짧은 꽃자루가 있음

수꽃은 꽃덮개조각이 6개
진한 노란색, 긴 타원형, 수술은 6개

암꽃차례

꽃자루가 거의 없음

암꽃은 꽃덮개조각이 6개
진한 노란색, 타원형

열매는
도란상 원형 삭과
날개가 3개 있음

씨는 타원형
가장자리에
날개가 있음

잎 가장자리가 얕게 갈라지고
수꽃차례가 곧게 서거나 비스듬히 서며
꽃덮개조각이 수평으로 펼쳐지지 않음

부채마

1023 **물옥잠** *Monochoria korsakowii*

- 어긋나기, 홑잎, 양성화, 총상꽃차례
- 강가나 논에서 자라며 8~10월에 꽃 피는 한해살이풀
- 물달개비보다 대체로 크며 꽃이 잎보다 위쪽에 달리고 활짝 벌어짐

높이는 20~40cm
곧게 서고 가지가 갈라지지 않음

꽃이 잎보다 위쪽에 달림

잎자루는
위로 갈수록
짧아지면서
잎밑이 줄기를 감쌈

줄기
횡단면은
둥긂

수술은 6개
그중 5개는 작고 노란색
나머지 1개는
크고 자주색

포엽은 잎집 모양
꽃차례
아래쪽에 달림

꽃덮개조각은 6개
수평으로
활짝 벌어짐

암술은
수술보다 긺

꽃차례 길이는
5~15cm
꽃 지름은
2.5~3cm

잎은 심장형
끝이 뾰족함

열매는 난상 긴 타원형 삭과
끝에 암술대가 뾰족하게 남음

1024 물달개비 *Monochoria vaginalis* var. *plantaginea*

- 어긋나기, 홑잎, 양성화, 총상꽃차례
- 논이나 얕은 물가에서 자라며 9~10월에 꽃 피는 여러해살이풀
- 물옥잠과 달리 잎이 세모진 난형으로 길쭉하며 꽃이 잎보다 아래에 달리고 반쯤 벌어짐

높이는 10~25cm
비스듬히 섬. 여러 대가 모여 남

꽃은
잎겨드랑이에서 나와
잎보다 아래쪽에
달림

3~7개가
모여 핌

꽃덮개조각은 6개, 청자색, 긴 타원형
활짝 벌어지지 않음

암술은 가늘고
수술보다 긺

수술은 6개
그중
1개가 긺

꽃 지름은 1.5~2cm로
대개 반쯤 벌어짐

꽃자루는 짧음

잎은 1개씩 붙고 넓은 피침형 또는
삼각상 난형으로
길쭉한 편

열매가 달리는 위치도
잎겨드랑이 지점

열매는 타원형 삭과
끝에 암술대가
뾰족하게 남음

1025 꽃창포 *Iris ensata* / **노랑꽃창포** *I. pseudacorus*

- 2줄로 어긋나기, 홑잎, 양성화, 줄기 끝에 2~4개가 핌
- 습지에서 자라며 6~7월에 꽃 피는 여러해살이풀
- 붓꽃과 달리 꽃이 짙은 보라색이고 꽃이 조금 늦게 핌

＊ 노랑꽃창포는 꽃이 노란색이고 꽃줄기가 갈라짐

높이는 40~100cm
여러 대가 모여 남

잎은 선형
2줄로 안듯이 달림

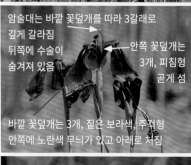

암술대는 바깥 꽃덮개를 따라 3갈래로
깊게 갈라짐
뒤쪽에 수술이
숨겨져 있음

안쪽 꽃덮개는
3개, 피침형
곧게 섬

바깥 꽃덮개는 3개, 짙은 보라색, 주걱형
안쪽에 노란색 무늬가 있고 아래로 처짐

열매는
타원형 삭과

꽃이 흰색인 타입

유럽 원산으로
꽃이 노란색이고
꽃줄기가
갈라짐

노랑꽃창포

1026 금붓꽃 *Iris minutoaurea* / 노랑붓꽃 *I. koreana*

- 2줄로 어긋나기, 홑잎, 양성화, 줄기 끝에 1개씩 핌
- 제주도 제외 지역 산지에서 자라며 4~5월에 꽃 피는 여러해살이풀
- 노랑무늬붓꽃과 달리 꽃덮개가 모두 노란색
- * 노랑붓꽃은 금붓꽃과 달리 꽃이 2개씩 달림

바깥 꽃덮개는 3개, 노란색
주걱형, 거의 수평으로
펼쳐짐. 안쪽에 무늬가 있음

안쪽
꽃덮개는
3개
비스듬히
섬

암술대는
바깥 꽃덮개를 따라
3갈래로 깊게 갈라져
곧게 섬

높이는 15~20cm
곧게 섬. 여러 대가 모여 남

암술대는 끝이 2갈래로
갈라짐

수술은 암술 뒤에
숨겨져 있음

잎은 좁은 선형
2줄로 안듯이 달림

포엽은 2개
선상 피침형

열매는 난상 타원형 삭과
삼각 능선이 있음

노랑붓꽃

꽃이 2개씩 피는데
환경 조건에 따라 1개씩 피기도 함

1027 노랑무늬붓꽃 *Iris odaesanensis*

- 2줄로 어긋나기, 홑잎, 양성화, 줄기 끝에 1~2개씩 핌
- 경북과 강원도 이북 고지대 숲 속에서 자라며 4~6월에 꽃 피는 여러해살이풀
- 꽃덮개는 흰 바탕에 노란색 무늬가 있으며 잎이 넓은 편

높이는 15~20cm
곧게 섬. 여러 대가 모여 남

포엽은 2개
선상 피침형

바깥 꽃덮개는 3개, 도란형
흰 바탕에 노란색 무늬가
있음

안쪽 꽃덮개는 3개
주걱형, 비스듬히 섬

암술대는
바깥 꽃덮개를
따라 깊게
3갈래로
갈라짐
끝이 다시
2갈래로 갈라짐

수술은
암술대 뒤에
숨겨져 있음

잎은 선형
2줄로 안듯이 달림
맥이 10~12개 있음

열매는
삼각상 난형 삭과

1028 각시붓꽃 *Iris rossii* / 넓은잎각시붓꽃 *I. rossii* var. *latifolia*

- 2줄로 어긋나기, 홑잎, 양성화, 줄기 끝에 1개씩 핌
- 산지 풀밭에서 자라며 4~5월에 꽃 피는 여러해살이풀
- 솔붓꽃이나 난장이붓꽃과 달리 꽃덮개가 좁은 도란형이고 대개 황백색 그물무늬가 있음
* 넓은잎각시붓꽃은 잎이 넓고 잎밑 단면 형태가 둥근 것임

높이는 10~30cm

포엽은 2개

바깥 꽃덮개는 3개, 보라색, 좁은 도란형 중앙에 황백색 그물무늬가 있음

안쪽 꽃덮개는 3개 짧은 주걱형

암술대는 3갈래로 갈라져 곧게 섬 뒤에 수술이 숨겨짐

잎은 선형 2줄로 안듯이 달림

뿌리줄기와 수염뿌리가 발달함

잎이 넓고 잎밑이 갑자기 좁아지면서 단면이 둥긂

넓은잎각시붓꽃

1029 솔붓꽃 *Iris ruthenica* / 난장이붓꽃 *I. uniflora* var. *caricina*

- 2줄로 어긋나기, 홑잎, 양성화, 줄기 끝에 1개씩 핌
- 산지 건조한 풀밭에서 드물게 자라며 4~5월에 꽃 피는 여러해살이풀
- 난장이붓꽃과 달리 낮은 산지에서 자라며 잎이 넓고 긴 편인 정도만 다름

* 고산지대에서 자라는 난장이붓꽃은 잎이 가늘고 짧음

높이는 10~30cm

바깥 꽃덮개는 3개
긴 타원형, 끝에 흰색 바탕
그물무늬가 있음

잎은 넓은 선형
2줄로 안듯이 달림

암술대는 바깥 꽃덮개를 따라 3갈래로 갈라진
뒤 끝에서 섬. 뒤쪽에 수술이 숨겨져 있음

바깥 꽃덮개

안쪽 꽃덮개는 3개
곧게 섬. 도피침형

부드러운 뿌리줄기와
수염뿌리가 발달함

열매는 구형에 가까운 타원형 삭과

난장이붓꽃

고지대에서 자람
잎이 가늘고 짧음

1030 타래붓꽃 *Iris lactea* var. *chinensis*

- 2줄로 어긋나기, 홑잎, 양성화, 줄기 끝에 2~4개씩 핌
- 산과 들 건조한 풀밭에서 자라며 5~6월에 꽃 피는 여러해살이풀
- 붓꽃과 달리 꽃이 연한 보라색이고 잎이 실타래처럼 비틀림

높이는 40~50cm, 뿌리줄기는 짧음
수염뿌리는 가늘고 황백색

긴 꽃줄기 끝에
연한 보라색 꽃이
2~4개 핌

안쪽
꽃덮개는
3개
도피침형
곧게 섬

암술대는 바깥 꽃덮개를 따라
3갈래로 갈라짐
뒤쪽에
수술이
숨겨져 있음

바깥 꽃덮개는 3개, 넓은 타원형 또는 도피침형
흰 바탕 안쪽에 보라색 줄무늬가 있음

연한 색으로 피는 것도 있음

잎은 좁은 선형
2줄로 안듯이
달림

잎은 실타래처럼 비틀림

열매는
긴 방추형 삭과

1031 붓꽃 *Iris sanguinea*

- 2줄로 어긋나기, 홑잎, 양성화, 줄기 끝에 2~3개씩 핌
- 산과 들 건조한 풀밭에서 무리 지어 자라며 5~6월에 꽃 피는 여러해살이풀
- 부채붓꽃과 달리 안쪽 꽃덮개가 크고 암술대보다 높게 솟음

높이는 30~60cm
둥근 뿌리줄기가 옆으로 벋고
수염뿌리가 발달함

잎은 선형
2줄로 안듯이 달림

암술대는 바깥
꽃덮개를 따라
3갈래로
깊게 갈라짐
뒤쪽에
수술이
숨겨져 있음

안쪽 꽃덮개는 3개
도란상 도피침형
곧게 섬
암술대보다
높이 솟음

바깥 꽃덮개는 3개
넓은 타원형
안쪽에 보라색 그물무늬가 있음

꽃봉오리 모양이
붓처럼 생김

열매는 삼각상 삭과

꽃이 흰색인 타입

1032 부채붓꽃 *Iris setosa* / 제비붓꽃 *Iris laevigata*

- 2줄로 어긋나기, 홑잎, 양성화, 줄기 끝에 2~3개씩 핌
- 경북 이북 동해안 습지나 북부지방에서 드물게 자라며 5~7월에 꽃 피는 여러해살이풀
- 붓꽃과 달리 안쪽 꽃덮개가 퇴화한 작은 비늘 모양이고 암술대보다 낮으며 잎이 넓은 편

* 제비붓꽃은 꽃이 진한 보라색이고 바깥 꽃덮개 안쪽에 가는 황백색 무늬가 있음

높이는 60~100cm

곧게 섬
가지가 많이 갈라짐

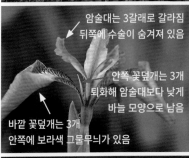

암술대는 3갈래로 갈라짐
뒤쪽에 수술이 숨겨져 있음

안쪽 꽃덮개는 3개
퇴화해 암술대보다 낮게
바늘 모양으로 남음

바깥 꽃덮개는 3개
안쪽에 보라색 그물무늬가 있음

잎은 넓은선형
2줄로 납작하게 겹쳐서 남

열매는 타원형 또는 난형 삭과

안쪽 꽃덮개는
곧게 섬

제비붓꽃

바깥 꽃덮개가
아래로 처지고
안쪽에 황백색
선으로 된
무늬가 있음

1033 **대청부채** *Iris dichotoma*

- 2줄로 어긋나기, 홑잎, 양성화, 줄기 끝 갈라진 가지마다 1개씩 핌
- 대청도와 백령도 및 평북 산과 들에서 드물게 자라며 8~9월에 꽃 피는 여러해살이풀
- 부채붓꽃과 달리 꽃줄기가 2갈래씩 갈라지고 꽃이 분홍빛을 띠는 보라색
- ＊ 오후 3시 무렵 꽃이 벌어지고 밤이 되면 오므라듦

줄기 끝에 2개씩
갈라진 가지마다 꽃이 핌

높이는 50~100cm

줄기에는 분백색이
약간 도는 편임

암술대는 바깥 꽃덮개를
따라 3갈래로 갈라짐
뒤쪽에
수술이 숨겨져
있음

안쪽 꽃덮개는
3개
주걱형

바깥 꽃덮개는 3개
연한 보라색, 흰색 바탕에 보라색 반점이 있음

꽃은 오후 3시 무렵 벌어짐
밤이 되면
나사처럼 꼬이면서
오므라듦

잎은 납작한 선형
2줄로 안듯이 달림

열매는 타원상 난형 삭과

씨는 난형이고
검은색이며 날개가 있음

1034 **범부채** *Iris domestica*

- 2줄로 어긋나기, 홑잎, 양성화, 취산꽃차례
- 화단에 심거나 산과 들에서 드물게 자라며 6~7월에 꽃 피는 여러해살이풀
- 일반적인 붓꽃속 식물과 달리 꽃덮개 통부가 거의 발달하지 않고 암술대가 꽃잎 형태가 아님

높이는 80~150cm

곧게 섬
위쪽에서
가지가
갈라짐

꽃덮개조각은 6개
주걱형 또는 긴 타원형, 안쪽에
붉은색 반점이 많음

수술은 3개

암술은 끝이
3갈래로 갈라짐

통부가 거의 없음

잎은 납작한 부챗살 모양
2줄로 안듯이 달림
폭은 2~4cm

열매는 난형 삭과

열매는 익으면
갈라지면서
광택 있는 검은색
씨를 드러냄

1035 등심붓꽃 *Sisyrinchium rosulatum*

- 어긋나기, 홑잎, 양성화, 산형꽃차례
- 제주도와 남부지방 풀밭에서 자라며 4~6월에 꽃 피는 여러해살이풀. 북미 원산 외래식물
- 범부채와 달리 수술대가 꽃덮개 통부 밑에 붙어 있고 꽃이 산형꽃차례를 이룸

높이는 10~30cm
곧게 서거나 약간 비스듬히 자람

꽃은 3~6개가
산형꽃차례로 달림

줄기는 납작하고
아래쪽에 좁은 날개가 있음

꽃덮개는 종 모양, 6갈래로 깊게 갈라짐

갈래조각은
타원형
짙은 색
줄무늬가 있음
안쪽은 노란색

수술은 4개
수술대는 서로 붙어 있음

꽃덮개 통부에
털이 있음

암술은 1개
끝이 3갈래로
갈라짐

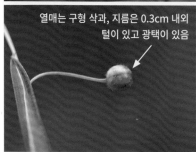

열매는 구형 삭과, 지름은 0.3cm 내외
털이 있고 광택이 있음

꽃이 흰색인 타입

1036 버어먼초 *Burmannia cryptopetala* / **애기버어먼초** *B. championii*

- 어긋나기, 홑잎, 양성화, 산형꽃차례 또는 겹산형꽃차례
- 제주도 숲 속에서 자라며 9~10월에 꽃 피는 한해살이풀. 부생식물
- 짧은 꽃자루가 있어서 산형꽃차례를 이루며 꽃덮개 통부에 날개가 있음

※ 애기버어먼초는 대체로 작고 두상꽃차례를 이루며 꽃덮개 통부에 날개가 없음

높이는 5~15cm
곧게 섬
가지가 갈라지지 않음

꽃은 흰색으로 1~12개가
모여 핌

포엽은
바늘잎 같음

전체에
엽록소가 없어
흰빛을 띰

잎은 바늘 같고
피침형 또는 좁은 난형

꽃덮개는 위쪽이
노란색을 띰

바깥 꽃덮개는 3개, 난형. 끝이 뾰족함
안쪽 꽃덮개는 없음

꽃덮개 통부에 날개가 있음

짧은 꽃자루가 있어
산형꽃차례를 이룸

열매는 난형 또는
타원형 삭과

애기버어먼초

꽃자루가 짧아서 두상꽃차례를 이루며
꽃덮개 통부에 날개가 없음

1037 **닭의장풀** *Commelina communis*

- 어긋나기, 홑잎, 양성화, 취산꽃차례
- 산과 들에서 자라며 7~10월에 꽃 피는 한해살이풀
- 잎이 난상 피침형이고 넓은 삼각형 포엽을 가짐

높이는 15~50cm
아래쪽에서 비스듬히 자람
밑에서 가지가 갈라짐

잎밑은 막질 잎집으로 됨
잎집 끝에 털이 있음

줄기 단면은
둥근 편

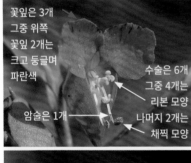

꽃잎은 3개
그중 위쪽
꽃잎 2개는
크고 둥글며
파란색

수술은 6개
그중 4개는
리본 모양
나머지 2개는
채찍 모양

암술은 1개

꽃받침조각은 3개
흰색, 타원형

나머지
꽃잎 1장은
작고 흰색이어서
꽃받침조각처럼
보임

포엽은
넓은 삼각형

잎은 난상 피침형
끝은 뾰족함

열매는 타원형 삭과
포엽에 싸임

1038 덩굴닭의장풀 *Streptolirion volubile*

- 어긋나기, 홑잎, 양성화, 줄기나 잎겨드랑이에서 나온 꽃대에 2~3개씩 핌
- 산기슭이나 들에서 자라며 7~8월에 꽃 피는 한해살이풀
- 닭의장풀과 달리 덩굴성이고 완전한 수술이 6개이며 잎이 난상 심장형이고 잎자루가 긺

길이는 200~300cm
덩굴져 자람

줄기에 털은
거의 없음

꽃은 흰색으로
2~3개가 모여 핌

포엽은 난상 심장형

수술은 6개
수술대에 연한 노란색
꼬불꼬불한 털이 있음

암술은 1개

꽃 지름은
0.5~0.8cm로 작고
하루 만에 시듦

꽃잎은 선형,
뒤로 말림

꽃받침조각은 3개
긴 타원형

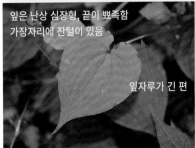

잎은 난상 심장형, 끝이 뾰족함
가장자리에 잔털이 있음

잎자루가 긴 편

열매는 난상 타원형 삭과
능선이 3개 있음
암술대가
뾰족하게 남음

1039 나도생강 *Pollia japonica*

- 어긋나기, 홑잎, 암수한포기, 원추상 취산꽃차례
- 제주도와 전남 섬 숲 속에서 자라며 6~8월에 꽃 피는 여러해살이풀
- 꽃이 원추상 취산꽃차례에 달리고 열매가 벽자색이며 익어도 벌어지지 않음

높이는 50~100cm
곧게 섬
옆으로 벋는
뿌리줄기가
있음

꽃이
5~6층으로
층층이 모여
원추상
취산꽃차례를
이룸

암꽃 또는 양성화

꽃받침조각은 3개
원형

수술은 6개

암술은 1개
수술보다
길게 나옴

꽃잎은 3개,
꽃받침조각보다 약간 큼
도란상 원형

포엽은 각 층마다 달림

잎은 10개 내외
피침상 긴 타원형, 표면은 거친 편

열매는 구형 삭과
벽자색으로 익음. 벌어지지 않음

1040 **사마귀풀** *Murdannia keisak*

- 어긋나기, 홑잎, 양성화, 가지 끝과 잎겨드랑이에 1개씩 핌
- 논이나 습지에서 자라며 8~10월에 꽃 피는 한해살이풀
- 닭의장풀과 달리 잎이 좁은 피침형이고 수술대에 털이 있으며 물가에서 자람

높이는 10~30cm
밑부분이 갈라져 기면서
마디에서 수염뿌리를 내림

잎밑이 잎집이 되어
줄기를 감싸며
털이 있음

줄기는
횡단면이 둥근 편

꽃받침조각은 3개
선상 피침형

꽃잎은 3개, 둥근 난형
연한 홍자색, 안쪽은 색이 옅음

암술대는 1개

수술대에
흰색 털이 있음

수술은 6개
그중 작은 것 3개는 헛수술

잎은 좁은 피침형

열매는 타원형 삭과
끝에 암술대가
부리처럼 남음

1041 반하 *Pinellia ternata*

- 모여나기, 3출겹잎, 암수한포기, 육수꽃차례
- 경사지나 밭둑에서 자라며 5~6월에 꽃 피는 여러해살이풀
- 대반하와 달리 살눈으로도 번식하고 잎이 3출겹잎

높이는 20~40cm
알줄기에서 꽃줄기가 자라남

꽃차례 끝부분이
채찍처럼 길게 나와
위를 향함

위쪽에
흰색
수꽃차례가
달림

불염포

아래쪽에
녹백색 암꽃차례가
달림

잎은 대개 1~2개가 나옴. 3출엽

작은잎은 대개 난형 또는
긴 타원형, 가장자리에
톱니가 있는 등 변이가 나타남

작은잎이 모여 달리는 지점
또는 잎자루나 줄기에
살눈이 달림

알줄기는 둥글고 지름은 1cm

알줄기 위쪽에서
수염뿌리가 나옴

열매는 장과
녹색으로 익음

1042 **대반하** *Pinellia tripartita*

- 모여나기, 홑잎, 암수한포기, 육수꽃차례
- 경남 상록수림에서 자라며 4~7월에 꽃 피는 여러해살이풀
- 반하와 달리 살눈이 달리지 않고 잎이 3갈래로 갈라지는 홑잎

높이는 20~50cm

꽃차례 끝부분이 채찍처럼 길게 나와 위를 향함

불염포

위쪽에 수꽃차례가 달림

아래쪽에 암꽃차례가 달림

암꽃차례

잎은 1~4개가 알줄기에서 나옴 3출엽처럼 보이지만 3갈래로 깊게 갈라짐

갈래조각은 난형 또는 좁은 난형

열매는 장과 녹색으로 익음

1043 두루미천남성 *Arisaema heterophyllum*

- 1개가 달림. 겹잎, 수꽃 또는 암수한포기, 육수꽃차례
- 산지 풀밭에서 자라며 4~6월에 꽃 피는 여러해살이풀
- 무늬천남성과 달리 꽃차례가 잎보다 위쪽에 달림

꽃차례가 잎보다
위쪽에 달림

높이는 40~60cm
납작한 구형 알줄기가 있고
위쪽에서 수염뿌리가 나옴

꽃차례 끝부분이
채찍처럼 길게
불염포 밖으로 나와
위를 향함

불염포는 통부 위쪽이
잘록해졌다가
넓어짐
주둥이 부분은
녹색 또는
흑자색

암수한포기

위쪽에
수꽃차례가
달림

아래쪽에
암꽃차례가
달림

잎은 줄기 위쪽에
1개 달림

작은잎은
새 발 모양으로
11~20개가 달림

열매는 장과
붉은색으로 익음

1044 **점박이천남성** *Arisaema serratum*

- 어긋나기, 겹잎, 암수딴포기, 육수꽃차례
- 산지 숲 속에서 자라며 4~6월에 꽃 피는 여러해살이풀
- 둥근잎천남성과 달리 작은잎은 5~14개 달리고 수꽃차례가 황백색

긴 불염포 속에 둥근 막대 모양 꽃차례가 들어 있음

잎은 대개 2개가 남
작은잎이 새 발 모양으로
5~14개가 달림

높이는 20~80cm
곧게 섬

꽃줄기에
점박이 무늬가 있음

수꽃차례는
황백색

암꽃차례는
녹색

알줄기는 구형이고
약간 납작함

알줄기 위쪽에서 수염뿌리가 나옴

열매는 장과
붉은색으로 익음

1045 **큰천남성** *Arisaema ringens*

- 마주나기, 3출겹잎, 암수딴포기, 육수꽃차례
- 서해안 섬과 남부지방 숲 속에서 자라며 4~6월에 꽃 피는 여러해살이풀
- 둥근잎천남성과 달리 3출겹잎이 마주나게 달리고 불염포가 글로브 모양

잎은 대개 2개씩 마주남
3출엽

작은잎은 넓은 난형
앞면에 광택이 있고
뒷면은 분백색이 돎

불염포는 통부 위쪽이
넓게 밖으로 젖혀지는
글로브 모양

높이는 20~90cm

주둥이 부분은
녹색 또는 흑자색

수꽃차례는
흰색
갈색 꽃밥이
달림

암꽃차례는 녹색

알줄기는 구형이고
약간 납작함

알줄기 위쪽에서
수염뿌리가 나옴

열매는 장과
붉은색으로 익음

1046 둥근잎천남성 *Arisaema amurense* / 천남성 *A. amurense* f. *serratum*

- 마주나기, 손꼴겹잎, 암수딴포기, 육수꽃차례
- 산지 숲 속에서 자라며 4~6월에 꽃 피는 여러해살이풀
- 점박이천남성과 달리 작은잎이 5개 이하이고 수꽃차례가 자주색

＊ 작은잎에 톱니가 있는 것을 천남성으로 구분하나 둥근잎천남성과 같은 것으로 보기도 함

긴 불염포 속에 둥근 막대 모양 육수꽃차례가 들어 있음

높이는 20~35cm
약간 납작한 구형 알줄기가 있음

잎은 대개 1개
작은잎 3~5개가
손 모양으로 달림

수꽃차례는
자주색

암꽃차례는
녹색

열매는 장과
붉은색으로
익음

작은잎 가장자리에
톱니가 있는 점으로 구분함

천남성

1047 무늬천남성 *Arisaema thunbergii*

- 1개가 달림. 겹잎, 암수딴포기, 육수꽃차례
- 남부지방 섬에서 자라며 4~6월에 꽃 피는 여러해살이풀
- 잎보다 아래쪽에 위치하고 꽃차례 끝부분이 불염포 밖으로 나와 위에서 아래로 휘어짐

꽃은 잎보다 아래쪽에 달림

잎은 1개, 작은잎 9~17개가 새 발 모양으로 달림

높이는 30~60cm

작은잎은 선상 피침형 흔히 무늬가 나타남

수꽃차례는 흑자색

암꽃차례는 녹색

꽃차례 끝부분이 채찍처럼 길게 불염포 밖으로 나왔다가 위에서 아래로 휘어짐

불염포 끝은 길게 뾰족함

잎에 무늬가 없는 것도 있음

1048 **섬남성** *Arisaema takesimense*

- 마주나기, 겹잎, 암수딴포기, 육수꽃차례
- 울릉도 숲 속에서 자라며 4~5월에 꽃 피는 여러해살이풀
- 식물체가 대체로 크고 대개 잎에 무늬가 있으며 수꽃차례 꽃밥이 자주색

* 잎에 무늬가 없는 것도 있음

높이는 30~50cm
약간 납작한 구형 알줄기가 있음

잎은 2개가 달림
작은잎 9~11개가
새 발 모양으로 달림
대개 흰색 얼룩무늬가
있음

흔히 자주색
반점이 있음

수꽃차례는
꽃밥이 흑자색

암꽃차례는 녹색

잎에 무늬가
없는 것도 있음

열매는 장과
붉은색으로 익음

1049 앉은부채 *Symplocarpus renifolius*

- 모여나기, 홑잎, 암꽃과 수꽃과 양성화 또는 암꽃과 양성화가 섞여 핌. 육수꽃차례
- 경북 이북 산지 그늘진 경사지에서 자라며 2~4월에 꽃 피는 여러해살이풀
- 애기앉은부채보다 대체로 크며 꽃이 이른 봄에 피고 열매가 그 해에 익음
- * 일본종과 다르다고 밝혀져 최근에 '한국앉은부채'라는 국명으로 새로 발표됨

높이는 20~40cm, 짧은 뿌리줄기에서 긴 끈 같은 수염뿌리가 사방으로 퍼짐

불염포는 색이 다양하고 대개 자갈색 얼룩무늬가 있음

불염포가 노란색이고 안쪽에 무늬가 있는 것도 있음

양성화로만 된 꽃차례 (수꽃이 섞이는 경우도 있어 보임)

암꽃으로만 된 꽃차례

잎은 넓은 심장형 꽃이 진 후 크게 자라남

열매는 난형 삭과 거북등이나 수류탄 모양

1050 **애기앉은부채** *Symplocarpus nipponicus*

- 모여나기, 홑잎, 암꽃과 수꽃과 양성화 또는 암꽃과 양성화가 섞여 핌. 육수꽃차례
- 덕유산 이북 산지 습기 있는 곳에서 자라며 7~9월에 꽃 피는 여러해살이풀
- 앉은부채보다 대체로 작으며 꽃이 여름에 피고 열매가 이듬해에 익음

✻ 전체에서 암모니아 냄새가 남

높이는 5~15cm
짧고 굵은 뿌리줄기가 있음

불염포가 연한 녹색인
것도 있음

양성화로 핀 꽃차례

암꽃만으로 된 꽃차례

잎은 심장형 또는 난형
이른 봄에 뿌리에서 남

열매는 난형 삭과
이듬해에 거북등처럼 익음

1051 **석창포** *Acorus gramineus* / **창포** *A. calamus*

- 모여나기, 홑잎, 양성화, 육수꽃차례
- 냇가나 계곡에서 자라며 5~7월에 꽃 피는 여러해살이풀
- 창포보다 작고 불염포가 꽃차례 길이와 비슷하며 잎이 좁고 주맥이 없음

❋ 창포는 석창포보다 크고 잎에 주맥이 있으며 불염포가 꽃차례보다 훨씬 긺

높이는 10~30cm
비스듬히 자람

불염포는 잎 모양
꽃차례를
감싸지 않음
길이는
7~20cm로
꽃차례 길이와
비슷함

꽃덮개는
6갈래로 갈라짐
수술은 6개
암술은 1개

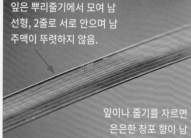

잎은 뿌리줄기에서 모여 남
선형, 2줄로 서로 안으며 남
주맥이 뚜렷하지 않음.

잎이나 줄기를 자르면
은은한 창포 향이 남

뿌리줄기는 마디가 많고
밑부분에서 수염뿌리를 냄

창포

잎에 주맥이 있으며
불염포가
꽃차례 길이보다
훨씬 긺

1052 **영주풀** *Sciaphila nana*

- 어긋나기, 홑잎, 암수한포기, 총상꽃차례
- 제주도 서귀포 숲 속에서 자라며 8~9월에 꽃 피는 여러해살이풀. 부생식물
- 키가 매우 작고 잎은 비늘잎이며 암꽃과 수꽃이 함께 달림

* *2007년에 야생화 동호인이 처음 발견하여 2011년에 발표된 종*

높이는 3~11cm
곧게 서고 매우 가느다람

잎은 비늘잎이고
좁은 난형

몸에 엽록소가 없고
적자색을 띰

수꽃

암꽃은 대개 수꽃보다
아래쪽에 달림

수꽃 꽃덮개조각은
대개 6개
퇴화한 암술 조직이
있음
꽃밥은
수술대 없이
붙어 있음

암꽃은
지름이 0.2cm
꽃덮개조각은
대개 6개
암술 조직은
송곳 모양이고
모여서 구형을 이룸

열매는 구형
쪼글쪼글한 집합과

1053 개구리밥 *Spirodela polyrhiza* / 좀개구리밥 *Lemna aequinoctialis* / 물개구리밥 *Azolla imbricata*

- 엽상체만 1개 남. 암수한포기, 1개 포 안에 2개 수꽃과 1개 암꽃이 생김
- 논이나 연못이나 도랑가 고인 물에서 자라며 7~8월에 꽃 피는 한해살이풀
- 좀개구리밥과 달리 뿌리가 5~11개로 많고 엽상체 뒷면이 자줏빛을 띰

※ 좀개구리밥은 뿌리가 1개이고 뒷면이 녹색. 물개구리밥은 줄기가 깃꼴로 갈라짐

높이는 1~2cm

잎처럼 생긴 엽상체는 넓은 도란형
맥이 5~11개 있음

엽상체 뒷면은 자줏빛을 띰
뒷면 중앙에서 뿌리가
5~11개 나옴

좀개구리밥

엽상체 맥이 3개

좀개구리밥

뒷면이 녹색이고 뿌리가 1개

줄기가 깃꼴로 갈라짐
겨울에는
붉은빛을
띰

물개구리밥

뿌리에 털이 있음

물개구리밥

1054 흑삼릉 *Sparganium stoloniferum*

- 잎은 서로 감쌈. 홑잎, 암수한포기, 두상꽃차례가 총상꽃차례를 이룸
- 얕은 물가에서 자라며 6~7월에 꽃 피는 여러해살이풀
- 식물체가 큰 편이고 꽃차례가 갈라짐

위쪽에 수꽃차례가 달림

아래쪽에 암꽃차례가 달림

높이는 50~100cm
옆으로 벋는 뿌리줄기가 있음

수꽃은 꽃덮개조각이
3~4개, 주걱형, 수술은 3개

암꽃은 꽃덮개조각이 3개
도란형, 암술은 1개

두상꽃차례가 달린 가지가 갈라져
총상꽃차례를 이룸

잎 뒤쪽에 능각이 있고
속은 스펀지 구조로 되어 있음

잎은 선형
잎밑이 잎집처럼 줄기를 감쌈

열매는 구형 집합과, 철퇴 모양
녹색에서 갈색으로 익음

1055 부들 *Typha orientalis* / 애기부들 *T. angustifolia* / 꼬마부들 *T. laxmannii*

- 어긋나기, 홑잎, 암수한포기, 수상꽃차례
- 연못이나 습지에서 자라며 6~8월에 꽃 피는 여러해살이풀
- 애기부들과 달리 수꽃이삭 바로 밑에 암꽃이삭이 붙어 달림

＊ 애기부들은 암꽃이삭과 수꽃이삭이 서로 떨어져 달림. 꼬마부들은 암꽃이삭이 통통함

높이는 100~200cm
옆으로 길게 벋는 뿌리줄기가 있고
마디에서 수염뿌리가 남

위쪽에 수꽃차례가 달림
꽃은 꽃덮개가 없음

수꽃차례와
암꽃차례가
간격 없이
붙어 있음

아래쪽에
암꽃차례가 달림.
암술머리는
주걱 모양 피침형

잎은 선형, 두껍고
속은 스펀지 구조로 됨

잎밑은 잎집으로 되어
줄기를 감쌈

열매는 타원형, 갈색
방망이처럼
부풀어 있다가
바람에 씨를 날림

수꽃이삭과 암꽃이삭이
서로 떨어져 달림

애기부들

애기부들과 닮았으나
암꽃이삭이 통통함

꼬마부들

1056 양하 *Zingiber mioga*

- 어긋나기, 홑잎, 양성화, 수상꽃차례
- 남부지방에서 심거나 제주도 숲 속에서 자라며 8~10월에 꽃 피는 여러해살이풀
- 꽃이 땅바닥에서 올라옴. 전체에서 양파나 생강 냄새가 남

높이는 40~150cm 대개 곧게 자람

잎집이 서로 감싸면서 줄기처럼 자람

입술꽃잎은 3갈래로 갈라짐 가운데 갈래가 가장 큼

꽃은 뿌리줄기에서 나와 땅 위로 솟은 짧은 꽃줄기에 달림

드물게 노란색 꽃도 있음

암술대

수술은 1개 암술대 밑에 짧게 숨겨져 있음

잎은 피침형 또는 긴 타원형 잎밑이 좁아지면서 잎자루로 됨 전체에서 양파나 생강 같은 냄새가 남

옆으로 벋는 뿌리줄기가 있음

1057 큰방울새란 *Pogonia japonica* / 방울새란 *P. minor*

- 1개가 달림. 홑잎, 양성화, 줄기 끝에 1개씩 핌
- 양지바른 습지에서 자라며 5~7월에 꽃 피는 여러해살이풀. 지생란
- 방울새란과 달리 꽃이 활짝 벌어지고 옆을 향해 피며 입술꽃잎이 곁꽃잎보다 약간 긺

* 방울새란은 꽃이 덜 벌어지고 입술꽃잎과 곁꽃잎 길이가 비슷함

높이는 5~30cm
곧게 서거나 비스듬히 자람
옆으로 벋는 뿌리줄기가 있음

등꽃받침은
긴 타원상
도피침형

곁꽃받침은
넓은 선형

포엽은
잎 모양

줄기에
미약한 능선이
있음

곁꽃잎은 곁꽃받침보다 넓음

꽃술대는 가늘고
화분괴는 2개

입술꽃잎은
긴 타원형
곁꽃잎보다
약간 긺
3갈래로 갈라짐
가운데 갈래에
깃털 모양 술이 있음

꽃이 활짝 벌어지고
옆을 향해 핌

잎은 줄기 중간에
1개가 달림
피침형 또는 긴 타원형
잎밑이 줄기를 감쌈

열매는 긴 타원형 삭과

방울새란

꽃이 위를 향하고
활짝 벌어지지 않으며
입술꽃잎과 곁꽃잎 길이가
비슷함

1058 으름난초 *Cyrtosia septentrionalis*

- 퇴화한 비늘 모양, 홑잎, 양성화, 겹총상꽃차례
- 제주도와 충남 안면도와 전남 숲 속에서 자라며 6~8월에 꽃 피는 여러해살이풀. 부생란
- 천마속 식물과 달리 꽃이 겹총상꽃차례로 피고 키가 50cm 이상으로 큼

높이는 50~100cm
곧게 서고
가지가 갈라지기도 함

겹총상꽃차례를 이룸

줄기는
단단하고
적갈색을 띰

곁꽃잎은 꽃받침보다 짧고
털이 없음

등꽃받침과
곁꽃받침은
긴 타원형
털이 있음

화분괴주머니는 2실
화분괴는 2개

꽃 지름은 2.5cm
황갈색
향기가 있음

입술꽃잎은 노란색
주머니처럼 부풀어 있음

열매는
긴 타원형 장과
붉은색으로 익으며
벌어지지 않음

열매 단면

1059 무엽란 *Lecanorchis japonica*

- 퇴화한 비늘 모양, 홑잎, 양성화, 총상꽃차례
- 제주도, 홍도, 보길도 등지 상록수림에서 자라며 6~7월에 꽃 피는 여러해살이풀. 부생란
- 제주무엽란보다 키가 크고 꽃자루가 비스듬히 서며 꽃이 좀 더 벌어진 듯함

키가 큰 편

꽃은 3~8개 달림

높이는 20~40cm
땅속줄기는 육질이며 옆으로 김
비늘잎이 붙어 있음

잎은 퇴화한 비늘 모양, 막질
4~5개가 달림

꽃자루가
비스듬히 섬

곧게 서고
황갈색 또는 황록색
나중에 검게 변함

꽃받침은 피침형

곁꽃잎은
도피침형

꽃술대는
입술꽃잎과
1/3 정도만 붙어 있음

입술꽃잎은
거의 갈라지지 않고
부드러운 털이 있음

열매는 긴 타원형 삭과
곧게 서듯이 위를 향함

1060 **제주무엽란** *Lecanorchis kiusiana* / **노랑제주무엽란** *L. suginoana*

- 퇴화한 비늘 모양, 홑잎, 양성화, 총상꽃차례
- 제주도와 전라도 상록수림에서 자라며 6~7월에 꽃 피는 여러해살이풀. 부생란
- 무엽란보다 키가 작은 편이고 꽃자루가 곧게 서며 꽃이 덜 벌어진 듯함
- ＊ 노랑제주무엽란은 꽃이 연한 노란색이고 꽃술대와 입술꽃잎이 반 정도 붙음

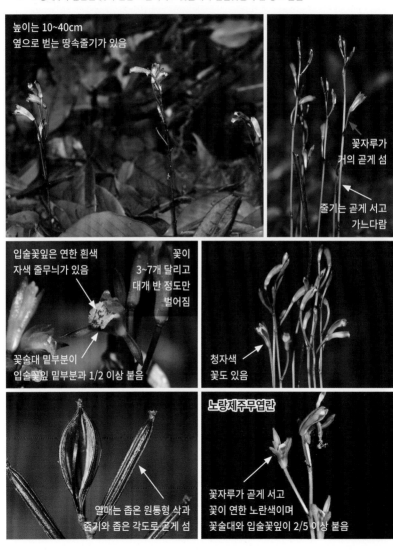

높이는 10~40cm
옆으로 벋는 땅속줄기가 있음

꽃자루가
거의 곧게 섬

줄기는 곧게 서고
가느다람

입술꽃잎은 연한 흰색
자색 줄무늬가 있음

꽃이
3~7개 달리고
대개 반 정도만
벌어짐

꽃술대 밑부분이
입술꽃잎 밑부분과 1/2 이상 붙음

청자색
꽃도 있음

열매는 좁은 원통형 삭과
줄기와 좁은 각도로 곧게 섬

노랑제주무엽란

꽃자루가 곧게 서고
꽃이 연한 노란색이며
꽃술대와 입술꽃잎이 2/5 이상 붙음

1061 복주머니란 *Cypripedium macranthos* / **털복주머니란** *C. guttatum*

- 어긋나기, 홑잎, 양성화, 줄기 끝에 1~2개씩 핌
- 제주도와 울릉도 제외 산지에서 자라며 5~6월에 꽃 피는 여러해살이풀. 지생란
- 털복주머니란과 달리 땅속줄기가 짧고 굵으며 잎이 3~5개
- ※ 털복주머니란은 복주머니란과 달리 땅속줄기가 가늘고 길며 잎이 2개

높이는 30~50cm, 곧게 섬

꽃은 1~2개 핌

꽃줄기에 털이 있음

등꽃받침은 넓은 난형 또는 난상 피침형

곁꽃받침은 끝이 2갈래로 갈라짐

암술머리는 긴 마름모꼴

곁꽃잎은 피침형 꼬이지 않음

입술꽃잎은 주머니 모양 안쪽에 털이 있음

잎은 넓은 난형, 3~5개 달림 양면과 가장자리에 털이 있음

잎밑이 줄기를 감쌈

열매는 타원형 삭과

잎이 2장이며 곁꽃잎이 짧고 얼룩덜룩한 무늬가 있음

털복주머니란

1062 **광릉요강꽃** *Cypripedium japonicum*

- 마주나기, 홑잎, 양성화, 줄기 끝에 1개씩 핌
- 경기, 강원, 전라, 경상 숲 속에서 드물게 자라며 4~5월에 꽃 피는 여러해살이풀. 지생란
- 복주머니란과 달리 잎이 넓은 부채 모양으로 마주남

높이는 20~40cm, 땅속줄기는 가느다람

줄기에 긴 털이 있음

밑부분에 2~45개 초상엽이 있음

곁꽃잎은 넓은 선형

입술꽃잎은 양 옆이 맞닿아 주머니 모양으로 됨

포엽은 난상 피침형

꽃줄기에 털이 있음

등꽃받침은 난상 피침형 또는 피침상 타원형

곁꽃받침은 넓은 타원형 끝이 2갈래로 갈라짐

잎은 2개가 마주남 넓은 부채 모양, 가장자리는 물결 모양 잎맥은 부챗살처럼 벋음

열매는 방추형 삭과, 털이 있음

1063 **애기천마** *Chamaegastrodia shikokiana*

- 잎은 없음. 양성화, 수상꽃차례
- 전라도와 제주도 활엽수림 아래에서 자라며 7~8월에 꽃 피는 여러해살이풀. 부생란
- 천마보다 키가 작고 땅속줄기가 산호 모양

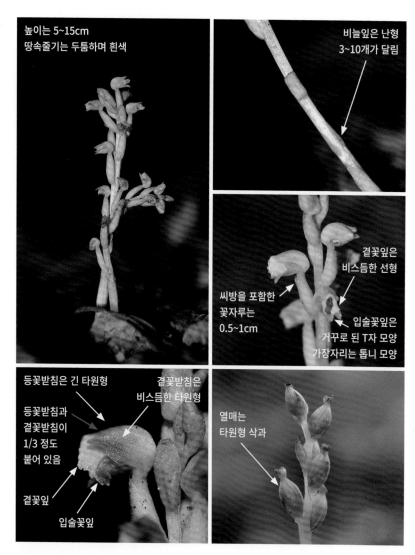

높이는 5~15cm
땅속줄기는 두툼하며 흰색

비늘잎은 난형
3~10개가 달림

씨방을 포함한
꽃자루는
0.5~1cm

곁꽃잎은
비스듬한 선형

입술꽃잎은
거꾸로 된 T자 모양
가장자리는 톱니 모양

등꽃받침은 긴 타원형
곁꽃받침은
비스듬한 타원형

등꽃받침과
곁꽃받침이
1/3 정도
붙어 있음

곁꽃잎

입술꽃잎

열매는
타원형 삭과

1064 섬사철란 *Goodyera henryi* / 붉은사철란 *G. biflora*

- 어긋나기, 홑잎, 양성화, 수상꽃차례
- 섬 그늘진 곳에서 자라며 9~10월에 꽃 피는 상록성 여러해살이풀. 지생란
- 붉은사철란과 달리 잎맥이 평행맥에 가깝고 꽃 길이가 2cm 이하

* *붉은사철란은 섬사철란과 달리 잎 그물맥이 뚜렷하고 꽃 길이가 2cm 이상*

높이는 5~15cm
뿌리는 짧은 끈 모양이고 굵음

곧게 섬
옆으로 길게 벋으며
뿌리를 내림

꽃은 3~7개가 피며
활짝 벌어지지는
않음

포엽은
피침형

입술꽃잎은
난형

등꽃받침은
긴 타원형
곁꽃받침은
좁은 난형

곁꽃잎은
넓은 도피침형

잎은 타원형 또는 난상 타원형
가장자리는 구불거림

잎 평행맥이 연한 녹색으로 나타남

열매는
타원형 삭과

붉은사철란

잎 그물맥이 뚜렷하고
꽃이 2cm 이상으로 큼

1065 애기사철란 *Goodyera repens*

- 어긋나기, 홑잎, 양성화, 총상꽃차례
- 높은 산 이끼 있는 침엽수림에서 자라며 7~8월에 꽃 피는 상록성 여러해살이풀. 지생란
- 사철란과 달리 입술꽃잎 안쪽에 털이 없고 능선이 있으며 고지대에서 자람

높이는 8~20cm
옆으로 벋는
뿌리줄기가 있고
마디가 많음

포엽 같은
피침형 작은 잎이
달림

곧게 서고 가늘며
연한 녹색이고
털이 있음

뿌리 쪽 잎은 난형
3~6개가 달림
앞면에
그물무늬가 있음

꽃 5~12개가
한쪽을 향해 핌
털이 있음

포엽은
피침형

꽃받침은 난형
샘털이 밀생

입술꽃잎은
난형
안쪽에
털이 없음

곁꽃잎은
도피침형

열매는 난상 타원형 삭과
털이 밀생

1066 로젯사철란 *Goodyera brachystegia*

- 어긋나기, 홑잎, 양성화, 수상꽃차례
- 약간 그늘진 숲이나 바위틈에서 자라며 7월에 꽃 피는 상록성 여러해살이풀. 지생란
- 대체로 키가 크고 꽃이 대개 연한 갈색을 띠는 흰색이며 꽃받침 1/2 이하에만 샘털이 있음

높이는 20~40cm
곧고 가늘게 섬
뿌리는 1~6개 있고
땅속줄기는
마디가 있음

꽃 20개 내외가 한쪽 방향을 향해 핌

꽃은 대개
연한 갈색

꽃받침
1/2 이하에만
샘털이 있음

입술꽃잎은
밑부분이 좁음

포엽은
피침형

등꽃받침은
난상 타원형

곁꽃받침은
좁은 타원형

잎은 난형, 4~8개가 달림
앞면에 흰색 그물무늬가 있음

열매는 타원형 삭과
샘털이 있고
약간 비틀림

1067 **사철란** *Goodyera schlechtendaliana*

- 어긋나기, 홑잎, 양성화, 총상꽃차례
- 산지 그늘진 숲 속에서 자라며 8~9월에 꽃 피는 상록성 여러해살이풀. 지생란
- 애기사철란과 달리 입술꽃잎 안쪽에 털이 있고 능선이 없음

높이는 12~25cm 옆으로 벋는 뿌리줄기가 있음

꽃 5~15개가 한쪽 방향을 향해 핌

곧게 섬 줄기는 털이 있고 흰빛이 도는 녹색

등꽃받침은 타원상 피침형

곁꽃받침은 난상 피침형 옆으로 퍼짐

곁꽃잎은 도피침형

입술꽃잎 안쪽에 털과 능선이 없음

곁꽃받침

입술꽃잎은 난형

잎은 좁은 난형, 4~6개가 달림 앞면 맥을 따라 흰색 무늬가 있음

열매는 도란형 삭과 잔털이 있음

1068 **털사철란** *Goodyera velutina*

- 어긋나기, 홑잎, 양성화, 총상꽃차례
- 제주도 숲 속에서 자라며 8~9월에 꽃 피는 상록성 여러해살이풀. 지생란
- 애기사철란과 달리 입술꽃잎 밑부분에 털이 있고 잎 가운데에 붉은색 맥이 1개 있음

높이는 10~20cm
곧게 섬

줄기는
적갈색을 띰

곁꽃잎은
타원상 마름모 모양

등꽃받침은
난상 타원형

입술꽃잎은 난형
밑부분이
주머니처럼 되고
털이 없음

곁꽃받침은 난상 타원형
뒷면에 털이 있음. 약간 옆으로 퍼짐

포엽은 피침형
적갈색

잎은 긴 난형 또는 타원형
4~5개가 달림

앞면에 광택이 있고
가운데 잎맥을 따라
흰색 또는 붉은색 줄이 있음

열매는
타원형 삭과

1069 백운란 *Odontochilus nakaianus*

- 어긋나기, 홑잎, 양성화, 수상꽃차례
- 습기 있는 숲 속에서 자라며 7~8월에 꽃 피는 여러해살이풀. 지생란
- 입술꽃잎이 넓고 2갈래로 갈라지며 잎이 난형 또는 난상 구형

* 남부지방에서만 자생하는 것으로 알려졌으나 최근에 강원도 양구군에서도 발견됨

높이는 5~12cm

꽃이 3~7개 달림

곧게 섬 줄기는 흰색 털로 덮임

곁꽃잎은 비스듬한 타원형 또는 도란형

입술꽃잎은 거꾸로 된 T자형 넓고 2갈래로 갈라짐

등꽃받침은 타원상 난형, 털이 있음

꽃차례에 털이 있음

꿀주머니 털이 있음

곁꽃받침은 비스듬한 타원형

포엽은 짙은 갈색 또는 녹색

잎은 난형 또는 난상 원형 가죽질 맥이 3개 있음

옆으로 벋는 땅속줄기가 있고 마디에서 뿌리를 내림

1070 **타래난초** *Spiranthes sinensis*

- 어긋나기, 홑잎, 양성화, 수상꽃차례
- 산과 들 풀밭에서 자라며 6~9월에 꽃 피는 여러해살이풀. 지생란
- 꽃이 대개 나선상으로 돌려서 달림
- * 드물게 꽃차례가 나선상이 아닌 것도 있음

높이는 10~50cm
곧게 섬

포 같은 잎이
1~3개 달림

곁꽃받침은 타원형
또는 피침형

꽃이 나선상으로
돌려서 달림

등꽃받침은
피침형

곁꽃잎은
곧고 선형

포엽은 피침형

입술꽃잎은 타원형 또는 도란형
가장자리가 물결 모양이고 뒤로 휘어짐

잎은 피침형 또는 선상 피침형
2~5개가 달림. 맥이 1개 있음

긴 방추형 뿌리가 여러 개가 달림

열매는
타원형 삭과
샘털로 덮임

1071 병아리난초 *Hemipilia gracilis*

- 1개씩 달림. 홑잎, 양성화, 총상꽃차례
- 산지 이끼 낀 바위틈에서 자라며 6~7월에 꽃 피는 여러해살이풀. 지생란
- 구름병아리난초와 달리 낮은 지대에서도 잘 자라고 잎이 1개씩 달리며 꽃 색이 연함

높이는 8~20cm
곧게 섬

줄기는
매우 연약하고
가느다람

꽃이 5~30개 달림
포엽은 난형

등꽃받침은
긴 타원형

곁꽃잎은
비스듬한 타원형

곁꽃받침은
비스듬한 타원형

입술꽃잎은 도란형
3갈래로 갈라짐

잎은 긴 타원형 또는 넓은 타원형
1개씩 달림

잎밑이 줄기를 감쌈

난형 또는 긴 타원형 덩이뿌리가 있고
수염뿌리가 달림

열매는
타원형 삭과

포엽은 난형
끝이 뾰족함

1072 주름제비란 *Galearis camtschatica*

- 어긋나기, 홑잎, 양성화, 총상꽃차례
- 강원도와 울릉도 및 북부지방 산지에서 자라며 5~8월에 꽃 피는 여러해살이풀. 지생란
- 손바닥난초와 달리 잎이 타원형이고 꿀주머니가 씨방보다 짧음

높이는 20~60cm
원기둥 모양
굵은 뿌리가 있음

잎은 타원형
또는 난형
4~10개가 달림
가장자리는
구불거림

줄기는 곧게 서고
능선이 있음

잎밑이 줄기를 감쌈

흰색 꽃

포엽은 피침형
또는 좁은 피침형

긴 꽃차례에
꽃이 조밀하게 달림

등꽃받침은 난형
맥이 3개 있음

곁꽃잎은
난형

입술꽃잎은
3갈래로
갈라짐

곁꽃받침은
비스듬한 타원형
맥이 4개 있음

꿀주머니가 짧음

열매는
타원형 삭과

1073 손바닥난초 *Gymnadenia conopsea*

- 어긋나기, 홑잎, 양성화, 총상꽃차례
- 한라산과 북부지방 높은 산 풀밭에서 자라며 7~8월에 꽃 피는 여러해살이풀. 지생란
- 주름제비란과 달리 잎이 선형이고 꿀주머니가 씨방보다 긺

높이는 30~60cm
곧게 섬

손 모양 덩이뿌리가 있음. 두꺼운 육질 묵은 뿌리와 헛뿌리가 함께 달림

잎은 4~6개
선형 또는 피침형 또는 긴 타원형

등꽃받침은 난형

꿀주머니가 씨방보다 긺

곁꽃잎은 난형

곁꽃받침은 비스듬한 난형

입술꽃잎은 넓은 도란형, 3갈래로 갈라짐

열매는 타원형 삭과

포엽은 피침형

꽃이 흰색인 타입

1074 **구름병아리난초** *Hemipilia cucullata*

- 어긋나기, 홑잎, 양성화, 총상꽃차례
- 높은 산에서 드물게 자라며 7~9월에 꽃 피는 여러해살이풀. 지생란
- 병아리난초와 달리 고지대에서만 자라고 잎이 2개씩 달리며 꽃 색이 진함

* 덩이뿌리가 구형인 점도 병아리난초와 다름

높이는 10~25cm
곧게 섬

줄기에
미약한 능선이
있음

포엽처럼 생긴
피침형 잎이
3~5개가 달림

꽃 5~25개가 한쪽을 향해 핌

꿀주머니는
앞쪽으로 휨

등꽃받침과
곁꽃받침은
피침형

곁꽃잎은 선형

입술꽃잎은
3갈래로 갈라짐
분홍색 반점이 있음

포엽은 피침형

잎은 대개 2개
타원형

덩이뿌리는 구형이고
수염뿌리는 육질

열매는
타원형 삭과

1075 제비난초 *Platanthera densa* subsp. *orientalis*

- 어긋나기, 홑잎, 양성화, 수상꽃차례
- 제주도 제외 지역 산지에서 자라며 6~7월에 꽃 피는 여러해살이풀. 지생란
- 흰제비란과 달리 잎이 넓고 아래쪽에 큰 잎 2개가 마주난 것처럼 달리며 입술꽃잎이 녹색

높이는 20~50cm
난상 타원형
덩이줄기가 있음

꽃 7~26개가
달림

곧게 서고
막질 날개가 있음

줄기에 달리는 잎은
피침형
포엽처럼 됨

잎밑이
줄기를 감쌈

잎은 타원형 또는 긴 타원형
2개가 마주난 것처럼 달림

등꽃받침은 난형 또는
삼각상 난형

곁꽃잎은 곧게 섬
피침형

곁꽃받침은
비스듬한
난형
옆으로 퍼짐

입술꽃잎은
긴 혀 모양
녹색

꿀주머니는
아래를 향함

열매는
타원형 삭과

1076 넓은잎잠자리란 *Platanthera fuscescens*

- 어긋나기, 홑잎, 양성화, 수상꽃차례
- 경기도와 전라도 및 강원 이북 숲 속에서 자라며 6~8월에 꽃 피는 여러해살이풀. 지생란
- 입술꽃잎이 3갈래로 뚜렷하게 갈라지고 곁갈래가 삼각형

높이는 20~60cm
원통형 굵은 뿌리가
있음

포엽 모양
잎이 달림

많은 꽃이
자잘하게
모여 달림

등꽃받침은 서고 난형
3맥이 있음

입술꽃잎은
혀 모양
피침형

곁꽃잎은
곧고
선상 타원형

꿀주머니는
아래로 늘어짐

곁꽃받침은
퍼지고
비스듬한 타원형

열매는
타원형 삭과

잎은 도란형
또는 타원형
2~3개가 달림

잎밑이
줄기를 감쌈

1077 **흰제비란** *Platanthera hologlottis*

- 어긋나기, 홑잎, 양성화, 수상꽃차례
- 습기 있는 풀밭에서 자라며 6~8월에 꽃 피는 여러해살이풀. 지생란
- 제비난초와 달리 잎이 위로 갈수록 점점 작아지며 입술꽃잎이 흰색이고 짧음

줄기에
미약한 능선이
있음

위쪽 잎은
선상 피침형

아래쪽 잎은
넓은 선형

높이는 35~90cm
옆으로 벋는
육질 덩이뿌리가 있음

등꽃받침은 난형 또는 타원형

곁꽃잎은
비스듬한 난형

곁꽃받침은
타원상 난형
옆으로 퍼짐

입술꽃잎은 흰색
혀 모양 피침형, 짧음

포엽은
좁은 피침형

꿀주머니는
길고 아래로 처짐

1078 갈매기난초 *Platanthera japonica*

- 어긋나기, 홑잎, 양성화, 수상꽃차례
- 강원도와 경남과 제주도 숲이나 초원에서 자라며 5~7월에 꽃 피는 여러해살이풀. 지생란
- 흰제비난초와 달리 잎이 좁고 긴 타원형이며 꿀주머니가 2~3cm로 긺

높이는 20~70cm
덩이줄기 모양
땅속줄기가 있음

꽃 10~28개가
모여 핌

줄기는
굵고 곧게 섬
털은 없음

잎은 타원형
또는 좁은 타원형, 3~6개

등꽃받침은 심장상 난형

포엽은
좁은 피침형

곁꽃잎은
서고 선형

입술꽃잎은 선형
끝이 둔함

곁꽃받침은
뒤로 젖혀짐
비스듬한 난형

꿀주머니가
2~3cm로 긺

열매는
타원형 삭과

1079 산제비란 *Platanthera komarovii* / 하늘산제비란 *P. neglecta*

- 어긋나기, 홑잎, 양성화, 수상꽃차례
- 습기 있는 풀밭에서 자라며 6~8월에 꽃 피는 여러해살이풀. 지생란
- 잎이 타원형 또는 긴 타원형이며 꿀주머니가 아래를 향함

＊ 하늘산제비란은 꿀주머니가 위를 향함

높이는 10~50cm, 곧게 섬

꽃 5~20개가
모여 핌

꿀주머니가
아래를
향함

위쪽 잎일수록
포엽으로 됨

줄기에
좁은 날개가
있음

등꽃받침은 난형 또는
원형 또는 심장형

곁꽃잎은
위를 향함
기울어진 난형

곁꽃받침은
긴 타원상 피침형

입술꽃잎은 혀 모양
얕게 2갈래로 갈라짐

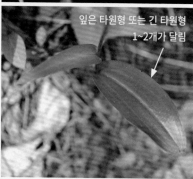

잎은 타원형 또는 긴 타원형
1~2개가 달림

열매는 타원형 삭과

포엽은 피침형

꿀주머니가
위를 향함
산제비란과
같은 것으로
보기도 함

하늘산제비란

1080 **구름제비란** *Platanthera ophrydioides*

- 어긋나기, 홑잎, 양성화, 수상꽃차례
- 높은 산 습한 숲에서 자라며 7~8월에 꽃 피는 여러해살이풀. 지생란
- 아래쪽 잎이 타원형이고 줄기에 거의 직각으로 붙음

* *산제비란과 유사성이 많으므로 분류학적 재검토가 필요한 종*

높이는 15~30cm
곧게 섬

위쪽 잎은 피침형
포엽처럼 됨

줄기에
미약한 능선이
있음

첫 번째 잎은
거의 직각으로
줄기를 감쌈

등꽃받침은
좁은 난형
또는 난형

곁꽃잎은
곧게 섬
선형으로
길어짐

입술꽃잎은
혀 모양, 넓은 선형

곁꽃받침은
선상 피침형
뒤로 젖혀짐

꿀주머니는
안으로 굽음

잎은 타원형 또는 긴 타원형
1~3개가 달림

열매는
타원형 삭과

포엽은 피침형

1081 나도제비란 *Galearis cyclochila*

- 어긋나기, 홑잎, 양성화, 줄기 끝에 1~5개가 핌
- 산지 숲 속에서 자라며 5~6월에 꽃 피는 여러해살이풀. 지생란
- 제비난초보다 키가 매우 작고 꽃이 적게 달림

높이는 10~15cm 곧게 섬

꽃은 1~2개가 핌

줄기는 각이 지고 털은 없음

등꽃받침은 비스듬히 섬 넓은 피침형 3맥이 있음

포엽은 잎 모양, 타원형

꿀주머니는 아래로 처짐

곁꽃받침은 난상 피침형

입술꽃잎은 넓은 난형

곁꽃잎은 좁고 긴 타원형

홍자색 반점이 있음

뿌리잎은 1개 난상 도란형 또는 타원상 난형

두꺼운 뿌리줄기가 있음

열매는 타원형 삭과

1082 나도씨눈란 *Herminium monorchis*

- 어긋나기, 홑잎, 양성화, 수상꽃차례
- 지리산과 강원 이북 고산지대 풀숲에서 자라며 7~8월에 꽃 피는 여러해살이풀. 지생란
- 잎이 2~3개 달리고 곁꽃잎이 꽃받침보다 길며 입술꽃잎 가운데갈래가 곁갈래보다 긺

높이는 5~35cm
구형 덩이줄기가 있고
수염뿌리가 달림

줄기에는
포엽 같은 잎이
1~2개 달림

곧게 섬
줄기 아래쪽에
초상엽이 2개 있음

등꽃받침은
긴 타원형
또는 긴 난형

곁꽃받침은 피침형

곁꽃잎은 피침형

꽃잎은
꽃받침보다
긺

포엽은
피침형

입술꽃잎은 피침형
3갈래로 갈라짐

잎은 긴 타원형
2~3개가 달림

열매는
타원형 삭과

1083 잠자리난초 *Habenaria linearifolia* / 개잠자리난초 *H. cruciformis*

- 어긋나기, 홑잎, 양성화, 총상꽃차례
- 양지바른 습지에서 자라며 6~8월에 꽃 피는 여러해살이풀. 지생란
- 입술꽃잎이 수평으로 펼쳐지며 꿀주머니가 길고 끝이 약간 부푼 원통형

＊ 개잠자리난초는 입술꽃잎이 씨방 쪽으로 구부러지며 꿀주머니가 짧고 끝이 둥긂

높이는 25~80cm
난형 또는 구형
덩이줄기가 있음

꽃은
5~25개가
핌

꿀주머니는 원통형
2.5~4cm로 긴 편
끝은 약간 부푼 원통형

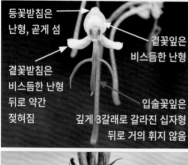

등꽃받침은
난형, 곧게 섬

곁꽃잎은
비스듬한 난형

곁꽃받침은
비스듬한 난형
뒤로 약간
젖혀짐

입술꽃잎은
깊게 3갈래로 갈라진 십자형
뒤로 거의 휘지 않음

잎은 선형
5~7개가 달림

잎밑이
줄기를 감쌈

열매는
타원형 삭과

개잠자리난초

꿀주머니가 짧고
둥글게 부풀어 꺾임

입술꽃잎이
뒤쪽으로 휨

1084 해오라비난초 *Habenaria radiata* / 큰해오라비난초 *H. dentata*

- 어긋나기, 홑잎, 양성화, 줄기 끝에 1~2개씩 핌
- 경기 이북 양지바른 습지에서 자라며 7~8월에 꽃 피는 여러해살이풀. 지생란
- 꽃받침이 녹색이고 입술꽃잎 곁갈래가 빗살처럼 갈라지며 꽃이 1~3개만 달림
- ＊ 큰해오라비난초는 꽃받침이 흰색이고 입술꽃잎 곁갈래가 톱니 모양이며 꽃이 3개 이상 달림

꽃은 1~3개로 적게 달림

꿀주머니는 아래로 처짐 길이는 2~4cm

높이는 15~40cm 둥근 타원형 또는 구형 덩이줄기가 있음

곧게 섬 줄기는 가늘고 연약한 편

등꽃받침과 곁꽃받침은 녹색 난상 타원형

곁꽃잎은 흰색 사다리꼴 같은 마름모형

입술꽃잎은 3갈래로 갈라짐 곁갈래는 술처럼 잘게 잘라짐

잎은 선형, 3~6개가 달림

포엽은 피침형

열매는 타원형 삭과 3cm 내외

꽃받침이 흰색이고 입술꽃잎 곁갈래가 톱니 모양이며 꽃이 여러 개 달림

큰해오라비난초

1085 방울난초 *Peristylus densus*

- 어긋나기, 홑잎, 양성화, 총상꽃차례
- 제주도 습기 있는 언덕에서 자라며 9~10월에 꽃 피는 여러해살이풀. 지생란
- 줄기에 잎이 달리고 꽃차례 길이가 7~25cm로 길며 꽃받침 맥이 1개

높이는 10~60cm
난상 구형
덩이줄기가 있음

꽃이 7~25개
달림

곧게 섬
줄기에 포엽 같은
잎이 달림

곁꽃받침은 긴 타원형
가운데가 오목함
1맥이 있음

곁꽃잎은
비스듬한
타원형

등꽃받침은
난형

입술꽃잎은 3갈래로 갈라짐. 가운데 갈래는
쐐기 모양, 곁갈래는 가는 선형으로 펼쳐짐

잎은 긴 타원형

열매는
타원형 삭과

포엽은 피침형

1086 자란 *Bletilla striata*

- 어긋나기, 홑잎, 양성화, 총상꽃차례
- 전남 해안가 낮은 산지 풀밭에서 자라며 5~6월에 꽃 피는 여러해살이풀. 지생란
- 키가 큰 편이고 커다란 보라색 꽃이 핌

높이는 30~50cm

꽃은 3~7개가 핌

줄기는 굵고 곧게 섬

등꽃받침은 긴 타원형

꿀주머니는 없음

곁꽃잎은 비스듬한 긴 타원형

곁꽃받침은 휘어진 긴 타원형

입술꽃잎은 난형 홍자색 맥이 있음. 3갈래로 갈라짐

잎은 긴 타원형 또는 피침형

4~6개가 감싸며 원줄기처럼 됨

덩이처럼 생긴 넓적한 구형 땅속줄기가 있음

열매는 긴 타원형 또는 도피침형 삭과

1087 **약난초** *Cremastra variabilis*

- 대개 1개가 달림. 홑잎, 양성화, 총상꽃차례
- 전라도와 제주도 숲 속에서 자라며 5~6월에 꽃 피는 여러해살이풀. 지생란
- 꽃받침이 선상 도피침형이고 입술꽃잎이 선형

* ✳ 꽃에 꿀주머니가 없고 잎이 상록성으로 겨울을 남

높이는 10~50cm

꽃 10~20개가
한쪽을 향해 핌

꽃차례 길이는
10~20cm

줄기는 곧게 서고
흔히 짙은 자주색을 띰

꽃받침은
선상 도피침형

꿀주머니는 없음

입술꽃잎은
선형
3갈래로
갈라짐

곁꽃잎은
도피침형

잎은 좁고 긴 타원형, 월동함
대개 1개 드물게 2개로 3맥이 있음

난형 알줄기가 염주 모양으로
줄줄이 달림

열매는
타원형 삭과

1088 감자난초 *Oreorchis patens*

- 1~2개가 달림. 홑잎, 양성화, 총상꽃차례
- 산지 습기 있는 숲 속에서 자라며 5~7월에 꽃 피는 여러해살이풀. 지생란
- 약난초와 달리 꽃이 매우 작고 입술꽃잎이 흰색 바탕

* 잎이 상록성으로 겨울을 남

높이는 20~45cm
곧게 섬

수십 개
꽃이 달림

약난초와 달리
꽃이 매우 작음

밑부분에
초상엽이 있음

꽃받침은
긴 타원상 피침형

곁꽃잎은
긴 타원상 피침형
갈색 줄무늬가
있음

입술꽃잎은
3갈래로 갈라짐
갈색 반점이 있음

포엽은 피침형

잎은 피침형, 1~2개
상록성으로 겨울을 남

알줄기는 난상 구형

열매는 방추형 삭과
아래로 처져 달림

1089 비비추난초 *Tipularia japonica*

- 1개가 달림. 홑잎, 양성화, 총상꽃차례
- 충남, 전남, 제주도 습한 숲 속에서 자라며 5~7월에 꽃 피는 상록성 여러해살이풀. 지생란
- 꽃이 모기처럼 매우 작고, 잎 중앙에 흰색 줄무늬가 있음

높이는 20~30cm
줄기는 매우 가늘고
연약함

모기처럼
매우 작은 꽃이
5~15개가 핌

꿀주머니는
아래로 늘어짐

꽃받침은
도피침형

곁꽃잎은
도피침형

입술꽃잎은 난형, 흰색
3갈래로 갈라짐

잎은 난상 타원형, 1개, 5맥이 있고
가운데 맥은 흰색 줄무늬 같음

뒷면은 흔히 자주색을 띰

타원형
알줄기가 있음

열매는
난상 타원형

1090 새우난초 *Calanthe discolor*

- 어긋나기, 홑잎, 양성화, 총상꽃차례
- 충남, 전라, 경남, 제주도 숲 속에서 자라며 4~5월에 꽃 피는 상록성 여러해살이풀. 지생란
- 입술꽃잎을 제외한 부분이 자갈색 또는 녹갈색

높이는 15~50cm

줄기에 잔털이 있고 포엽 같은 비늘잎이 달림

등꽃받침은 난상 타원형

꿀주머니는 씨방과 나란함

곁꽃받침은 비스듬한 타원형

곁꽃잎은 난상 주걱형

입술꽃잎은 흰색 바탕, 3갈래로 깊게 갈라짐

잎은 긴 타원형, 월동함
2~3개, 잎맥을 따라 주름이 짐

헛비늘줄기가 매년 1개씩 늘어나 새우등 모양을 이룸

열매는 타원형 삭과

1091 신안새우난초 *Calanthe aristulifera* / 다도새우난초 *C. insularis*

- 어긋나기, 홑잎, 양성화, 총상꽃차례
- 전남 신안군 숲 속에서 자라며 4~5월에 꽃 피는 상록성 여러해살이풀. 지생란
- 꽃이 연한 보라색이고 꿀주머니가 위를 향함

* 다도새우난초는 꽃이 노란색 계열로 피며 꿀주머니가 짧고 더 굵음

높이는 25~50cm

높이는
25~50cm

다도새우난초

등꽃받침은 난상 타원형

꿀주머니는
씨방보다
위를 향함

곁꽃잎은
연한 보라색
난상 주걱형
또는 좁은 타원형

입술꽃잎은
흰색
3갈래로
갈라짐

곁꽃받침은
비스듬한 긴 타원형

등꽃받침은
난상 타원형

곁꽃잎은
좁은 타원형

곁꽃받침은
긴 타원형

입술꽃잎은
노란색
3갈래로 갈라짐

다도새우난초

잎은 긴 타원형, 2~3개
세로로 주름이 짐

열매는
타원형 삭과

다도새우난초

1092 금새우난초 *Calanthe sieboldii*

- 어긋나기, 홑잎, 양성화, 총상꽃차례
- 울릉도와 전남 및 제주도 숲 속에서 자라며 4~6월에 꽃 피는 상록성 여러해살이풀. 지생란
- 새우난초와 달리 잎이 넓고 꽃이 노란색이며 다도새우난초와는 꿀주머니가 매우 짧은 점이 다름
- *새우난초와 금새우난초가 자연교잡을 해서 다양한 변이체를 만들어냄*

높이는 20~50cm
헛비늘줄기가
매년 한 개씩 늘어나
새우등 모양을 이룸

줄기는
잔털이 있고
비늘잎이
달림

등꽃받침은 →
난상 타원형

겹꽃잎은
타원형 또는
난상 피침형

입술꽃잎은
노란색
3갈래로
깊게 갈라짐

곁꽃받침은
비스듬한 난상 피침형

씨방

꿀주머니는 짧고
씨방과 나란함

포엽은 피침형

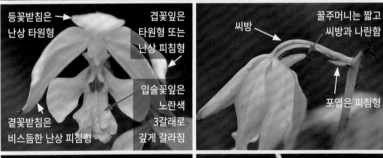

잎은 넓은 타원형, 2~3개
잎맥을 따라 주름이 짐

열매는
난상 타원형 삭과

1093 **여름새우난초** *Calanthe reflexa*

- 어긋나기, 홑잎, 양성화, 총상꽃차례
- 제주도와 전남 습기 있는 숲 속에서 자라며 7~8월에 꽃 피는 상록성 여러해살이풀. 지생란
- 다른 새우난초 종류와 달리 곁꽃잎이 선형이고 꿀주머니가 없으며 여름에 보라색으로 핌

높이는 20~60cm
난상 구형 헛비늘줄기가
매년 한 개씩 늘어남

잎은 타원형, 3~5개
뒷면에 잔털이 약간 있음

보라색 꽃이 10~20개 달림

등꽃받침은 난상 피침형

곁꽃잎은 선형

입술꽃잎은
보라색
깊게 3갈래로
갈라지고
아래로 처짐

곁꽃받침은 비스듬한 난형
뒤로 젖혀짐

꿀주머니는
없음

열매는 난상 타원형 삭과, 보기 어려운 편

1094 **보춘화** *Cymbidium goeringii* / **한란** *C. kanran*

- 모여나기, 홑잎, 양성화, 꽃줄기 끝에 대개 1개씩 핌
- 중부 이남과 강원도 산지에서 자라며 3~5월에 꽃 피는 상록성 여러해살이풀. 지생란
- 한란과 달리 잎 가장자리에 돌기 같은 톱니가 있고 꽃이 대개 1개씩 달림

＊ 한란은 꽃이 10~12월에 총상꽃차례로 피고 잎에 돌기 같은 톱니가 거의 없음

꽃이 대개 1개씩 달림

높이는 10~25cm

등꽃받침은 위를 향함 긴 타원형

곁꽃받침은 도란상 타원형

곁꽃잎은 긴 타원형

입술꽃잎은 흰색 3갈래로 갈라짐

밑부분에 연한 흰색 초상엽이 있음

잎은 선형 가는 톱니가 있어 까칠까칠함

다소 굵은 육질 뿌리가 있음

열매는 긴 타원형 삭과 곧게 섬

한란

제주도에서 자라며 잎에 톱니가 없고 꽃이 총상꽃차례로 핌

1095 대흥란 *Cymbidium macrorhizon*

- 잎은 없음, 양성화, 총상꽃차례
- 강원, 전남, 경북, 제주도 숲 속에서 자라며 7~8월에 꽃 피는 여러해살이풀. 부생란
- 보춘화나 한란과 달리 녹색 잎이 없는 부생란이고 여름에 핌

높이는 10~30cm
육질 흰색 뿌리줄기가
벋음

잎은 없음
초상엽 4~8개가
달림

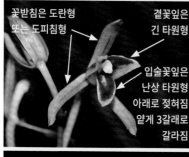

꽃받침은 도란형
또는 도피침형

곁꽃잎은
긴 타원형

입술꽃잎은
난상 타원형
아래로 젖혀짐
얕게 3갈래로
갈라짐

등꽃받침

곁꽃잎

씨방

곁꽃받침

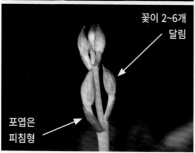

꽃이 2~6개
달림

포엽은
피침형

열매는
긴 타원형 삭과

1096 콩짜개란 *Bulbophyllum drymoglossum*

- 어긋나기, 홑잎, 양성화, 꽃줄기 끝에 1개씩 핌
- 제주도와 남해안 섬에서 자라며 5~6월에 꽃 피는 상록성 여러해살이풀. 착생란
- 헛비늘줄기가 거의 발달하지 않고 잎이 타원형 또는 도란형이며 꽃이 1개씩만 달림

높이는 2~5cm

옆으로 기면서 길게 벋음

꽃받침은 노란색 끝이 뒤로 젖혀짐

곁꽃잎은 긴 타원형 꽃받침보다 작음

입술꽃잎은 안쪽에 붉은빛이 돌고 넓은 피침형, 가운데가 오목함

꽃이 꽃줄기 끝에 1개씩만 달림

마디마다 1개씩 남

잎은 타원형 또는 도란형, 두툼함 잎맥이 뚜렷하지 않음

줄기 밑으로 뿌리가 1~3개씩 나며 다른 물체에 붙음 헛비늘줄기는 거의 없음

1097 **혹난초** *Bulbophyllum inconspicuum*

- 헛비늘줄기에 1~2개씩 달림. 홑잎, 양성화, 꽃대에 1~3개씩 핌
- 전남과 제주도에서 자라며 6~7월에 꽃 피는 상록성 여러해살이풀. 착생란
- 헛비늘줄기가 발달하고 잎이 긴 타원형 또는 긴 도란형이며 꽃이 1~3개씩 달림

높이는 1~5cm
물체에 붙어 옆으로 기듯이 자람

꽃이 1~3개씩 달림

꽃받침은 난상 타원형
곁꽃잎은 털 같은 톱니가 있음
입술꽃잎은 좁은 난형이고
끝이 뒤로 젖혀짐

실처럼 가느다란 뿌리가 있음

난형 헛비늘줄기가 있음

잎은 긴 타원형 또는 긴 도란형
두껍고 맥이 1개 있음

열매는
도란형 삭과

1098 석곡 *Dendrobium moniliforme*

- 어긋나기, 홑잎, 양성화, 줄기 끝에 1~3개씩 핌
- 남부지방 나무줄기나 바위에서 자라며 5~9월에 꽃 피는 상록성 여러해살이풀. 착생란
- 줄기가 굵고 곧게 서며 마디가 많고 잎이 짧음

높이는 10~25cm

줄기는 굵고
곧게 섬
마디가 많음

등꽃받침은 긴 타원형
또는 선형

곁꽃잎은
긴 타원형

곁꽃받침은 비스듬한
긴 타원형 또는 선형

입술꽃잎은
3갈래로 갈라짐

바위에 붙어
자라는 모습

잎은 선형으로
긴 편

끝이 약간 오목함
가죽질이고 광택이 있음

열매는
도란형 삭과

1099 **천마** *Gastrodia elata*

- 잎은 없음. 양성화, 총상꽃차례
- 비옥한 숲에서 자라며 5~8월에 꽃 피는 여러해살이풀. 부생란
- 한라천마보다 식물체가 크고 꽃이 항아리 모양

높이는 10~100cm

마디가 있음

꽃받침과
곁꽃잎이 붙음
밑부분은
항아리 모양

꽃이 10~40개 달림

입술꽃잎은
3갈래로
갈라짐

포엽은 피침형
막질

덩이줄기는 육질
마디가 있는 타원형, 매년 바뀜

열매는
타원형 삭과

식물체가
녹색인 타입

1100 한라천마 *Gastrodia pubilabiata*

- 잎은 없음. 양성화, 총상꽃차례
- 제주도 한라산 숲에서 자라며 8~10월에 꽃 피는 여러해살이풀. 부생란
- 천마보다 식물체가 매우 작고 꽃이 종 모양

높이는 1~5cm

밑부분에
초상엽이 있음

꽃이 진 후
꽃줄기가
10~50cm까지
계속 자라남

꽃받침과 곁꽃잎은 연결되어
종 모양으로 됨

꽃은
1~5개가 달림

입술꽃잎은 마름모 모양
털이 있음

포엽은 난형

꽃이 검게 져가는 모습

잎은 없음

타원형 덩이줄기가 있음

털이 있음

열매는
타원형 삭과

1101 옥잠난초 *Liparis kumokiri*

- 어긋나기, 홑잎, 양성화, 총상꽃차례
- 숲 속에서 자라며 6~8월에 꽃 피는 여러해살이풀. 지생란
- 한라옥잠난초와 달리 입술꽃잎에 단단한 육질덩이가 없음

높이는 20~30cm

입술꽃잎은 뒤로 젖혀짐 육질덩이가 없음

곁꽃잎은 선형

등꽃받침은 긴 타원형

꽃줄기 능선에 좁은 날개가 있음

화분덮개 끝이 뭉툭함

입술꽃잎

곁꽃받침

곁꽃잎

포엽은 난형 끝이 뾰족함

잎은 타원형 또는 긴 타원형, 2장 가장자리는 주름이 짐

헛비늘줄기는 난형

열매는 난상 타원형 삭과 곧게 섬

1102 큰꽃옥잠난초 *Liparis koreojaponica* / 계우옥잠난초 *L. yongnoana* / 한라옥잠난초 *L. auriculata*

- 어긋나기, 홑잎, 양성화, 총상꽃차례
- 제주도와 충청 제외 지역 숲 속에서 자라며 6~7월에 꽃 피는 여러해살이풀. 지생란
- 옥잠난초와 달리 입술꽃잎 폭이 0.8~1.1cm로 넓고 뒤로 많이 젖혀짐
- ＊ 계우옥잠난초는 화분덮개 끝이 뾰족함. 한라옥잠난초는 입술꽃잎에 육질덩이가 있음

높이는 15~35cm

꽃차례가 길고
꽃이 성글게 달림

잎은 2장
난상 타원형

화분덮개는
끝이 뭉툭함

곁꽃받침은
비스듬한
선형

입술꽃잎은
폭이 0.8~1.1cm로
넓은 편
뒤쪽으로 덜 휘어짐

계우옥잠난초

꽃이 적게 달리고
등꽃받침이
자주색

잎은 가장자리가
구불거림

계우옥잠난초

화분덮개 끝이 뾰족함

등꽃받침은
선상 피침형

곁꽃받침은
피침형

곁꽃잎은 선형
아래로 처짐

한라옥잠난초

잎 가로맥이 뚜렷함

한라옥잠난초

화분덮개 끝이
뭉툭함

암술꽃잎에 육질덩이가 있고
가운데 맥이 갈색

1103 **나나벌이난초** *Liparis krameri*

- 어긋나기, 홑잎, 양성화, 총상꽃차례
- 중부 이남 산지 그늘진 숲 속에서 자라며 6~8월에 꽃 피는 여러해살이풀. 지생란
- 흑난초와 달리 헛비늘줄기가 난상 구형. 나리난초와는 잎 가로맥이 뚜렷한 점이 다름

높이는 8~20cm
난상 구형 헛비늘줄기가 있음

겉꽃받침은
선형

입술꽃잎은
난상 타원형
끝이 뾰족해짐

등꽃받침은 선형

화분덮개는 녹색
난형, 끝이 뭉툭함

겉꽃잎은 가는 선형
아래로 처짐

입술꽃잎은
1/4 지점에서
아래로 젖혀짐

포엽 같은
피침형 조직이
달림

줄기에
미약한 능선과
날개가 있음

잎은 난형, 2개
잎에 가로맥이 뚜렷하고
그물무늬가 있음

1104 나리난초 *Liparis makinoana*

- 어긋나기, 홑잎, 양성화, 총상꽃차례
- 산지 숲 속에서 자라며 5~6월에 꽃 피는 여러해살이풀. 지생란
- 키다리난초보다 개화기가 약간 빠르며 입술꽃잎 길이가 길고 폭이 넓음

* *키다리난초는 나리난초보다 개화기가 약간 늦으며 입술꽃잎 길이가 짧고 폭이 좁음*

높이는 15~30cm
하얀 막질에 싸인
헛비늘줄기가 있음

꽃이
10여 개
달림

꽃줄기에
능선이 있음

화분덮개는 끝이 뾰족함

곁꽃받침은
선상 피침형

등꽃받침은
선상 피침형

곁꽃잎은 가는 선형, 아래로 처짐

화분덮개

곁꽃받침

입술꽃잎은 도란형

잎은 타원형 또는
긴 타원형, 2개,
가장자리는 물결 모양

열매는
도피침형 삭과

1105 흑난초 *Liparis nervosa*

- 어긋나기, 홑잎, 양성화, 총상꽃차례
- 전남과 제주도 숲 속에서 자라며 6~7월에 꽃 피는 여러해살이풀. 지생란
- 나나벌이난초와 달리 헛비늘줄기가 원통형

높이는 20~30cm

꽃은 흑자색으로 10개 내외가 핌(드물게 녹색으로도 핌)

줄기에 미약한 날개 같은 능선이 있음

등꽃받침은 선형 또는 넓은 선형

꽃술대

곁꽃잎은 선형

곁꽃받침은 좁은 난상 타원형

입술꽃잎은 타원상 도란형 대개 진한 흑자색

잎은 난형 또는 난상 타원형 3~5개

헛비늘줄기는 원통형, 두껍고 마디가 많음 초상엽에 싸여 있음

열매는 도란상 타원형 삭과

1106 이삭단엽란 *Malaxis monophyllos*

- 어긋나기, 홑잎, 양성화, 총상꽃차례
- 강원 이북 고산지대 그늘진 숲에서 자라며 7~8월에 꽃 피는 여러해살이풀. 지생란
- 꽃이 매우 작고 꽃차례가 이삭이 달린 것처럼 보이며 꽃자루가 비틀리지 않음

높이는 20~30cm
헛비늘줄기는 난형이고
흰색 초상엽에 싸여 있음

포엽은 피침형

곁꽃받침은
난상 타원형

곁꽃잎은
가는 선형

꽃자루가
비틀리지 않아
입술꽃잎이
위에 있음

등꽃받침

잎은 난형 또는 타원형, 1~2개
가장자리는 밋밋함

열매는
넓은 타원형 삭과

1107 은난초 *Cephalanthera erecta*

- 어긋나기, 홑잎, 양성화, 수상꽃차례
- 낮은 산지 잡목림에서 자라며 5~6월에 꽃 피는 여러해살이풀. 지생란
- 은대난초와 달리 잎이 줄기 중간 이상에 붙음. 꼬마은난초와는 잎이 3개 이상 달리는 점이 다름

높이는 10~60cm
곧게 섬

꽃이 3~10개 달림

잎밑이 좁아져 줄기를 감쌈

줄기에 능선이 있음

꽃받침은 타원형 또는 긴 타원형

곁꽃잎은 넓은 피침형

포엽은 삼각상 피침형

입술꽃잎은 흰색 3갈래로 갈라짐

꿀줄머니

잎은 3~6개 타원형 또는 난상 피침형

뿌리는 옆으로 길게 벋음

열매는 원통형 삭과

1108 은대난초 *Cephalanthera longibracteata*

- 어긋나기, 홑잎, 양성화, 수상꽃차례
- 산지 잡목림에서 자라며 5~6월에 꽃 피는 여러해살이풀. 지생란
- 은난초와 달리 잎이 줄기 전체에 달리고 길이가 길며 맨 아래쪽 포엽이 꽃보다 훨씬 긺

높이는 30~50cm
곧게 섬

아래쪽에서부터
잎이 달림

포엽은 선형 또는
넓은 선형
꽃이 맨 처음
달리는 지점
포엽이 꽃보다 긺

입술꽃잎은
흰색 3갈래로
갈라짐

등꽃받침은
피침형

곁꽃잎은
꽃받침보다
약간 짧음

꿀주머니는
짧고 뭉툭함

곁꽃받침은
피침형

꽃은 대개
반쯤 벌어지나
드물게
활짝 벌어지기도
함

잎은 3~8개
넓은 피침형 또는 긴 타원상 피침형
잎밑이 줄기를 감쌈

열매는
긴 타원형
삭과

1109 **꼬마은난초** *Cephalanthera subaphylla*

- 어긋나기, 홑잎, 양성화, 수상꽃차례
- 습기 있는 낙엽수림에서 자라며 4~5월에 꽃 피는 여러해살이풀. 지생란
- 은난초와 달리 잎이 1~2개만 달리고 줄기 위쪽에 붙으며 꽃이 활짝 벌어짐

높이는 5~15cm
곧게 섬

꽃은 3~6개가 달림
활짝 벌어지는 편

잎이
줄기 중간
이상에 붙음

잎집이 있음

꽃받침은 넓은 피침형

곁꽃잎은
꽃받침과 같거나
약간 짧음

입술꽃잎은
흰색
3갈래로
갈라짐

꿀주머니는
짧고 뭉툭함

포엽은 피침형

잎은 1~2개
피침형 또는 난상 피침형
막질

1110 금난초 *Cephalanthera falcata*

- 어긋나기, 홑잎, 양성화, 수상꽃차례
- 경기 이남 산지에서 자라며 4~6월에 꽃 피는 여러해살이풀. 지생란
- 은대난초와 달리 꽃이 노란색이고 홍자색 세로 능선이 있음

높이는 40~70cm
곧게 섬

입술꽃잎은 노란색, 난상 타원형
3갈래로 갈라짐

꽃받침은
난상 타원형
5맥이 있음

곁꽃잎은
꽃받침과 비슷하거나 짧음

씨방

포엽은 삼각형

꿀주머니는
원뿔 모양

잎은 6~10개
긴 타원형 또는 난상 피침형
세로로 주름이 약간 짐

열매는
좁은 타원형
삭과

1111 닭의난초 *Epipactis thunbergii*

- 어긋나기, 홑잎, 양성화, 총상꽃차례
- 경상 제외 지역 습지에서 자라며 6~8월에 꽃 피는 여러해살이풀. 지생란
- 청닭의난초와 달리 줄기에 털이 없고 잎 가장자리와 맥에 있는 유리 같은 돌기가 둥근 편

높이는 20~70cm
곧게 섬

꽃이 3~15개 달림

포엽은
피침형 또는
난상 타원형

털이 없고
밑부분에 2~4개
잎집이 달림

등꽃받침은
난상 타원형

곁꽃잎은 넓은 난형
꽃받침과 비슷함

곁꽃받침은
비스듬한
난상 타원형

입술꽃잎은
3갈래로 갈라짐
가운데 갈래는
흰색이고
노란색 반점이 있음

잎은 6~12개, 넓은 피침형
가장자리와 맥에 있는
유리 같은 돌기가
둥근 모양

길게 벋는
땅속줄기가 있음

열매는 긴 타원형 삭과
아래로 처져 달림

1112 청닭의난초 *Epipactis papillosa*

- 어긋나기, 홑잎, 양성화, 총상꽃차례
- 경북 이북 숲에서 자라며 7~8월에 꽃 피는 여러해살이풀. 지생란
- 닭의난초와 달리 줄기에 털이 있고 잎 가장자리와 맥에 있는 유리 같은 돌기가 뾰족함

높이는 30~70cm
짧은 땅속줄기가 있음

줄기에
짧은 갈색 털이 있음
아래쪽에 2~4개
잎집이 있음

등꽃받침은
난상 타원형 또는
난상 피침형

곁꽃잎은
난형

곁꽃받침은
비스듬한 난상 피침형

입술꽃잎은
끝이 역삼각형

잎은 5~7개, 피침형 또는 난상 피침형
가장자리와 맥에 있는
유리 같은 돌기가 뾰족함

열매는
타원형 삭과

포엽은 피침형

1113 나도풍란 *Phalaenopsis japonica*

- 잎은 2줄로 남. 홑잎, 양성화, 총상꽃차례
- 제주도와 전남 섬에서 자라며 6~8월에 꽃 피는 상록성 여러해살이풀. 착생란
- 풍란보다 꽃이 크고 무늬가 있으며 잎이 긴 타원형. 야생에서는 거의 절멸한 것으로 봄

∗ 꽃에서 매우 좋은 향기가 남

높이는 5~20cm

아래쪽 잎겨드랑이에서
공기뿌리가 나와
길게 자람

잎은 긴 타원형
3~7개가 2줄로 달림
두껍고 광택이 있음

곁꽃잎은 타원형
꽃받침보다 짧음

등꽃받침은
긴 타원형

입술꽃잎은
3갈래로 갈라짐

곁꽃받침은
안쪽에 줄무늬가 있음

포엽은 넓은 난형

입술꽃잎
가운데 갈래는 주걱형
자주색 반점이 있음

1114 지네발란 *Pelatantheria scolopendrifolia*

- 어긋나기, 홑잎, 양성화, 잎겨드랑이에 1개씩 핌
- 제주도와 전남에서 자라며 7~8월에 꽃 피는 상록성 여러해살이풀. 착생란
- 풍란과 달리 식물체가 기듯이 바위나 나무줄기에 붙어 자라고 꽃이 잎겨드랑이에 1개씩 달림

높이는 1~3cm
기듯이 바위나 나무줄기에 붙어 자람

꽃받침은 주걱 모양 타원형

곁꽃잎은 도란형
옆으로 퍼짐

입술꽃잎은 3갈래로 갈라짐
가운데 갈래는 삼각상 난형

꽃봉오리

꽃은 잎겨드랑이에 1개씩 달림

잎은 좁은 피침형
2줄로 어긋나게 달림

열매는 도란형 삭과

1115 비자란 *Thrixspermum japonicum*

- 잎은 2줄로 남. 홑잎, 양성화, 취산꽃차례
- 제주도 상록수림 나뭇가지에서 자라며 4~5월에 꽃 피는 상록성 여러해살이풀. 착생란
- 공중습도가 높은 계곡에서 드물게 자라는 남방계 식물

높이는 2~4cm
나무껍질에 붙어 자람

공기뿌리가
줄기 중간에서 나와
단단히 붙음

곁꽃받침은 난상 피침형
등꽃받침보다 약간 넓음

등꽃받침은
타원형
3맥이 있음

입술꽃잎은
3갈래로 갈라짐
밑부분은 털이 빽빽함

곁꽃잎은
좁은 타원형
1맥이 있음

잎은 긴 타원형 또는 긴 피침형
2~20개가 2줄로 달림. 가죽질

잎겨드랑이에서 나온 꽃대에
2~5개 노란색 꽃이 핌

열매는
선상 원통형 삭과
자루가 거의 없음

1116 풍란 *Neofinetia falcata*

- 2줄로 마주나기. 홑잎, 양성화, 총상꽃차례
- 남부지방 섬에서 자라며 7~9월에 꽃 피는 상록성 여러해살이풀. 착생란
- 나도풍란과 달리 잎이 피침형이고 꽃이 순백색이며 꿀주머니가 깊

* 꽃에서 매우 좋은 향기가 남

높이는 8~10cm

꽃은 흰색으로 3~5개가
총상꽃차례로 핌

꿀주머니는 가늘고
3.5~5cm로 깊

등꽃받침은
뒤로 젖혀짐

곁꽃받침은
아래를 향해 퍼짐

곁꽃잎은 도피침형
뒤로 젖혀짐

입술꽃잎은 흰색
3갈래로 갈라짐. 가운데 갈래는 혀 모양

잎은 피침형
뒤로 휘고 가죽질

뿌리는 흰색이고
두끼우며
끈처럼 사방으로
길게 벋음

열매는 원통형 삭과

마름	0471	모시대	0767	미국가막사리	0880
마타리	0752	모시물통이	0009	미국나팔꽃	0613
마편초	0635	모시풀	0011	미국미역취	0810
만삼	0776	목포용둥굴레	0994	미국수련	0187
만수국아재비	0910	뫼제비꽃	0446	미국실새삼	0622
만주바람꽃	0136	묏미나리	0522	미국쑥부쟁이	0816
만주송이풀	0731	무늬족도리풀	0196	미국외풀	0704
말나리	0979	무늬천남성	1047	미국자리공	0066
말냉이	0236	무릇	0986	미국좀부처꽃	0459
말똥비름	0261	무엽란	1059	미국쥐손이	0378
말즘	0950	문모초	0711	미꾸리낚시	0055
말털이슬	0466	문주란	1016	미나리	0492
맑은대쑥	0869	물개구리밥	1053	미나리냉이	0234
망초	0828	물고추나물	0204	미나리아재비	0144
매듭풀	0325	물까치수염	0545	미역취	0809
매미꽃	0208	물꼬리풀	0667	미치광이풀	0687
매발톱	0161	물꽈리아재비	0701	민구와말	0702
매화노루발	0533	물냉이	0244	민눈양지꽃	0305
매화마름	0151	물달개비	1024	민둥뫼제비꽃	0447
맥문동	1007	물레나물	0201	민박쥐나물	0843
맥문아재비	1008	물매화	0292	민백미꽃	0584
머위	0832	물머위	0802	민탐라풀	0595
메꽃	0617	물별이끼	0395	밀나물	1013
메밀	0024	물봉선	0401		
며느리밑씻개	0059	물양지꽃	0301		
며느리배꼽	0060	물엉겅퀴	0885	**ㅂ**	
멱쇠채	0911	물여뀌	0049		
멸가치	0870	물옥잠	1023	바늘꽃	0468
명아자여뀌	0046	물잎풀	0735	바늘엉겅퀴	0886
명아주	0103	물질경이	0948	바디나물	0513
노네비풀	0135	물칭개나물	0717	바람꽃	0133
모래지치	0623	물통이	0007	바보여뀌	0052

선모시대	0766	세잎꿩의비름	0270	쇠채아재비	0912
선밀나물	1014	세잎승마	0173	쇠털이슬	0465
선백미꽃	0586	세잎양지꽃	0299	수궁초	0578
선씀바귀	0927	세잎쥐손이	0375	수까치깨	0416
선제비꽃	0429	세포큰조롱	0591	수리취	0902
선토끼풀	0358	소경불알	0778	수박풀	0413
선풀솜나물	0782	소리쟁이	0018	수송나물	0117
설앵초	0552	소엽맥문동	1008	수염가래꽃	0779
섬광대수염	0660	속단	0686	수염마름	0737
섬기린초	0265	속리기린초	0266	수염며느리밥풀	0725
섬꼬리풀	0708	속속이풀	0242	수염현호색	0216
섬남성	1048	손바닥난초	1073	수영	0021
섬노루귀	0126	솔나리	0976	수원잔대	0762
섬말나리	0979	솔나물	0609	수정난풀	0535
섬바디	0512	솔붓꽃	1029	숙은꽃장포	0954
섬사철란	01064	솔잎미나리	0490	숙은노루오줌	0279
섬시호	0476	솔장다리	0118	숙은처녀치마	0956
섬쑥부쟁이	0819	솔체꽃	0758	순채	0184
섬자리공	0065	솜나물	0796	술패랭이꽃	0083
섬잔대	0764	솜다리	0784	숫잔대	0780
섬장대	0252	솜방망이	0839	쉽싸리	0674
섬쥐깨풀	0673	솜쑥방망이	0840	시베리아여뀌	0063
섬쥐손이	0377	솜아마존	0583	시호	0477
섬초롱꽃	0769	솜양지꽃	0303	신감채	0521
섬현삼	0697	송이풀	0729	신안새우난초	01091
섬현호색	0212	송장풀	0656	실말	0950
세바람꽃	0131	쇠무릎	0120	실망초	0829
세복수초	0143	쇠별꽃	0082	싱아	0025
세뿔여뀌	0053	쇠비름	0064	싸리냉이	0232
세뿔투구꽃	0166	쇠뿔현호색	0218	쑥	0863
세수염마름	0737	쇠서나물	0913	쑥방망이	0835
세잎개발나물	0506	쇠채	0911	쑥부쟁이	0812